能源与环境出版工程

总主编 翁史烈

上海交通大学学术出版基金资助

# 土壤中石油类污染物的迁移与修复治理技术

## Migration of oil pollutants in soil and remediation-control technology of oil-contaminated environments

刘晓艳 张新颖 程金平 著

**内容提要**

本书全面系统地阐述了石油类污染物在环境中的迁移特征、转化规律及污染效应，评价了落地原油及油泥对典型油田环境的危害，并深入研讨了陆地环境与湿地环境中石油类污染物的修复机制和防治技术。本书分为上、下两篇，上篇综合研究了石油类污染物在产油区土壤中的迁移特征，同时探讨了油田石油类污染物的综合防治技术；下篇主要研究了油田及上海市周边区域溢油污染湿地中的石油类污染物的“老化”特征，介绍利用植物—微生物优势生物体系高效去除石油类污染物的生态修复新技术。

本书适用于广大与石油类能源生产、储藏、运输、销售及使用过程相关的工作人员、科研人员及相关管理者、高校相关专业的师生。

**图书在版编目(CIP)数据**

土壤中石油类污染物的迁移与修复治理技术/刘晓艳，张新颖，程金平著. —上海：上海交通大学出版社，2013

ISBN 978－7－313－10568－4

Ⅰ.①土… Ⅱ.①刘…②张…③程… Ⅲ.①石油工业－土壤污染－污染防治－研究 Ⅳ.①X74

中国版本图书馆 CIP 数据核字(2013)第 267638 号

**土壤中石油类污染物的迁移与修复治理技术**

著　　者：刘晓艳　张新颖　程金平

出版发行：上海交通大学出版社　　地　　址：上海市番禺路 951 号

邮政编码：200030　　电　　话：021－64071208

出 版 人：韩建民

印　　制：浙江云广印业有限公司　　经　　销：全国新华书店

开　　本：787mm×1092mm　1/16　　印　　张：18

字　　数：341 千字

版　　次：2014 年 1 月第 1 版　　印　　次：2014 年 1 月第 1 次印刷

书　　号：ISBN 978－7－313－10568－4/X

定　　价：78.00 元

版权所有　侵权必究

告读者：如发现本书有印装质量问题请与印刷厂质量科联系

联系电话：0573－86577317

# 能源与环境出版工程
# 丛书学术指导委员会


**主　任**

杜祥琬(中国工程院原副院长、中国工程院院士)

**委　员**(以姓氏笔画为序)

苏万华(天津大学教授、中国工程院院士)

岑可法(浙江大学教授、中国工程院院士)

郑　平(上海交通大学教授、中国科学院院士)

饶芳权(上海交通大学教授、中国工程院院士)

闻雪友(中国船舶工业集团公司 703 研究所研究员、中国工程院院士)

秦裕琨(哈尔滨工业大学教授、中国工程院院士)

倪维斗(清华大学原副校长、教授、中国工程院院士)

徐建中(中国科学院工程热物理研究所研究员、中国科学院院士)

陶文铨(西安交通大学教授、中国科学院院士)

蔡睿贤(中国科学院工程热物理研究所研究员、中国科学院院士)

# 能源与环境出版工程<br>丛书编委会


**总主编**

翁史烈(上海交通大学原校长、教授、中国工程院院士)

**执行总主编**

黄　震(上海交通大学副校长、教授)

**编　委**(以姓氏笔画为序)

马重芳(北京工业大学环境与能源工程学院院长、教授)

马紫峰(上海交通大学电化学与能源技术研究所教授)

王如竹(上海交通大学制冷与低温工程研究所所长、教授)

王辅臣(华东理工大学资源与环境工程学院教授)

何雅玲(西安交通大学热流科学与工程教育部重点实验室主任、教授)

沈文忠(上海交通大学凝聚态物理研究所副所长、教授)

张希良(清华大学能源环境经济研究所所长、教授)

骆仲泱(浙江大学能源工程学系系主任、教授)

顾　璠(东南大学能源与环境学院教授)

贾金平(上海交通大学环境科学与工程学院教授)

徐明厚(华中科技大学煤燃烧国家重点实验室主任、教授)

盛宏至(中国科学院力学研究所研究员)

章俊良(上海交通大学燃料电池研究所所长、教授)

程　旭(上海交通大学核科学与工程学院院长、教授)

# 总　　序

能源是经济社会发展的基础，同时也是影响经济社会发展的主要因素。为了满足经济社会发展的需要，进入21世纪以来，短短十年间(2002—2012年)，全世界一次能源总消费从96亿吨油当量增加到125亿吨油当量，能源资源供需矛盾和生态环境恶化问题日益突显。

在此期间，改革开放政策的实施极大地解放了我国的社会生产力，我国国民生产总值从10万亿元人民币猛增到52万亿元人民币，一跃成为仅次于美国的世界第二大经济体，经济社会发展取得了举世瞩目的成绩！

为了支持经济社会的高速发展，我国能源生产和消费也有惊人的进步和变化，此期间全世界一次能源的消费增量28.8亿吨油当量竟有57.7%发生在中国！经济发展面临着能源供应和环境保护的双重巨大压力。

目前，为了人类社会的可持续发展，世界能源发展已进入新一轮战略调整期，发达国家和新兴国家纷纷制定能源发展战略。战略重点在于：提高化石能源开采和利用率；大力开发可再生能源；最大限度地减少有害物质和温室气体排放，从而实现能源生产和消费的高效、低碳、清洁发展。对高速发展中的我国而言，能源问题的求解直接关系到现代化建设进程，能源已成为中国可持续发展的关键！因此，我们更有必要以加快转变能源发展方式为主线，以增强自主创新能力为着力点，规划能源新技术的研发和应用。

在国家重视和政策激励之下，我国能源领域的新概念、新技术、新成果不断涌现；上海交通大学出版社出版的江泽民学长著作《中国能源问题研究》(2008年)更是从战略的高度为我国指出了能源可持续的健康发展之路。为了“对接国家能源可持续发展战略，构建适应世界能源科学技术发展趋势的能源科研交流平台”，我们策划、组织编写了这套“能源与环境出版工程”丛书，其目的在于：

一是系统总结几十年来机械动力中能源利用和环境保护的新技术新成果；

二是引进、翻译一些关于“能源与环境”研究领域前沿的书籍，为我国能源与环境领域的技术攻关提供智力参考；

三是优化能源与环境专业教材，为培养具有高水平技术人员的培养提供一套系统、全面的教科书或教学参考书，满足人才培养对教材的迫切需求；

四是构建一个适应世界能源科学技术发展趋势的能源科研交流平台。

该学术丛书以能源和环境的关系为主线，重点围绕机械过程中的能源转换和利用过程和这些过程中产生的环境污染治理问题，主要涵盖能源与动力、生物质能、燃料电池、太阳能、风能、智能电网、能源材料、大气污染与气候变化等专业方向，汇集能源与环境领域的关键性技术和成果，注重理论与实践的结合，注重经典性与前瞻性的结合。图书分为译著、专著、教材和工具书等几个模块，其内容包括能源与环境领域内专家们最先进的理论方法和技术成果，也包括能源与环境工程一线的理论和实践。如钟芳源等撰写的《燃气轮机设计》是经典性与前瞻性相统一的工程力作；黄震等撰写的《机动车可吸入颗粒物排放与城市大气污染》和王如竹等撰写的《绿色建筑能源系统》是依托国家重大科研项目的新成果新技术。

为确保这套“能源与环境”丛书具有高品质和重大的社会价值，出版社邀请了杜祥琬院士、黄震教授、王如竹教授等专家，组建了学术指导委员会和编委会，并召开了多次编撰研讨会，商谈丛书框架，精选书目，落实作者。

该学术丛书在策划之初，就受到了国际科技出版集团 Springer 的关注，与我们签订了合作出版框架协议。Springer 经过严格的同行评审，首批购买了三本书的英文版权，如《低铂燃料电池技术》(*Low Platinum Fuel Cell Technologies*)，《生物质水热氧化法生产高附加值化工产品》(*Hydrothermal Conversion of Biomass into Chemicals*)，《燃煤烟气汞排放控制》(*Coal Fired Flue Gas Mercury Emission Controls*)。这些著作的成功输出体现了图书较高的学术水平和良好的品质。

希望这套书的出版能够有益于能源与环境领域里人才的培养，有益于能源与环境领域的技术创新，为我国能源与环境的科研成果提供一个展示的平台，引领国内外前沿学术交流和创新并推动平台的国际化发展！

翁史烈

2013年8月

# 前　言

在全球经济高速发展的21世纪，各国对石油资源的依赖性越来越强，但国内外在石油生产开发过程中造成的环境污染问题越来越多，尤其是近些年呈现出令人非常担忧的形势。不论是世界上各个陆地大油田的严重污染问题，还是近年来有目共睹的墨西哥湾、大连湾、渤海湾、胶州湾等与海上生产区域相关的溢油污染事件，都给区域环境乃至全球环境带来了生态危机。因此，油田土壤环境污染及湿地、水域溢油污染已成为环境科学与地球科学领域亟待解决的焦点问题之一。石油类有机污染物对人类及其他动植物和自然生态环境具有很强的危害作用已逐渐为人们所认知，为了实现石油生产的可持续性及使用石油产品的安全性，研究沉积物中石油类污染物的迁移规律、开发高效易行的石油类污染环境修复技术、保护油田生产与运输、使用区域的生态环境已迫在眉睫。

本书是作者研究团队近年来相关研究成果的总结与结晶，反映了石油类污染物在油田土壤环境与油污湿地沉积物中的迁移规律及其污染环境防治和生态修复领域的最新研究成果，评价了落地原油及油泥对典型油田环境的危害程度。本书对石油类污染环境日益增加的当今世界具有重要的学术意义和实际应用价值，可对陆地环境与湿地环境中石油类污染物的防治和环境修复提供有效的技术支持。

本书分为上篇和下篇两部分。上篇运用环境科学、生态学、地质学与石油地球化学等领域的相关理论和技术，通过开展室内外模拟实验，综合模拟了石油类污染物在大庆油区土壤中不同时间和不同污染强度等条件下的迁移特征。运用数值模拟方法对油田土壤中石油类污染物的迁移过程进行研究，系统地分析了土壤中石油类污染物的富集特征和迁移规律。下篇主要是在研究石油类污染物迁移转化规律基础上对油田土壤环境中的石油类污染物的处理与防治技术进行研究。针对上海市的母亲河——黄浦江被油品运输使用过程中产生的溢油污染造成的污染现状，研究了黄浦江——长江口溢油污染湿地中油类污染物的“老化”特征。采用微生物学方法从溢油污染湿地沉积物中筛选得到了一系列耐湿嗜油菌种，另外采用生态学与生物学方法在对湿地植物开展大量综合研究的基础上，确定了可有效降解石油类污染物的若干种湿地植物。然后再通过配比优化实验，考察耐湿嗜油微生物对植物根际微环境的影响及各种酶活性对油类污染物的响应特征，获得了一系列具有去除石油类污染物性能的植物—微生物优势生物体系，利用植物与微生物协同作用联合降解及清除石油类污染物。研制出的一系列高效除污新技术，将对各种类型的石油类污染环境的修复与重建发挥重要作用。

为了在发展社会经济的同时，更好地保护我们赖以生存的环境，很多人都无私地作出自己的贡献。本书虽然体现了近年来作者研究团队在人才培养与科学研究方面的部分成果，但在编著过程中还是参考和引用了很多前人相关的研究成果，有些是经过作者整理、提炼及组织的，而且本书的编写离不开作者科研团队相关学者及学生们的大力支持。在本书内容中加入了作者及部分学生们的有关研究成果，没有他们的这些研究工作的积累及支持，就难以形成本书所展现的这样一个比较完整的研究沉积环境中石油类污染物迁移特征与规律以及油污环境生态修复技术的知识体系。因此，作者衷心感谢在该领域积极探索和努力开展研究工作的学者们，非常感谢我的学生们在各方面提供的支持与帮助，感谢以各种方式为本书编写提供了帮助与支持的人们，十分感谢上海交通大学仵彦卿教授提供的无私帮助与支持，也感谢在基层从事相关生产、管理及环境保护工作的人们提出的问题及在研究过程中提供的各种帮助。还要感谢国家自然科学基金(41073072，41373097)、博士后基金(2013M541506)、上海市重点学科建设(S30109)项目和黑龙江省科技厅(B0210，GZ05A601)、黑龙江省教育厅(11531004，10541005)及大庆市科技局、环保局与大庆油田在科研项目等方面的大力支持。还要感谢本书责任编辑杨迎春同志在书稿编辑、文字润色方面的帮助及出版过程中提供的强有力支持。如果本书能够在推动我国环境地球化学学科的发展、促进油田及石油相关产业的环境保护、缓解能源与环境领域的巨大压力、修复被石油类污染的各种环境以及在相关学科专业的各类人才培养等方面发挥一定的作用，那不仅是对作者的最好鼓励，而且也应该是以上相关部门、学者、学生及有关人员对解决影响我国新时期现代化建设进程的经济与社会可持续发展问题作出的共同贡献。

希望本书的出版，有助于推动我国环境地球化学学科的发展，有益于从事石油类污染环境防治与修复的研究者，有益于油田环境保护工作者、石油安全生产管理者、政府环境保护管理部门及各级主管部门决策者。本书也可供高等院校相关专业师生参考。

刘晓艳

# 目　　录

## 上篇　石油类污染物在土壤中的迁移规律

## 下篇　油污土壤与沉积物生态修复

# 上　篇

# 石油类污染物在土壤中的迁移规律

# 第1章　油田石油类污染物的研究现状

## 1.1　石油污染简介

最初，人们把自然界产出的油状可燃液体矿物称为石油，把可燃气体称为天然气，把固态可燃油质矿物称为沥青。随着对这些矿物的深入研究，人们认识到石油、天然气、沥青在成因上互有联系，在分子组成上都属于碳氢化合物。我国古代对石油和天然气的发现、开采、认识和利用，源远流长，具有悠久的历史，我国是世界石油古国之一。石油在国民经济中的地位和作用十分重要，被人类誉为“黑色的金子”、“工业的血液”等；石油是进行经济建设与发展不可缺少的宝贵能源，天上飞的，地下跑的，没有石油都转不动；石油是现代文明的神经动脉，没有石油，维持这个文明的各种工具就无法运行；我国石油工业本身就是国家综合国力的重要组成部分。石油对于任何一个国家都是一种生命线，它对于经济、政治、军事和人民生活的影响极大，不论是20世纪的海湾战争还是目前利比亚战争都与石油资源的利益分配有着一定的相关性。

世界石油资源主要分布在中东、拉丁美洲、北美洲、西欧、非洲、东南亚和中国。现在，产油的国家和地区已有150多个，发现的油气田已有四万多个。中东的沙特阿拉伯、伊朗、科威特、伊拉克和阿拉伯联合酋长国是世界最大的石油产地和输出地区。世界上最大的油田是沙特阿拉伯的加沃尔油田，可采石油储量达104亿t。

我国已在25个省和自治区中找到了400多个油气田或油气藏。自1978年以来我国石油年产量突破一亿吨大关，从而成为世界十大产油国。我国最大的油田是大庆油田，它已经连续20多年年产量超过5 000万t，胜利油田排在第二位；近些年长庆油田、塔里木油田及海洋石油勘探开发蓬勃发展，逐渐成为我国石油生产的主要战场，为我国的经济建设和社会发展发挥着越来越重要的作用。

众所周知，石油是工业的命脉，我国石油工业伴随着共和国的诞生和发展而不断壮大，几十年来为我国政治独立、社会发展和经济腾飞作出了巨大贡献。但随着石油工业的发展，石油勘探、开发及运输和使用过程中带来的环境污染与危害也越来越引起人们的关注，甚至已经影响到了人们的正常生活。我国各大油田环境中广泛存在着严重的有机污染问题。多年来采油作业中常发生各种漏油事件,导致油井周边油污遍地、污染严重;而且近年来,我国几个大油田相继进入高含水开采期,随着开发后期含水率的上升及区域性注采不平衡,油田外排采出水量逐年增加,采出水中所含的各种化学污染物往往具有脂溶性、难降解、高毒性、易生物富集放大等特点,尤其是稠环芳香烃(PAHs)类化合物难以被环境所降解,易于滞留、富集在泥土中,给泥土环境造成严重污染。被污染的泥土还可对地表水和地下含水层造成二次污染,直接危及人类和其他生物健康。国内外最新研究已证实,一些石油类有机污染物可干扰动物内分泌系统,影响生物和人类繁衍,有的使免疫功能失调,有的具有致癌、致畸、致基因突变的"三致"作用。油气生产过程中产生的各种有机污染物排入环境后,对大气、土壤、水体、生态环境及人类都会造成一定的影响和伤害,积聚到一定程度就会突然爆发环境危机。尤其是近年来石油类有机污染物及其对人体健康和生态系统的危害越来越被人们所认识。2000 年 3 月,110 多个国家的代表齐聚波恩,参加难降解有机污染物(persistent organic pollutants, POPs)国际法律约束条约的第四轮谈判。联合国环境规划总署(UNEP)在 2000 年 9 月启动了 500 万美元的项目,评价全世界的难降解有机污染物;2001 年 5 月 23 日,包括中国在内的 90 个国家的环境部长或高级官员在瑞典斯德哥尔摩签署了《关于持久性有机污染物的斯德哥尔摩公约》[1],从而正式启动了人类向有机污染物宣战的进程,因为根据该公约,各缔约国将通过法律,禁止或限制使用大多从石油中提炼或由石油加工而成的 12 种对人体健康和自然环境特别有害的持久性有机污染物;我国在由国家环境保护总局、国家发展计划委员会、国家经济贸易委员会等联合发布的"国家环境保护'十五'规划"中要求履行国际公约,逐步禁止生产和使用持久性有机污染物质,并强调要加强石油开采的污染防治生态保护[2]。持久性有机污染物在环境中广泛存在,它们具有持久性/长期残留性、生物蓄积性、半挥发性及对人类与动物高毒性等特点;近年来有关研究表明[3],它们能够导致生物体内分泌紊乱、生殖及免疫机能失调、神经行为和发育紊乱以及癌症等严重疾病。有些毒害有机污染物在环境中不断累积,到一定时间或在一定条件下有可能给整个生态系统带来灾难性的后果,被荷兰 Ir. F. A. M. DeHan 及奥地利 W. M. Stigliani 等科学家比喻为"化学定时炸弹(chemical time-bomb)"[4]。但目前我国对土壤中石油污染物的迁移转化特征方面的研究还不够深入,对石油生产、储运、加工炼制以及使用过程中造成的土壤污染问题研究比较少。

石油污染泛指原油和石油初加工产品(包括汽油、煤油、柴油、重油、润滑油等)及各类油的分解产物所引起的污染。20 世纪 80 年代以来,石油烃类污染成为世界各国普遍关注的环境问题。据美国联邦水利局调查,美国现已有 1%～3%的地下水受到石油污染物的侵袭和污染。50 个州中有几千口公用和私用的水井被迫停用。

土壤是人类赖以生存的主要自然资源之一，又是自然生态环境的重要组成部分。土壤是环境的重要组成要素，和大气、水、生物等环境要素之间经常互为外在条件，相互作用，相互影响。同时，由于土壤位于地球陆地表面，是能够生长植物的疏松层，是由有机物与无机物组成的复合体，并有固、液、气三相共存其间。从生态学的观点看，土壤是物质的分解者（主要是土壤微生物）的栖息场所，是物质循环的主要环节。土壤和水、大气、生物等环境要素之间的关系极为密切，尤其是水与土之间的关系。土壤是人类赖以生存和发展的物质基础和环境条件，土壤是人类生存环境的主要组成部分，从生产的角度看，土壤能为绿色植物提供肥力（水分和养料）；从保护环境的角度看，土壤是污染物的最终受体。土壤是污染物迁移转化最为繁杂的场所，具有同化和代谢进入土壤中的污染物的能力；土壤污染可进一步引起和促进水体、大气和生物等要素的污染，土壤污染是环境污染的重要环节，是污染物摄入人体、影响人体健康的重要因素。

如果土壤受到污染或污染负荷超过它的自净能力，它的生存能力就会下降，甚至全部消失，而且土壤中的污染物还会扩散到大气和水体中进入植物体，通过植物体、通过食物链危害人群的生命和健康，随之对社会经济和生态系统结构和功能造成破坏[5]。故土壤环境的安全与否与人类的生存息息相关。因此，研究土壤的污染与净化即污染物质在土壤内的迁移转化，土壤污染物在食物链中的传递、富集和转化特征以及防治土壤污染的措施，对保护环境有十分重要的意义。因此，相关的研究人员一直在研究人类活动引起的土壤环境质量变化以及这种变化对人体健康、社会经济、生态系统结构和功能的影响；探索调节、控制和改善土壤环境质量的方法[6,7]。所以，避免污染及其带来的危害对于大庆这个以石油为主体的工业型城市更是至关重要。

石油和天然气为国民经济发展提供动力，是人民生活的必需品，同时也是重要的工业原料。石油企业在为国家作出重大贡献和加强自身建设的同时，也对环境产生了一系列影响。石油在开采、运输、使用、储存过程中常发生渗漏、溢油现象。如在原油开采过程中发生井喷等事故，造成大量石油烃类直接进入土壤；或在试油、洗井、油井大修、堵水、松泵、下泵等井下作业和油气集输过程中，落地油和含油污水对土壤造成了严重污染，尤其落地油是油田开发的最主要污染物。落地油在向地下渗透过程中还沿地表扩散、侵蚀土层，使之盐碱化、沥青化、板结化，严重影响植物生长。石油对土壤的污染不仅影响粮食的质量，更重要的是使石油污染物进入食物链，危害人类健康，在环境中产生恶性循环。另外，油气田开发和建设过程中排放的废水、废气和固体废弃物直接或间接进入土壤环境中会对土壤生态系统产生影响，引起土壤理化性质的改变、肥力的降低及盐碱化沙化加剧。这些影响中，有的是直接表现出来的，还有一些是潜在的，但如果任其继续下去必然影响 21 世纪石油工业的发展。

石油主要是由烷烃、环烷烃、芳香烃和杂原子化合物组成的混合物，具有致癌、致畸、致突变的潜在性，被列入中国环境监测总站根据我国国情提出的 58 种环境优先控制有机污染物中。同时，土壤污染具有隐蔽性和潜伏性、不可逆性和长期性、后果严重性等特点。土壤一旦被污染将很难治理，我们应及早控制，尽量减少污染物、污染源，将污染降至最低。但是在控制和治理之前，首先要掌握污染物进入土壤的途径和运移的特点以及污染的范围和程度等。因此，研究土壤中石油污染物的迁移规律对油气田开发建设中土壤环境的保护具有重要现实意义。

通过实验研究掌握石油污染物在土壤中迁移的特征和规律，可以认识到土壤的三相流体系内具有石油特征的流体在该体系中的存在、运移和作用方式，也可以认识到这种流体在多孔介质中所发生的吸附和降解等作用，对进一步认识石油类有机物在土壤中的运移具有重要的理论意义。掌握了石油污染物进入土壤的途径以及在土壤中迁移和造成污染的范围与程度等，可为控制土壤被污染的程度和治理已被污染的土壤（即尽量减少污染源和污染物的量，改造或修复遭受污染的土壤）提供可靠的依据，因而具有较高的应用价值。

在此理论基础上，可以根据油田实际的开发时间和污染情况进行计算以推测土壤的污染程度，迁移深度，不同深度的污染物含量，提供对土壤污染状况评价的信息。不可对油田污染治理和修复提供可靠的指导依据。因此，土壤生态环境的保护与治理已经引起各层政府部门的高度关注。目前世界各国都非常重视油污土壤的治理研究。

为了加强环境保护和土地资源的可持续利用，缓解环境污染带来的压力，整体有效地改善土壤环境状况，促进环境与经济、社会的协调发展，针对日益恶化的土壤生态环境现状，应该加强土壤/沉积物油污迁移及生物修复技术研究。

## 1.2 有机污染物迁移转化概述

由于环境中有机污染物的持久性、全球性、生物累积性以及高毒性，国际上许多国家尤其美国、英国、法国、德国、日本、挪威、澳大利亚、奥地利等国家的环境界非常重视对毒害有机污染物的研究工作，相继投入大量的人力和物力，对持久性毒害有机污染物的污染现状、环境迁移及转化行为、生态毒性、污染源控制策略以及污染治理途径等各个方面开展基础研究和应用研究。如美国早在 20 世纪 90 年代初期就启动了规模巨大的环境超级基金计划（superfund），针对美国数以千计的毒害有机污染物及被污染区域开始进行分类、确认、研究、清理和修复工作。目前国际上该领域的研究主要集中在对江、河、湖、海等水域中毒害有机污染物环境行为研究和迁移及转化行为研究等方面。国外的一些环境管理部门已开展对油气开采业排出的毒害有机污染物进行研究、评价及治理工作。虽然有的学者已对油田有机污染物进行了不同规模、不同程度的研究[8,9]，但仍有一系列技术问题需要解决，而且目前尚未见到针对油田环境中的有机污染物进行准确鉴定、全面评价以及对其迁移转化规律进行系统综合研究的报道。

我国该领域的研究相对滞后，相关背景资料和重视程度等与国外存在着一定差距；我国环境工作者以往特别重视无机重金属元素对人类及其相关环境影响的研究，而忽视了对环境中有机污染物的足够关注和深入研究，对石油类污染物的研究就更加少见了。虽然目前我国的有关研究人员也已认识到了有机污染的严重性[10-12]，正在致力于有机污染物的调查和研究工作，但我国关于环境中有机污染的调查研究还限于局部区域或特定的有机污染物质，几乎见不到研究全国范围内的各类介质中有机污染物的污染状况的数据，在我国泥土有机污染研究方面，以前一直以农药为主的有机污染物造成的土壤污染研究和污灌对农田系统带来的影响研究为主要内容。

近几年通过开展对城市环境和主要河流中有机污染物的调查，发现我国环境中存在着相当严重的有机物污染；尤其是 2005 年国家环保总局在广州、南京、沈阳 3 个省会城市开展了土壤污染状况调查试点工作，继而在 2006—2010 年，国家环保部与国土资源部联合进行全国土地污染情况调查，由于近年来中国各地方“重化工业”的发展趋向十分明显，在经济发展的过程中，工业、化学品等对土壤污染的情况普遍存在；国家环保部有关领导表示，调查结果显示，我国部分地区土壤污染严重，土壤污染类型多样，呈现新老污染物并存、无机有机复合污染的局面，土壤污染途径多，原因复杂，控制难度大，由土壤污染引发的农产品安全和人体健康事件时有发生，成为影响农业生产、群众健康和社会稳定的重要因素；2011 年 10 月 25 日，环保部部长周生贤曾在十一届全国人大常委会第二十三次会议报告中公开表示，中国土壤环境质量总体不容乐观，中国受污染的耕地约有 1 000 亿 $m^2$，占 12 000 亿 $m^2$ 耕地的 8.3％；并特别强调，土壤污染调查将严格控制污水灌溉，强化对农药、化肥、除草剂等农用化学品的环境管理；我国土壤有机污染物的迁移转化规律及其防治工作面临的形势十分严峻。

有关环保学者逐渐开展对各种环境介质中的有机污染物的检测及其迁移与转化等方面的研究工作，发现我国一些水域中，如长江、松花江、黄浦江、北京官厅水库、污水灌溉区及香港、澳门、珠江等有机污染严重，其中长江黄石段检出 100 多种有机污染物，松花江哈尔滨段检出 264 种有机污染物，第二松花江吉林段检出的有机污染物近 417 种，珠江检出的有机污染物 241 种，上海市黄浦江水源中检出有机污染物 400 多种；这些检出的有机物中多数属于有毒有害的“三致”污染物质[13-18]。有机污染物对油田环境所造成的影响和破坏，对人民生活和健康的威胁以及对社会经济可持续发展的制约已逐渐引起人们的广泛关注。但这方面的研究工作，在国内还处于探索研究阶段，因而与之相关的一系列理论和技术问题，尚需要进行系统、深入的研究。

## 1.3 土壤中石油类污染物检测方法

毒害性有机污染物，尤其是稠环芳烃(PAHs)是一类全球性污染物，因其分布极广，含量低，毒性强，异构体种类多，其分析技术一直是环境分析领域的前沿课题之一。石油类污染物中所含的PAHs类污染物非常丰富。我国在环境监测方面明确提出将有机污染的监测分析工作列为监测工作重点解决的问题，将有机污染物的分析测试方法的本土化、标准化、现代化作为工作目标。但值得注意的是，目前我国还没有建立完善的土壤中石油类及其相关物质的环境质量监测标准，在进行油污土壤的环境危害分析和治理技术研究中缺乏统一的标准，给相关的研究工作带来了诸多不便。有关专家曾建议尽快制定土壤中有机污染物的标准分析方法[19]，我国制定的《土壤环境质量标准》中，主要涉及重金属和难降解的农药指标，没有石油类及其相关物质的标准要求。土壤中石油类有机污染物的检测是开展各种相关研究工作的基础。因此，准确、快速、简便的定性定量分析技术是土壤中石油类污染物研究的关键。

### 1.3.1 土壤中石油类有机污染物定量检测方法

国外非常重视对油污土壤的检测研究，如美国环保局(US EPA)针对土壤中石油类有机污染物建立了6种定性定量分析方法[20, 21]，Marc A. Mills等研究者利用二氯甲烷抽提与重量法进行油污土壤定量分析[22]，B. E. Richter, C. L. Arthur及S. Liang等采用加速溶剂抽提(ASE)、固相微萃取(SPME)和超临界流体萃取(SFE)技术，使用不同的有机溶剂作为萃取介质，对土壤及沉积物中的石油类有机污染物进行了全面的研究工作[23-27]。具体检测方法如表1-1所示。

表1-1 土壤中石油类污染物分析方法

| 序号 | 方法编号 | 分析对象 | 基本方法 | 建立者 |
| --- | --- | --- | --- | --- |
| 1 | Method8440 | 总石油烃类(TPHs) | 红外光谱(IR) | US EPA |
| 2 | Method8310 | 多环芳烃类(PAHs) | 高效液相色谱(HPLC) | US EPA |
| 3 | Method8021 | 挥发性芳香烃类(AromaticVOCs) | 气相色谱(GC) | US EPA |
| 4 | Method8270 | 半挥发性烃类(SVOCs) | 气相色谱-质谱联机(GC-MS) | US EPA |
| 5 | Method3540C | 土壤中有机质(SOM) | 索氏抽提法(soxhlet extraction) | US EPA |

（续表）

| 序号 | 方法编号 | 分析对象 | 基本方法 | 建立者 |
|---|---|---|---|---|
| 6 | EPA3550B | 土壤中有机质(SOM) | 二氯甲烷超声萃取 | US EPA |
| 7 | 重量法 | 石油中可抽提物(TEM) | 二氯甲烷抽提重量法 | Marc A. Mills 等 |
| 8 | 重量法 | 土壤中石油烃污染物 | 加速溶剂抽提(ASE) | B. E. Richter 等 |
| 9 | 重量法 | 土壤中有机污染物 | 固相微萃取(SPME) | Pawliszyn 等 |
| 10 | 重量法 | 土壤中石油烃污染物 | 超临界流体萃取(SFE) | S. Liang 等 |

我国开展土壤及沉积物有机污染检测研究较早的单位主要有中国环境监测总站、中科院生态环境研究中心、中科院广州环境地球化学研究所和北京大学、南京大学、南开大学等。徐晓白院士、傅家谟院士等领导的研究队伍在多方面开展了研究工作。我国目前一般使用化学分析与仪器分析相结合的方法进行土壤石油有机污染定量检测研究，如我国传统测定土壤及底泥中有机质含量普遍采用油浴消解——重铬酸钾容量法[28, 29]。这种方法虽然比较快速、可靠，但容易造成油浴表面有机物挥发严重，污染实验室空气，另外消解管外表面附着的油腻难以清洗以及由此可能引起的测定结果偏高现象发生。有些学者如林滨等[30]采用重铬酸钾比色法测定土壤和沉积物中的有机质，黄彩海[31]、杨冬雪[32]等采用改进的消解法定量测定土壤及底泥中的有机污染物，前者选用 COD 消解装置作加热器，利用直接加热消解法进行测定，其特点是温度波动性小，试管受热均匀，且不产生实验室二次污染，装置配有温度显示器及消解定时器，使得消解全过程简便、准确、省时省力；后者使用"自控式高压蒸汽消解器"作为加热器，使消解过程由敞口转入密封，用高温蒸汽代替油浴，该方法批处理样品数量多，而且有效地避免了实验室二次污染问题。许多学者采用索氏抽提和各种萃取法来提取土壤样品中的石油有机污染物，俞元春等使用"直接法"，通过 $CCl_4$ 超声萃取、过滤、干燥等操作，利用红外光度法直接分析测定土壤中石油类污染物总含量[33]。龚莉娟[34]采用四氯化碳提取，硅酸镁吸附——非分散红外法定量测定土壤中石油类污染物，测定方法操作步骤简单、分析时间较短、精密度可以满足监测分析要求；唐松林[35]利用 $CCl_4$ 溶剂在 50～60℃水浴中以 40～60 r/min 的转速振荡 14 h 的相似提取方法，萃取液经干燥、定容、过滤后通过红外光度法测定土壤中的石油类污染物。

另外，在重量法检测研究中，很多学者使用了各种有机溶剂萃取或抽提方法，如中科院广州地化所一般采用二氯甲烷或二氯甲烷/丙酮(1∶1, V/V)作溶剂进行 72 h 的索氏抽提法(soxhlet extraction, SE)[36]；葛晓立等[37]用正己烷/丙酮(1∶1, V/V)在 60℃下索氏提取 16 h 的方法；张枝焕等[38]通过二氯甲烷/丙酮混合溶剂索氏抽提 24 h 测定天津表层土中饱和烃(saturated hydrocarbons, S)污染物分布特征;周宁孙等[39]应用微波萃取(microwave extraction, ME)(亦称为微波辅助萃取,microwave-assisted extraction, MAE)技术分析了土壤中的有机污染物;但德忠等[40]综述了国内外使用微波萃取提取土壤及沉积物中各种烃类污染物的绿色新技术,MAE 与遵循能量传递—渗透进基体—溶解或夹带—渗透出来的传统萃取模式不同,MAE 技术是利用微波的特性对物料中的目标成分进行选择性萃取,从而使试样中的某些有机污染物达到与基体物质有效分离的目的。北京大学崔艳红[41]、王学军[42]等使用二氯甲烷/丙酮(1∶1, V∶V)混合溶剂,采用加速溶剂提取法(accelerated solvent extraction, ASE)在 140℃条件下加速提取 5 min (ASE - 300 压强固定在 1 500 psi)进行土壤中多环芳烃提取检测分析,大大缩短了实验时间,提高了工作效率。阎吉昌等[43]利用 $CH_2Cl_2$ 作溶剂进行超声波提取(ultrasonic-assisted extraction, UAE)土壤中有机污染物;南京大学许士奋等[44]用二氯甲烷/正己烷混合溶剂,用超声波振荡提取法萃取样品两次(30 min/次)来提取沉积物中的多环芳烃类污染物;刘现明等[45]使用正己烷/丙酮(1∶1)或正己烷/二氯甲烷(1∶1)浸泡 20 h 后再利用超声法萃取 20 min 来分析大连湾沉积物中 PAHs;蒋敏等[46]在分析土壤样品中多环芳烃时,将 $CH_2Cl_2$ 超声萃取(3 次,20 min/次)结果与 $CH_2Cl_2$ 索氏提取结果做了对比分析,实验证明,经超声萃取后共检出 18 种多环芳烃,且组分峰的相对强度都很小,延长超声萃取的时间也没有明显的改善,加大样品量和萃取溶剂的用量又不利于少量样品的分析,在与超声提取相同的样品及溶剂量的情况下,索氏提取检出的多环芳烃除以上超声萃取得到的 18 种 PAHs 外,还多检出了 31 种,并且各组分峰的强度明显要高于超声萃取,说明索氏提取更能有效地提取相对分子质量小的 PAHs,说明超声萃取耗时少,但总抽提效率低于索氏法。H. B. Lee,翁建华[47]、张苹民[48]及高连存[49]等采用超临界流体萃取(supercritical fluid extraction, SFE)技术测定土壤中的多环芳烃等有机污染物,SFE 依靠超临界流体独特的物理化学性质将有机物从土壤中有效地提取出来,具有快速、高效、不使用或少量使用有毒溶剂、自动化程度高等特点,在环境有机污染物分析领域得到了广泛的重视和应用。

在对土壤样品中石油类各组分进行定量检测时,中科院生态研究中心在研究玉渊潭底泥中的正构烷烃和多环芳烃等组分时,参照 US EPA 8100 方法采用外标法进行定量分析[14],测定了玉渊潭不同深度的沉积物样品中多环芳烃和正构烷烃的含量,结果表明 5～15 cm 层多环芳烃含量最高,0～5 cm 层次之,15～25 cm 层最低。中科院广州地化所采用 GC - MSD 与 GC - ECD 内标法和多点校正曲线定量法对珠江河口沉积物中的有机烃类污染物进行了组分定量分析[36, 50, 51];厦门大学袁东星等[52]对厦门西港和闽江口的表层沉积物样品中有机污染物 PAHs 含量进行了分析,厦门西港沉积物样品中总 PAHs 含量为 425. 3～1 522. 4 $ng/g_{(干重)}$,

并推断主要为石油来源。陕西科技大学黄宁选与南京大学王晓蓉等[53]在对污染土壤环境中石油烃污染物组分分析中，通过气相色谱法(GC)和重量法对污染土壤的石油烃(TPHs)进行了定量分析。国家地质实验测试中心葛晓立等[37]采用气相色谱-质谱(GC/MS)联用仪(fisonsin struments GC800 series(8060)-MD800)，以化合物特征离子的质量色谱峰面积进行定量分析。

总的来看，国内外研究者在进行土壤中石油类有机污染物的定量分析工作中，主要采用仪器法和重量法这两大类检测方法。在具体研究工作中，不同学者根据研究要求与实验条件等，选择了这两大类方法中的具体分析方法；同时也应看到，各种各样的具体检测方法比较多、比较杂乱，例如对于传统的索氏抽提法，不同学者采用的溶剂和抽提时间差别很大。笔者比较倾向于使用仪器分析检测方法，因为在检测过程中不需要或需要很少量的溶剂(大多溶剂均有不同程度的毒性)，避免了耗时长、步骤繁琐且易造成误差的操作过程，方法本身更有利于环境保护、符合绿色化学实验要求。

### 1.3.2　土壤中石油类有机污染物定性检测方法

在对土壤中石油类有机污染物进行定性分析时，目前广泛使用的检测方法一般都需要首先对土样中的油类组分进行提取，然后再经过分离、浓缩、清洗、皂化、过滤、转移、稀释、层析(LC)等一系列复杂的预处理操作步骤，分离出饱和烃、芳香烃以及非烃与沥青质等族组分之后，再利用气相色谱(GC)、高效液相色谱(HPLC)、色-质联用仪(GC-MS)、红外光谱(IR)、核磁共振(NMR)等进行定性分析。溶剂萃取方式有很多种，如前面所述的SE，MAE，ASE，UAE，SPME，SFE，SPME技术等；层析分离一般采用“硅胶/氧化铝(2∶1)+1 g无水$Na_2SO_4$”层析柱进行；对土壤中石油类有机污染物做定性分析时，可以利用分离到四种族组成的样品进行，当然，利用分离出的更窄的组分做定性分析可以对有机污染物进行更细致全面的分析。

在对土壤中石油类有机污染物进行组分定性检测中，不同研究者采用的分析仪器与实验条件也存在差异。康跃惠等[36]分析珠江澳门河口沉积物中正构烷烃采用HP公司的GC5890Ⅱ/5972MSD进行，HP-5石英高弹毛细管柱：50 m×0.32 mm×0.17 μm，进样口温度为280℃，程序升温：在45℃以3℃/min升至200℃，再以5℃/min升至285℃后保持3 min，载气氦气流速为2.0 mL/min；EI电子轰击源，倍增电压1 600 eV，发射电子能量为500 eV，扫描范围为50～500 u。陈来国等[54]使用HP5890ⅡGC/5972MSD，DM-5柱为30 m×0.25 mm ×0.25 μm (Dikma)定性分析土壤中PAHs的实验条件为：在程序升温条件下，60℃时保持5 min，然后以3℃/min的速率升至290℃，保持40 min。崔艳红等[41]使用的分析条件是：HP-5MS 30 m×0.25 mm×0.25 μm毛细管色谱柱，载气氦气柱前压为

0.03 MPa，线速度为37 cm/s，进样口温度为280℃，不分流进样，初始温度为60℃，以5℃/min速度升温至260℃并保持20 min至组分完全流出，MS为EI电离源70 eV，质量范围为45～600 amu，倍增器电压为1 288 V，离子源温度为230℃。葛晓立等[37]在利用GC/MS分析土壤中多环芳烃的组成时，GC/MS分析条件为：DB－5MS弹性石英毛细柱（内径0.25 mm×30 m，膜厚0.25 μm），载气为高纯氦气，柱箱程序升温条件：柱初温50℃保持2 min，以10℃/min升温至280℃保持10 min，再以5℃/min升温至300℃保持2 min；质谱条件：电子轰击源电离电压为70 eV，离子源温度为220℃，接口温度为270℃，溶剂延迟时间为8 min，数据采集时间为8～50 min。肖锐敏等[55]利用顶空气相色谱技术，检测土壤样品中挥发性苯系有机物，实验操作简便，分析快速、准确、灵敏、干扰少，适应性强。黄宁选与王晓蓉等[53]采用GC法测定污染土壤中的石油烃污染物组分，色谱条件：HP－5毛细管柱30 m×0.25 mm×0.25 μm，以5%甲基苯硅树脂作固定相，氮气做载气的流速为2 mL/min，进样口和检测器温度分别为250℃和340℃，升温程序：开始60℃持续2 min，之后以8℃/min升温到300℃并保持6 min，进样量为1 μL。戴竹青[56]等研究石油化工厂区土壤中的总石油烃分布采用Finnigan 9001气相色谱仪（FID），DB－5石英毛细管柱（0.32 mm×30 m），汽化室300℃，检测器300℃，柱温100℃下2 min，以12.5℃/min升至300℃后保持17 min，载气使用高纯氮（0.8 mL/min），补偿气20 mL/min，氢气15 mL/min，空气170 mL/min，根据指纹数据库中贮存指纹图对样品色谱图进行定性分析，从而确定造成土壤污染的油品种类。马玲玲等[57]利用HP6890气相色谱火焰离子化检测器（GC－FID）分析北京近郊土壤中痕量半挥发性有机污染物，DB－5石英毛细管柱（30 m×0.25 mm×0.25 μm），分析土样中正构烷烃和多环芳烃的升温程序为：初温为50℃保持2 min，然后以4℃/min升至280℃后保持20 min；GC－MS的离子源温度为230℃，电子能量为70 eV，扫描范围为50～500 amu，采用标样保留时间结合GC－MS谱库检索定性分析。即便使用相同的仪器，在不同条件下进行分析也难以保证得到的检测结果。

总之，在对我国土壤中石油类有机污染物进行定性检测过程中，大多使用质谱法或色谱标样保留时间法等国际上普遍使用的方法。经过学者们多年的调查研究工作，为泥土环境中的石油污染质量评价及污染控制奠定了一定的基础，但研究方法尚需统一规范化。尤其是在对土壤中石油类有机污染组分进行逐级分离的过程中，由于标准不统一可能会造成较大的分析误差以及出现检测结果无法对比的问题。

## 1.4 石油类污染物迁移特征模拟研究现状

### 1.4.1 油污迁移实验模拟研究现状

在石油开采过程中，试油、洗井，油井大修、堵水、松泵、下泵等井下作业和油气集输，均有原油散落于地面，含油污水外排更是直接将石油类污染物排入环境中。石油污染物不仅残留在包气带，而且还会向地下迁移、转化，有可能造成地下水含水层污染，从而对人类健康和环境质量产生威胁。

在油田环境建设过程中，已有一些学者对石油类污染物污染水体方面进行了研究，但在石油类污染物对土壤环境污染方面的研究却不够深入[58-60]。早在 20 世纪 60 年代国外已着手研究土壤污染问题[61-66]。近年来，国内开始重视污染物在土壤中的迁移问题，对土壤中石油污染物迁移转化问题有了一定的认识[67-69]，在定性分析和实验分析的基础上得出了某些可供参考的结论，但在定量分析方面的研究成果并不多。目前我国农业部门一般从农作物生长角度出发，研究污染物在表土层（地表以下 20～30 cm 的耕作层）中的迁移，而地下水工作者，对污染物从地表向下迁移的研究相对深入些[70]，然而这些研究都是研究无机污染较多，研究有机污染较少。目前对土壤中有机污染物迁移转化规律的研究中，农药类的有机污染研究相对比较深入[71-73]，而对石油类的污染研究相对较少。在对地下水污染系统模拟实验研究中，有人对土壤层进行了分单元研究：表土层通常采用盆栽的方法，而对犁底层和包气带土层通常采用土柱实验的方法进行实验模拟。由于分段实验方法所得结果存在较大偏差，后来采用了土柱整体模拟实验方法，其结果更接近实际情况[74]。赵东风等[68]针对新疆地区焉耆盆地的轻质油和凝析油原油为主要实验样品，做了土壤中原油迁移特征的室内土柱淋渗模拟实验，但其实验方法比较简单，未对土壤物性、微生物条件及污染物特征等影响实验结果的各种因素进行综合考察，而只考察了原油渗透过程的定量特征，没有进行深入的定性测试。中原油田、江汉油田也做过这方面的实验研究，主要采用田间实验和室内的土柱淋滤两种方法相结合，且一般以原油或含油污水为污染源，以土壤的原状土作为研究对象，虽然理论上应该能够比较真实地反映石油类污染物在地下的迁移情况，但实际上在实验过程中土壤样品易产生裂缝，影响污染物迁移过程的正常进行，而且这种实验方法难以做对比实验，实验所需的空间和设备要求也比较高。王洪涛等[75]在对宋芳屯油田开发建设中石油污染物在土壤中的迁移研究中，室内模拟研究主要采用的是土柱模拟实验来获得所需的部分研究参数。石油污染物在土壤中的迁移和转化会受到很多因素影响，如：土壤本身的成分、理化性质及形成环境等，还有污染物本身的成分及性质的影响[76, 77]。麦碧娴等[78]对珠江水域及河口沉积物中 PAHs 的迁移进行考察和研究，探讨了 PAHs 等有机污染物的迁移分布规律；郭清海、王焰新、郭华明等从理论分析的角度研究了地下水系统中胶体的形成机理及其对污染物迁移的影响[79]。许士奋等[44]对长江、辽河沉积物中的多环芳烃类污染物进行研究表明，含水层中矿物颗粒的化学组成及其表面电荷分布的不均匀性对胶体的迁移及聚沉规律有着重要影响，未来对胶体性质的研究有必要侧重于这一方面的分析。J. N. Ryan，J. F. Mc Carthy，J. Buffle 等国外研究人员也针对有机污染物迁移过程中与土壤及沉积物胶体之间的相互作用进行了研究[80-84]。邢晋武[85]研究了石油类污染物在充填状灰岩裂隙中的迁移规律，刘贯群等[86]对临淄地区地下水中酚、氰化物研究指出，包气带的黏土或亚黏土层对酚、氰化物有较强的吸附和阻隔作用，延缓了对地下水的污染，但由于吸附的酚、氰化物除部分氧化、挥发和微生物降解外，仍保留在包气带中，经降水等淋滤解吸仍会进入地下水中，因此包气带污染土层又成为地下水的潜在污染源。尹喜霖等[87]的野外调查证实，岩土对有机污染物有一定的吸附和过滤作用，酚在包气带中的含量与岩性密切相关，其在亚黏土中的含量远高于中细砂；阎先良[88]、祝万鹏[89, 90]等利用模拟实验考察了有机污染物与土壤介质之间的吸附特征，表明不同介质对酚、氰化物的吸附量也不同，亚黏土比中砂吸附量大，亚砂土对苯酚的吸附性能较差，反映了有机污染物的吸附特征；研究结果认为，地层岩性越细，吸附酚、氰化物的量就越大，净化能力也越强，因此包气带中的酚将不断随降水或污水下移进入地下而污染地下水。

室内模拟实验应能尽量反映石油在地下土壤中的真实迁移过程和特征。根据实验研究的目的与当地环境因素来确定主要污染源和主要影响因素来进行模拟。总之，目前国内外对石油类污染物在土壤中的迁移特征和转化规律的室内模拟实验研究在方法与技术上还不够成熟，有待于开展深入细致的研究工作。

### 1.4.2 油污迁移数值模拟研究现状

现今国外很重视对有机污染物在土壤中迁移转化的研究，把它作为研究地下水污染问题的突破口。20 世纪 80 年代，美国、英国等西方发达国家，在研究非饱和带水分运动的基础上，通过实验模拟与数值模拟相结合的方法，开始研究污染物在非饱和带土壤中的迁移规律[91-93]。通过室内及野外土柱试验，确定了非饱和带垂向一维弥散系数和衰减系数；此后，随着研究工作的深入，逐步开始研究在土壤中的迁移转化规律，研究有机黏土对水中苯系物、酚类等有机污染物的吸附，考虑土壤液相和固相浓度的分配系数，并借助于 Henry 和 Langmuir 的等温吸附模式来表示液相和固相浓度吸附和解吸的关系，进而研究非平衡吸附和解吸问题[94-96]。J. B. Bruce 和 S. Shaobai 等人研究了非离子表面活性剂在土壤颗粒物上的吸附特征，发现其吸附等温线近似于 Freundlich 方程[97, 98]：$C_s = KC_w^n$，式中，$C_s$ 为有机物在土壤颗粒物中的浓度，$C_w$ 为有机物在水溶液中的浓度，$K$，$n$ 为常数。J. J. Pignatello和 J. E. Bauer 等研究了有机污染物与土壤之间存在的可逆吸附，指出它们之间的吸附作用和解吸作用是处于不断进行着的动平衡过程中，并受多种因素的影响[99-106]；而 T. Larsen，J. F. Mecarthy 和 U. Mingelgrin 等学者则重点研究了扩散、吸附和渗透在有机污染物向地下迁移、转化过程中所起的重要作用[107-111]，并考虑了水、污染物及土壤之间相互作用关系；在土壤介质结构方面，由均质土壤研究到分层土壤，Nunzio Romano[112]进行了分层土壤中不饱和流体流动的一维数值分析和研究。在数学模型求解方面也在不断发展，由非饱和带的简单解析解发展到复杂因素的数值解，求解的初始条件和边界条件也在不断改进[113-120]，使之更加接近于污染物迁移的实际情况。但由于国外油田地下土层和岩石性质大部分较稳定，因此一些学者考察有机污染物迁移的影响因素较少，而由此建立的迁移模型不完全适合我国油田的实际情况[121]。

我国对污染物在土壤中迁移、转化的研究已开始重视起来，并借鉴国外有关法规和成果，制定了具有中国特色的环境影响评价原则、方法与相关研究技术[122]。一般在进行土壤环境影响预测时，由于土壤环境条件变化复杂，参数难以确定，因此人们采用的主要是土壤环境容量方法，为污染区域实行总量控制提供定量数据。清华大学、北京师范大学、河海大学、中国科学院等高校和科研单位对有机污染物向地下迁移转化及地下水污染防治等问题进行了研究，并已取得了一些有价值的研究成果[123-130]。目前，我国已有研究者做过有关石油类有机污染物在土壤中淋溶、降解等方面的实验，对土壤中有机污染物的浓度分布进行了初步的探讨[131-135]，根据实验结果对土壤石油组分迁移、渗透和转化特征做过实验研究[68]；有研究认为石油污染物的浓度与深度间的关系可以用负指数方程来表征，其可能影响的最大深度受区域环境条件与石油特性制约；还有学者研究设计了在裂缝中两相流动的数字化模型，对于正态的缝隙分布，通过假设固有的毛细管空间占有准则，可以得到少量流动的简单近似。戴树桂[136]及周岩梅[137]还研究有机污染物与土壤及沉积物颗粒的吸附作用过程和迁移规律；齐永强和王红旗[138, 139]还从微生物学角度对土壤石油污染的影响和作用进行了探讨。一些学者分别建立了有机污染物在土壤和地下水中迁移的数学模型[140-147]。其中王洪涛等[142-144]比较系统地分析了石油污染物在土壤中的迁移特征，并对这一过程进行了数值模拟研究，建立了评价石油污染物对地下水污染的模型和方法；而陈家军、王红旗等[145, 146]则针对大庆油田环境中石油类污染物对地下水的影响进行了分析，并在探讨大庆龙南油田石油污染来源及污染途径基础上，建立了石油污染物在环境中的迁移、转化的数学模型。虽然以上学者建立的某些数学模型还不够完善，没有全面考虑有机污染物迁移过程中存在的自净能力和复杂的地下流体之间相互作用的运动过程，但却不失为研究有机污染物迁移规律的一种方法，同时为更深入地研究和模拟这一过程奠定了基础。

## 1.5　石油类污染物迁移研究中存在的问题及发展趋势

### 1.5.1　石油类污染物迁移研究中存在的问题

#### 1.5.1.1　土壤中石油类污染物检测方法问题

目前对于土壤中石油类有机污染物的分析虽然有各种各样的检测方法，为泥土环境中的石油污染质量评价及污染控制奠定了一定的基础，但仍存在一些问题难以解决，涉及的主要问题有：

(1) 土壤中石油类有机污染物的检测研究方法急需统一规范化，尽量避免在对各种有机污染组分进行逐级分离的过程中，由于标准不统一可能造成的分析误差以及出现检测结果无法对比的问题；

(2) 利用目前常用方法进行检测过程中，存在着有机溶剂用量大、毒性大、耗时长、操作繁琐、易产生二次污染等问题；

(3) 被检测样品中一部分有机污染物可能会被损失掉，造成分析结果失真的问题。

#### 1.5.1.2 土壤中石油类污染物迁移研究中存在的问题

从国内外对石油类有机污染物在土壤中迁移所进行的模拟研究现状来看，目前研究过程中主要存在以下几个问题：

(1) 室内土柱实验因尺度太小而缺乏代表性；

(2) 室内实验模拟能够反映污染物在土壤内部迁移机理的物理模型较少，而一般皆为反映迁移规律所建的物理模型；

(3) 室内模拟迁移对污染物在土壤中的单一作用研究得较多，而对不同影响因素的相互作用研究得较少；

(4) 室内模拟研究过程一般都比较理想化，考虑随机因素的情况还不多见；

(5) 室外模拟迁移过程以及现场监测耗时费力，而且受自然条件限制；

(6) 目前迁移研究对污染物在土壤中的动态过程研究不够深入。

### 1.5.2 石油类污染物迁移研究发展趋势

#### 1.5.2.1 土壤中石油类有机污染物检测发展趋势

土壤中石油类有机污染物检测方法是进行各种相关问题研究的基础，是迫切需要开展的研究工作之一。目前国内外研究者主要采用仪器法和重量法两大类方法检测土壤中的石油类有机污染物数量，使用质谱法或色谱标样保留时间法进行定性分析。但不少学者在研究中所应用的具体实验方法比较杂乱，因此，检测方法的发展主要是尽快解决目前的问题。首先是在土壤中石油类有机污染物的定性定量检测分析方法的规范化方面下工夫；然后就是研究开发快速高效、绿色无毒的仪器分析检测方法，尽量减少实验室有毒溶剂用量，避免耗时长、步骤繁琐且易造成误差的操作过程，并努力满足绿色化学实验要求；针对目前研究状况，建议开发热蒸发烃—质谱联用分析大型仪器，争取实现在不使用溶剂的环境下进行土壤中石油类有机污染物检测，有效地解决目前常用分析方法中存在的各种问题。

#### 1.5.2.2 土壤中污染物迁移研究发展趋势

石油类有机污染物在土壤中的迁移研究发展趋势主要表现在以下几个方面：

（1）室内土柱迁移模拟实验研究设备有待于改造和更新；

（2）土柱迁移模拟方法需要进一步完善和提高；

（3）通过对理想条件下实验条件的掌握，逐渐建立起与实际迁移过程相近的、考虑随机因素影响的迁移物理模型；

（4）建立以研究污染物迁移转化机理为基础的实验物理模型；

（5）加强石油类有机污染物迁移的动态过程研究；

（6）开展室外整体性实验与室内单体模拟实验相结合的研究方式进行土壤中石油类有机污染物迁移特征对比研究，以便更好地模拟石油类污染物在土壤中的实际迁移规律。

# 第 2 章　研究区域特征

## 2.1　区域自然概况

### 2.1.1　自然条件

大庆油田是我国最大的油田，位于松辽平原中央部分，滨洲铁路横贯油田中部。其中大庆油田为大型背斜构造油藏，自北而南有喇嘛甸、萨尔图、杏树岗等高点。油层为中生代陆相白垩纪砂岩，深度为 900～1 200 m，中等渗透率。原油为石蜡基，具有含蜡量高(20%～30%)、凝固点高(25～30℃)、黏度高(地面黏度 35)、含硫低(在 0.1%以下)的特点。原油比重为 0.83～0.86。1959 年，在高台子油田钻出第一口油井，1960 年 3 月，大庆油田投入开发建设。1976 年以来，连续 28 年，年产原油一直在 5 000 万 t 以上，1983 年产油 5 235 万 t。2000 年正式转制成立大庆油田有限责任公司。累计生产原油 20 亿 t 以上，为国民经济、社会发展作出了突出贡献。大庆油区的发现和开发，证实了陆相地层能够生油并能形成大油田，从而丰富和发展了石油地质学理论，改变了中国石油工业落后面貌，对中国工业发展产生了极大的影响。

大庆是中国最年轻的城市之一，位于黑龙江省西部，松嫩平原中部，松辽盆地中央坳陷区北部，处于松花江、嫩江一级阶地上，大地貌为微起伏波状平原，境内无山无岭，地势东北偏高，西南偏低，稍高处多为平缓的漫岗，平地多为耕地、草原，低处多为排水不畅的季节性积水洼地和沼泽以及大小不等的泡沼，整个区域由江湾漫滩及阶地等构成；海拔高度在 126～165 m 之间。市区地理位置北纬 45°46′～46°55′，东经 124°19′～125°12′之间，东与绥化地区相连，南与吉林省隔江(松花江)相望，西部、北部与鹤乡齐齐哈尔市接壤。滨洲铁路从市中心穿过，东南距冰城哈尔滨市 159 km，西北距齐齐哈尔市 139 km。全市总面积 21 219 $km^2$、人口 240 万，其中市区面积 5 107 $km^2$、人口 104 万。大庆市包括萨尔图、让胡路、龙凤、红岗、大同五区和肇源、肇州、泰康、林甸四县。滨洲铁路横穿市区，滨洲线、让通线在市内交汇，形成铁路枢纽，25 座火车站每天接发的客货列车通往全国各地；市内多于

8 500 km 的公路纵横交错，50 多条公共交通营运线环绕全城。经过 50 多年的开发建设，大庆已发展成为一座现代石油城市。

大庆市地处北温带大陆性季风气候区，受蒙古内陆冷空气和海洋暖流季风的影响，形成了春秋季风多，冬季寒飘雪的特点；年平均气温 4.7℃，年日照时数 2 658.1 h，平均无霜期限 229 d，夏季平均气温 22℃，年平均降水量为 435 mm，蒸发量为 1 620.4 mm；全区气候比较干旱。

大庆市有着星罗棋布的江、河、湖、泊，松花江、嫩江流经大庆，天然水面合计 2 130 $km^2$；大庆地面覆盖的天然草场总面积达 5 600 $km^2$。大庆市天然植被主要由草甸草原、低土盐化草甸和沼泽构成。草甸草原是松嫩草原的地带性植被，分布在漫岗地、缓坡地和低平地上，植被主要以中旱生的多年生草本植物为建群种，并以丛生和根茎型禾草占优势。

### 2.1.2　主要资源

#### 2.1.2.1　总体特点

大庆以她的主要资源——石油与天然气在我国国民经济中的重要地位为世人所瞩目。大庆地下蕴藏着极其丰富的石油和天然气资源，大庆油田是世界上年产原油 5 000 万 t 以上的 11 个特大型油田之一，也是我国第一大油田，占全国总产量的 35%～40%。油田南北长 138 km，东西宽 73 km，油田面积大约 5 000 $km^2$。在地质历史上，这里曾是一个大型内陆湖盆，中生代侏罗纪和白垩纪时期，沉积了丰富的生油物质；盆地中心的沉积岩厚度达 7 000～9 000 m 以上；据《大庆市志》记载，这个地区经科学预测，至少蕴藏着 100 亿～150 亿 t 石油储量，可供开采的石油储量为 80 亿～100 亿 t；天然气总储量为 8 580 亿～42 900 亿 $m^3$。

#### 2.1.2.2　大庆油田石油的组成特征

石油是一种天然的可燃有机矿产，被誉为“工业的血液”、“黑色的金子”。石油是由各种不同结构的以不同比例混合在一起的烃类与非烃类化合物所组成。不同地区、不同油层中的石油因地下地质条件的差异，它们的化学组成和物理性质都有很明显的差别。地壳内部的石油随着其演化过程受周围地质环境的物理化学条件影响以及石油形成后由于受次生作用影响，不断使石油的组分发生改变，从而增加了石油物理化学性质的复杂性。因此，大庆油田出产的石油组成也具有其特殊性。

大庆石油是一种复杂的多组分混合物，其中包含的元素主要有：碳(C)、氢(H)、氧(O)、氮(N)、硫(S)5 种，此外还含有很多种微量金属和非金属元素，如占微量元素总量 50%～70%的镍和钒。据统计，大庆原油中碳和氢元素的含量一般为 96%～99%，其中碳占 83%～87%，氢占 11%～14%；其余氧、氮、硫三种杂元素含量很低，仅占 0.5%～5%，但是由它们所组成的杂原子化合物的种类和数量却很多，对石油性质的影响也很大。大庆油田主要有黑帝庙、萨尔图、葡萄花、高台子、扶余、杨大城子等6套产油层系，其中最典型的萨尔图油层的混合油的元素组成特征是：含碳85.74%，氢13.31%，氧0.69%，氮0.15%，硫0.11%[148]。

石油可被分成饱和烃、芳香烃、非烃及沥青质4种族组分。不同油田产出的石油族组成具有较大差别，松辽盆地的原油中的饱和烃含量一般为50%～70%，高者可达91.6%；芳烃含量一般<20%，高者也可达30.8%；非烃含量一般为15%，含量低者为4.1%；沥青质含量较低，一般小于4%，最低仅为0.8%。大庆油田的石油属于陆相成因，具有典型植物成因特色，其特点是高蜡低硫、高镍低钒、高烷烃低芳烃。大庆石油中的烷烃主要是由 $C_{13}$～$C_{35}$ 范围分子量较高的链烷烃，一般以 $C_{27}$ 或 $C_{29}$ 为最主要成分。大庆石油中的芳香烃可分为单环、双环、稠环三类，最典型的有苯系物、联苯、萘、蒽、菲、芘、苊等。

#### 2.1.2.3 大庆油田石油的性质特征

石油组成的差异直接影响石油的物理性质，也反映出原始生油母质及演化程度的区别。由于石油是一种复杂化合物的混合物，因此严格地说，石油没有固定的物理常数，不同地区、不同层位、甚至同一层位的不同部位的石油，其物理性质也是有差别的。但是经过广泛的比较，还是可以归纳出反映石油总体特征的一些物理性质。这些物理性质对认识石油类有机污染特征以及进行石油类有机污染迁移研究与评价具有重要意义。

石油的颜色变化范围很大，从白色、淡黄、黄褐、深褐、黑绿直至黑色。其颜色与石油中胶质、沥青质含量密切相关，二者含量越高，石油的颜色就越深。大庆油田的石油主要为黑色黏稠状原油，深井也有无色透明的轻质油。

石油的相对密度是指20℃时的原油与4℃时的水的同体积质量比。大庆石油的相对密度主要在0.857～0.860范围内。因一般将相对密度大于0.90的石油称为重质石油，所以大庆原油属于中等密度的石油。

石油的黏度是衡量其黏稠程度的量，其实质是流体流动时产生一种阻止其质点相对移动的力，即流体的内摩擦力，大小用黏度衡量。石油黏度可用动力黏度表示，在SI国际单位制中，其单位为帕斯卡·秒(Pa·s)。它表示在1 N力作用下，两个液层面积各为1 $m^2$、相距1 m，彼此间相对移动速度为1 m/s时，石油流动所产生的阻力。受温度、压力及组成的影响，石油黏度变化范围较大，大庆一般原油在50℃黏度为 $9.3\sim21.8\times10^{-3}$ Pa·s。石油黏度不仅直接影响油在管线中的流动，对采油和油气集输产生重要影响，而且对于石油类污染物的迁移与防治也具有重要意义。

石油的溶解性也是其重要特征之一。一般石油难溶于水，但却易溶于许多有机试剂，如氯仿、四氯化碳、苯、石油醚、醇、二硫化碳、丙酮、甲醇-丙酮-苯三元混合溶剂(MAB)等。石油在水中的溶解度取决于它的成分和外界条件。烃类在水中的溶解度(甲烷除外)随分子量增大而减小，碳数相同的各种烃类比较，水溶性规律为：烷烃<环烷烃<芳香烃。根据石油在有机溶剂中的溶解性，可以将各种石油组

分鉴定和分离开来，可以将石油的水溶性和油溶性特点用于石油储运和环境保护研究中。

总之，研究石油的组成特征与理化性质是深入认识石油在土壤中迁移特征与过程及其污染状况等问题的重要依据。大庆地区的石油不但储量丰富而且相对埋深比较浅，勘探成本比较低，大庆原油的质地非常好，属于石蜡基中质正常石油，具有高凝固点、高黏度、高蜡低硫的特点。

## 2.1.3　区域土壤特征

### 2.1.3.1　土壤的一般特点

土壤是自然环境要素的重要组成之一，它是处在岩石圈最外面的一层疏松的部分，具有支持植物和微生物生长繁殖的能力，称为土壤圈。土壤圈是处于大气圈、岩石圈、水圈和生物圈之间的过渡地带，是联系有机界和无机界的中心环节，也是结合地理环境各组成要素的纽带。

土壤的定义随学科而异。从农业角度出发，它是地球陆地表面具有肥力的能够生长植物的疏松表层，是人类赖以生存的重要自然资源；从环境学角度看，土壤不仅是一种资源，还是人类生存环境的重要组成部分。它依据其独特的物质组成、结构和空间位置，在提供肥力的同时，还通过自身的缓冲性、同化和净化性能，在稳定和保护人类的生存环境中发挥着极为重要的作用。土壤的主要组成部分如图 2-1 所示。它是由固体、液体和气体三相共同组成的疏松多孔体系，三部分的相对含量因时、因地而异。土壤固相包括土壤矿物质和土壤有机质；土壤矿物质是土壤物质组成的主体部分，构成土壤的骨架，约占土壤固体总重量的 90%以上；土壤中的矿物质按其成因可分为原生矿物和次生矿物两类。土壤有机质是土壤中各种含碳有机物的总称，一般只占固体总量的 1%～10%，在可耕性土壤中约占 5%，且绝大部分在土壤表层，它是土壤的重要组成部分和土壤形成的主要标志，对土壤性质有很大影响；土壤有机质主要来源于动植物和微生物的残体，可分为两大类，一类是组成有机质的各种有机化合物，称为非腐殖质，如蛋白质、糖类、树脂、有机酸等；另一类为腐殖质，是特殊有机化合物，不属于有机化学中现有的任何一类，包括腐殖酸、富里酸和腐黑物等。

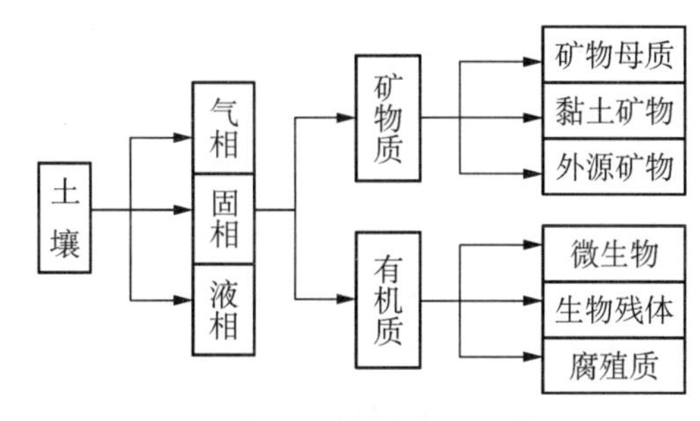


**图 2-1　土壤的主要组成部分**

土壤液相是指土壤中水分及其水溶物，也是土壤重要的组成部分，主要来自大气降水和灌溉。在地下水位接近地面(2～3 m)的情况下，地下水也是上层土壤水分的重要来源；水进入土壤以后，由于土壤颗粒表面的吸附力和微细孔隙的毛细管力，可将一部分水保持住。但不同土壤保持水分的能力不同。砂土由于土质疏松，孔隙大，水分容易渗漏流失；黏土土质细密，孔隙小，水分不容易渗漏流失。气候条件对土壤水分含量影响也很大。土壤水分并非纯水，实际上是土壤中各种成分和污染物溶解形成的溶液，即土壤溶液。因此土壤水分既是植物养分的主要来源，也是进入土壤的各种污染物向其他环境圈层（如水圈、生物圈等）迁移的媒介。

土壤中有无数孔隙充满空气，即土壤气相；典型土壤约有 35%体积是充满空气的孔隙，所以土壤具有疏松结构[59]，如图 2－2 所示。土壤空气与大气基本相近，大庆地区土壤中的主要气体成分是 $N_2$，$O_2$，$CO_2$ 以及部分烃类气体。

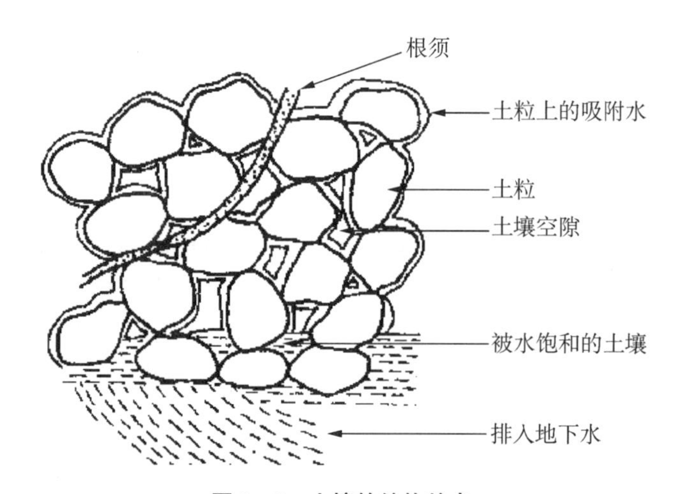


**图 2－2　土壤的结构特点**

岩石矿物风化过程中形成的矿物颗粒大小差异甚大，一般分为砾石、砂粒、粉砂粒和黏粒四级。土壤中各粒级所占的相对比例或重量百分数叫做土壤矿物质的机械组成或土壤质地。土壤的质地直接影响进入土壤中环境污染物质的截留、迁移和转化。黏土富含黏粒，颗粒细小，比表面积大，故其在物理性质上表现出较强的吸附能力，可以将进入土壤中的污染物吸附到土粒的表面，使其不易迁移；砂土黏粒含量少，砂粒含量多，土壤的通气和透水性强，吸附能力较弱，进入其中的污染物易迁移。

土壤孔性是指土壤中孔隙数量大小的分配和比例特征。土壤孔隙分为无效孔隙、毛管孔隙和通气孔隙；土壤孔性在调节土壤水分和空气比例的基础上调节了土壤热量，同时还可以通过过滤、截留、物理化学吸附、化学分解、微生物降解等作用影响进入土壤的各种污染物质。

土壤具有吸附性。土壤中两个最活跃的组分是土壤胶体和土壤微生物，它们对污染物在土壤中的迁移和转化有重要作用。土壤胶体是土粒中颗粒细小的部分，一般为直径小于 0.001 mm 的微细固体颗粒，是由矿物质微粒（铝硅酸盐类）、腐殖质、铝、铁、锰、硅和含水氧化物组成；土壤胶体分为无机胶体（土壤黏粒）、有机胶体（腐殖质胶体）和有机无机复合体三种。土壤胶体以巨大的比表面积和带电性，使土壤具有吸附性。

土壤具有酸碱性和缓冲性特点。由于土壤是一个复杂的体系，其中存在着各种化学和生物化学反应，因而使土壤表现出不同的酸性或碱性。我国土壤的pH值大多在4.5～8.5之间，有由南向北递增的规律性，长江以南的土壤多为酸性和强酸性，如华南、西南地区广泛分布的红壤、黄壤，pH值大多在4.5～5.5之间，有少数低至3.6～3.8；华中、华东地区的红壤，pH值在5.5～6.5之间；长江以北的土壤多为中性或碱性，如华北、西北的土壤大多数含$CaCO_3$，pH值一般在7.5～8.5之间，少数强碱性土壤的pH值高达10.5。土壤缓冲性是指土壤具有缓和其酸碱度发生激烈变化的能力，可以保持土壤反应的相对稳定，为植物生长和土壤生物的活动创造比较稳定的生活环境，对各种类型的污染物的存在状态具有比较重要的意义。所以土壤的缓冲性能是土壤的重要性质之一。

沿垂直方向的分层性是土壤最明显的特征，不同层次具有独特的物理性质、颜色、外形等，构成土壤的形态。一般来说自然土壤剖面可划分为三个基本土层，从地表向地下为A层（表层、淋溶层），B层（亚层、淀积层）和C层（风化母岩层、母质层），如图2-3所示。

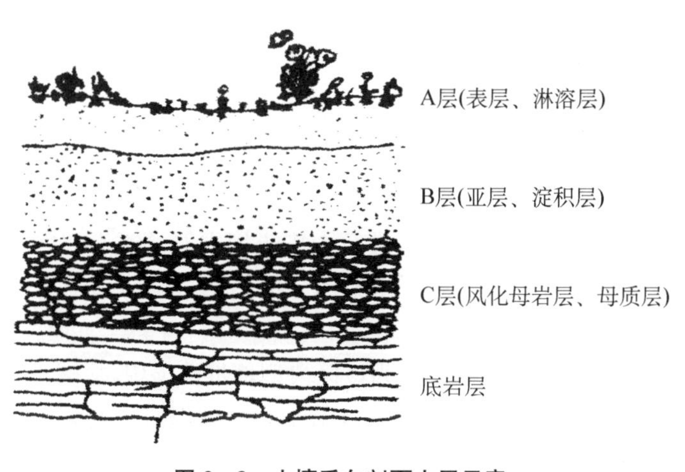


**图2-3　土壤垂向剖面土层示意**

#### 2.1.3.2　区域土壤一般特征

大庆市土壤是在特定的地貌、成土母质、气候、水文、植被等成土因素的综合作用下形成的。据《大庆市志》记载，草原土壤占市区总土地面积的18.64%，是主要的耕地土壤；水成土壤主要有草甸土和沼泽土，其中草甸土占市区总土地面积的52.23%。

大庆地区主要土壤类型为黑钙土、草甸土、盐土、碱土、风沙土及沼泽土6类。

大庆地区西部是嫩江冲积沙地，形成西部以风沙土为主，东部以黑钙土、草甸土为主的两条土壤带，盐碱土镶嵌分布于两条土带之中，组成了复杂的土壤复区。各种类型土壤的主要特性列于表 2-1。

**表 2-1 大庆主要土壤类型与特性**

| 土类 | 土 属 | 表层含盐量/% | 表层 pH 值 | 作物适宜程度 | 地下水深/m |
| --- | --- | --- | --- | --- | --- |
| 黑钙土 | 碳酸盐黑钙土 | 0.04～0.06 | 8.0～8.5 | 不产生盐碱危害 | 2～10 |
| | 碳酸盐草甸黑钙土 | 0.04～0.08 | 8.4 | 比较适宜 | 1.5～3 |
| 草甸土 | 碳酸盐草甸土 | 0.04～0.08 | 8.5 | 不构成危害 | |
| | 苏打盐化草甸土 | 0.15～0.3 | 8.8 | 轻度危害 | |
| | 苏打盐化草甸土 | 0.1 | 9.5 | 不适宜作物生长 | |
| | 沼泽盐化草甸土 | 0.4 | | 不适宜作物生长 | 1～1.5 |
| 盐土 | 苏打碱化草甸盐土 | 0.7～1.0 | 10 | 不能利用 | 1.5 |
| | 沼泽化苏打盐土 | >1.0 | 8.5 | 不能利用 | 0.5～1 |
| 碱土 | 苏打盐化草甸碱土 | 1.0 | 10 | 不能利用 | |
| 沙土 | 生草风沙土 | 0.005～0.007 5 | 8.3 | 易风蚀 | |
| | 黑钙土型风沙土 | 0.02 | | 可生长，易风蚀 | 地下水位低 |
| | 草甸土型风沙土 | 0.06～0.1 | 8.3 | 多为牧业用地 | |
| 沼泽土 | 盐化草甸沼泽土 | 0.6 | 7.8～8 | 间歇/长期积水生长芦苇 | 0～0.5 |

#### 2.1.3.3 研究区土壤样品及其特征

为了掌握大庆地区的土壤特征，进行大庆土壤中石油类有机污染物迁移模拟研究，对区内代表性土壤样品进行了采集和分析。

1) 样品采集及预处理

大庆地区土壤类型较多，黑钙土为该区典型地带性土壤，盐碱土为典型非地带性土壤；因此研究中选取典型黑钙土和盐碱土作为模拟研究对象，对其主要物理、化学性质进行测定、分析和对比。

选择远离人类居住区及石油污染区(未受石油污染)和油井旁(受石油污染)作为采样地点。未受石油污染的土壤采自远离道路、农田及人类活动的地方，石油污染的土壤采自远离公路及人类活动的油井场所，根据生产作业年限的长短分为 2 年及 10 年以上并与周围油水井的距离在 300 m 以上的油井附近进行样品采集。

研究中共选取了五个采样点的 5 个系列样品，样品的采集基础数据如表 2-2 所示。

表 2-2 大庆土壤样品基础数据表

| 采样点号 | 取样地点 | 土壤类型 | 土壤剖面 | 采样深度/cm | 样品编号 | 湿重/kg | 风干重/kg | 体积/$cm^3$ | 土壤剖面表观描述 |
|---|---|---|---|---|---|---|---|---|---|
| 土样1 | 八一农垦大学以北1 000 m地热井附近 | 盐碱土 | 淋溶层 | 3～16 | 1-1 | 32.15 | 28.28 | 20 800 | 纯黑褐色黏土 |
| | | | | 16～53 | 1-2 | 36.35 | 28.46 | 19 980 | 纯黑褐色黏土 |
| | | | 淀积层 | 53～126 | 1-3 | 18.95 | 16.08 | 12 264 | 夹灰白竖点或条迹，点径1～2 cm，条宽1.5～9 cm |
| | | | 母质层 | 126～146 | 1-4 | 9.55 | 7.95 | 6 400 | 黄褐色黏土 |
| 土样2 | 采油一厂四矿62-71井，距采油树东北向9 m | 盐碱土 | 淋溶层 | 0～4 | 2-1 | 1.65 | 1.59 | 774 | 外源黄土 |
| | | | | 4～20.5 | 2-2 | 7.55 | 6.57 | 4 095 | 灰黑夹土黄色的土壤，剖面呈块状 |
| | | | 淀积层 | 20.5～55.5 | 2-3 | 8.45 | 6.81 | 4 510 | 颜色变浅，灰黄色土夹少量细粒砂 |
| | | | | 55.5～84 | 2-4 | 5.9 | 5.13 | 2 508 | 淡土黄色黏土；黏性增大，含水增多 |
| 土样3 | 采油一厂四矿62-71井西南70 m | 盐碱土 | 淋溶层 | 0～4 | 3-1 | 0.4 | 0.4 | 239 | 黄土，表层湿度低，新鲜剖面潮湿、松散 |
| | | | | 4～20.5 | 3-2 | 3.05 | 2.86 | 1 721.5 | 上层为暗灰黄色、松散的蒜瓣土，下层为暗黄色，潮湿松散，泥含量高 |
| | | | 淀积层 | 20.5～55.5 | 3-3 | 5.7 | 5.2 | 3 410 | 黑灰色，松散潮湿，泥含量高，无砂 |
| | | | | 55.5～94.5 | 3-4 | 3.65 | 3.28 | 1 914 | 黑灰色，松散，碎块状，夹白色 |
| 土样4 | 采油一厂二矿北1-7丙-46井南偏东6～7 m | 盐碱土 | 淋溶层 | 0～4 | 4-1 | 0.75 | 0.73 | 360 | 明显含未降解原油；土层压实、较硬 |
| | | | | 4～20.5 | 4-2 | 2.45 | 2.27 | 1 485 | 含油黑色；碎块状，土质变黏 |
| | | | 淀积层 | 20.5～55.5 | 4-3 | 5.2 | 4.76 | 3 150 | 颜色变浅；含砂粒，以黏土为主 |
| | | | | 55.5～65.5 | 4-4 | 1.1 | 1.00 | 855 | 土质变细，不黏；与上层有明显界限 |
| 土样5 | 实验中学东侧、东湖南侧的苗圃内 | 黑钙土 | 淋溶层 | 5～20 | 5-1 | 18.8 | 15.49 | 12 000 | 黑色；土质很细，疏松；植物根须细 |
| | | | | 20～33 | 5-2 | 10.35 | 8.51 | 10 400 | 黑色；土质稍粗，黏；植物根须减少 |
| | | | 淀积层 | 33～73 | 5-3 | 24.10 | 20.20 | 16 000 | 黄色带白色斑点；与上层界限明显；灰黄<10% |
| | | | | 80～90 | 5-4 | 1.450 | 1.18 | 1 000 | 黄土带有铁锈色或条迹锈红10%～15%至冻土层 |

样点1位于大庆市开发区301国道东侧八一农垦大学以北1 000 m处的草原上，表面有人工牧草生长，剖面上主要为灰色块状土，土壤类型为盐碱土；样点2位于大庆市东风新村电视塔东部采油1厂四矿管辖范围内的抽油生产井(62－71井)附近，距采油树东北向9 m，当时正值修井作业期间，采油树旁地表有散落的石油，采样点处无明显的石油残余存在，该样品作为两年较短采油井史的油污土样代表；样点3位于采样点2西南部，距离采油一厂四矿62－71井约西南70 m的小土坎处，可以将该样品作为油污土壤样品的参照样品；样点4位于样点2以南的采油一厂二矿北1－7丙－46井南偏东6～7 m处，该采油井的生产历史在15年以上，井旁土地上有被风化的干的残留污油存在，样点4可作为生产井史较长的油污土壤的代表样品；样点5在301国道以西，大庆实验中学东侧、东湖南侧苗圃内，土壤类型为黑钙土。在样品采集点分别挖一个长1.5 m、宽1 m、深1.5 m的长方形土坑，按照观察到的新鲜土壤剖面的颜色变化和土质变化划分小层；由于土壤剖面具有明显的分层性，所以我们主要根据不同土层的土壤具有不同的颜色、结构、质地、松紧度、温度、植物根系分布等特点，对土壤剖面进行了土层划分。按土壤颜色明显变化的自然层次划分剖面的大层。根据实验需要，按照一定的采样深度，用小铁锹和小泥刀采集土壤，将同层的土样装在洁净的塑料袋内，按地层的上下顺序贴好标签，做好采样记录。在采样过程中尽量要保持使用器具的洁净，避免人为污染。

从野外采来的土壤样品，应尽快带回实验室放在阴凉处，置于洗刷洁净、干燥的瓷盘内摊开风干，以免发霉变质，影响测定结果。当达到半干状态时用玻璃棒把土块压碎，剔除碎石以及动植物残体等杂物后铺成薄层，经常翻动、充分风干。风干后的土壤样品，再用玻璃棒或木棒碾碎后，过2 mm孔径尼龙筛，将样品按四分法缩分后，留下足够的量进行试验与分析使用。用玛瑙研钵将其研细，过80目筛后，装袋、封好、贴上标签备用。

2) 大庆土壤的质地特征

土壤的质地或机械组成表示土壤颗粒的粗细程度，即其含砂、粉砂及黏粒等的相对比例。土壤中许多物理过程与化学反应的进行都受到质地的制约，因为它决定着这些反应进行的表面积。按照土壤颗粒的大小，可以划分出不同的土壤粒级，一般比较简单的方法是根据砂、粉砂和黏粒在土壤中的不同比例，进行土壤质地的分类，表2－3为我国土壤质地分类标准[149]。

**表2－3　我国土壤质地分类标准**

| 质地 | 质地名称 | 各粒级(mm)含量(%) | | |
|---|---|---|---|---|
| | | 砂粒(1～0.05) | 粗粉粒(0.05～0.01) | 黏粒(<0.001) |
| 砂土 | 粗砂土<br>细砂土<br>面砂土 | >70<br>60～70<br>50～60 | — | |

（续表）

| 质地 | 质地名称 | 各粒级(mm)含量(%) | | |
|---|---|---|---|---|
| | | 砂粒(1～0.05) | 粗粉粒(0.05～0.01) | 黏粒(<0.001) |
| 壤土 | 砂粉土 | >20 | >40 | <30 |
| | 粉土 | <20 | | |
| | 砂壤土 | >20 | <40 | |
| | 壤土 | <20 | | |
| 黏土 | 砂黏土 | >50 | — | >30 |
| | 粉黏土 | | | 30～35 |
| | 壤黏土 | — | — | 35～40 |
| | 黏土 | | | >40 |

研究中对大庆土壤样品采用比重计法测定系列1、系列4及系列5样品的机械组成(见表2-4)；对应土壤样品中黏土矿物成分及其含量的测定采用X射线衍射定性、定量分析土壤中黏土矿物成分和相对含量，由大庆研究院地质实验室协助完成，分析结果如表2-4所示。黏土矿物是土壤矿物质中最细小的部分(粒径<0.001 mm)，也是土壤矿物质中最活跃的物质成分，它具有胶体特性。不同土壤类型或同一类型土壤不同土层中黏土矿物的组成具有差异性。

**表2-4　大庆土壤样品黏土矿物与质地特征**

| 样品编号 | 黏土矿物质量分数(%) | | | | | 各粒级(mm)质量分数(%) | | | | |
|---|---|---|---|---|---|---|---|---|---|---|
| | 蒙脱石 | 伊利石 | 高岭石 | 绿泥石 | 伊/蒙混层比 | 砂粒 1～0.05 | 粗粉粒 0.05～0.01 | 细粉粒 0.01～0.005 | 粗黏粒 0.005～0.001 | 黏粒 <0.001 |
| 1-1 | 2 | 53 | | 41 | 85/15 | 4.9 | 29.38 | 20.08 | 31.97 | 13.67 |
| 1-2 | 1 | 55 | | 34 | 85/15 | 9.67 | 34.83 | 15.51 | 24.72 | 15.26 |
| 1-3 | 2 | 58 | | 36 | 85/15 | 0.71 | 24.67 | 15.67 | 29.23 | 29.71 |
| 1-4 | 3 | 52 | | 41 | 90/10 | 2.94 | 31.49 | 16.38 | 27.08 | 22.10 |
| 4-1 | 12 | 44 | 33 | 11 | | 2.43 | 36.63 | 18.91 | 28.72 | 13.31 |
| 4-2 | 11 | 28 | 16 | 45 | | 4.74 | 50.51 | 14.72 | 20.76 | 9.26 |
| 4-3 | 10 | 40 | 16 | 34 | | 2.18 | 38.04 | 19.92 | 30.11 | 9.75 |
| 4-4 | 9 | 33 | 13 | 45 | | 1.47 | 31.57 | 21.13 | 34.2 | 11.62 |
| 5-1 | 11 | 45 | | 44 | | 1.55 | 30.93 | 21.39 | 34.13 | 11.99 |
| 5-2 | 13 | 51 | | 36 | | 6.42 | 40.11 | 17.34 | 25.49 | 10.64 |
| 5-3 | 14 | 45 | | 41 | | 7.88 | 37.46 | 15.43 | 26.35 | 12.89 |
| 5-4 | 13 | 47 | | 40 | | 13.5 | 35.57 | 14.23 | 25.58 | 11.13 |

土壤质地不同可影响土壤的结构和通透性状，进而对石油类有机污染物的截留、迁移、转化产生不同的效应。根据我国土壤质地分类标准[19]中列出的砂粒(1.0～0.05 mm)、粗粉粒(0.05～0.01 mm)、黏粒(<0.001 mm)等不同粒径的颗粒组成含量特点，可以判断三个系列的大庆土壤样品的质地基本上均可定为壤土类型。从分析结果看出大庆土壤样品中黏土矿物的特点，系列 4 样品中黏土矿物种类较多，系列 2 和系列 5 中不含高岭石，但系列 1 中存在伊/蒙混层。

3) 大庆土壤的理化特征

土壤的理化性质在很大程度上影响着土壤的其他性质如土壤养分的保持、土壤生物的数量等。为了研究大庆土壤对石油类污染物在其中的迁移与转化的影响，研究中对采集的大庆地区主要类型土壤的比重、容重、孔隙度、酸碱度、烧失量、含水率及电导率等物理和化学性质进行了测定与分析，如表 2-5 所示。

**表 2-5　大庆土壤样品理化参数数据**

| 样品编号 | 比重/($g/cm^3$) | 容重/($g/cm^3$) | 孔隙度/% | 烧失量/% | 含水率/% | pH 值 | 电导率/($\mu s/cm$) |
|---|---|---|---|---|---|---|---|
| 1-1 | 2.58 | 1.307 | 49.3 | 6.32 | 4.03 | 9.60 | 270.0 |
| 1-2 | 2.26 | 1.366 | 39.6 | 5.48 | 4.32 | 10.00 | 107.7 |
| 1-3 | 2.01 | 1.267 | 37.0 | 4.43 | 3.50 | 9.80 | 173.5 |
| 1-4 | 1.89 | 1.200 | 36.5 | 4.30 | 3.60 | 9.80 | 390.0 |
| 2-1 | 2.55 | 1.993 | 21.8 | 2.34 | 3.06 | 9.40 | 94.9 |
| 2-2 | 2.23 | 1.566 | 29.8 | 2.59 | 2.44 | 9.45 | 100.3 |
| 2-3 | 3.15 | 1.472 | 53.3 | 2.98 | 2.55 | 9.30 | 109.5 |
| 2-4 | 2.30 | 2.002 | 13.0 | 2.68 | 2.16 | 9.00 | 96.8 |
| 3-1 | 2.69 | 1.633 | 39.3 | 3.52 | 2.48 | 8.70 | 99.4 |
| 3-2 | 2.74 | 1.624 | 40.7 | 3.41 | 2.29 | 9.30 | 590.0 |
| 3-3 | 2.46 | 1.499 | 39.1 | 4.07 | 1.71 | 9.75 | 280.0 |
| 3-4 | 2.02 | 1.678 | 16.9 | 1.98 | 1.95 | 9.90 | 210.0 |
| 4-1 | 2.44 | 1.987 | 18.6 | 4.92 | 1.38 | 8.75 | 91.6 |
| 4-2 | 2.43 | 1.496 | 38.4 | 5.31 | 2.24 | 8.70 | 78.9 |
| 4-3 | 2.66 | 1.478 | 44.4 | 3.78 | 2.21 | 8.90 | 76.0 |
| 4-4 | 2.46 | 1.137 | 53.8 | 3.97 | 2.44 | 9.00 | 183.3 |
| 5-1 | 2.21 | 1.267 | 42.7 | 6.24 | 1.92 | 8.70 | 127.5 |
| 5-2 | 2.50 | 1.270 | 49.2 | 5.29 | 2.35 | 8.70 | 122.3 |
| 5-3 | 2.36 | 1.228 | 48.0 | 2.16 | 2.80 | 8.65 | 87.2 |
| 5-4 | 2.66 | 1.143 | 57.0 | 2.28 | 2.86 | 8.30 | 83.6 |

## 2.2　区域内土壤石油污染状况

土壤曾被认为具有无限抵抗人类活动干扰的能力，实际上土壤也是很脆弱又容易被人类活动所损害的环境场所。为了使土壤圈永远成为适于人类生存的良好环境，保护土壤环境是地球上每个公民义不容辞的责任。目前，随着社会经济和城市化的迅速发展，我国土壤环境问题日趋突出，主要表现在土壤生态环境破坏（如水土流失、沙漠化、荒漠化、土地退化）与土壤污染两方面。其中土壤污染，主要是土壤不同程度地受到了重金属、有机污染物（如有机农药、石油、多环芳烃、多氯联苯）等的污染，由于可能造成食物链、地表水和地下水污染，对人类健康和环境质量产生威胁，土壤污染问题受到了人们的特别关注。

目前全世界常规石油每年的开采量为30多亿t，稠油开采量为3亿t。我国第二次资源评价石油远景储量约为880亿t。石油通过各种过程分散到环境中后就成为了石油类污染物，由石油带来的有机污染问题日益突出。陆地采油过程中有大量生产设施，如油井、集输站、转输站、联合站等，由于各种原因会把原油直接或间接泄漏于地面，仅落地原油一项，单井年产落地原油量可高达2t[150]。有些地方的石油污染还可能由于受经济利益的驱动，存在盗窃油田石油的行为，造成极其严重的石油资源的浪费和土壤环境污染事故。大庆是中国最大的石油生产基地，石油、天然气构成了大庆主体工业的框架，石油炼制、石化产品占非原油工业总量的90%以上。几十年来大庆油田为国家政治独立、社会发展和经济腾飞作出了巨大贡献，但同时也应注意到油田开发给自然生态环境带来的严重污染和破坏。在石油勘探、开发、输送等过程中均可造成环境污染。

在石油开采过程中，试油、洗井、油井大修、堵水、松泵、下泵等井下作业和油气集输，均有原油洒落于地面，含油污水外排更是直接将石油类污染物排入环境中。特别需要指出的是伴随着石油开发而产生了大量的落地原油，其中含有高毒性、脂溶性、难降解、易生物富集放大等特点的各种有机污染物，它们滞留、富集在土壤或地层中，再通过天然降雨或其他水源将其带入包气带，并可能不断地向下迁移，从而造成二次污染。油田开发产生的以石油类为主的多种有机污染物具有分布广、影响面大以及综合性与双重性等特点。经评价研究证明，在所有生态因子中，石油开发对土壤环境的影响是最大的[151]。

典型地区的调查结果表明，我国的土壤有机污染问题已经相当严重，并且对水环境质量和农产品质量构成明显的威胁。图2-4反映了油田城市各不同区域地表土壤的含油特征情况，可以看出：具有15年井史的油井附近土壤中含油最高，其次是化工生产区土壤含油较多，再次为井史2年的油井附近和油井外围（100 m之外）土壤含油较低，而农田与草原是油污最少的区域。可见，石油污染是油田城市开发建设中产生的最重要土壤污染物，而且油田的土壤污染以落地原油为主。落地原油污染物平面上主要以放射状分布在以油井为中心的一定范围内，油井周围土壤中油污残存率结果如图 2-5 所示。距油井越近油污残存率越大，距井越远残存率越小，在距井 40 m 范围内，地表土壤中油污的残存率迅速下降，距井 40～60 m 以外石油的残存污染就很低了。

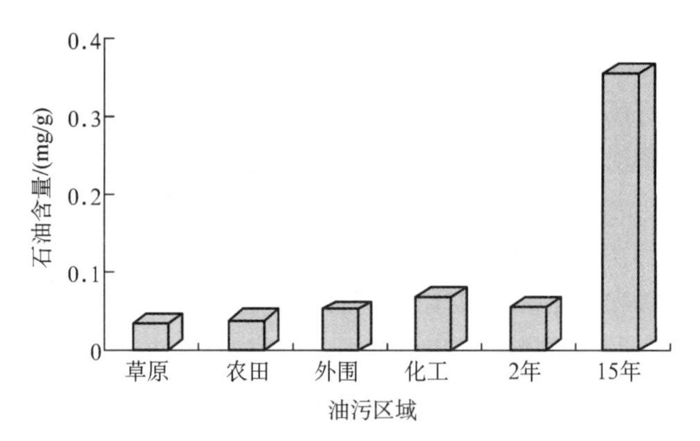


**图 2-4　不同区域地表土壤中含油特征**

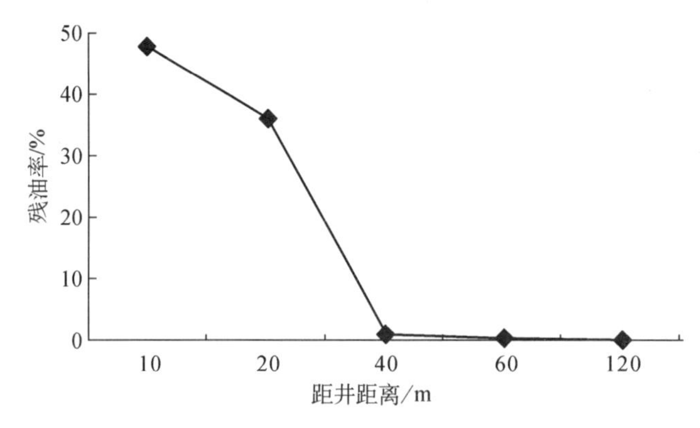


**图 2-5　油井周围地表土壤中残油率**

石油污染的毒性很大，它严重危害土壤、水体和人与生物的健康。当石油进入土壤后，首先影响土壤的通透性，土壤中的石油类物质不易被水浸润，无法形成有效的导水通路，导致土壤透水能力下降；再者进入土壤中的石油烃可以在植物根系上形成一层黏膜，阻碍根系的呼吸与吸收功能，甚至引起植物根系的腐烂；另外，由于石油的黏度大、黏滞性强，可在短时间内形成小范围的高浓度污染，随着时间延长，原油进入土壤后在发生平面扩散的同时，在重力作用下向土壤深部迁移。

石油类污染物中的芳香烃类化合物对人体的毒性最大，尤其是双环和三环为代表的多环芳烃(PAHs)毒性更大，其中的很多物种已被证明具有很强的致癌、致畸、致突变的风险性，所以在很多国家的有机污染物控制名单中 PAHs 被列为优先控制污染物。通过呼吸、皮肤黏膜接触、食用含污染物的食物等途径都可能把PAHs物质引入人体，影响人体多种器官的正常功能，引起皮肤、肺、膀胱和阴囊等癌症；使生物体内分泌紊乱、生殖及免疫机能失调、神经行为和发育紊乱等严重疾病。据推算，多环芳烃中的苯并[a]芘对人的最大不致癌富集总量为13.3 mg；此外，石油中的苯、甲苯、二甲苯等物质，如果经较长时间的较大浓度接触，也会引起恶心、头疼、眩晕等症状[20,67]。

另外，经野外调查发现，当井下作业完毕清理井场时，首先将大量落地油回收，然后将井场上的落地油连同表土层一起挖走，填埋到低处，再从附近取客土垫平井场，从而达到清理井场的要求。由此导致井场周围形成了许多光板地，使植被覆盖率降低，在盐碱地和作业频率较高的井场尤为明显。这样既污染了低处的草原，又搬走了高处的地表土壤及植被，使之几年甚至十几年不能生长植物。这种挖上埋下的做法，对草原生态的破坏非常严重。对于以草原生态系统和农田生态系统为主的地区，油井呈网状布局，单井以点状、群井以面状性质对开发区的多种自然生态系统造成干扰。油气生产过程中产生的各种有机污染物排入环境后，对大气、土壤、水体、生态环境及人类都会造成一定的影响和伤害，积聚到一定程度就会突然爆发环境危机。世界各国特别是经济比较发达的国家对石油类污染物的研究与防治工作非常重视[152-158]，想方设法尽量避免落地原油的产生，并规定对于废弃油田必须要恢复到油田开发前的土壤含油背景及其生态环境水平，对石油造成的土壤污染开展了全方位研究和修复工作。我国研究者也相继对石油生产带来的环境污染特别是土壤污染开展了各种研究工作，并已取得了一些研究进展[159-172]。近年来油田环境已经向石油生产和人民生活提出了严峻的挑战，那么如何在发展生产的同时有效地保护环境？实现石油生产和社会经济的可持续发展是目前迫切需要解决的一个重要课题。因此开展油田土壤环境中石油类有机污染物的有效检测、迁移特征与防治对策等方面的研究是环境保护领域的一个新的重要研究方向。

大庆年平均降水量435 mm，蒸发量1 620.4 mm，全区气候比较干旱。大庆原油属于中质石油，它具有高蜡低芳以及高凝固点、高黏度等特点。我们对大庆地区的土壤特点进行了研究，在对研究区采集的五个系列的土壤样品进行比较分析的基础上，挑选出具有区域代表性的典型黑钙土和盐碱土两种质地为壤土类型的土壤作为模拟研究样品。石油开发过程在油田环境中产生大量的石油类有机污染物，它们对大庆土壤环境造成的影响最大，原油被有效利用就是资源，落入环境就是污染物；石油类有机污染物毒性很大，严重危害土壤、水体和人与其他生物的健康；石油类污染物中的芳香烃类化合物对人体的毒性最大，其中的多环芳烃对很多物种具有很强的致癌、致畸、致突变的风险性。

# 第3章　土壤中油污检测与迁移模拟实验设计

## 3.1　现存的主要问题

众所周知，以往对土壤中的重金属污染关注和研究比较多，对于土壤中有机污染物的研究比较薄弱，所以迄今为止，对于土壤中石油类及农药等相关的有机污染物质的检测，我国还没有建立起完善的环境质量监测标准，这给相关的研究工作带来了诸多不便。而土壤中有机污染物的检测是开展各种相关研究工作的基础与关键。

我国开展土壤、沉积物及水域中有机污染检测与监测研究较早的主要有中国环境监测总站、中科院生态环境研究中心和中科院广州环境地球化学研究所以及南京大学、北京大学等诸多高校研究单位。经过有关研究工作者近些年的调查研究工作，为开展土壤环境质量评价、有机污染物迁移规律研究及其污染防治奠定了基础；但由于土壤环境有机污染分析方法和检测技术的局限，制约了该领域研究的深入开展。

如前所述，国内外研究者在进行土壤中石油类有机污染物的定量检测研究中，主要采用仪器法和重量法这两大类检测方法，不同学者在具体研究工作中根据研究要求与实验条件等特点选择更具体的分析方法；而对于土壤中石油类有机污染物的定性检测，国内外研究者主要使用各种抽提方法先从土壤样品中将有机污染物提取出来，再将它们分离为饱和烃、芳香烃以及非烃与沥青质等族组分之后，再利用 GC，HPLC，GC－MS，IR，NMR 等进行定性分析，土壤中石油类有机污染物定性分析操作总流程如图 3－1 所示。

在进行土壤中石油类有机污染物定性检测过程中，需要使用一些有机溶剂或吸附剂经过萃取、抽提、分离、干燥、浓缩、恒重、皂化、过滤、清洗、转移、稀释、层析等一系列繁杂的预处理操作步骤之后，才能利用各种仪器进行定性分析。检测中使用的大多数溶剂均具有不同程度的毒性。显然，这样的分析方法存在着溶剂用量大、耗时长、操作繁琐、效率低、易产生二次污染等问题，还会造成在这些操作中

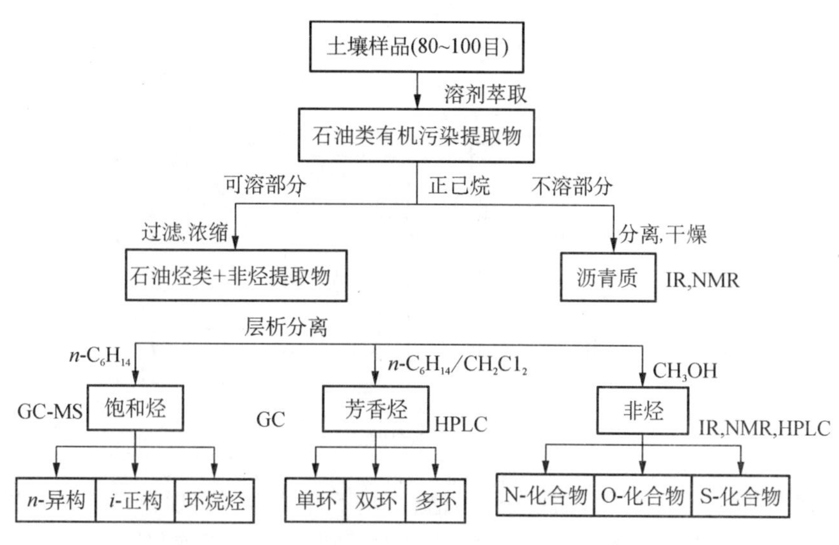


**图3-1　土壤中石油类有机污染物定性分析流程**

使样品里的一部分有机污染物被损失掉或将溶剂杂质加入其中，造成检测分析结果失真，难以保证分析数据的准确可靠。尤其是在检测过程中，由于没有统一的执行标准，可能会造成较大的分析误差以及出现检测结果无法对比的问题。针对目前存在的这些问题，笔者在研究中通过改进大型挪威进口设备——Geofina Hydrocarbon Meter (GHM) 烃分析仪，直接使用仪器分析方法对土壤中石油类有机污染物进行检测研究，而且在检测过程中不使用或用很少量的溶剂，整个分析过程用时短、操作简单、准确高效、无二次污染，可以有效地进行土壤中石油类有机污染物的检测分析。

## 3.2　实验检测仪器

进行本项研究使用的主要仪器是挪威环境地球化学研究所(NORWAY GEOLAB)生产的大型热蒸发烃分析仪，简称GHM。整套GHM烃分析仪由GHM主机、GHM加热控制器、气相色谱分离系统与检测系统、数据信号采集器和计算机自动处理与输出系统五大部分组成，仪器结构分析流程如图3-2所示。

GHM主机主要由进样装置和热解炉构成，GHM控制器可以对热解炉进行加热控制，加热温度为60～600℃可调；气相色谱分离系统带有A, B, C三个FID检测器，柱箱中有2根25 m长OV-1032d石英高弹毛细管色谱柱，检测分析使用的载气为高纯氦气，定量与定性分析的分流比为30∶1，初温柱温可根据需要设为30～40℃，程序升温速率可设为2～15℃/min，柱终温一般为300℃；进样系统由样

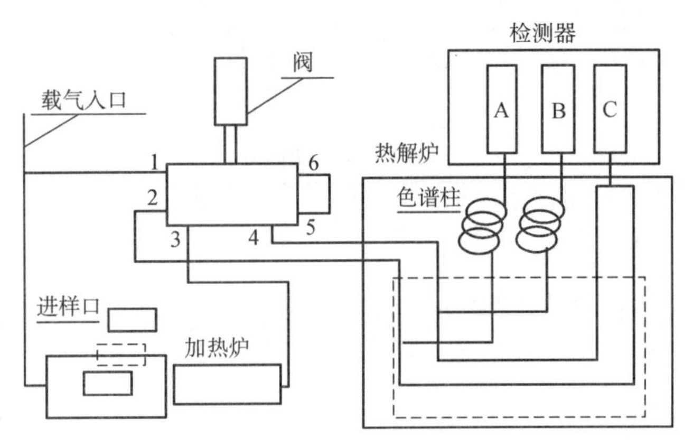


**图 3-2　GHM 仪器结构流程**

品槽和弹性装置组成,样品筒放入样品槽后,按下开关即可实现自动进样。进行分析的加热温度与分离检测过程均可通过程序控制;数据采集器为 PENELSON900 系列采集器,可同时完成对多台仪器的数据采集任务,而且数据采集速率可以根据需要进行调整;计算机自动处理及输出系统利用 TC4 软件可对采集到的样品分析数据进行自动记录、处理、显示,FID 燃气由高纯氢气和空气压缩机供给。在对该仪器的气路系统和控制程序系统进行了全面改进之后,无需对样品进行复杂预处理,即可利用 GHM 分析仪通过一次进样的方式,实现半固态-固态样品中有机污染物的定性与定量分析。因此,该项研究中利用烃分析仪(GHM)对大庆土壤中的石油类有机污染物进行数量和组成的检测,为研究油田有机污染物迁移特征及迁移规律奠定了良好的基础。

## 3.3　检测分析方法与控制程序改进

在实际分析过程中,将被测土壤样品放在热解炉中进行加热,当加热温度达到 300℃时,土壤样品中存在的游离态石油污染物就会从样品中挥发出来,载气将其带入石英高弹毛细管柱入口处被液态氮冷却下来,直到样品中的全部游离烃都被释放完毕,再将其解冻,通过对色谱柱箱进行程序升温,使游离烃逐一被释放出来,通过色谱柱分离后被载气分别带入氢焰离子检测器(FID)C 以及检测器 A 与 B 进行定量及定性检测,同时形成定量色谱峰和定性组分峰分析谱图,再通过对不同色谱峰的峰面积进行自动处理,经计算得到土壤中的有机污染物数量和成分。在整个检测过程中,加热温度和升温过程是通过程序人为设定的,分析过程按照设定的升温程序进行,这样即可以在较短的时间内准确地检测出土壤样品中的各种复杂的有机组分。实际样品检测分析得到的原始 GHM 参考分析谱图如图 3-3 所示。

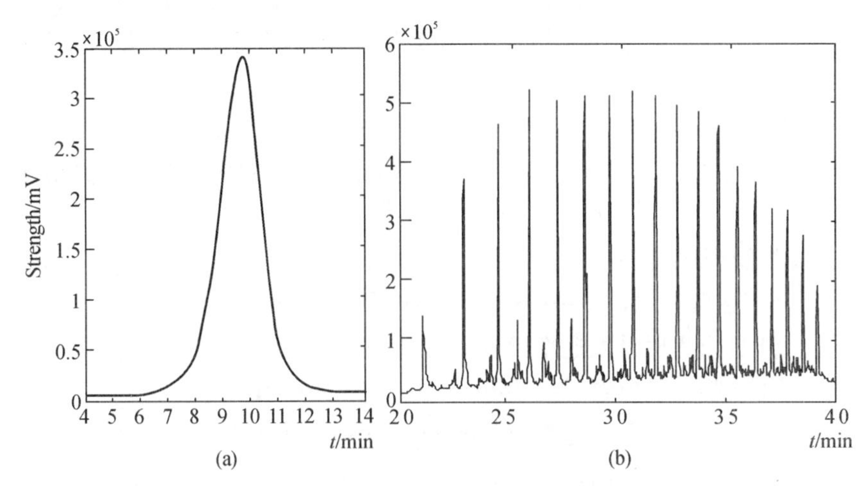


**图 3-3　GHM 检测分析参考谱图**

(a) 定量谱图；(b) 定性谱图

具体的实验操作过程及步骤为：

(1) 依次打开外围附属设备、GHM 主机、GHM 控制器、数据采集器和计算机等仪器组件；

(2) 设置数据信号采集与处理方法和基础数据文件名等数据程序；

(3) 对三个氢焰离子检测器(FID)进行点火和分析准备；

(4) 使用分析天平，利用差减法准确称取粉碎、干燥的待测土壤样品重量；

(5) 根据实验要求调整 GHM 温度控制程序和 GC 色谱分离控制程序；

(6) 施加色谱柱前液氮冷冻条件；

(7) 将样品筒放入 GHM 上的样品槽内，按下 ON/OFF 开关，开始进样；

(8) 实验样品加热结束后，对色谱柱前实行解冻；

(9) 关好色谱柱箱门，打开风扇，使色谱柱按预设程序均匀升温；

(10) 实验分析结束后，系统自动进行数据分析计算，待柱温降到 100℃以下时即可退样；

(11) 对检测谱图进行处理分析，并进行定量与定性计算；

(12) 继续进行下一个土壤样品的检测分析。

所有土壤样品检测完毕，依次关掉计算机、数据采集器、GHM 控制器、GHM 主机和外围设备等。

根据大庆土壤中所含的石油类有机污染物的具体特征和分析要求，在仪器分析过程中设置的载气柱前压力表指示为8.5 psi，氦气通过色谱柱的流速约为 0.85 mL/min；仪器进样口、检测器及辅助部分的温度设为 300℃，定量分析的初始温度为 100℃，恒温 0.5 min 后，以 37℃/min 的速率程序升温至 300℃，然后恒温

5.3 min;实验分析条件应在保证有机物不发生裂解的前提下,使土壤样品中的有机污染物全部挥发出来,同时进入 FID C 及 FID A、B 分别进行定量及定性检测,色谱柱以 3℃/min 的升温速率从 30℃恒速程序升温至 50℃,再以 5℃/min 的升温速率升至 80℃,然后以 6℃/min 的速率升温至 200℃,最后以 8℃/min 的速率升温至 300℃后,恒温 20 min 检测结束。具体的热蒸发控制程序和色谱分离检测主控程序如下。

热蒸发控制程序设置:

Sp(热解初温,℃)……………………………220

SL1(第 1 段升温速率,℃/min)………………0

dL1(第 1 段恒温时间,min)…………………0.5

SL2(第 2 段升温速率,℃/min)………………37

Ep2(第 2 段终温,℃) ………………………300

SL3(第 3 段升温速率,℃/min)………………0

dL3(第 3 段恒温时间,min) …………………4

实验样品热解总时间为:11.2 min。

色谱分离检测主控程序设置:

(1) INITIAL COLUM TEMP ………………30

(2) INITIAL COL HOLD TIME……………13.2

(3) PRGM.1 FINAL COL TEMP……………50

(4) PRGM.1 COL RATE IN ℃/MIN…………3

(5) PRGM.1 COL HOLD TIME(min) ………0

(6) PRGM.2 FINAL COL TEMP……………80

(7) PRGM.2 COL RATE IN ℃/MIN…………5

(8) PRGM.2 COL HOLD TIME(min) ………0

(9) PRGM.3 FINAL COL TEMP……………200

(10) PRGM.3 COL RATE IN ℃/MIN ………6

(11) PRGM.3 COL HOLD TIME(min)………0

(12) PRGM.4 FINAL COL TEMP……………300

(13) PRGM.4 COL RATE IN ℃/MIN ………8

(14) PRGM.4 COL HOLD TIME(min)………20

(15) PRGM.1 FID B TIME IN MIN…………11.2

(16) INITIAL RELAYS PRGM.1……………1 2-3-4

(17) RELAY TIME IN MIN PRGM.1 ………0.5

(18) RELAYS PRAM.2………………………1 2-3-4

(19) RELAY TIME IN MIN PRGM.2………11.2

(20) RELAYS ADD ··························1 2 - 3 4
(21) METHOD COMPLETE END TIME······75.86

## 3.4 检测数据处理

### 3.4.1 检测数据定量分析

在利用 GHM 分析仪对土壤样品进行实验检测之后，要对实验数据分别进行定性与定量谱图的分析，经过计算得出检测土壤样品中有机污染物的总量和各组分相对含量。

根据色谱分析原理，在仪器的所有实验参数不变的条件下，检测谱图中单位峰面积所对应的有机污染物数量是一定的，那么在检测过程中就可利用已知有机物含量的标准样品的峰面积来计算被测未知样品中的有机污染物的绝对含量。因此，可用如下公式(3-1)计算所测样品中有机污染物的绝对含量：

$$W_{标} \times M_{标}/A_{标} = W_{样} \times M_{样}/A_{样} \tag{3-1}$$

式中，$W_{标}$——标准样品检测前重量，mg；

$M_{标}$——标准样品中有机污染物含量，mg/g；

$A_{标}$——标准样品的绝对色谱峰面积，$\mu$V · s；

$W_{样}$——分析前精确称重的样品量，mg；

$M_{样}$——未知样品中有机污染物含量，mg/g；

$A_{样}$——被测样品的绝对峰面积，$\mu$V · s。

在已知 $M_{标} = 6.78$ mg/g 的条件下，可根据式(3-1)求出被测样品中有机污染物的总含量：

$$M_{样} = W_{标} \times M_{标} \times A_{样}/(W_{样}\ A_{标}) \tag{3-2}$$

利用标准样品在相同检测条件下进行实验分析的装样量与峰面积，即可求得该系列相同实验条件下被测土壤样品中有机污染物质的含量为：

$$M_{样} = 93.25 \times 10^{-8} \times A_{样}/W_{样} \tag{3-3}$$

数据处理过程中若实验样品的装样量以 mg 为单位，样品定量峰面积以 $10^8$ $\mu$V · s 为单位，则可直接利用公式(3-3)计算被测样品中有机污染物的含量(mg/g)。但在实际土壤样品中石油类有机污染物的检测分析中，由于土壤本身含有一定量的有机质，因此应以未受石油污染的土壤样品为背景参照值，进行样品中石油类有机污染物的定量分析。油污土壤样品中石油类污染物总量的计算公式如下：

$$M_{油} = M_{样} - M_{参} \tag{3-4}$$

式中，$M_{油}$——油污土壤样品中石油类有机污染物含量，mg/g；

$M_{参}$——未受污染的土壤样品中有机质含量，即土壤背景参照值，mg/g。

根据 GHM 分析数据，利用式(3-4)可以计算出油污土壤样品中石油类有机污染物的总含量。

### 3.4.2 检测数据定性分析

使用 GHM 热蒸发烃分析仪在对土壤中的石油类有机污染物进行组分分析时，采用的定性检测方法主要是特征峰与标准样品保留时间联合定性法。由于石油中包含有特殊的标志组分，如姥鲛烷和植烷(phytane，Ph，C20 异构烷烃)特征峰，具有非常典型的谱峰识别特征，再根据石油组分特有的相对含量特点及标准样品保留时间值即可对土壤样品中的各种有机污染物进行联合定性分析。利用实验检测到的各污染物组分数据计算出它们的相对百分含量：

$$M_{Bi} = \frac{A_{Bi}}{\sum_{i=1}^{n} A_{Bi}} \times 100\% \tag{3-5}$$

式中，$n$——油污土壤样品中各种有机污染物组分数；

$M_{Bi}$——油污土壤样品中有机污染物组分 $i$ 的相对百分含量；

$A_{Bi}$——油污土壤样品中有机污染物组分 $i$ 的峰面积，μV·s。

另外，在研究中还需要分析油污土壤样品中各种有机污染物组分的绝对含量，具体计算方法可根据谱图中各污染物组分在整个谱图全部组分峰中所占的百分比值来计算：

$$M_{Zi} = \frac{A_{Bi}}{\sum_{i=1}^{m} A_{Zi}} \times M_{样} \tag{3-6}$$

式中，$m$——油污土壤样品谱图中全部有机组分数；

$M_{Zi}$——油污土壤样品中有机污染物组分 $i$ 的含量，mg/g；

$A_{Zi}$——油污土壤样品中所有污染物单组分 $i$ 的峰面积，μV·s。

根据 GHM 定性组分的分析数据，利用式(3-6)即可算出油污土壤样品中石油类有机污染物各组分的绝对含量。

## 3.5 迁移实验模拟设计

针对目前国内外对土壤中石油类有机污染物迁移研究的现状和发展趋势以及

大庆油污土壤特点，结合本课题研究需要，综合考虑各种实验因素对模拟结果的影响，开展室内单体模拟实验与室外整体性实验相结合的研究方式进行大庆土壤中石油类有机污染物的迁移对比研究，并运用环境地球化学研究方法与技术，比较系统地研究石油类有机污染物对大庆土壤的污染及其在土壤环境中的迁移规律，为做好石油勘探开发过程中对油田环境的污染控制与治理措施等油田环境保护工作提供有力的技术支持。

研究中进行了石油类污染物在大庆土壤中迁移模拟实验总体方案设计，制定的具体模拟油污迁移实验方案如图 3 - 4 所示。

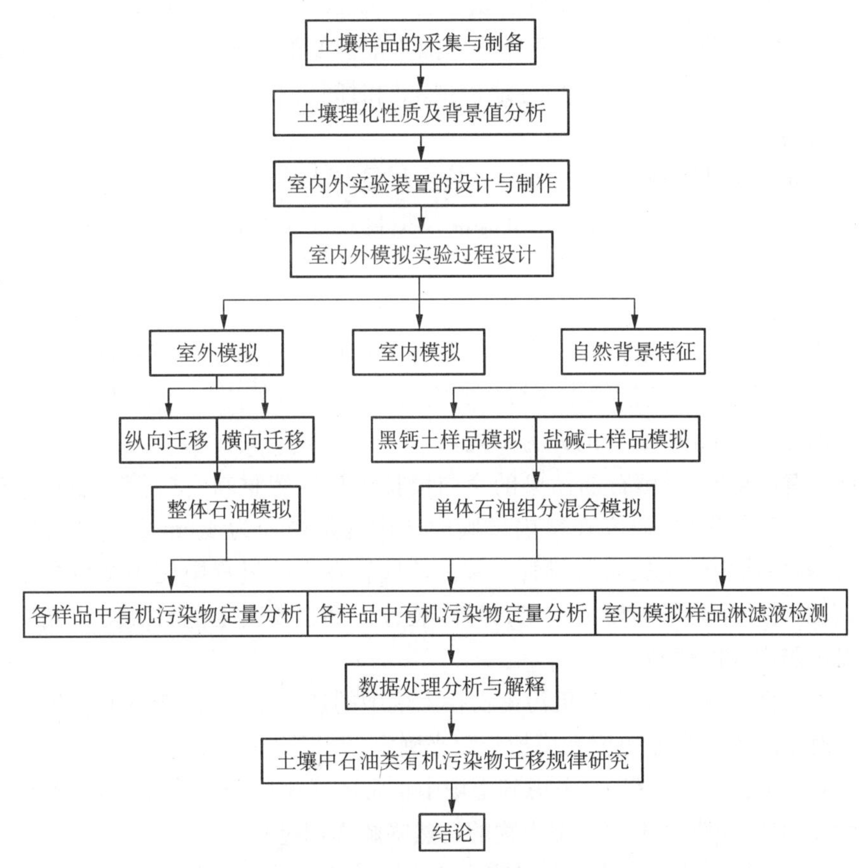


**图 3 - 4　土壤中石油类有机污染物迁移模拟实验总体设计流程**

在进行大庆土壤中石油类有机污染物迁移模拟研究中，对于室内模拟实验设计采用的是单体土柱群施加不同强度石油单组分的混合淋滤模拟方式，选择大庆地区最典型的两种类型土壤——黑钙土与盐碱土样品进行模拟研究。室内模拟土柱是按大庆土壤的自然分层特点进行设计装柱的，实验温度定为室温状态，实验在避光、通风的实验室内进行，整个实验过程应尽量保证模拟石油类污染物在土壤中的自然状态，避免过多人为因素的干扰。室外模拟则采用整体石油污染的方式来模拟大庆土壤中横向与纵向的污染物迁移特征及规律。

由于土壤中石油类有机污染物的迁移过程受诸多因素控制，因此本书模拟研究中综合考虑了如下影响因素。

(1) 土壤类型：选用大庆地区最主要的黑钙土、盐碱土两种土壤作为模拟土壤样品。

(2) 污染物选取：选用大庆油田的新鲜落地原油和大庆原油中富含的正构烷烃及多环芳烃作为污染源。

(3) 降雨量：根据大庆年均降水量只有 435 mm 左右的特点，模拟实验研究中根据室内外模拟装置的不同特征计算模拟年限需要的淋水量，在实验过程中有计划地施加淋滤液，从而尽可能相近地模拟不同时间自然状态下石油类有机污染物的迁移与转化过程。

(4) 淋滤液：模拟研究中选择淋滤液应尽量与大庆地区天然降水组成相似，因此使用冷却后的煮沸自来水作为淋滤液模拟自然迁移过程，这样也可以减少实验用水对整个实验过程的不利影响。

(5) 实验条件：室内按大庆土壤的自然分层进行装柱，整个实验过程在平均室温为 20℃、湿度为 30%的避光、通风的室内环境下进行的；室外模拟选取两个相互距离较远的未受污染的黑钙土区域作为实验点，简称室外点 1、室外点 2，并对模拟地点加以保护，防止不必要的人为干扰。

(6) 模拟装置：土壤石油污染的室内模拟土柱装置材料有陶管、塑料管、玻璃管和有机玻璃管等，本研究在室内试验中选用的是内径为 4 cm 左右的透明玻璃管，室外模拟选用的是透明塑料管。室内玻璃管在实验过程中使用黑色彩纸包裹避光，以防光照不均影响模拟结果；另外，装置顶部也要套上塑料袋防止光照和水分挥发可能引起的模拟误差。

(7) 实验时间：石油类有机污染物在土壤中的迁移是比较缓慢的，模拟土柱淋滤的总时间应根据淋滤速度和模拟年限来确定。

(8) 在实验模拟过程中，考虑到土壤中正常的微生物降解作用，但不要人为地施加营养物质，应保持土壤中微生物的自然降解作用过程。

(9) 在比较漫长的模拟实验过程中应密切关注实验动态。

总之，大庆土壤中石油类有机污染物的整个迁移模拟研究过程采取室内与室外联合模拟的方式进行。室内模拟研究使用的土壤样品分别是大庆典型黑钙土样品 5 和典型盐碱土样品 4，以这两个系列土壤样品作为基质通过分别施加不同污染强度进行石油类有机污染物迁移模拟研究，其中对土壤样品 4 和土壤样品 5 还进行了分层模拟研究；由于不同油田产出的石油性质具有较大差别，松辽盆地的原油一般具有高烷烃低芳烃的特点，原油族组成中的饱和烃含量一般为 50%～70%，高者可达 91.6%；芳烃含量一般<20%，高者也可达 30.8%；非烃含量一般为 15%，含量低者为 4.1%；沥青质含量较低，一般小于 4%，最低仅为 0.8%。室内模拟研究中根据大庆原油主要以烷烃与芳烃为主的上述总体特征，单体土柱群中施加的石油类有机污染物为不同分子量与不同环数的优级纯烷烃及芳香烃样品作为模拟配比污染源，其中正构烷烃有 $C_{17}$，$C_{22}$，$C_{24}$，$C_{28}$ 四种，芳烃为联苯、萘、蒽三种。而室外整体土壤实验模拟施加的是大庆油田在进行油井作业过程中产生的新鲜落地原油样品，将其与试验地点的土壤样品混合均匀后进行模拟研究。根据大庆年均降水量特征计算模拟年限分别约相当于 25 年与 29 年的自然迁移过程。

# 第 4 章　石油类污染物迁移室内模拟研究

## 4.1　迁移模拟实验过程

### 4.1.1　迁移模拟方法

在对大庆地区土壤中石油类有机污染物迁移室内模拟研究过程中，选取了大庆地区具有代表性的典型黑钙土样品 5 和典型盐碱土样品 4 这两个系列土壤样品作为模拟研究样品，通过分别施加不同污染强度的石油类有机污染物，并根据自然土壤剖面中的分层特点装填土柱的方式进行了分层模拟研究。

以内径为 41 mm 的无色透明玻璃管作为实验模拟土柱的容器，根据自然土壤的实际地层数、地层厚度和加水淋滤的需要，玻璃管的长度设为 40 cm，60 cm，80 cm 和 100 cm，使用万能夹和对拧丝将装配好的玻璃管土柱固定在铁架台上。

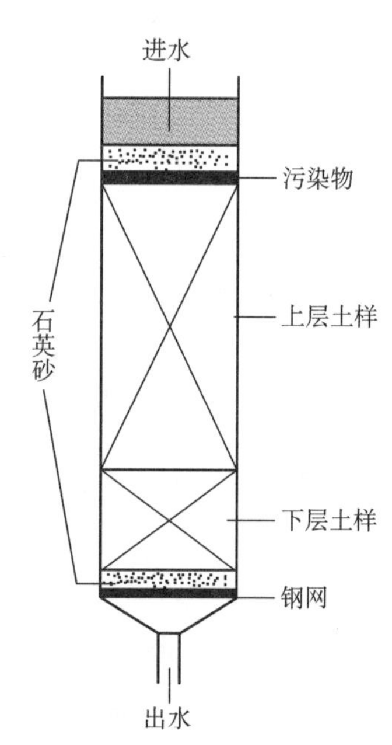


图 4－1　实验模拟土柱示意图

模拟土柱应能做到尽量保持地层的真实情况，上下表面应是平整的，按土壤的自然分层进行设计装柱，装好的土柱应达到均匀密实、类似于自然土柱，然后使用淋滤水润湿整个土柱，再将称好的有机污染物混匀后加到模拟土柱的上端，用正己烷将污染物全部冲洗进入土柱内，保证污染物均匀地平铺在土壤表面。土柱上下各加 20 g 在 560℃恒温 1 h 除去有机质的 100 目石英砂垫层。具体的实验模拟土柱如图 4－1 所示。待正己烷完全挥发后，模拟自然状态下的间歇性降雨过程，进行间歇式加水淋滤，进行土壤中石油类有机污染物的迁移过程模拟研究。因为，如果采用连续的长时间进水方式，就会使土壤系统一直处于还原状态，容易造成微生物胞外聚合物的积累而逐渐导致堵塞；间歇式淋水则会使土壤得到“休息”，对保持土壤处于一定的好氧状态、避免微生物胞外聚合物的过度积累和防止土壤堵塞是有利的。

实验模拟中对于每个施加污染物的样品土柱，还按照与模拟污染土柱完全一样地装好另一根空白土柱，所有其他实验条件相同，只是不加任何污染物，作为土壤中污染物迁移实验模拟的对照背景值。整个实验过程是在平均室温为20℃、湿度为30%的避光、通风的室内环境下进行的。在实验过程中应尽量保证模拟自然过程，避免其他人为因素的干扰。

### 4.1.2　实验样品配制

根据大庆油田产出原油的实际特征，具体的模拟土柱中石油类有机污染物的施加强度和组分详细情况见表4-1中所列。单体土柱群中施加的石油类有机污染物为不同分子量与不同环数的优级纯烷烃及芳香烃样品作为模拟配比污染源，其中正构烷烃有$C_{17}$，$C_{22}$，$C_{24}$，$C_{28}$四种，芳烃为联苯、萘、蒽三种。模拟实验中每根土柱的淋滤水量应根据大庆市年均降雨量、土柱直径和实验模拟期限而换算得到，依据模拟实验中加入的实际淋水量换算相当于实际条件下的时间年限列于表4-1。

表4-1　模拟土柱实验条件表

| 土柱编号 | $C_{17}$/g | $C_{22}$/g | $C_{24}$/g | $C_{28}$/g | 联苯/g | 萘/g | 蒽/g | 总量/g | 模拟年限 |
|---|---|---|---|---|---|---|---|---|---|
| 5-1-2 | 4.3951 | 0.0744 | 0.0531 | 0.1777 | 2.6602 | 2.6653 | 0.6642 | 10.6900 | 5 |
| 5-2-1 | 3.3678 | 0.0413 | 0.0520 | 0.0436 | 2.6818 | 2.6631 | 0.6653 | 9.5149 | 6 |
| 5-3-1 | 1.5345 | | 0.0377 | 0.0041 | 2.7828 | 3.1811 | 0.6808 | 8.2209 | 8 |
| 5-3-2 | 1.5579 | | 0.0230 | 0.0064 | 2.6677 | 2.7690 | 0.6596 | 7.6837 | 1 |
| 5-3-4 | 1.5622 | | 0.0215 | 0.0186 | 1.4423 | 1.4318 | 0.3605 | 4.8370 | 1 |
| 4-2-5 | 3.7319 | | 0.1907 | 0.0467 | 2.6708 | 2.6578 | 0.6622 | 9.9601 | 1 |
| 4-2-7 | 1.5714 | | 0.0620 | | 2.6609 | 2.6615 | 0.6588 | 7.6147 | 0.75 |

### 4.1.3　模拟土柱取样

当模拟土柱的淋滤量达到计划要求的模拟年限后，就可以将模拟土柱打开解剖，进行模拟土柱的取样。为准确获得实验数据，进一步掌握实验的动向，取样环节非常重要，一方面要保证取得的样品具有代表性，另一方面还要保证在准确的目的位置取样。解剖室内模拟土柱时，首先应注意保持土柱原状不变形，即解剖后与在玻璃柱内部时柱形保持一致。其次，要在土柱纵向上相同间隔取样，以此较准确地获得污染物的纵向迁移规律。在土柱横剖面的中心和贴近玻璃柱内壁的边缘同时取样，以了解是否存在内壁效应。还有，取出的样品要在干净的滤纸上阴干，防止有机质在光照条件下挥发；之后，研磨装入样品袋填好标号，研磨过程要慢，防止摩擦生热造成有机质挥发；最后，准备好的样品尽快进行检测，避免放置过程中由于外界条件变化带来的成分损失。

对达到预期淋滤年限的土柱进行解剖，从土柱中采集待检测的土壤样品。解剖土柱时要尽量保证其与淋滤时一样不变形。根据不同的土柱在纵向上以 2～4 cm 的间隔进行采样，同一深度上，分别在土柱的中心和一侧贴着玻璃内壁的边部取两个样品。采出土壤样品要在避光的条件下，自然干燥，待全部干透时，再常温研细，从中取少量样品利用 GHM 烃分析仪进行检测分析。

## 4.2 模拟石油类污染物定量迁移特征

根据实验模拟后样品的 GHM 分析结果，减掉对应深度的空白样品值以后，得到模拟土柱样品各层中所含石油类污染物的总体定量数据，然后对大庆油区两大类典型土壤中石油类污染物的总体迁移特征进行研究。

### 4.2.1 模拟石油污染物在黑钙土中的迁移特征

进行模拟试验的土壤样品 4 号和 5 号分别为大庆典型的盐碱土和黑钙土，利用两样品分别做不同石油污染物施加量与不同模拟年限的一、二、三层土壤样品模拟试验研究，各模拟土柱的具体条件参见表 4－1。各模拟土柱的试验土壤中石油污染物的总体迁移特征如图 4－2 所示。图 4－2 明显反映出，污染物含量随深度增加而下降的总体趋势，在最长 8 年的模拟试验中施加石油污染物的最大迁移深度不超过 40 cm。但不同模拟土柱中污染物的迁移特征是各不相同的。

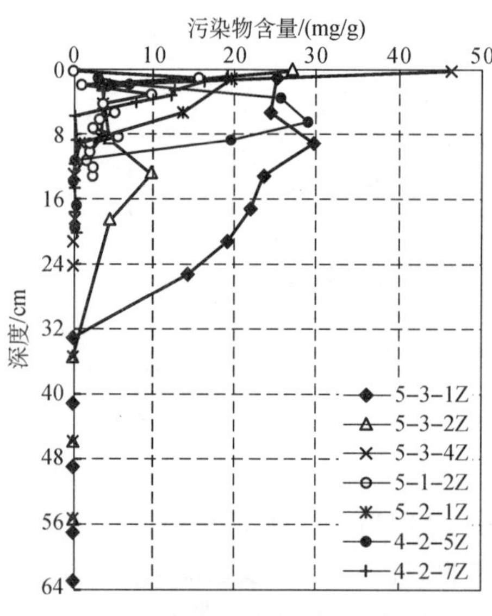

**图 4－2　大庆典型土壤中石油污染物总体迁移特征**

模拟石油污染物在一层和二层黑钙土中的定量迁移特征分别如图 4－3 和图 4－4 所示。图中字母 Z 和 B 分别代表模拟土柱的中部和边部样品。图 4－3 显示，石油有机污染物在单层黑钙土(模拟

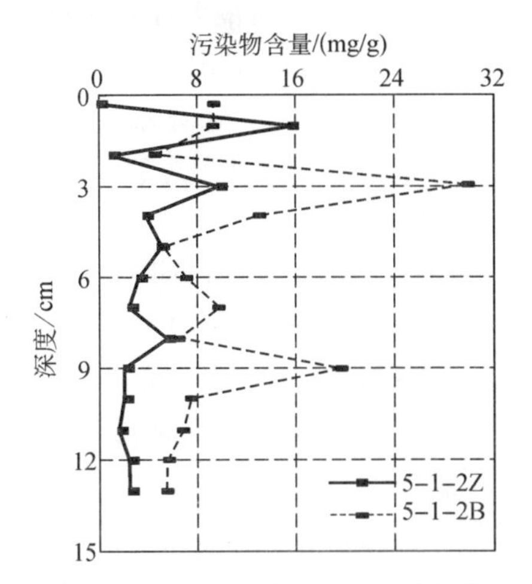

图 4-3　单层黑钙土柱污染物迁移特征

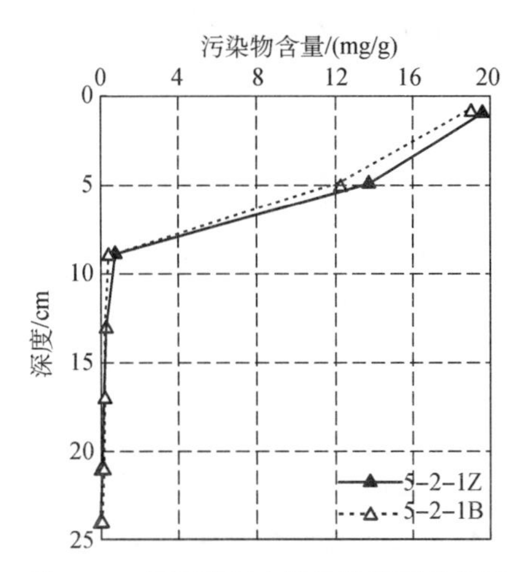


图 4-4　两层黑钙土柱污染物迁移特征

土柱 5-1-2)中迁移的过程中，随着深度增加总体上呈现“之”字形逐渐降低的变化特征，即污染物在向下迁移过程中存在几个污染物富集段，而且土柱边部样品中污染物含量明显比其中部高，还具有边部高值点相对于中部下移的特征。说明该模拟土柱在试验中存在比较明显的边缘效应，即在土柱相同深度处，土柱边缘样品中的污染物含量高于土柱中心。可能是由于污染物在沿土柱中心下渗的同时，其中一部分还向周围土壤发生渗透作用，当到达一定位置后下渗到玻璃柱壁与土壤交接处时，污染物沿玻璃柱壁向下迁移要比在中心部位的土壤颗粒间下渗速度快，造成土柱边缘的土壤中污染物含量高于中部的现象。

两层黑钙土(模拟土柱 5-2-1)中有机污染物迁移特征反映出总体上污染物数量随深度增加而降低的规律，在距表层 8 cm 附近存在一明显拐点，在此拐点之上污染物数量由接近表层的大约 19 mg/g 迅速降低至 8 cm 处的 1 mg/g 左右，此拐点之下随深度增加，模拟样品中有机污染物数量逐渐降低；由此可知，随着淋滤水向下渗透流动，使得石油类污染物主要分布于 10 cm 以上的土壤中，说明土壤对石油类有机污染物具有很强的吸附能力，在模拟 6 年的时间里，土柱表面的污染物只有不到 10%的少部分进入到 10 cm 以下的土壤中；另外还可看到，相同深度处即土柱同层中，一般土柱中心样品中的污染物含量与边缘部位相近并略高一点，总体含量随深度的增加而降低；这说明污染物向下迁移过程中在纵向剖面上是以比较均匀的方式进行的。总之，一、二两层模拟土柱实验结果显示，大庆浅层黑钙土对石油类有机污染物的截留能力较强，实验中 10 cm 以上土层对于绝大多数模拟有机污染物的截留率可以达到 95%以上，石油类污染物大量向大庆土壤深处迁移的能力较弱，模拟 6 年的最大迁移深度约为 25～30 cm。

石油污染物在三层黑钙土中的迁移特征如图 4-5 所示。模拟石油污染物在 8

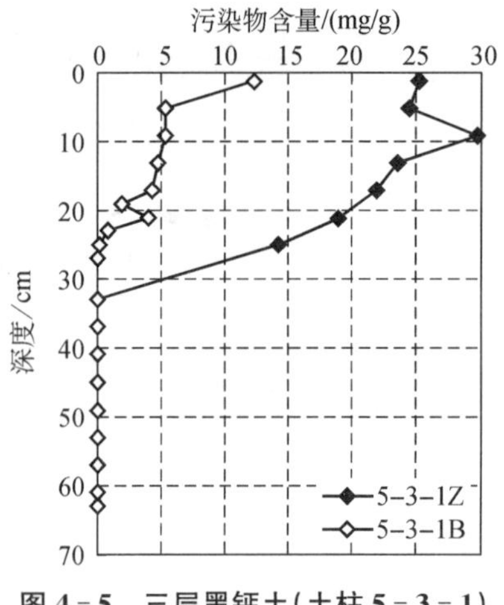

**图 4-5　三层黑钙土(土柱 5-3-1)中污染物迁移特征**

年的试验迁移过程中的垂向最大迁移深度不到 40 cm，而且绝大多数模拟污染物富集在 30 cm 以上的土壤中。图 4-5 还显示，土柱中心部位的模拟污染物浓度远高于边部，即污染物主要沿中心部位进行垂向迁移。经与上述一、二层模拟结果相比可知，模拟 8 年在三层黑钙土中污染物的迁移深度(＜40 cm)大于在 6 年两层土壤中的迁移深度(＜25～30 cm)。

以上模拟结果反映出，模拟石油污染物在大庆油区典型黑钙土中迁移能力弱、迁移速度比较慢。主要原因可能是属于壤土型的大庆黑钙土质地比较细，其中主要富含粉粒颗粒，黏粒含量也较高，而石油类有机污染物一般属于疏水性且比水轻的较大分子物质，因此当石油分子接触到土壤颗粒表面时，具有高表面活性的细土壤颗粒对石油类污染物的吸附能力很强，污染物分子就会黏附在土壤颗粒的表面而难于向下迁移；另外，土壤颗粒表面被石油类污染物吸附之后还会造成土壤中的毛细孔道的堵塞现象，且土壤中的毛细水会对石油分子产生排斥和顶托作用，使石油向土壤深层的大量迁移受到阻碍。由此可知，大庆黑钙土对石油类污染物具有很强的吸附截留能力，使绝大部分石油类有机污染物被截留于表层土壤中。

另外，将模拟 1 年、施加不同数量污染物的土柱 5-3-2 及 5-3-4 与上面模拟 8 年的土柱 5-3-1 模拟结果相对比(见图 4-6)可知，虽然试验模拟土壤都是三层，但由于模拟年限不同，模拟石油污染物施加量也不同(见表 4-1)，导致它们的迁移特征具有明显差异。模拟时间长、污染物浓度高的土壤具有更高的污染物含量和更大的迁移深度，模拟 8 年污染物迁移深度达到大约35 cm，模拟 1 年高污染浓度土柱(5-3-2)的最大迁移深度＜25 cm，模拟 1 年低污染浓度土柱(5-3-4)的最大迁移深度＜15 cm。除了土柱 5-3-4 表层样品污染物含量较高外，在模拟迁移过程中，模拟样品中污染物含量具有随模拟年限缩短和污染物加量减少而降低的良好规律性。可

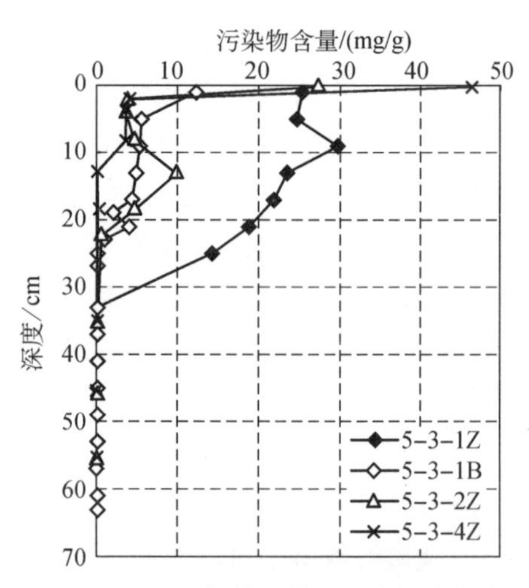

**图 4-6　不同条件下模拟石油污染物在三层黑钙土中的迁移特征**

见，在大庆同一类型的黑钙土中，模拟污染物的强度和模拟时间对于石油污染物的迁移具有重要影响，是决定石油污染物在土壤中降解迁移的两个重要因素。

### 4.2.2　模拟石油污染物在盐碱土中的迁移特征

模拟研究石油污染物在两层大庆典型盐碱土中的迁移特征如图 4－7 所示。对大庆盐碱土进行的模拟试验年限分别为 1 年（土柱 4－2－5）和 9 个月（土柱 4－2－7），同时在模拟土柱试验中施加的污染物浓度前者高于后者。图 4－7 中显示，总体迁移趋势是随深度增加污染物浓度降低，土壤中污染物强度越高残留量越多，但在土柱 4－2－5 的 5 cm 以上土壤中污染物浓度相对较小。模拟污染物在土柱4－2－5 中的迁移特性可能主要是由于在土柱 4－2－5 中部土壤微生物在其中繁殖速度较快，微生物产生代谢产物的胞外聚合物（具有较大的体积）在土壤中积累而造成土壤孔隙减小、渗透率下降，造成土壤中部迁移通道堵塞而导致土壤中污染物含量降低。图 4－7 还反映出，模拟污染物在大庆盐碱土中 1 年的迁移深度不到 15 cm，9 个月的迁移深度不到10 cm。与图 4－6 中具有相似模拟条件的黑钙土（土柱 5－3－2）相比，模拟石油有机污染物在大庆盐碱土中的迁移深度更小，即大庆盐碱土对石油污染物的持留能力更强，其中的石油污染物比在黑钙土中还难于向下迁移。

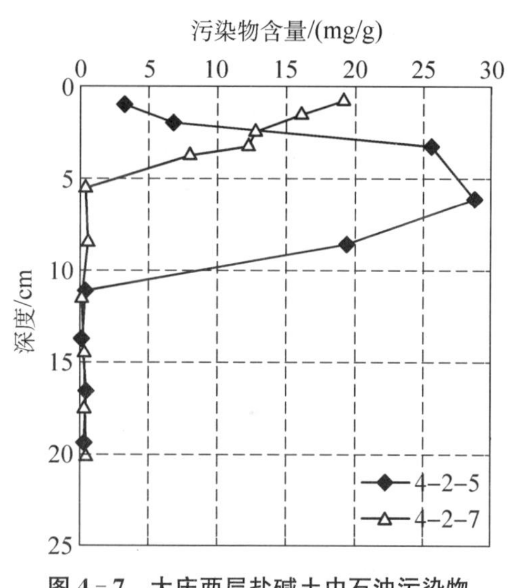


**图 4－7　大庆两层盐碱土中石油污染物迁移特征**

图 4－8 对比了模拟石油污染物在大庆黑钙土和盐碱土两种典型土壤中 1 年内的迁移特征。图中显示在模拟 1 年时间内，两种土壤中污染物的迁移深度虽然都不大，但明显看出在黑钙土中迁移得更深。这种现象一方面与两种不同类型土壤的质地有关，另一方面可能还与两种土壤中所含的有机质数量有关，因为土壤中有机质含量越高，石油污染物与其相互作用就越强。Chiou 等[173]通过对一系列弱极性非离子有机物在土壤上的吸附研究发现，有机物在土壤-水体系中的吸附系数与有机物的溶解度及其辛醇-水分配系数有很好的线性关系，并在此基础上提出了分配理论：认为有机物吸附到土壤中的过程是有机物分配到土壤有机质中的过程。直接证明分配理论的证据有三点：①吸附等温线在有机物平衡浓度很高甚至接近饱和溶解度时仍为直线[174]；②两种或两种以上不同性质的非离子化有机物共同吸附时，相互间没有竞争吸附现象；③吸附热很低，接近于有机物的溶解热。有机物

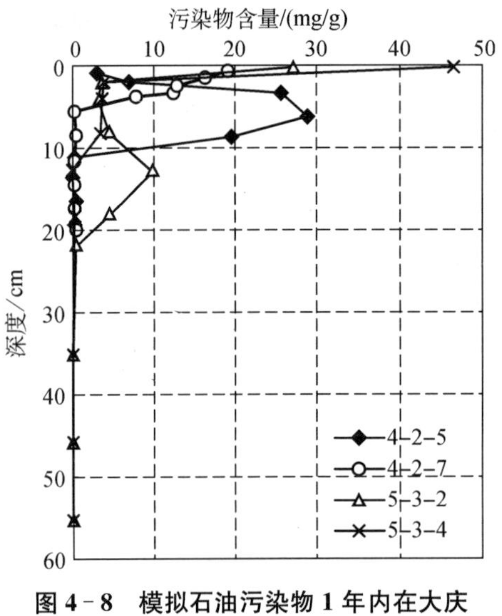


**图 4-8　模拟石油污染物 1 年内在大庆典型土壤中的迁移特征对比**

的吸附取决于土壤有机质(soil organic matter，SOM)的含量而与比表面积无关[175-177]。矿物质和有机质是土壤的主要成分，土壤矿物质主要是铝硅酸盐及其氧化物，以各种晶体或无定型的形式存在；土壤有机质主要来自植物的生物降解，它包含大量的腐殖质，腐殖质是具有很高分子量和含有许多极性功能团的无定型物质。在土壤中，黏土矿物作为骨架，起核心作用，腐殖质和黏土氧化物呈絮团状与矿物表面接触，包围在黏土微粒表层，占据黏土矿物表面的一部分吸附位，并在微粒之间起黏结架桥作用。有机质和黏土矿物是有机污染物吸附的活性成分[169]。土壤中有机质起到分配媒介的作用，石油类污染物进入土壤后，由于水的强烈竞争吸附作用导致土壤矿物质对有机物没有明显的吸附作用，土壤湿度越大，石油类污染物质越倾向于在土壤有机质上吸附，从而导致有机污染物更易于溶解分配到土壤有机质中去。

总的来看，模拟石油污染物在大庆黑钙土和盐碱土中的迁移特征受土壤质地、组成、温度、有机质含量、迁移时间、污染强度与组分以及淋水量及其施加方式等诸多因素的影响。模拟结果显示，模拟 8 年污染物在黑钙土中的最大迁移深度＜40 cm，模拟 6 年的最大迁移深度＜30 cm，模拟 1 年的最大迁移深度＜25 cm。在盐碱土中模拟 1 年的污染物迁移深度＜15 cm，模拟 9 个月的迁移深度＜10 cm。同等条件下，大庆盐碱土对石油污染物的持留能力更强，石油污染物在研究区盐碱土中比在黑钙土中还难于向下迁移。所以，在最长模拟 8 年的时间里，模拟石油污染物在大庆油区土壤中的迁移过程均未达到 40 cm 深度，而且大部分石油污染物保持在地表浅层土壤中。

## 4.3　模拟石油类污染物定性迁移特征

### 4.3.1　模拟石油污染组分在黑钙土中的迁移特征

大庆黑钙土是 5 号模拟样品，模拟 6 年石油污染物在两层黑钙土中迁移的污染物各组分定性特征如图 4-9～图 4-11 所示。在实验模拟中，迁移前后(中心)不同污染物组分的相对比例变化特征如图 4-9 所示。

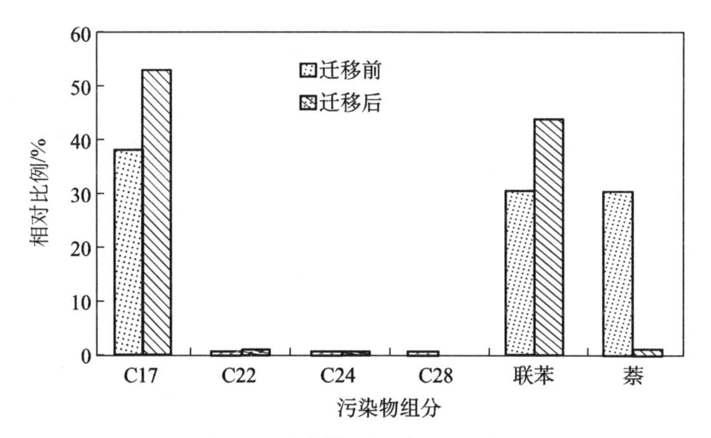


**图 4-9 两层黑钙土迁移中模拟污染物组分相对比例变化特征**

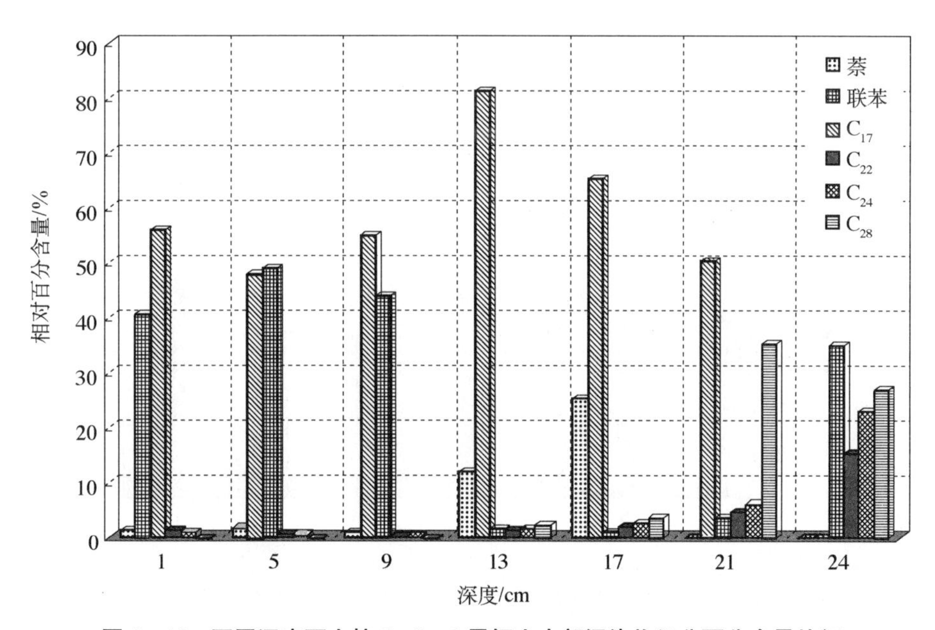


**图 4-10 不同深度下土柱 5-2-1 黑钙土中部污染物组分百分含量特征**

从图 4-9 可以看到，$C_{17}$和联苯两种组分在迁移之后的相对比例明显高于迁移之前，$C_{22}$及$C_{24}$前后变化不大，组分萘的变化特征恰好相反。说明$C_{17}$和联苯两种组分在大庆市典型黑钙土中的相对迁移能力比较强，而高分子量正构烷烃$C_{24}$，$C_{28}$以及双环芳香烃萘在大庆黑钙土中的相对迁移能力则较差；也就是说，石油类有机污染物在大庆市典型黑钙土中的相对迁移能力与正构烷烃的分子量及芳香烃的环数具有反比例关系。根据 GHM 检测分析结果，模拟后土柱中心(Z)与边部(B)样品含有的不同组分石油类污染物及其迁移富集率随深度变化特征如图 4-10～图 4-12 所示。从图 4-10～图 4-12 可以看出，在实验模拟迁移土柱

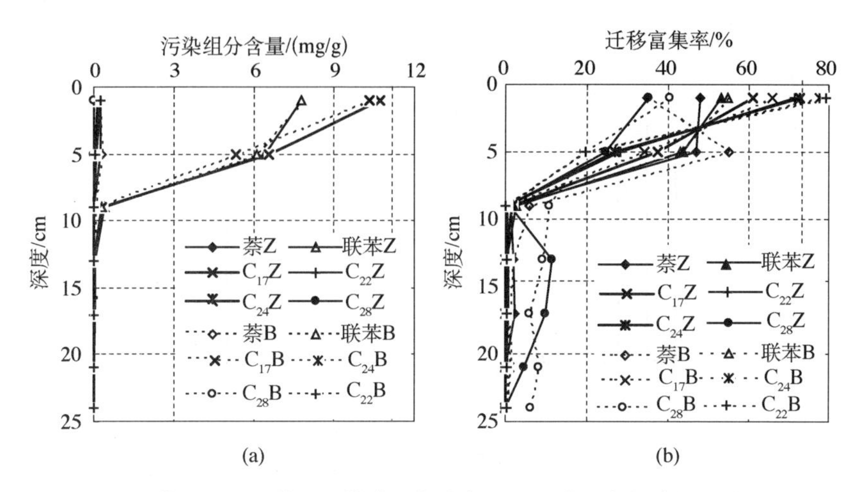


**图 4-11　土柱 5-2-1 模拟土柱中心与边部不同深度下各污染物组分迁移特征**

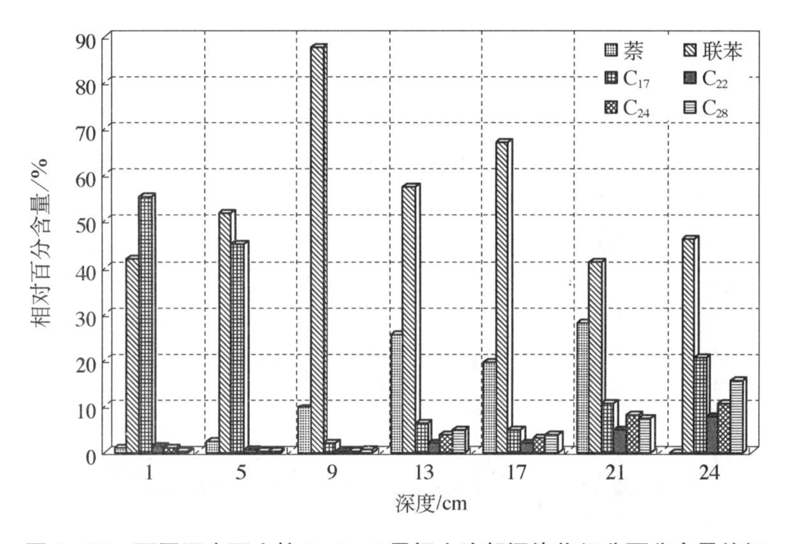


**图 4-12　不同深度下土柱 5-2-1 黑钙土边部污染物组分百分含量特征**

的中心与边部样品中，模拟石油类污染物中的联苯与 $C_{17}$ 组分在 1～10 cm 的上层土柱中的数量占绝对优势，1 cm 处土壤中 $C_{17}$ 与联苯的含量分别达 10.72 mg/g 及 7.77 mg/g，并随着深度的加深而迅速降低，在 10 cm 以下的土柱中，各种污染物组分逐渐缓慢地向下迁移，至 24 cm 处基本达到迁移终点；为了更清楚地反映各种污染物组分在模拟土柱中的迁移富集特征，使其免受污染物原始施加量的影响，图 4-11(b)显示了随土柱深度增加不同污染物组分的迁移富集率特征，可见具有明显特色的组分是萘和 $C_{28}$Z。组分萘在土柱 5 cm 处的迁移富集率最高，而且土柱边部高于中心点，这可能与萘本身具有较高的挥发特性有关，在土柱上端 1 cm 处的萘由于不断向空气中扩散而造成损失，使得表层土壤中萘的迁移富集率降低；土柱

中心的组分 $C_{28}$ 在向下迁移过程中存在 1～5 cm 及 13 cm 处的 2 个富集段，这可能是由于迁移过程中土壤的非均质性对长链正构烷烃影响较大所造成的。

图 4－13～图 4－16 显示了模拟 5 年的土柱 5－1－2 中心(Z)与边部(B)样品中富集不同组分石油类污染物特征及其迁移富集率随深度变化。

从图 4－13～图 4－16 中可以看出，土柱中部样品中各污染组分含量均低于边部；但两者的共同特点是土柱纵向上富集 $C_{17}$＋蒽，但土柱上部含量高于下部，其次是联苯也较高，可以非常明显地看出随深度增加联苯含量具有逐渐增高的特征。在土柱上中部有少许 $C_{22}$ 存在，而 $C_{24}$，$C_{28}$ 在整个土柱中基本上不发生和很少发生迁移，反映了高分子蜡质烷烃在大庆黑钙土中的稳定性，同时证明石油污染物中烷烃在土壤中的迁移能力随分子量增大而下降。这种现象与石油烃类化合物在土壤

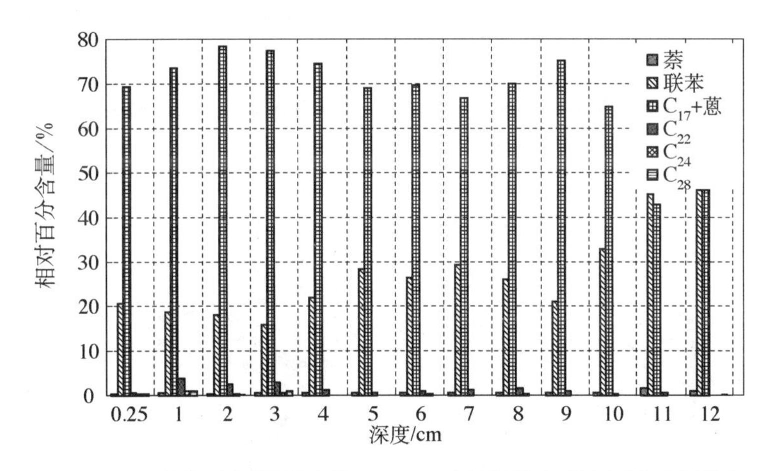


**图 4－13　不同深度下模拟土柱 5－1－2 中部污染物组分百分含量特征**

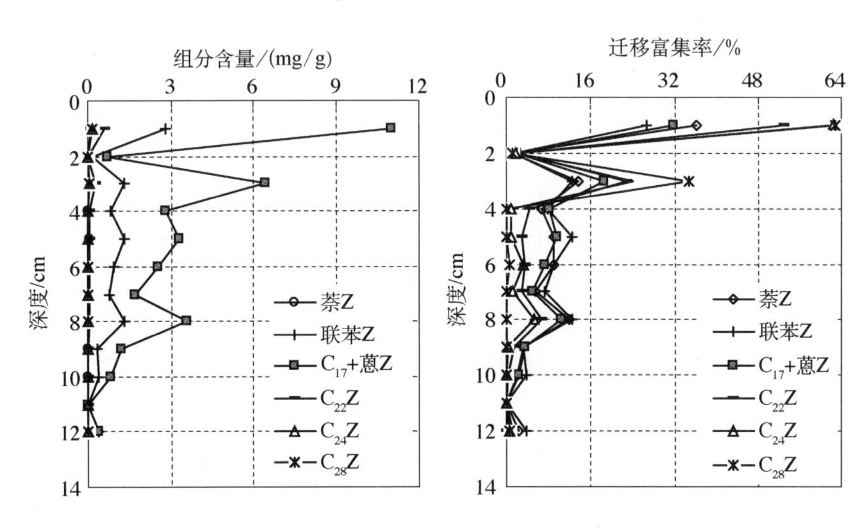


**图 4－14　模拟土柱 5－1－2 中部各深度下各污染物组分迁移特征**

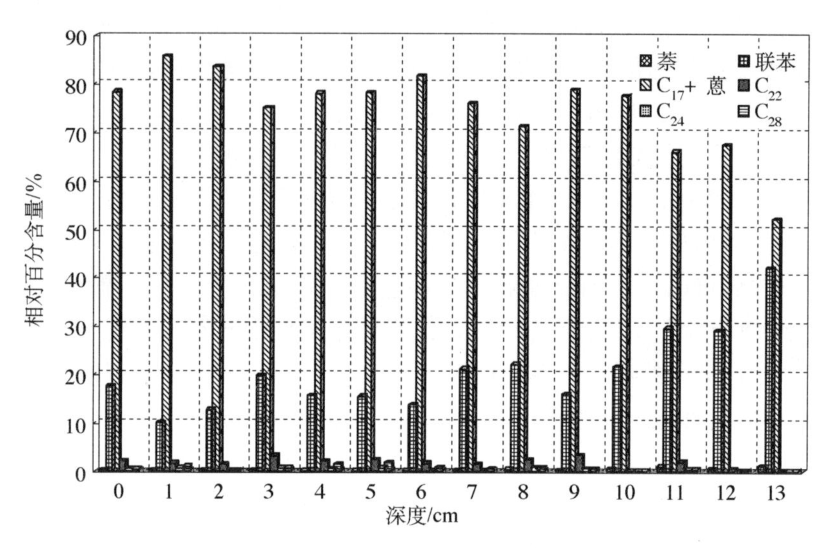


图 4-15　不同深度下模拟土柱 5-1-2 边部污染物组分百分含量特征

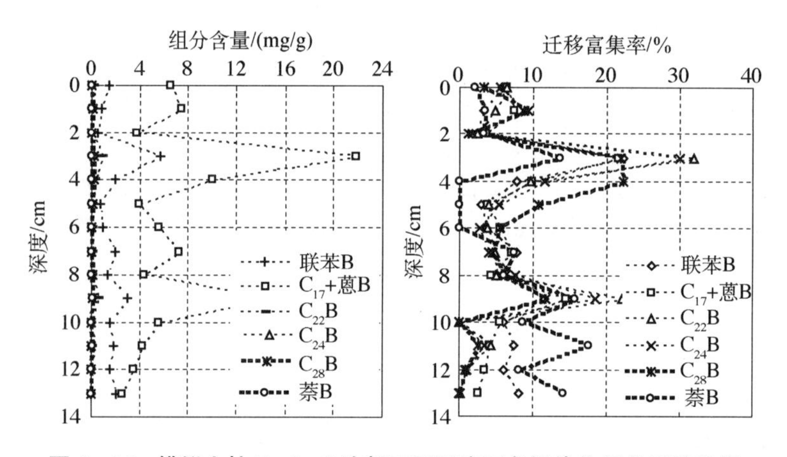


图 4-16　模拟土柱 5-1-2 边部不同深度下各污染物组分迁移特征

矿物表面的润湿性特征是一致的。石油类有机污染物在土壤矿物表面的润湿性对于它们的迁移过程是有影响的，石油中的烃类组分在矿物表面的润湿程度是不同的，研究发现具有类似化学结构的同类流体物质，如正构烷烃在硅石表面的接触角与其相对分子量呈现出良好的规律性，其接触角的变化与相对分子质量直接相关（见图 4-17[178]），随着石油中烷烃类相对分子量逐渐增大，其接触角亦呈逐渐增加的趋势，使其在矿物表面的润湿性变差，易于分配到土壤有机质中。因石油类物质的水溶性一般很小，土壤颗粒吸附石油类物质后不易被水浸润，形不成有效的导水通路，透水性降低，渗水量下降，积聚在土壤中难以迁移的石油烃类污染物大部分是高分子组分。

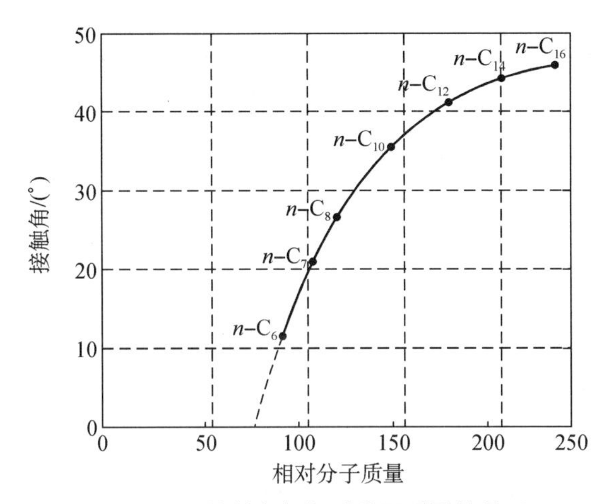


**图 4-17　接触角与相对分子质量的关系**

在对大庆黑钙土三层土壤中石油污染物迁移试验中，模拟时间为 1 年但施加了不同数量污染物的土柱 5-3-2 及 5-3-4 的定性迁移特征分别如图 4-18～图 4-21 所示。

从图中可以看到，石油污染物各组分在三层土壤中的迁移深度大于一、二层的土壤，主要污染组分主要存在于 30 cm 以上的土壤中，尤其以联苯、$C_{17}$和萘比较明显。在模拟石油污染浓度较低的土柱 5-3-4 中，约有 77%的二环芳烃萘分布于表层约 1 cm 以上，下部土壤中含量很低，在约 10 cm 深度处有低检出；联苯在土柱各部位的含量均很高，尤其是在土柱的中下部土壤中联苯占绝对优势；$C_{17}$在土柱 10 cm 以上含量较高，在 10 cm 以下迅速减少，主要分布在 15 cm 以上的土柱中且在顶部含量高；蒽只存在于 0.3 cm 以上的土层中，$C_{24}$，$C_{28}$组分的含量很低，蒽与 $C_{24}$，$C_{28}$三种组分在 1 年的较低污染浓度条件下基本上未发生向下迁移作用。

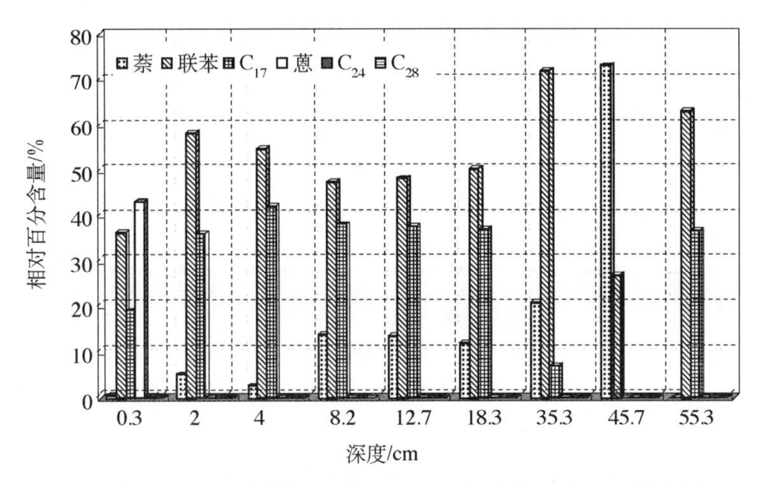


**图 4-18　不同深度下模拟土柱 5-3-2 污染物组分百分含量特征**

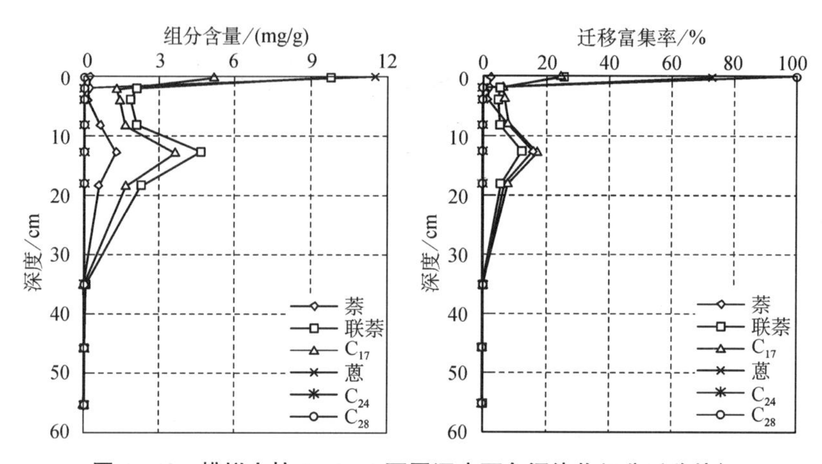


图 4-19　模拟土柱 5-3-2 不同深度下各污染物组分迁移特征

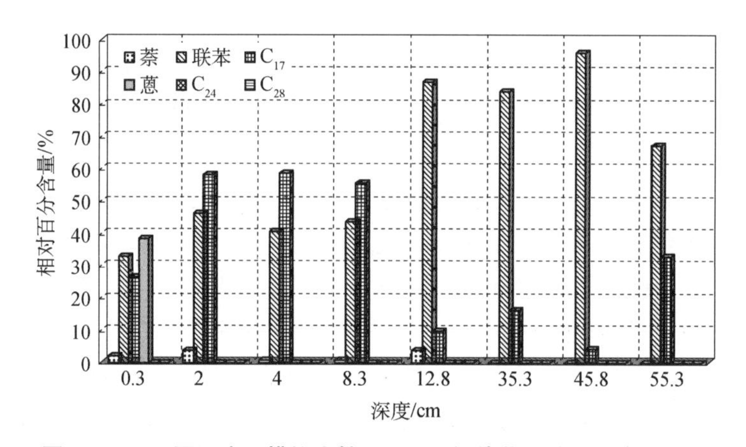


图 4-20　不同深度下模拟土柱 5-3-4 污染物组分百分含量特征

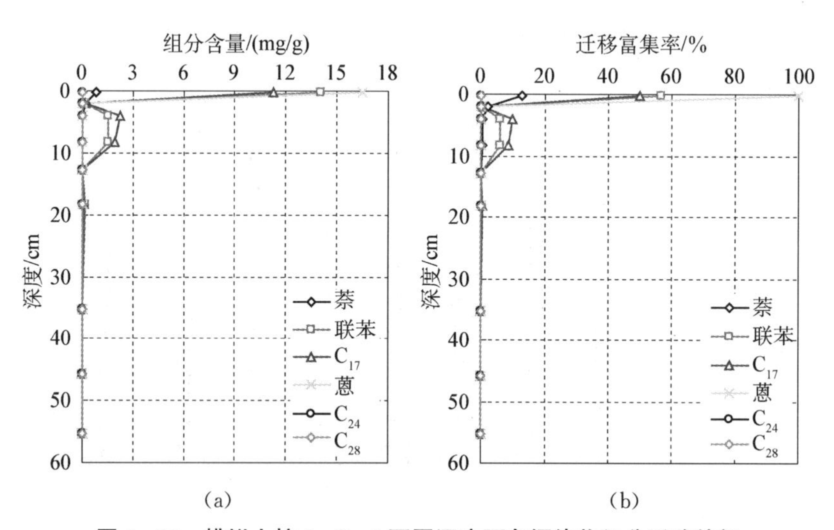


图 4-21　模拟土柱 5-3-4 不同深度下各污染物组分迁移特征

在施加污染物浓度较高的模拟土柱5－3－2中，蒽，$C_{24}$，$C_{28}$三种组分在1年的模拟迁移过程中与低浓度土柱相似，也基本上未出现向下迁移的现象；$C_{17}$和联苯在整个土柱中含量都很高，反映两者在大庆黑钙土中具有较强的迁移作用；值得注意的是，双环芳香烃萘在高浓度模拟石油污染的土柱中表现出较高的迁移性，土柱中萘含量随着深度逐渐增加具有明显的增多趋势，至土柱约10～13 cm深度处土壤里的萘含量达到高值，大约为1.4 mg/g。此土柱模拟石油污染组分中最活跃的联苯、$C_{17}$和萘的最大迁移深度相近，约为35 cm。

经过对比同为模拟1年的土柱5－3－2与5－3－4发现，模拟石油污染物的浓度对其在大庆黑钙土中的迁移性能影响很大，随污染强度增加，污染物中的某些组分(如萘)的迁移能力也有显著的增强，污染物的迁移深度明显加深。总的来说，烷烃类污染物随分子量增加其迁移能力下降；芳香烃类污染物随环数增加其迁移能力下降；同样条件下污染源强度越高其迁移深度越大。

### 4.3.2　模拟石油污染组分在盐碱土中的迁移特征

模拟试验样品的4号样为大庆盐碱土样品，在两层盐碱土分别进行了1年(土柱4－2－5)和9个月(土柱4－2－7)的模拟石油污染迁移过程，模拟石油污染物在两层盐碱土中的迁移特征具有明显的特色(见图4－22～图4－25)。在两个模拟土柱中，除了污染物组分中的联苯和$C_{17}$仍然表现出强相对迁移性能以外，双环芳烃萘在大庆盐碱土中的模拟迁移能力明显高于黑钙土，实际上联苯在盐碱土中的相对可迁移性也比在黑钙土中易于进行；模拟污染源中的烷烃$C_{22}$含量在纵向10 cm以上的土柱中也随深度加深而逐渐增加，但在土壤中的浓度比较低；图4－22显示烷烃类在盐碱土中的相对迁移性能强弱顺序为：$C_{17}>C_{22}>C_{24}>C_{28}$，即随着它们的分子量增大而减小；模拟石油污染物中的芳香烃类的相对迁移性能具有联苯＞萘＞蒽的明显特征。将模拟石油污染物中的芳烃联苯组分与烷烃$C_{17}$组分对比来看，这两种不同类型的石油污染组分的相对迁移性能是联苯高于$C_{17}$。这些石油污染组分在模拟1年与9个月的土柱中的总体最大迁移深度分别为10 cm和5 cm左右；在其下的土壤中虽然某些组分的相对迁移百分含量比较高，但实际迁移下去的数量是很少的。

模拟石油污染物在大庆黑钙土和盐碱土这两种油区典型土壤中的以上迁移特征除了与土壤本身的质地、孔隙、矿物组成及有机质含量等特征有关之外，还与石油污染组分的性质密切相关，例如前面提到的润湿性以及土壤水的溶解性和土壤有机质的相溶能力等。石油中含有的某些重要烷烃与芳香烃组分的性质列于表4－2中。

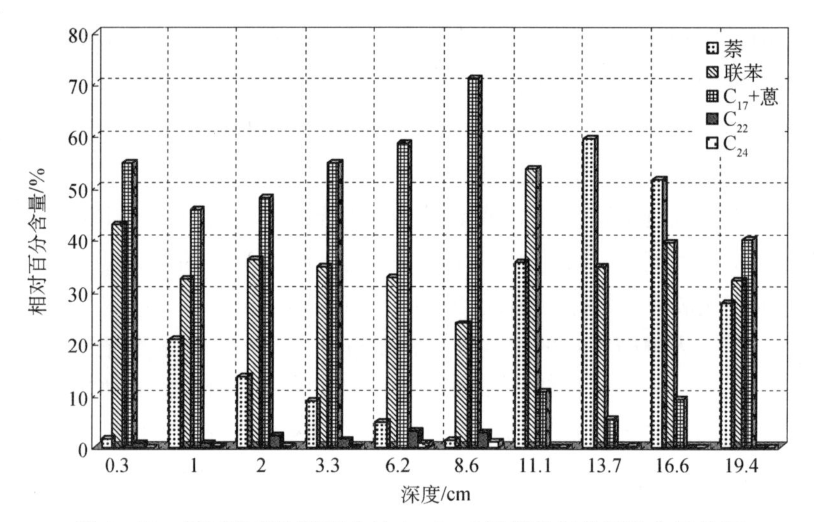


**图 4-22　不同深度下模拟土柱 4-2-5 污染物组分百分含量特征**

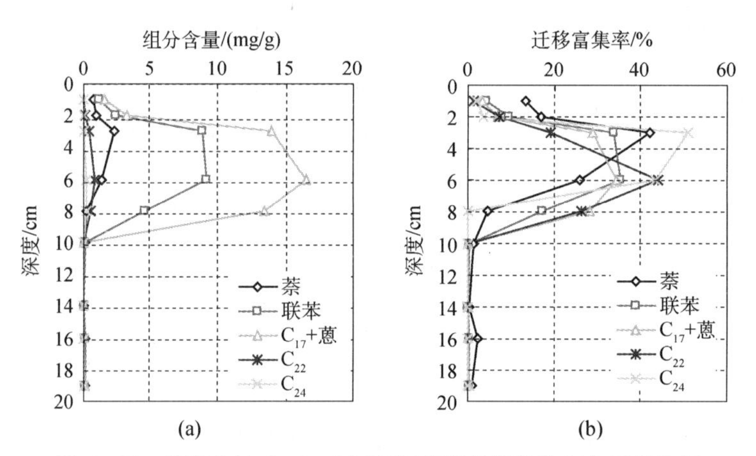


**图 4-23　模拟土柱 4-2-5 不同深度下各污染物组分迁移特征**

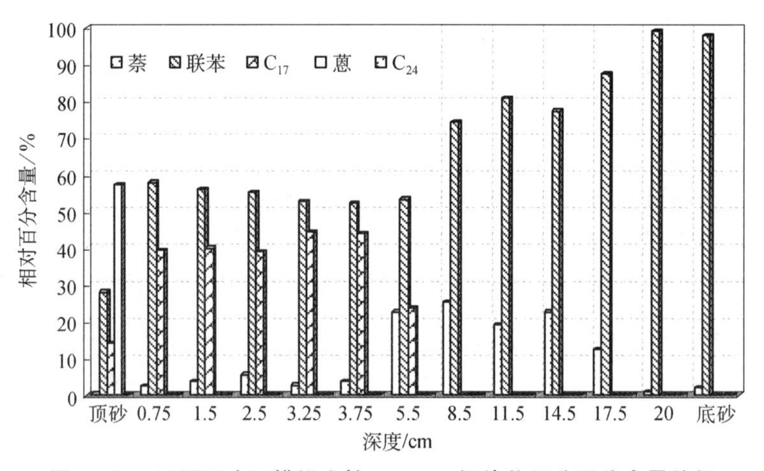


**图 4-24　不同深度下模拟土柱 4-2-7 污染物组分百分含量特征**

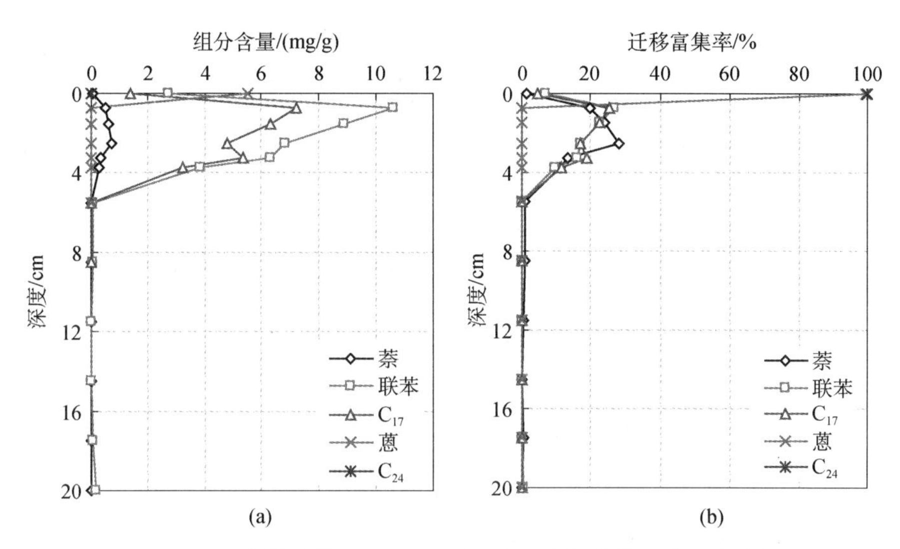


**图 4-25　模拟土柱 4-2-7 不同深度下各污染物组分迁移特征**

**表 4-2　某些重要石油组分的性质(25℃)**

| 组分 | 分子量/(g/mol) | 熔点/℃ | 沸点/℃ | 水中溶解度/($g/m^3$) | 蒸汽压/Pa | $\log K_{ow}$ |
|---|---|---|---|---|---|---|
| 正戊烷 | 72.2 | −129.8 | 36.1 | 38.5 | 68 400 | 3.62 |
| 正辛烷 | 114.2 | −56.5 | 125.8 | 0.66 | 1 880 | 5.18 |
| 正十七烷 | 240.5 | 22.0 | 301.8 | | 0.247 | |
| 苯 | 78.1 | 5.5 | 80.1 | 1 780 | 12 700 | 2.13 |
| 甲苯 | 92.1 | −94.9 | 110.6 | 515 | 3 800 | 2.69 |
| 联苯 | 154.2 | 71.0 | 255.9 | 6.99 | | 4.13 |
| 萘 | 128.2 | 80.5 | 217.9 | 31.7 | 10.4 | 3.29 |
| 蒽 | 178.2 | 217.0 | 342.0 | 0.041 | 0.000 8 | 4.50 |
| 菲 | 178.2 | 101.0 | 340.0 | 1.29 | 0.016 1 | 4.63 |

石油中一些较低分子量的多环芳香烃具有一定的水溶性，如萘、联苯、蒽等在土壤水中有一定的溶解能力，分子量高于 228 的芳烃很难溶于水，而同分子量烷烃比芳烃的水溶性更小，$C_8$ 以上的烷烃已经很难在水中溶解。各种石油有机物的溶解性一般也用其辛醇-水分配系数($K_{ow}$)来表征(见图 4-26、图 4-27)，经研究发现有机化合物的 $K_{ow}$ 与溶解度($S_w$)具有较好的线性关系，在 95%置信区间内，$K_{ow}$ 和 $S_w$ 的回归结果如图 4-25 所示[169]。两者的回归方程如下：

$$\log K_{ow} = -0.652 \pm 0.129 \log S_w + 1.003 \pm 0.403$$

$$(r^2 = 0.778,\ n = 31,\ F = 102,\ \text{sign if } F = 0.000)$$

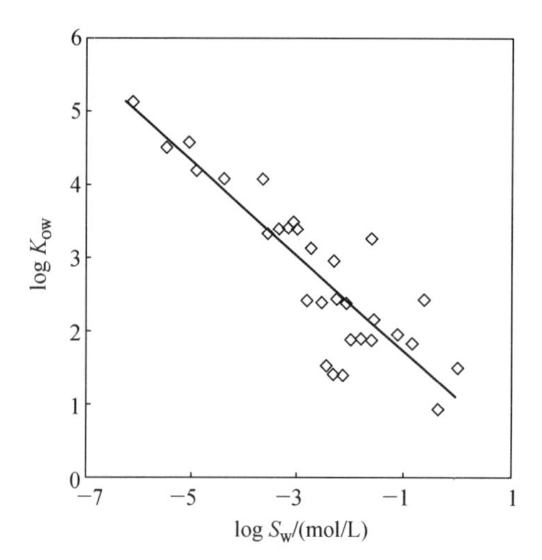


图 4－26　有机物的辛醇-水分配系数与溶解度的关系

尽管回归中所用的有机物包括了极性和非极性的酚类、苯胺类、多环芳烃、氯苯类、脂肪烃类等不同类别，但它们的 $\log K_{ow}$与 $\log S_w$之间确实存在着显著的线性关系。

Chiou 等研究证明，非离子型有机化合物在土壤有机质—水体系中的分配系数随着其在水中的溶解度减小而增大，如图 4－27 所示[173]。一些学者研究认为，非离子型有机化合物在土壤—水体系中的吸附主要是分配作用。非离子型有机污染物在土壤有机质—水体系中的分配系数随其在水中溶解度的减小而增大。

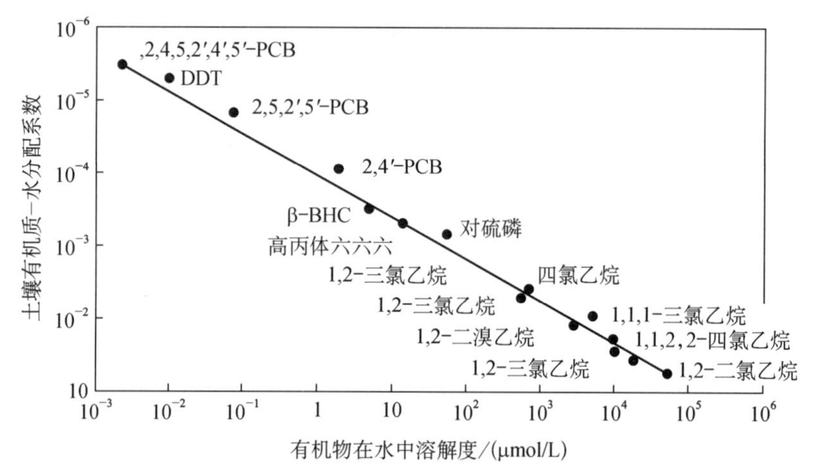


图 4－27　一些非离子有机化合物的水溶解度与土壤-水分配系数的关系

陈宝梁在研究芳香烃菲与土壤之间作用时，得出土壤对菲的吸附能力($K_{oc}$)与菲在 0.005 mol/L $CaCl_2$ 水溶液中的溶解度($S_w$)之间的线性关系[170]（见图 4－28）：

$$\mathrm{Ln}(K_{oc}) = -0.184\mathrm{Ln}(S_w) + 9.32,\quad (r^2 = 0.992)$$

该研究还指出菲在土壤上的吸

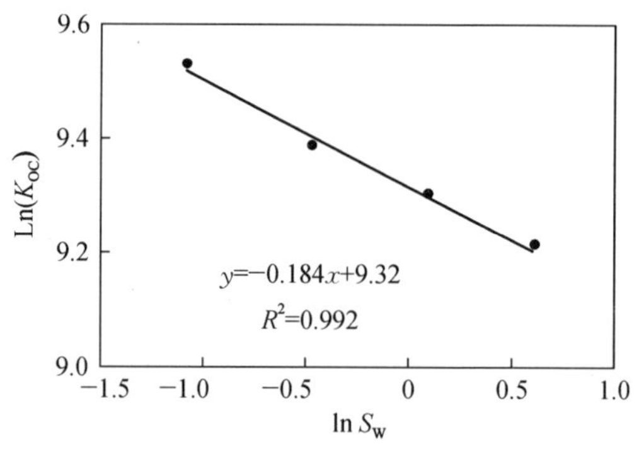


图 4－28　不同温度下菲的 $K_{oc}$值与其水中溶解度 $S_w$ 之间的关系

附机理为分配作用或在有机质(SOM)上的溶解作用。因此对于菲、滴滴涕(DDT)等非离子有机污染物,无论分配系数还是最大表面吸附量和表面吸附系数都与土壤中有机质的含量呈显著正相关。非极性有机污染物在自然土壤上的非线性吸附也主要来自于有机质的表面吸附而不是来自矿物质的表面吸附。有机质含量不仅决定着非极性有机污染物在土壤中的分配吸附作用强弱,而且也决定着非线性的表面吸附。而有机污染物在土壤中的非线性吸附(包括分配作用和表面吸附两部分)既由有机物水溶解度决定,也由土壤有机质的含量所决定。杨坤建立了利用土壤有机碳含量和有机物水溶解度预测估算有机物非线性吸附的模型[169]:

$$q_e = 10^{0.543} S_w^{-0.705} f_{oc} C_e + 10^{0.921} S_w^{-0.709} f_{oc} C_e / (1 + 10^{-2.935} S_w^{-0.889} C_e)$$

式中,$q_e$——有机污染物质在土壤中的吸附量,μg/g;

$C_e$——有机污染物平衡浓度,mg/L;

$f_{oc}$——土壤中有机碳含量,mg/g。

利用该方程可以简便地计算有机污染物在土壤中的非线性吸附量。如果综合考虑有机污染物的性质差异、土壤特性差异以及有机质氢键等特殊作用力和环境pH值等各种影响因素,将使该模型的预测精度进一步提高。石油污染物组分中低环数芳香烃相对比$C_{17}$以上的烷烃类污染物溶解性强,相同条件下,芳烃的迁移能力就相应地高于其他组分。如模拟试验中联苯比$C_{17}$更易于溶于水,因而更易于迁移,因此形成了模拟迁移土柱中联苯主要分布在下部土壤,$C_{17}$主要分布在上部土壤中,下部土柱联苯、萘的含量高于上部,而$C_{22}$,$C_{24}$,$C_{28}$等烷烃难以迁移的试验结果。另外原油这类大分子物质在土壤中的迁移较难也与土壤毛细孔很多都小于原油分子直径有关,所以在土壤结构非常密实的情况下,造成土壤中原油的残留率很高的现象。

实际上土壤中污染物在迁移过程中,可能会发生污染物与污染物、污染物与土壤矿物、污染物与SOM、污染物与土壤水、土壤水与SOM、土壤水与土壤矿物、污染物与微生物以及微生物与SOM等多相间的复杂相互作用,如可能有沉淀与溶解、吸附与解吸、混合与置换等物理变化及化学变化过程的发生。有机污染物在土壤中的吸着存在着两种主要机理:一是分配作用,土壤有机质对有机污染化合物的溶解作用,该过程与有机化合物的溶解度相关;二是吸附作用,在非极性有机溶剂中,土壤矿物质对有机污染物的表面吸附作用或干土壤矿物质对有机化合物的表面吸附作用,前者主要靠范德华力,后者主要靠各种化学键力如氢键、离子偶极键、配位键,键作用的结果导致其非线性的吸附等温线,并存在着竞争吸附,同时在吸附过程中放出大量的热。非离子型有机污染物在土壤—水体系中的吸附主要是分配作用,因在土壤—水体系中土壤矿物质表面除了吸附离子型物质外,还与水分子发生偶极作用,基本上占满了全部吸附位,使得有机污染物很难吸附在土壤矿物质的表面吸附位上。而且由于这类有机污染物一般都难溶于水，易溶于土壤有机质(类似于有机溶剂从水中萃取非离子型有机污染物)，所以当多种非离子型有机污染物在土壤有机质中分配时，它们服从溶解平衡原理，不存在竞争吸附现象。此外，分配作用过程中放出的热量比吸附过程小，也说明非离子型有机污染物在土壤—水体系中的吸附主要是分配作用[54]。土壤有机碳含量增加可以增加有机污染物在土壤有机质中的吸附分配作用。这些作用与各种变化都会影响到石油类污染物质在土壤中的运移特征。

石油污染物伴随土壤液体在沿土柱中的土壤孔隙向下流动时，由于扩散作用和机械弥散作用，破坏了土壤中原来含有的水分与有机污染物之间的界限，使两者发生既混合又置换的混合置换作用过程。土壤液体在沿土柱向下迁移时，一般不会发生活塞流现象。尤其是原油类大分子物质在土壤中迁移过程中，其存在状态与迁移速度应该有较大的差异性，可将其分为“稳定部分”与“活化部分”，它们的存在状态与迁移转化受污染物自身的溶解性、挥发性与土壤的三相组成、颗粒组成、矿物组成、孔隙组成、有机质含量、微生物含量以及所处环境条件如温度、光照、pH值、Eh、土壤水热运移状况等多种条件与因素的制约。另外，由于土壤中存在着大小不一、形状各异、互相连通的孔隙通道系统，土壤流体在通道中运移的流速分布，无论大小还是方向都是存在差异的。由土壤孔隙溶液流速不均匀而引起土壤污染物的扩散与弥散迁移作用均可使土壤流体沿平面和垂直流动方向散布，从而分别表现出污染物在土壤中的纵向迁移与横向迁移特征。

另外，由于土壤的质地不同，有机污染物在其中的淋滤性能也是不同的。大庆地区黑钙土和盐碱土中矿物质均以伊利石与绿泥石为主，含有少量蒙脱石成分，盐碱土中含有少量高岭石成分。蒙脱石特征是其层间能吸水膨胀，因而具有很强的膨胀性，蒙脱石颗粒细小，表面积大，约为600～800 $m^2/g$，且以内表面为主；绿泥石层间一般不具胀缩性。黏土矿物含量较高时，在枯水状态下非离子型有机污染物可以被矿物表面所吸附，但在饱水状态下由于水分子的优先吸附将矿物表面吸附位全部占领，导致其对非离子型有机污染物的吸附量几乎接近于零[179]。土壤质地对其总孔隙度、渗透性及水的渗漏速度等均有影响，随着土壤黏粒含量的不断提高，单位体积土壤内的比面积不断增大，从而使土壤对石油的吸附性能增大，石油污染物的淋滤性能与迁移能力降低。

石油类污染物迁移室内模拟研究主要得到以下结论：

(1) 室内模拟试验定量研究结果显示，模拟石油污染物在大庆油区典型土壤中在模拟时间为9个月的条件下最大迁移深度<10 cm，模拟1年时间的最大迁移深度<25 cm，模拟6年的最大迁移深度<30 cm，在最长模拟8年的时间里污染物最大迁移深度<40 cm。反映出大庆油区土壤对石油类有机污染物具有较强的吸着截留能力，石油类污染物向大庆土壤深处大量迁移的能力比较弱。

（2）模拟石油污染物在大庆土壤中迁移能力较强的组分以联苯、$C_{17}$和萘比较明显。联苯在各模拟土柱都表现出较高的迁移性能，尤其是在土柱的中下部联苯占绝对优势；$C_{17}$烷烃在土柱 10 cm 以上含量较高，在 10 cm 以下迅速减少，它主要分布在 15 cm 以上的土柱中；双环芳香烃萘的迁移能力低于联苯、高于蒽；$C_{22}$烷烃具有一定的迁移能力，但 $C_{24}$及 $C_{28}$烷烃组分在大庆油区土壤中基本上未发生迁移作用。

（3）模拟试验证明石油类有机污染物在大庆市典型土壤中的相对迁移能力与正构烷烃的分子量及芳香烃的环数具有反比例关系，但与污染源强度呈正比关系。

（4）模拟土柱中心部位的污染物含量一般均高于边缘部位，基本上未受容器壁边缘效应的影响，说明模拟污染物向下迁移过程中在纵向剖面上比较均匀，实验模拟比较真实地反映了石油污染物的自然迁移状态。

（5）相同模拟条件下，大庆盐碱土对石油类污染物的总体持留能力强于黑钙土。

（6）大庆市典型土壤对石油类污染物具有很强的吸附截留能力，使绝大部分石油类有机污染物被截留在土壤表层，在模拟 8 年时间里，95%以上的石油类污染物残存于 30 cm 以上的土壤表层。因此室内模拟试验结果说明大庆油区石油类有机污染的防治重点在于 30～40 cm 以上的地表浅层土壤。

# 第 5 章　室外整体迁移实验模拟研究

## 5.1　室外整体实验模拟

### 5.1.1　室外整体模拟过程

在室外进行整体性的实验模拟研究，应选择一个与污染区土壤背景相同的无污染的室外典型土壤区块作为实验区，施入适量的石油类有机污染物，经模拟淋滤后再进行取样检测，或浇注原油后经一年以上的自然降雨淋滤和作用，再在其垂向土壤剖面上取样进行分析，结合模拟时间的长短和污染物加量，认识污染物的迁移规律，但受到自然条件的限制难以模拟年限较长的石油污染过程。由于室外现场整体性实验毕竟可以避免室内单体实验引起的一些不真实的情况，因此本项研究开展了小规模的室外进行整体性的实验模拟研究。

首先选取两个相距一定距离的未受污染的典型黑钙土区域作为实验点，分别标记为室外样点 1 ($W_1$)与室外样点 2 ($W_2$)。称取新鲜的具有代表性的大庆落地原油样品，将其与试验区土壤样品拌匀，装入准备好的管径为 1.910 cm、长约 6 cm 的柱体容器中，将其下端插入试验区土层中约 1～2 cm，从其上端加入与室内单体实验完全一样的淋滤液。根据试验装置特点、模拟污染年限与大庆地区年平均降雨量计算出应加入的淋滤液量进行实验。室外整体性实验模拟装置如图 5 - 1 所示。室外试验样品中施加的石油类污染物数量及其配比如表 5 - 1 所列。

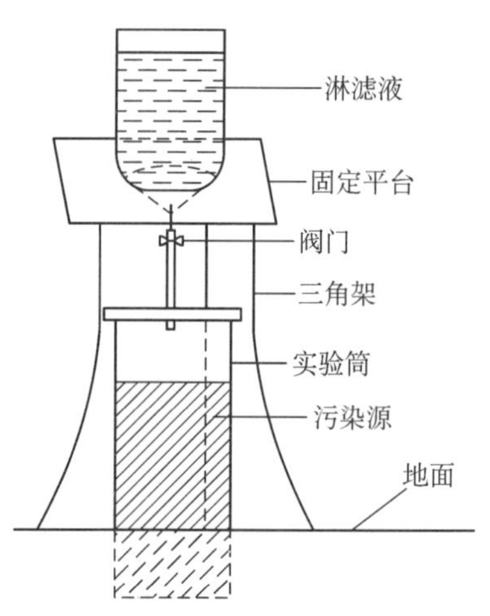

图 5 - 1　室外实验模拟装置示意

表5-1　室外实验模拟样品与淋滤液加量

| 试验点 | 室外样点1 | 室外样点2 |
| --- | --- | --- |
| 土样/mg | 34.383 22 | 34.379 38 |
| 油样/mg | 32.020 84 | 38.209 88 |
| 含油率/% | 48.22 | 52.64 |
| 累计淋滤量/mL | 3 107.2 | 3 604.3 |
| 相当模拟年限/年 | 25 | 29 |

### 5.1.2　室外整体模拟取样及预处理

按照室外模拟实验设计，根据大庆的年均降水量和室外模拟装置计算出年均淋水量，当模拟达到预定的室外样点1与样点2累计25年与29年的模拟年限的淋滤量之后，分别对室外样点1和室外样点2进行模拟场地的野外取样工作。在同一深度取样时，要在淋滤水的正下方中心位置取样，并以此中心为圆心，在不同平面上按半径不同的圆周取其各自的中心点及其由中心向东(E)、南(S)、西(W)、北(N)4个方向的射线上以相同的间距共设5个取样点，某平面的具体取样位置如图5-2所示。在不同深度上取样时，深度间隔要相等，每一层要求与上层相同的位置取样，且不同深度的相应取样点要在同一垂线上。如在图中标志的“中心*C*”及“*E*10”处、深度为20 cm的样品编号分别为“*C*20”及“10*E*20”，即用“*C*”，“*B*”分别表示模拟土柱中心与边部的样品，其前数字表示在东西南北4个方向上每隔5 cm的取样点的中心距，其后数字表示纵向深度；又如“15W10”的土壤样品编号代表的就是中心点向西15 cm、深度为10 cm处取样点的室外模拟土壤样品。这样就可以确定石油污染物在土壤里迁移的过程中，横向上和纵向上的迁移深度与范围。

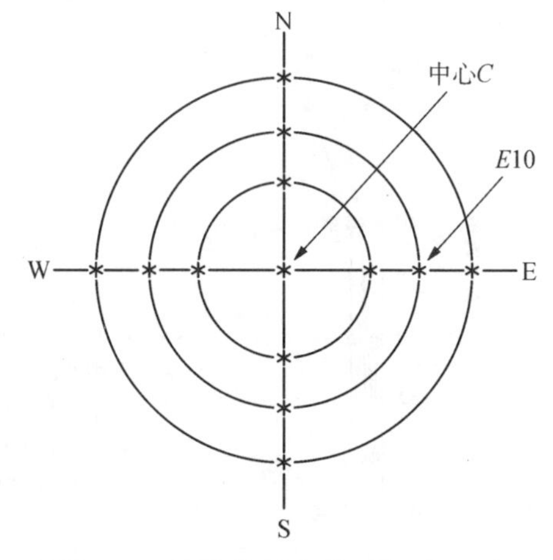


图5-2　野外模拟实验取样平面示意

将如此取好的土壤样品装袋、封好、袋外贴上标签；再将同层的小袋土样装入一个大袋里，封好、贴上标签。然后尽快将取得的土样送回实验室，按照第3章所述的方式使其自然风干后，过18目(1 mm)筛网，再取少量样品研细至80目，装袋、贴标签、备用。使用GHM分析仪进行备测土样中石油有机污染物含量的分析,即每一层中心点的有机质含量与其相应的土壤背景值的差值。

## 5.2 室外整体模拟定量迁移特征

### 5.2.1 石油污染物纵向迁移特征

在石油污染物室外整体迁移模拟实验研究中,室外样点 1 与样点 2 石油污染物纵向整体模拟定量迁移特征如图 5-3 所示。从图 5-3 可以看出,左侧样点 1 的污染物纵向迁移特征总趋势表现为,随深度增加,在不同中心距处的土壤中石油污染物数量是逐渐降低的,但在中心距为 20 cm 处的土壤中石油含量明显高于其上 10 cm 处的土壤中含油量;平面上不同中心距的土壤样品中石油类污染物含量差别不明显,只是在 40 cm 深度下随中心距增加污染物浓度具有明显的递减特征。在模拟 25 年的石油污染物迁移实验过程中,在深度为 40 cm 处残余的石油量已经很低,土壤含油大约<0.08 mg/g,如果再考虑到 28 年中的微生物降解作用,那么石油类污染物在大庆土壤中迁移过程的降解率是很高的。

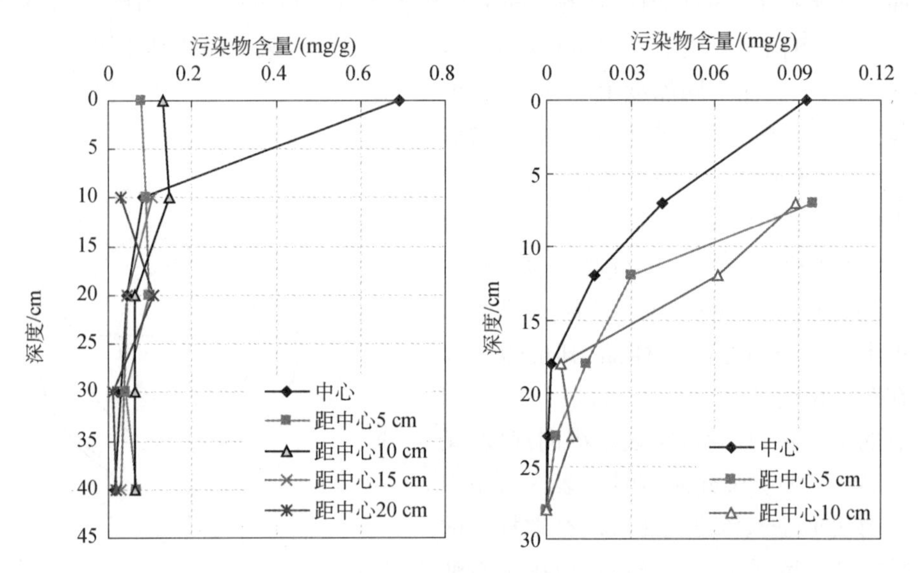


图 5-3 室外整体模拟石油污染物纵向迁移特征

室外样点 2 在原始含油率高于样点 1 的情况下,在 29 年的石油污染模拟迁移过程中,土壤中剩余的石油污染物数量明显少于模拟 25 年的样点 1,在 8 cm 以上的表层土壤中含量最高也只有约 0.95 mg/g 左右,整体上在不同中心距处的土壤中,随深度增加石油污染物含量迅速降低,经过 25 年的降解,到深度为 28 cm 处,土壤中已没有石油污染物存在。经详细分析可知,在中心点、距中心点 5 cm 及

10 cm 土壤中，虽然纵向上石油污染物含量随深度增加而降低，但同时平面上污染物含量又有随中心距增加而增多的特点，在 12 cm 深度处特征最明显，在 18 cm 深度处，中心距为 5 cm 处的样品污染物浓度最大；12 cm 和 7 cm 深度处，最高值出现在离中心 10 cm 的地方；18 cm 和 23 cm 深度处，最高值出现在离中心 15 cm 的地方。因此，从横向看，均为距中心一定距离处的土壤中污染物含量最高，随着深度的增加，污染物含量最高值出现的位置离中心越远。从纵向看，距离中心位置相同距离处(包括中心位置)，污染物的含量随深度增加而降低。这可能是浓度梯度的结果，浓度梯度越大，溶质扩散动力越大。

室外两样点整体石油污染物的迁移总的特征是，在中心距相同的纵向上，污染物含量随深度的增加而降低；相同深度的横向上，除表层土壤外，污染物含量并不总是在中心处最高，而是具有随着远离中心而增加的趋势。以上特征证明了石油污染物在随降雨向下迁移过程中，迁移主流并不是沿垂直方向进行的，而是说明污染物的浓度梯度越大，迁移(或扩散)势(迁移(或扩散)的动力)越大，迁移作用就越容易进行。

室外整体石油污染物的迁移模拟规律说明，大庆地区典型土壤对石油类污染物的吸附降解能力很强，在模拟时间较短、微生物降解作用较小的条件下，模拟 29 年自然降水量，石油类污染物完全可被控制在 30 cm 以上的地表土壤中，无法达到地下潜水层，因此不会造成地下水层的石油污染；但由于地表土壤中含有较多的石油污染物，所以还会对土壤生物造成一定的影响，也需要在石油生产过程中引起注意，尽量避免落地原油的产生，做到既可防止环境污染，又能提高生产经济效益的双赢结果。

### 5.2.2　石油污染物横向迁移特征

室外样点 1 石油污染物的横向定量迁移特征如图 5 - 4 所示。可见，经过 25 年的模拟迁移降解过程后，地表土壤中只是在石油施加点污染物残留量较大，其他

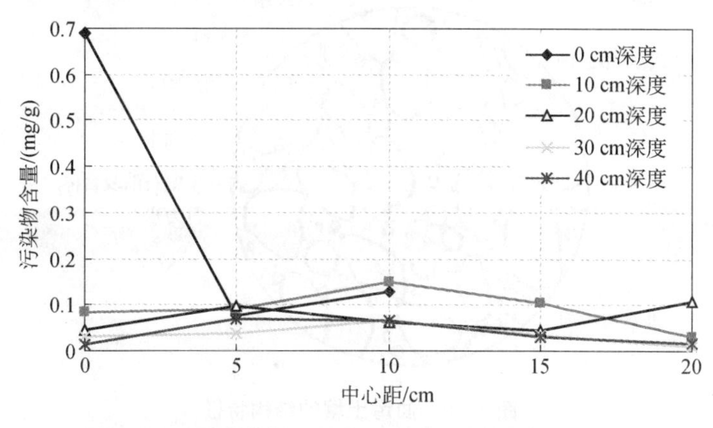


**图 5 - 4　室外整体模拟样点 1 石油污染物横向迁移特征**

深度与横向的土壤中含油率很低，在 30 cm 深度下污染物沿水平方向扩展到 15 cm 处已所剩无几，到 20 cm 处就基本消失殆尽。而且如果从过污染原点的某个纵向剖面看，污染物分布呈现的是以污染原点为中心的正态分布规律；如果从横向剖面上看，污染物分布则呈现出以污染源点为中心向外逐渐依次递减的圆环状类波纹减弱的规律。

由于土壤对有机污染物的吸附实际上是由土壤沉积物中的矿物组分和土壤(沉积物)有机质两部分共同作用的结果，在土壤—水体系中，土壤对非离子性有机化合物的吸着主要是溶质的分配过程(溶解)，即石油中非离子性有机化合物可通过溶解作用分配到土壤有机质中，并经过一定时间达到分配平衡，因大庆土壤中的有机质含量较高，土壤中油污的石油类疏水性有机组分与土壤中有机质具有很大的热力学亲和力，它们容易通过分配作用与土壤有机质达成分配平衡，尤其是与吸附能力强的腐殖类有机质之间存在着密切关系。因此，如图 5-5 所示，一般石油类有机污染物在土壤中可形成土壤—石油复合体的形式残留在土壤中，由于石油本身的特征决定其他以游离状态存在的大部分污油以非水溶态存在，小部分以水溶态存在于土壤之中。所以，本书在研究过程中提出了油污土壤中有机质存在“稳定状态”与“活化状态”的概念。可将以石油—土壤复合体形式存在的石油类有机污染物称为“稳定状态”，将以游离状态存在的石油污染物称为“活化状态”。一般情况下，处于“稳定状态”的石油类污染物与土壤有机质结合紧密，难以发生迁移；而以“活化状态”存在的石油类污染物则是土壤中的活跃部分，比较容易发生迁移作用。土壤中各级颗粒的含量多少、形态、结构及化学组成都对石油类污染物的吸附能力有重要影响，它们与石油类有机污染物之间相互作用力的大小也是决定石油类污染物“稳定”与“活化”的重要因素。大庆油污土壤中的石油类污染物非常容易吸着、分配于土壤中，在短时间内可形成小范围的土壤高

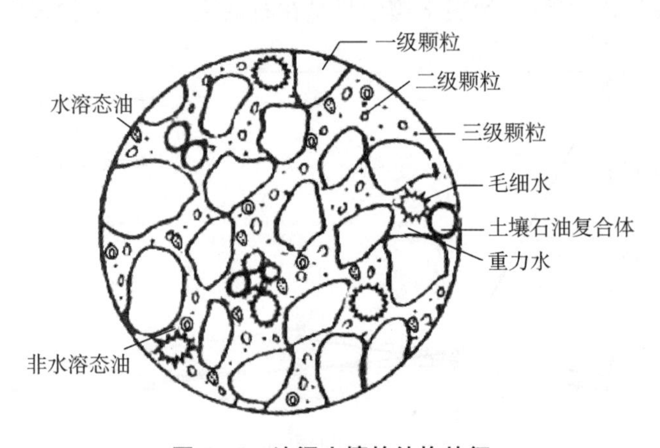


**图 5-5　油污土壤的结构特征**

浓度石油污染；污染形态往往是石油浓度大大超过土壤颗粒的吸附量形成石油—土壤复合体，过多的石油以游离态存在于土壤空隙中。另外，还可将土壤中吸附有机污染物的组分或吸附位置分成无机矿物表面、无定形的土壤有机质和凝聚态的土壤有机质三个部分，其中有机污染物在溶解相上的吸附是一个分配过程，有机污染物在此相中具有较大的扩散系数，吸附与解吸的速率都很快，不会发生滞后现象；相反在孔隙填充相中的吸附与解吸的速率较慢，存在解吸的滞后现象。

另外，由于土壤中存在着大量的有机和无机胶体、各种微生物和土壤动物等以及阳光对石油污染物会产生的光化降解作用和氧化降解作用，使进入土壤中的石油污染物通过土壤的物理、化学和生物等过程不断地被吸附、分解、挥发、迁移和转化。总的来看，土壤中石油类有机污染物的迁移转化作用大体上可分为迁移作用和降解作用两大类，具体又可分为轻质烃挥发、地表漫流、向土壤中扩散以及向地下迁移和氧化降解、光化降解以及土壤微生物降解作用等主要作用类型，如图 5 - 6 所示。

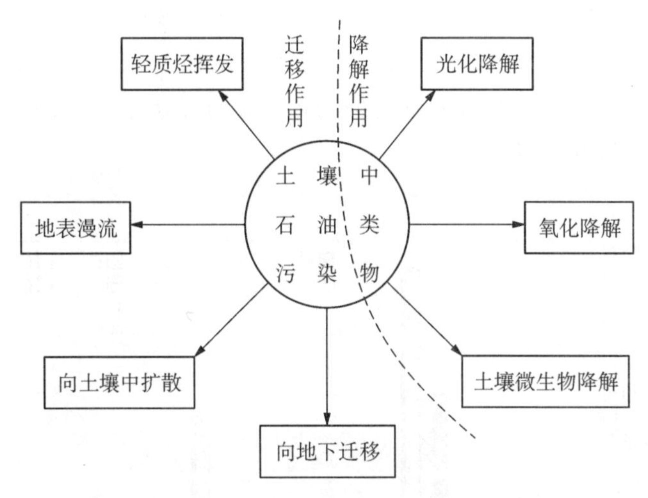


**图 5 - 6　土壤中石油类有机污染物的迁移转化作用**

由于光化降解作用主要受两个方面控制：①经过分配作用逸散在大气中的部分，受到直接的光照而发生有效的降解；②在土层中的石油类物质，只有最表层的一小部分可以受光照而发生降解。而研究区处于光照时间较短、降水量少、气候比较寒冷的地区，油污土壤中的绝大部分石油类污染物滞留于土层中，它们很少受到光照的影响而发生光解；在降水量不多的条件下如果不是在泡沼区内也很少发生地表漫流现象；另外，由于大庆原油的植物成因特征使其富含穿透能力差的较高分子石油组分，因此对于在研究区土壤环境中的石油类污染物来说，受光解以及挥发掉的石油污染物相对数量不多;因此在大庆油区土壤中最主要的作用应为在土壤中的扩散、迁移与降解作用。

综合大庆油区土壤特征及其中石油类污染物的模拟迁移特点和存在状态,在大约25年的时间里,大庆土壤中石油类污染物大部分以"稳定状态"保持于油区土壤中,而且主要是在纵向40 cm以上和横向20～30 cm以内的范围内残留。所以,大庆油田土壤中石油类有机污染物主要被截留在土壤表层,也就是说大庆油区土壤中石油污染防治的重点在于浅层。

## 5.3 室外整体模拟定性迁移特征

### 5.3.1 石油污染组分纵向迁移特征

按前面所述的方法取得室外样点1和样点2的模拟土壤样品之后,使用GHM热蒸发烃分析仪对室外样品进行了定量与定性检测。并利用第3章给出的处理方法进行数据处理与绘图。上面已讨论了石油污染物的定量迁移特征,下面就室外两个样点在不同深度和不同横向中心距位置所取的土壤样品的定性分析结果以及各污染组分的迁移特征加以说明。图5-7～图5-16显示了室外样品1实验模拟过程中纵向土壤中随深度增加石油污染物各组分的百分含量与不同污染物组分数量及其迁移富集率的变化特征。

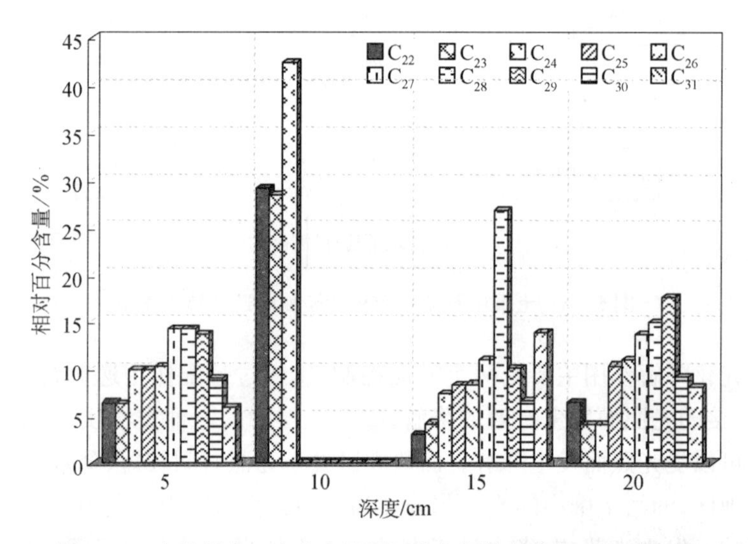


图5-7 室外样点1中心点不同深度各污染组分相对百分含量

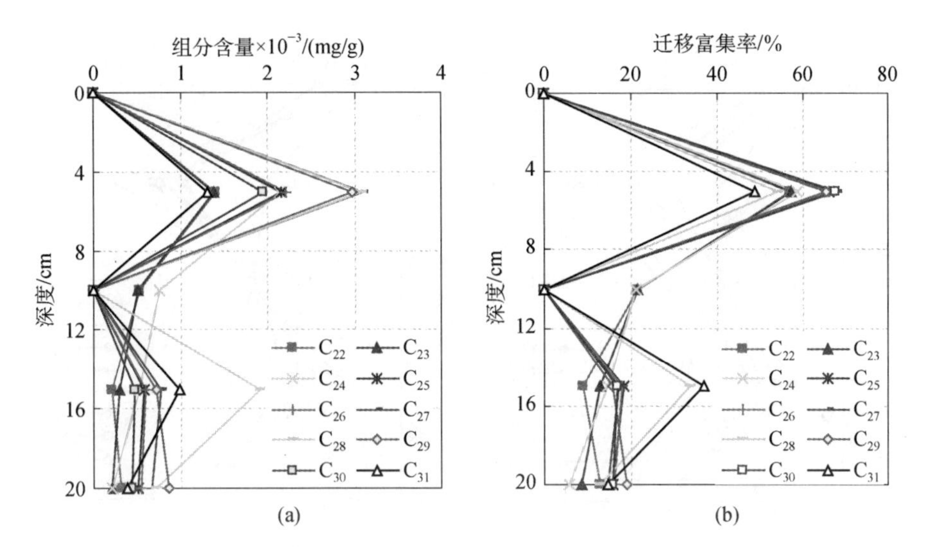


**图 5－8　室外样点 1 中心点不同深度下各污染组分纵向迁移特征**

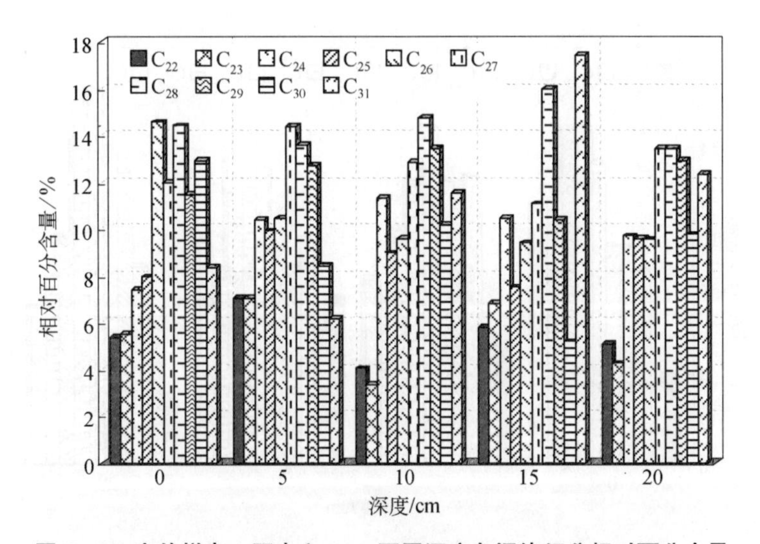


**图 5－9　室外样点 1 距中心 5 cm 不同深度各污染组分相对百分含量**

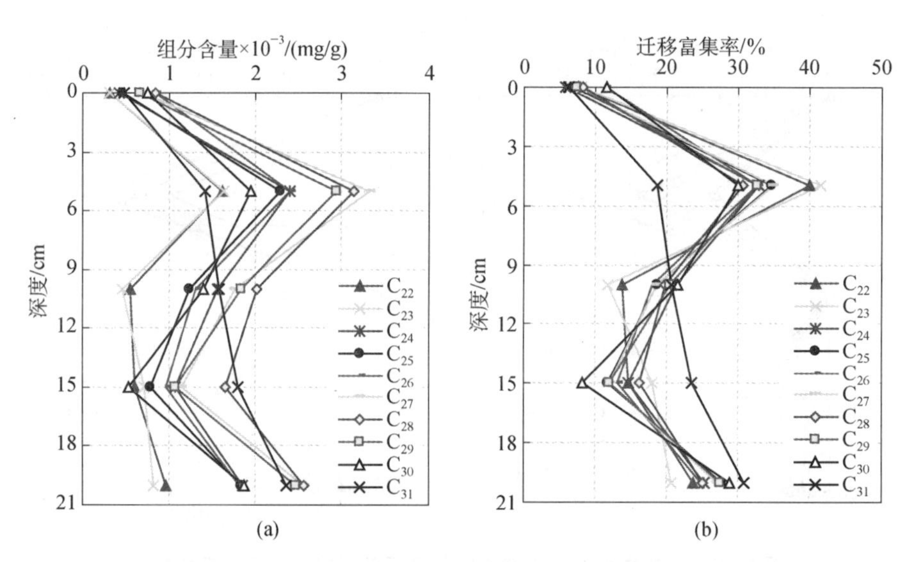


**图 5-10　室外样点 1 距中心 5 cm 不同深度下各污染组分纵向迁移特征**

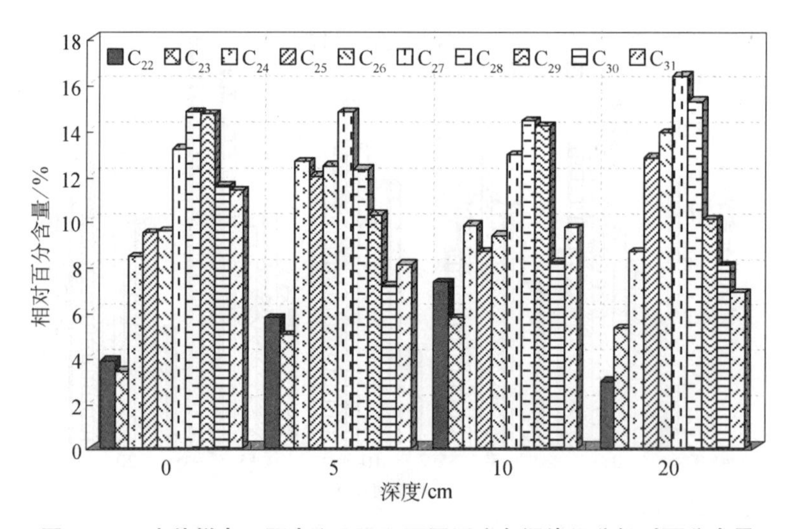


**图 5-11　室外样点 1 距中心 10 cm 不同深度各污染组分相对百分含量**

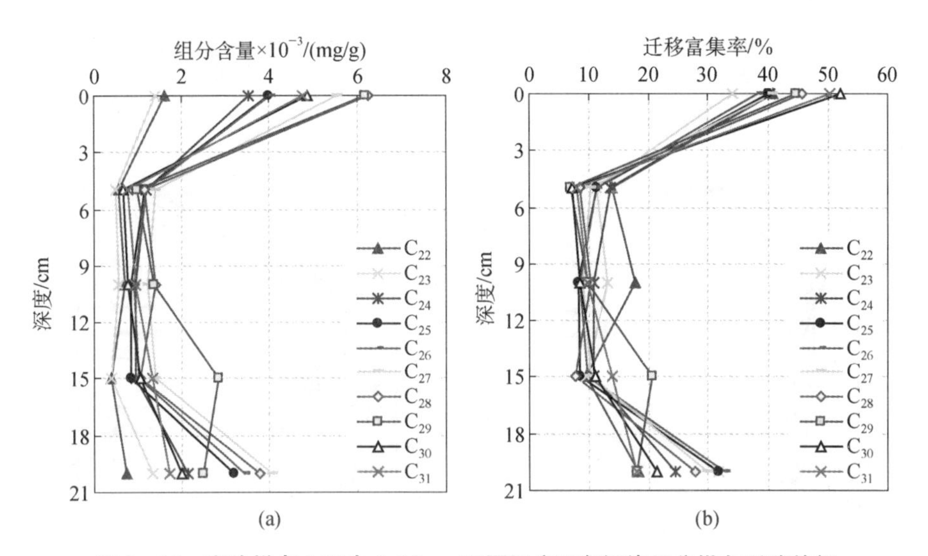


图 5-12　室外样点 1 距中心 10 cm 不同深度下各污染组分纵向迁移特征

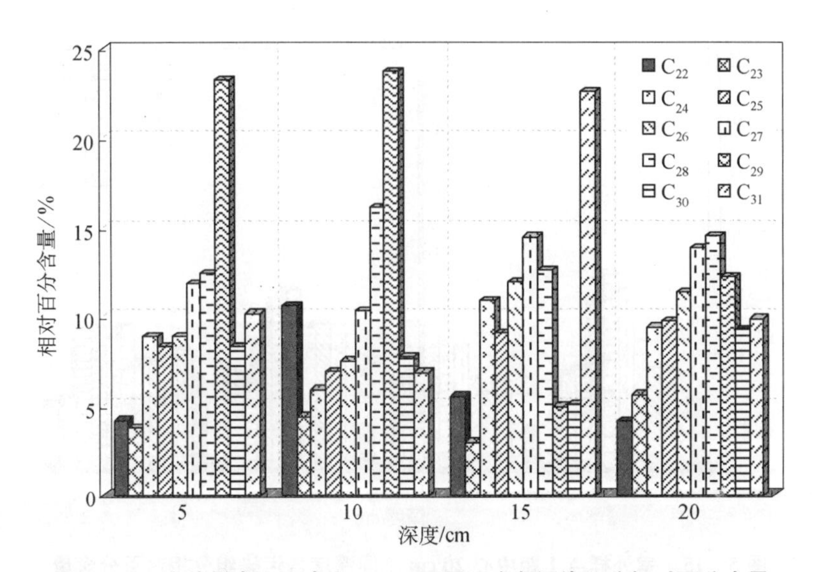


图 5-13　室外样点 1 距中心 15 cm 不同深度各污染组分相对百分含量

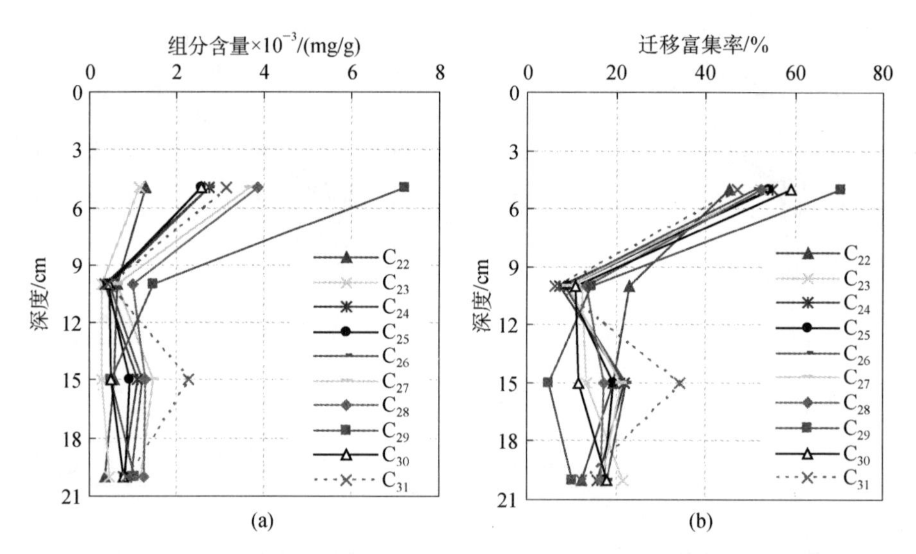


**图 5-14　室外样点 1 距中心 15 cm 不同深度下各污染组分纵向迁移特征**

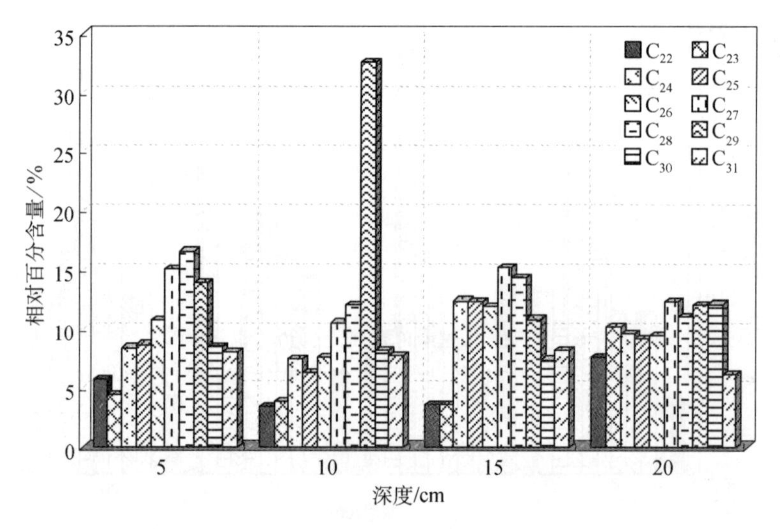


**图 5-15　室外样点 1 距中心 20 cm 不同深度各污染组分相对百分含量**

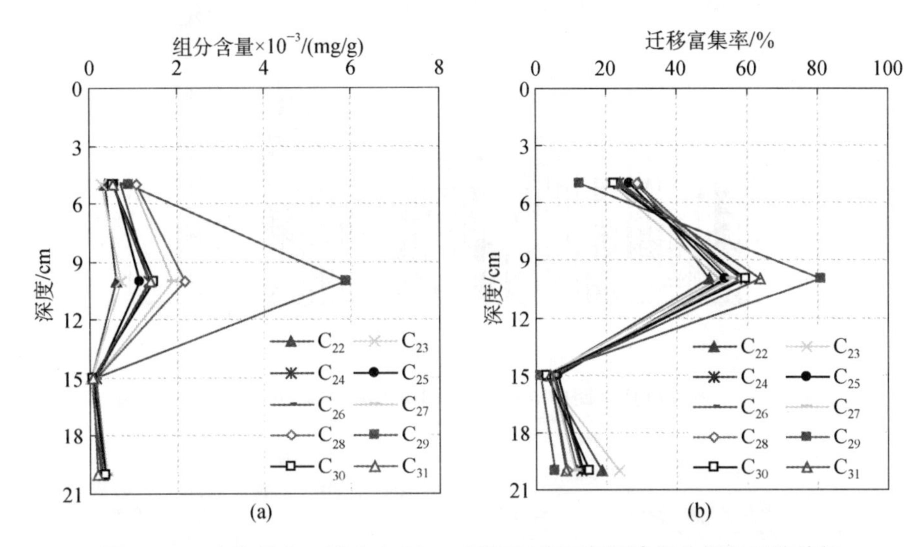


**图 5-16　室外样点 1 距中心 20 cm 不同深度下各污染组分纵向迁移特征**

从模拟 25 年的以上室外样点 1 地表向下各深度土壤样品中的石油污染物组分数量及迁移率与百分含量特征对比来看，各种烃类组分的含量均很低，一般都在 1～10 mg/kg 范围内；而且由于生物降解作用过程中微生物优先消耗低碳数烷烃，因此在石油污染物迁移过程中，石油组分中较低碳数的烷烃组分已基本不存在，一般残留组分为 $C_{22}$～$C_{31}$ 范围的烃类组分。

在中心点和距中心 5 cm 的浅层样品中所含石油污染物组分很低，其主要原因是由于地表受光解作用强而导致污染物降解造成的；随着深度加深其数量逐渐增加，而且位于中间某深度处出现污染物浓度值的个别低值点或高值点可能由于土壤的非均质性造成，原因在于土壤结构的复杂性而引起土壤内部质地的不均一性；随深度增加，较高碳数烃类所占百分含量逐渐降低，说明轻质烃类具有较强的迁移能力，同时地表微生物优先选择低碳数烃类降解。图中显示石油污染物向下迁移的主流并不总是只沿淋水的中心部位，而是比较分散地进行，主要由于土壤的结构的不均一性所引起；另外中心部位在 10 cm 深度处未检到 $C_{25}$ 以后的组分，可能是由于室外样点 1 在 10 cm 深度处土壤密度大从而导致高分子污染物难以渗入所致。总之，从整体上看，纵向上随深度的增加，各烃类组分量逐渐降低，相对百分含量中较高碳数烃类所占百分含量逐渐降低。

室外样品 2 实验模拟过程中在距中心 5 cm 和 10 cm 的纵向土壤中，随深度增加石油污染物各组分的百分含量与不同污染物组分数量及其迁移富集率的变化特征如图 5-17～图 5-20 所示。

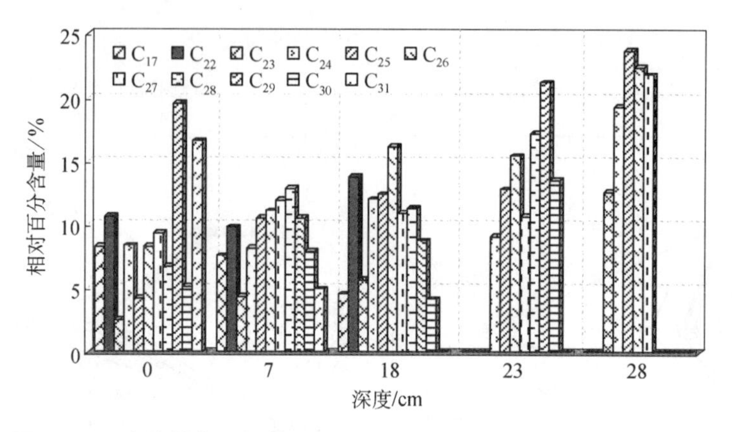


图 5-17 室外样点 2 距中心 5 cm 不同深度各污染组分相对百分含量

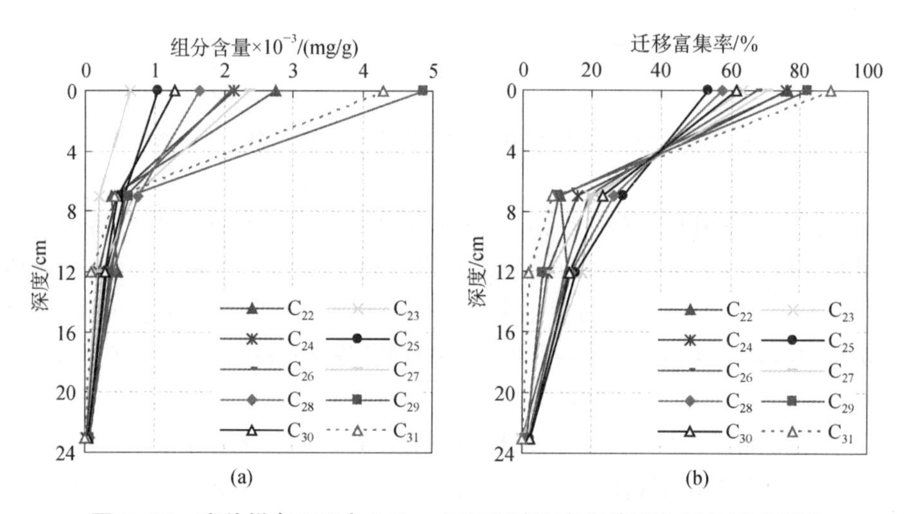


图 5-18 室外样点 2 距中心 5 cm 不同深度下各污染组分纵向迁移特征

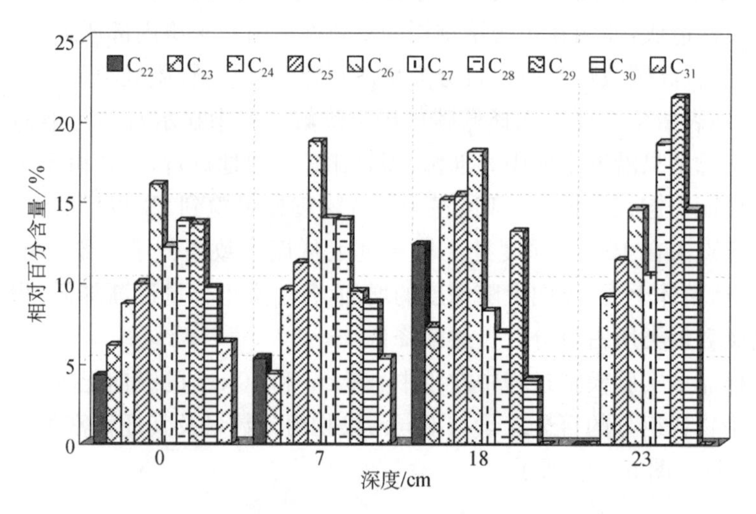


图 5-19 室外样点 2 距中心 10 cm 不同深度各污染组分相对百分含量

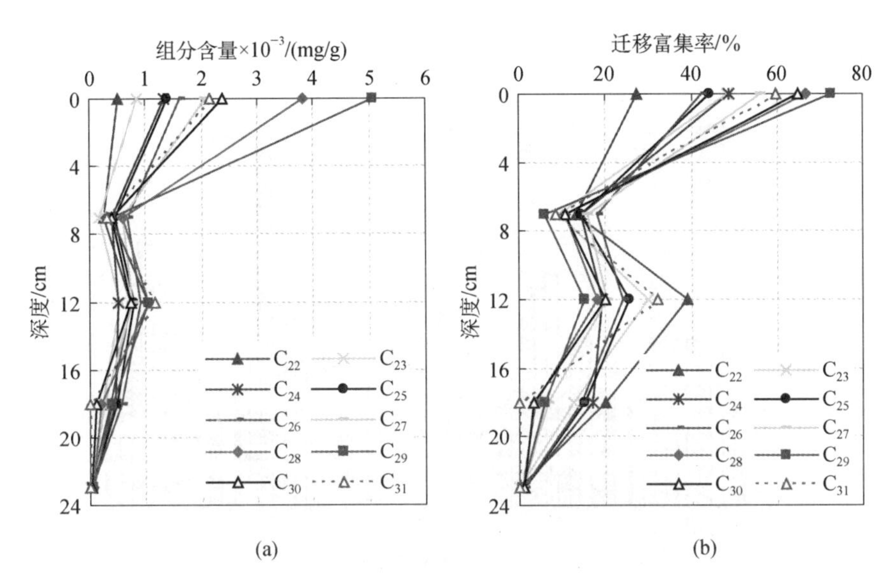


**图5-20　室外样点2距中心10 cm不同深度下各污染组分纵向迁移特征**

室外样点2为模拟29年的试验样品，各种烃类组分的含量均低$5\times10^{-3}$ mg/g，而且土壤中残留组分也主要是$C_{22}$～$C_{31}$范围的烃类组分。纵向上随深度增加样品中的石油污染物组分数量逐渐降低，污染物中各组分相对百分含量发生了很大的变化，总的来看，在浅处高分子正构烷烃含量较高，低分子烃类含量较低，但低分子烃类物质随着深度增加虽然绝对量降低，其相对量却是增加的。室外样点2显示，当深度达到23 cm时土壤中石油污染物浓度为零；也就是说，在模拟29年的迁移时间里，石油中具有蜡质特征的烷烃类污染物的最大迁移深度小于25 cm。样点2的其他模拟特征与样点1基本相似，这里不再赘述。

## 5.3.2　石油污染组分横向迁移特征

以上讨论了室外模拟样品在纵向不同深度下的石油污染物组分的迁移特征与规律，在模拟25年的迁移试验过程中，各种石油污染物组分在5 cm，10 cm，15 cm及20 cm不同深度下的横向迁移量与百分含量及其迁移富集率的变化特征如图5-21～图5-28所示。而图5-29～图5-30显示了室外样点2在模拟29年的迁移实验过程中，各种石油污染物组分在23 cm深度下的横向迁移量与百分含量及其迁移富集率的变化特征。

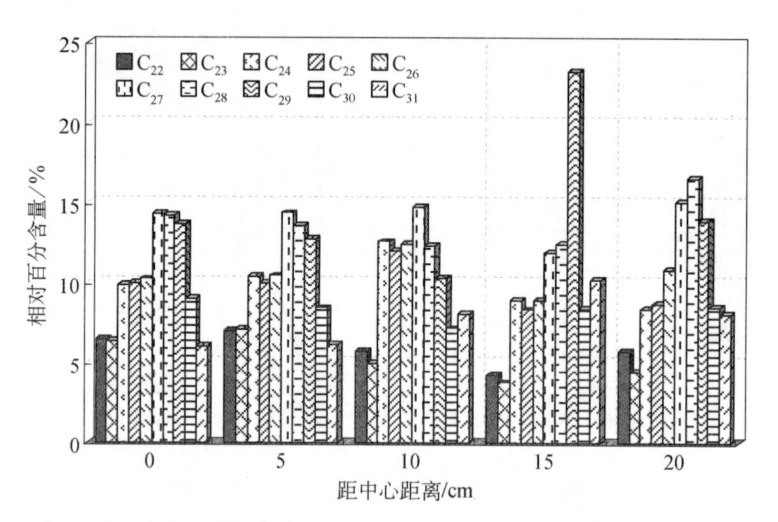


图 5-21 室外样点 1 深度 5 cm 不同中心距各污染组分相对百分含量

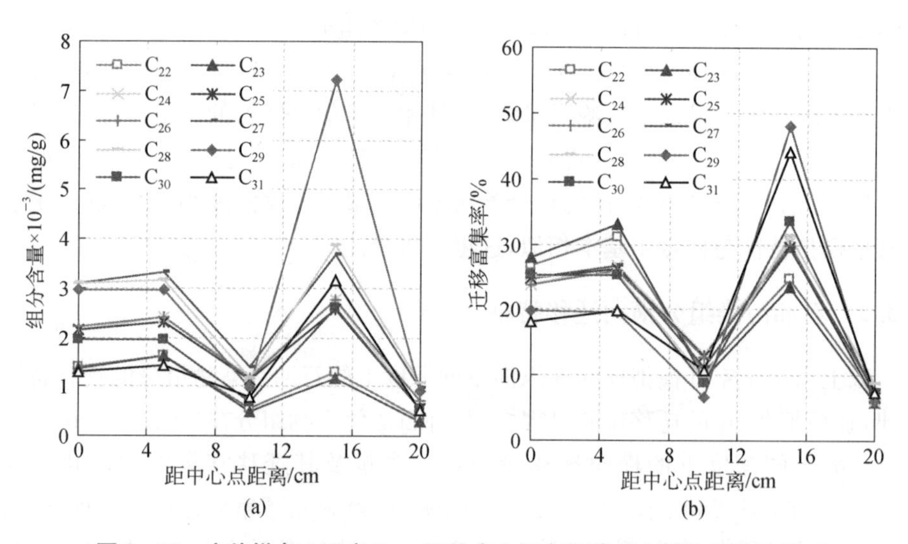


图 5-22 室外样点 1 深度 5 cm 不同中心距各污染组分横向迁移特征

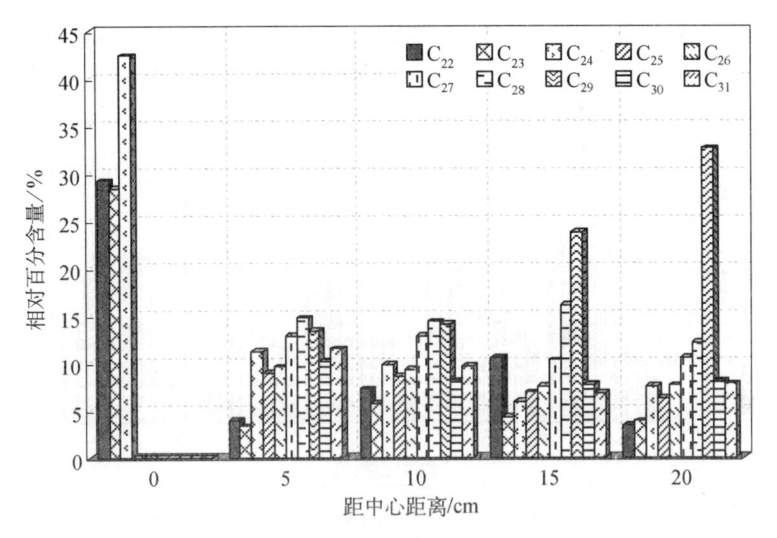


**图 5-23　室外样点 1 深度 10 cm 不同中心距各污染组分相对百分含量**

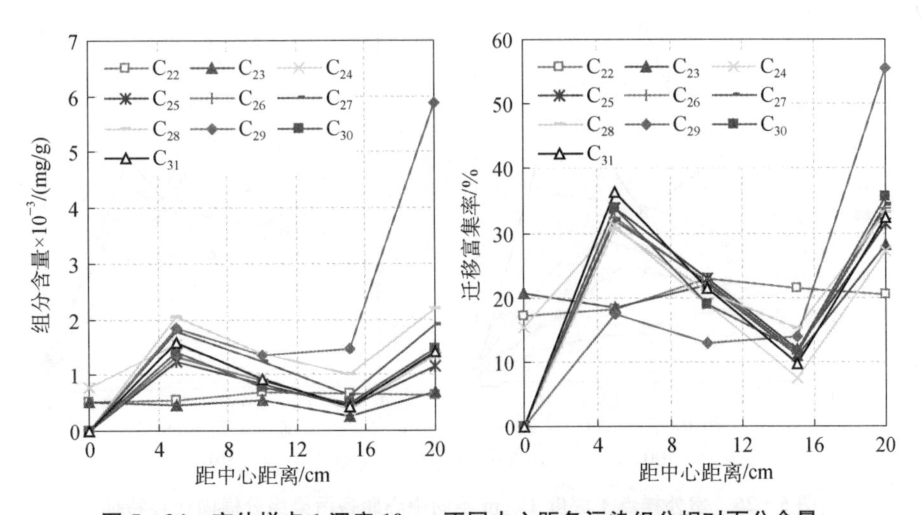


**图 5-24　室外样点 1 深度 10 cm 不同中心距各污染组分相对百分含量**

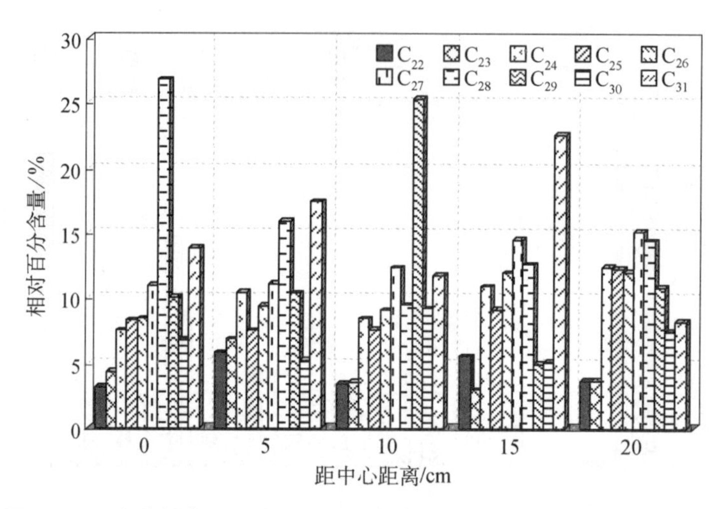


**图 5－25　室外样点 1 深度 15 cm 不同中心距各污染组分相对百分含量**

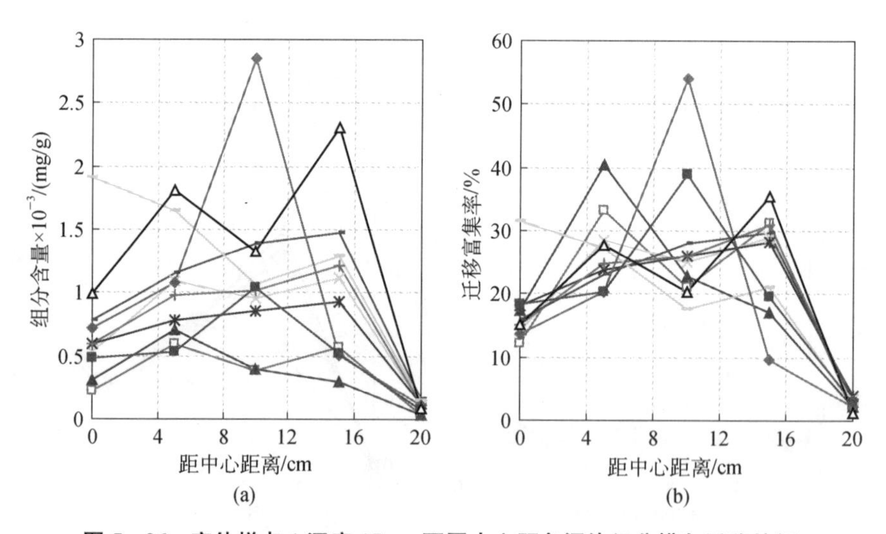


**图 5－26　室外样点 1 深度 15 cm 不同中心距各污染组分横向迁移特征**
**(不同组分所用的线型表示与图 5－24 一致)**

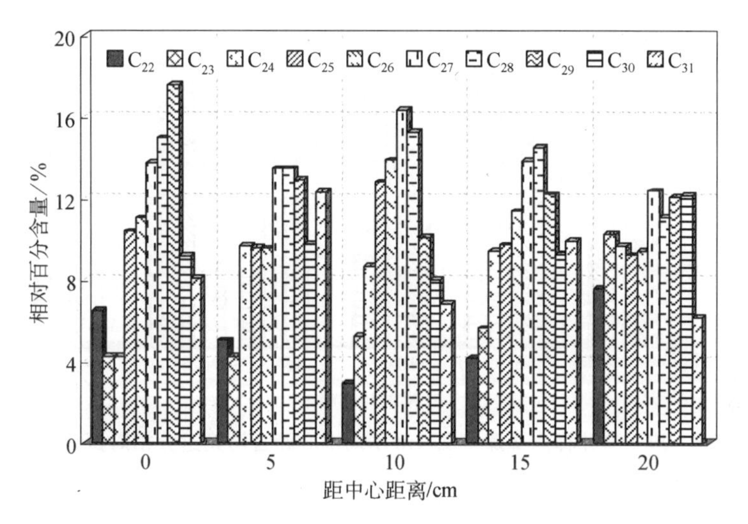


**图 5－27　室外样点 1 深度 20 cm 不同中心距各污染组分相对百分含量**

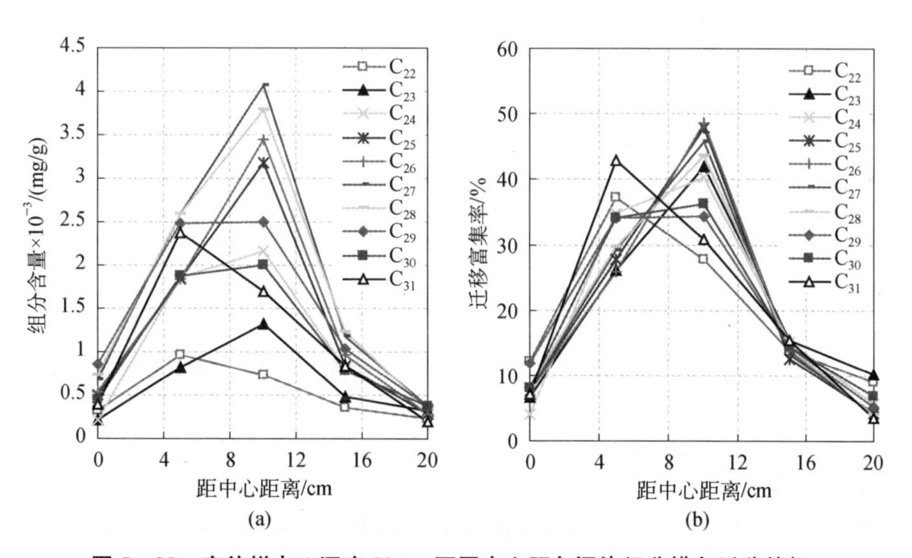


**图 5－28　室外样点 1 深度 20 cm 不同中心距各污染组分横向迁移特征**

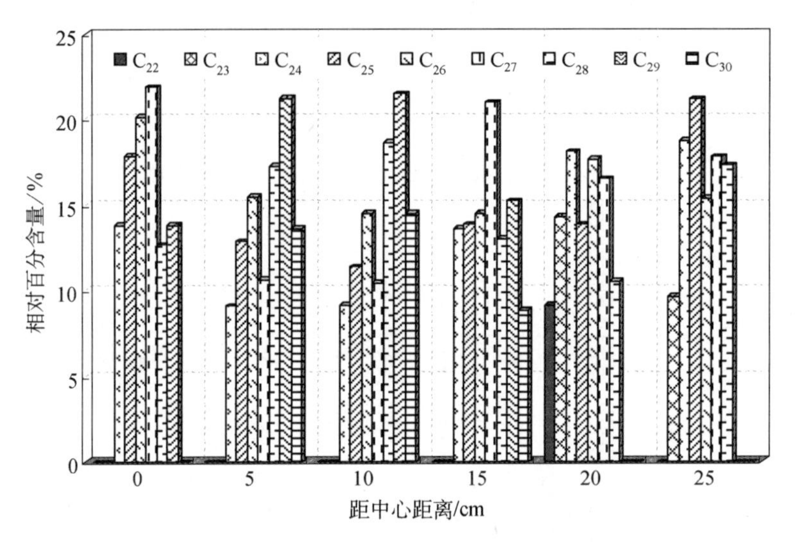


**图 5-29　室外样点 2 深度 23 cm 不同中心距各污染组分相对百分含量**

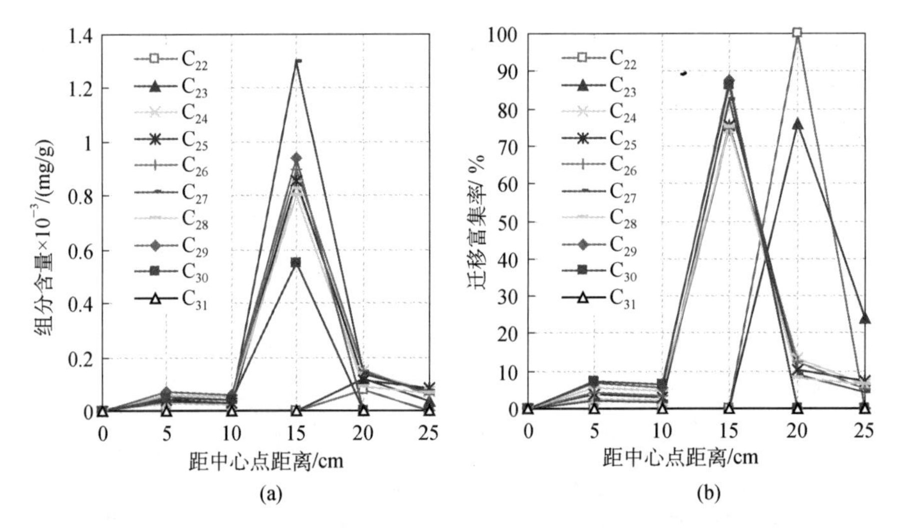


**图 5-30　室外样点 2 深度 23 cm 不同中心距各污染组分横向迁移特征**

室外实验模拟过程中石油污染物各组分在土壤中的横向迁移特征显示，25 年模拟迁移过程中，在 5 cm 深度的平面上石油污染物各组分的整体迁移特征是相似的，最低值出现在中心距 10 cm 处，最高值则出现在中心距 15 cm 处，而且 $C_{29}$～$C_{31}$ 范围的大分子烷烃具有较高的迁移率；在中心距 15 cm 以外的土壤中烃类污染物含量迅速减少。室外样点 1 在深度 10 cm 的平面上各污染物组分迁移最高值出现在中心距 20 cm 处，$C_{22}$ 及 $C_{23}$ 在平面上浓度变化比较平缓，随着中心距增加，$C_{27}$～$C_{31}$ 范围大分子烷烃的迁移率渐高；在深度 15 cm 各污染组分迁移特征不同，在中心距 5～10 cm 范围污染物含量较高，而且仍然是大分子烃类迁移率高，在中心距20 cm处污染物含量近乎于零；在深度20 cm平面上污染物最高值出现在中心距10 cm处，在中心距20 cm处污染物含量已很低。另外，虽然在平面上不同中心距处土壤中石油污染物含量都很低，但模拟迁移过程中还是显示出随着深度的增加烃类污染物各组分量逐渐降低的明显规律性，大致从样点1深度5 cm的7 mg/kg逐渐降低到样点2(原始含油率高于样点1)深度23 cm的约1.3 mg/kg。横向上随着深度的增加，石油污染物含量最高值出现在距离中心渐远的位置，同时显示石油烃类污染物易于进行横向迁移。室外模拟横向迁移试验结果反映出，在不同深度的土壤中存在石油污染物的浓度梯度，不同点土壤间的污染物浓度梯度越大，则土壤中溶质的扩散动力就越大；还有具有较高碳数的烷烃类污染物在一定条件下由于其分子链长而易于穿越土壤孔隙。例如，当石油在地下岩石矿物孔隙中运移过程中就会发生所谓的“地层层析作用”，如图5-31所示[180]。即在页岩/砂岩层系和碳酸盐岩层系中，石油中的饱和烃组分最易于发生运移，其次是芳香烃组分的运移也比较容易进行，而胶质与沥青质是石油中极性最大的组分，在矿物表面具有较强的吸附作用，难以发生运移，只有一小部分运移出来。石油组分在不同层系矿物孔隙中的这种运移特征与土壤中石油类污染物的运移具有相似的特征性。

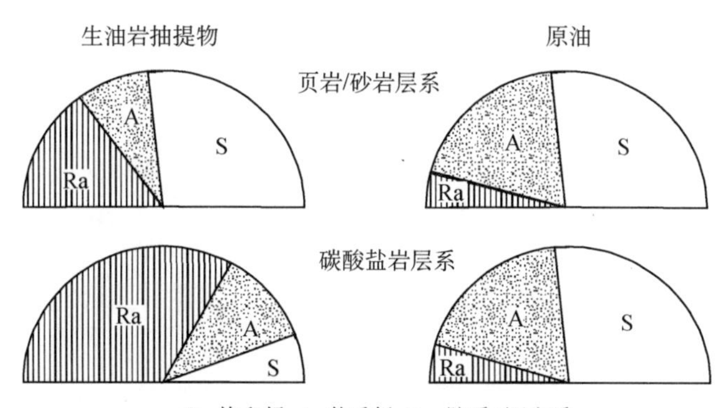


**图5-31　在不同层系中石油族组成迁移特征对比**

通过室外整体性的迁移模拟实验研究主要得到以下结论：

(1) 室外整体模拟石油污染物定量迁移特征显示，大庆地区典型土壤对石油类污染物的吸附降解能力很强，虽然纵向上石油污染物含量随深度的加深而降低，但在模拟29年的自然降水条件下，石油类污染物可被控制在30 cm以上的土壤中，因此在土壤含油率约为50%的情况下不会因落地原油造成地下潜水层的石油污染。

(2) 模拟石油污染物的横向迁移特征反映，由于大庆土壤的非均质性导致石油污染物在向下迁移过程中，迁移主流并不总是沿铅垂方向进行的，而且石油烃类污染物比较易于进行横向迁移，其分布特征呈现以污染源点为中心的正态分布规律。

(3) 提出油污土壤中有机质存在“稳定状态”与“活化状态”的概念。处于“稳定状态”的石油类污染物与土壤有机质结合紧密，难以发生迁移；以“活化状态”存在的石油类污染物则易于发生迁移作用。土壤质地、形态、结构、持水量、有机质含量和化学组成及其与石油类有机污染物之间的相互作用是决定石油类污染物“稳定”与“活化”的重要因素。

(4) 大庆土壤中石油类污染物大部分以“稳定状态”保持于油区土壤中，而且主要残留在纵向 40 cm 以上的范围内；在模拟 29 年的迁移时间里，石油中具有蜡质特征的烷烃类污染物的最大迁移深度小于 25 cm。

(5) 室外模拟试验证明，大庆油区土壤中石油类有机污染防治的重点在于 30 cm 以上的浅层土壤。

# 第6章 石油类污染物迁移数值模拟研究

本章根据土壤多孔介质中溶质迁移转化机理，对各种模型的优劣进行了对比分析，在综合考虑各种影响因素的情况下，讨论及建立了土壤非饱和带中石油类污染物迁移转化数值模拟模型。通过二维交替隐格式有限差分法对数值模型进行了求解，该方法具有差分格式稳定、简单易解等优点。此外，通过室内外实验求得了各种相关参数。利用该模型对油井井场落地原油在土壤剖面的分布、迁移和转化进行了模拟预测研究。

## 6.1 土壤溶质运移模型对比

土壤溶质运移模型是随着土壤溶质运移理论的研究而发展起来的。对土壤溶质运移的研究始于20世纪初，但在20世纪中叶才出现较大的研究进展。1952年Lapidus和Amudson首次将一个类似于对流—扩散方程的模拟模型应用于溶质运移问题的研究[181]。随后，Tayor，Bear，Bigga和Bresler等人从试验和理论上说明了土壤溶质运移过程中对流、扩散和化学反应的耦合关系，并形成了应用数学模型说明与解释溶质运移的研究[181]。

近年来，根据不同环境条件和研究目的的需要，建立了许多描述土壤溶质运移的模拟模型。所建立的模型可分为两大类：一是确定性模型，它假设一个系统或过程的运行中，存在着明显的因果关系，一系列事件的发生将导致唯一的输出。二是随机性模型，假设真实系统受到某种不确定因素的影响时，系统输出是不确定的，研究系统输出的概率。此外，在研究中还常用到简化模型[182]。

### 6.1.1 确定性模型

确定性模型包括确定性函数模型和确定性机理模型。

1）确定性函数模型

确定性函数模型主要用物质平衡原理来估算土壤溶质的行为，又称为均衡模型。均衡模型根据系统中溶质的输入和输出，定量地反映该系统在一定时段内溶质储量的变化。

当忽略土壤溶质在水平方向上的运移，仅考虑垂直一维土壤溶质运移的情况下，土壤溶质运移的均衡方程为[183]：

$$\Delta S = S_r + S_i + S_g + S_s + S_f - S_c - S_p - S_d \tag{6-1}$$

式中，$S_r$——降水带入的溶质量；

$S_i$——灌溉带入的溶质量；

$S_g$——地下水向上补给带入的溶质量；

$S_s$——溶解、解吸和转化等带入的溶质量；

$S_f$——污染带入的溶质量；

$S_e$——作物吸收带走的溶质量；

$S_p$——沉淀、吸附和转化等带走的溶质量；

$S_d$——地下排水或渗漏带走的溶质量；

$\Delta S$——计算时段内土壤溶质储量变化。

尽管现有的均衡模型中的描述可能有些不同，考虑溶质过程也不尽相同，如活塞流、半解析模型、层状模型等，但其基本估算模式与式(6－1)类似。在模型的实际应用时，往往将一些影响不大的因素忽略。

2) 确定性机理模型

确定性机理模型是1960年由Nielsen和Biggar基于质量守恒原理及连续性原理推导建立的，体现了溶质运移的最基本原理，是土壤溶质运移理论研究的经典方程和基本方程。国内外溶质运移理论研究的教科书、专著中均以对流弥散方程为基础。

如果溶质是挥发性物质，在运移过程中则要考虑其在固相、液相和气相中浓度的变化。

对流弥散方程客观地描述了溶质在土壤中运移的规律，便于深入探讨溶质运移的机理及影响因素。在一定的初始、边界条件下，特别是对于室内土柱试验，可得到对流弥散方程的解析解表达式。它更直观清楚地描述了土壤溶质运移的规律，是进行溶质运移研究、溶质运移关键参数测试的有效方程。

将溶质运移和水分运动的Richard方程联合，便可得到土壤溶质的数值模型。该模型在实验室的多种离子运移方面得到验证，与试验结果符合较好。但确定性模型需要较多的输入参数，而土壤参数具有时空变异性，不同研究者在不同条件下测得和应用的值相差很大，限制了其在田间尺度上的应用[184]。

实际情况的复杂性，促使对上述模型根据不同情况做了多种改进，建立了多种模型。根据土壤中存在不连通的孔隙即死孔，土壤溶液在其中并不流动，溶质仅以扩散形式和可动区发生交换，Coats和Smith提出了稳态流的动水—不动水

(mobile-immobile)两区模型，动水—不动水两区模型在用于描述盐分在砂土土柱中的运移以及有吸附情况下溶质在土壤中的运移，效果较好[185]。

Gerke和van Genuchten (1993)提出了描述土壤中优先流(preferential flow)的双孔隙数学模型[186]。该模型假定土壤的孔隙状况可分为两种性质完全不同的孔隙体系，每一个孔隙体系是均质的，具有自身的水分和溶质的运移特征，而两孔隙体系之间存在溶质的质量交换。试验表明，上述模型在模拟溶质在大孔隙中运移与其他模型相比速度要快得多。据此，Javis认为该模型可以很好地模拟优势流情况下的溶质运移[186]。

数值技术增加了对流弥散方程应用的广度及深度，解决了生产实际中有关溶质运移的诸多实际问题。目前，应用数值方法研究土壤溶质运移问题已成为国内外溶质运移研究的热点。

如上所述，传统的对流—弥散方程(convection-dispersion equation, CDE)是建立在“均质介质”的假设之上，即在一定的取样体积内，多孔介质的水力学性质不随空间尺度的增大而改变。这与实际情况明显有较大出入。田间土壤，尤其是结构性土壤，有不规则大孔隙、裂隙及各种成因的“优势流”存在，使得CDE方程中各种参数均随空间、时间有较大变化。因此传统CDE方程往往不能很好地模拟田间土壤溶质运移状况。为了解决上述问题，借鉴其他学科的方法，一些研究者提出了描述土壤溶质运移的随机模型[187]。

### 6.1.2 随机模型

随机模型是针对土壤水力特性参数的空间变异性及确定性模型中存在的缺点和不足而逐渐发展起来的。随机模型一般将土壤特性视为随机变量。就目前的研究来看，随机模型的应用有两种形式：一是与确定性模型相结合，估算或拟合有关参数，故称为机理性随机模型。另一种是完全随机模型，根据土壤性质来估算其随机输出。

1) 机理性随机模型

机理性随机模型仍然以机理模型为基础，但模型中的有关参数不再是确定性的，而是随机性的。在模型的应用中，需对这些“随机参数”进行调整，转化为和传统模型中的参数相当的“有效参数”。可以通过两种途径实现上述目标：一是应用数学统计分析中的随机过程函数来表征各种参数的时空变异性。这种方法认为这些参数的变异性具有理想的数学分析性质。二是用谱分析的方法，通过进行谱阶矩分析，获得各种参数的概率密度函数，来确定“有效参数”。在现阶段，用上述模型与实测数据对照的报道很少，大多数是用该模型与其他模型对比，以验证随机模型的合理性，如Polmann等人以蒙特卡洛方式模拟水分运动的结果和确定性模型的解析解比较，符合得很好。Jenson[181]和Montoglou[187]比较了自然边界时，实测和随机理论模拟的水分含量分布，结果符合得也较好。很多人都指出了随机理论在表征土壤变异性方面的潜力，但距离广泛的大规模应用，还有很长的路要走。

2）完全随机模型

相对而言，完全随机模型研究较多，应用也较多，比较成熟的是传输函数模型。传输函数模型，也称“黑箱模型”，是由美国加州大学 Jury 教授于 1982 年提出的。Jury教授[188]认为土壤中的孔隙是非常复杂的，溶质在土壤中运移的具体细节、过程犹如“黑箱”，无法准确描述，溶质在不同深度土层中运移的通量可通过已知浓度的累积入渗量来估计。

传输函数模型是对一维溶质运移模型的高度概括，它具有所需参数少、求解容易、描述准确的优点。在溶质运移观测资料还不丰富的情况下，传输函数模型是目前模拟溶质运移规律的有效模型。该模型的缺点在于它仅考虑入渗过程，缺乏对分布、蒸发条件下溶质运移的描述。另外，它不便于深入分析溶质运移的机理[181]。

确定性与随机性模型相比，确定性模型因其参数具有明确的物理意义而更易让人理解和接受，但需考虑过程复杂且输入参数较多使得确定性模型应用起来有一定难度。随机模型不考虑在土体内众多的物理、化学、物理化学和生物化学作用过程以及各过程之间的相互作用，仅考虑土体中的输入及输出，模型容易建立。就模型的精度而言，确定性机理和确定性函数模型的精度并无明显差异，但机理模型能有效地估算有关过程的动态变化，函数模型则偏重于结果。由于土壤水分和溶质的迁移同时具有确定性和随机性的特征，与此对应，很多学者认为确定性模型与随机性参数结合是以后模型研究发展的趋势。

### 6.1.3 简化模型

主要有“活塞流”模型和 CDE 简化模型。其特点是对土壤溶质运移的过程进行了假设和简化，使计算简便[181]。

1）“活塞流”模型

“活塞流”模型假定土壤溶质运移为“活塞流”，溶质前锋犹如“活塞”横截面。该模型形式简单、计算方便，适用于砂性土壤中非吸附性溶质的迁移，可用于对土壤溶质运移位置的估计。Behzad Izadi (1993)用“活塞流”模型成功地评价了田间沟灌条件下土壤中溴的运移。

2）CDE 简化模型

CDE 简化模型，是以 CDE 模型为基础，根据土壤溶质在入渗、蒸发条件下不同的运移特点分别对溶质运移的过程进行简化。简化模型抓住了溶质运移的主要过程，形式简单，便于应用。

我国自 20 世纪 80 年代起开始进行土壤溶质运移模型方面的研究。目前大多数仅限于土壤盐分运移的一维模拟研究，且多为简单的对流—弥散动力学传输研究，其中有涉及不同气候条件及灌溉情况下对水盐运动的影响，也有的研究考虑到土壤盐分固态相的溶解及液态饱和析出；已有人利用随机传输函数模型、谱分析的机理性随机模型分析了入渗情况下的盐分动态；此外，我国研究者在CDE方程的求解方面取得了一些成果。我国地域辽阔，土质各异，仅靠实验及监测来研究其措施、人为因素、气象因子对土壤溶质运移的影响势必耗费大量的人力和物力。针对不同的研究目的及对象建立适当的模拟模型，并在实地监测验证的基础上用来预测及评估上述因素对土壤溶质运移的影响，无疑是较为经济实用的方法[189]。

## 6.2　水动力弥散方程

### 6.2.1　水动力弥散方程描述

研究水动力弥散现象以水动力弥散方程为基础。水动力弥散方程又称为对流弥散方程，或弥散对流方程。关于非饱和流中的水动力弥散方程，可根据质量守恒原理直接从饱和流水动力弥散方程得到。方程所涉及的变量和参数在每个空间点处的值都是在表征体元上平均意义上的值[70, 149]。因此，可直接导出宏观水平上的水动力弥散方程。设$C$表示溶质浓度；$q_x$，$q_y$，$q_z$分别为达西定律在$x$，$y$，$z$方向的通量，$n$为孔隙率。以下根据质量守恒定律和费克定律来推导水动力弥散方程。

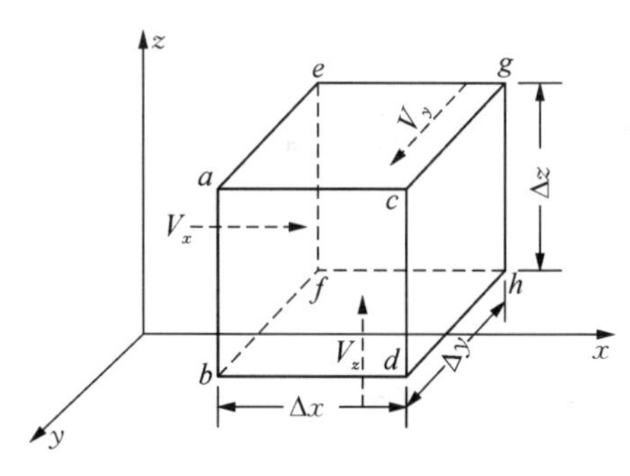

**图6-1　单元体**

在所考虑的均质各向同性渗流区中任取一单元体，如图6-1所示。在d$t$时段内，引起单元体中溶质质量变化的主要有对流和弥散两种作用（暂时忽略吸附等因素的影响）。它们引起单元体内溶质质量的变化分别计算如下：

1）对流作用引起溶质质量变化

设$M_{1x}$，$M_{1y}$，$M_{1z}$分别代表在d$t$时段内$x$，$y$，$z$方向流入单元体的溶质质量增加量，则下式成立。

$$M_{1x}=-\frac{\partial}{\partial x}(Cq_x)\mathrm{d}x\mathrm{d}y\mathrm{d}z\mathrm{d}t \tag{6-2}$$

$$M_{1y}=-\frac{\partial}{\partial y}(Cq_y)\mathrm{d}y\mathrm{d}x\mathrm{d}z\mathrm{d}t \tag{6-3}$$

$$M_{1z}=-\frac{\partial}{\partial z}(Cq_z)\mathrm{d}z\mathrm{d}x\mathrm{d}y\mathrm{d}t \tag{6-4}$$

2）弥散作用引起的溶质质量变化

设 $J_x$，$J_y$，$J_z$ 分别代表 d$t$ 时段内沿 $x$，$y$，$z$ 方向的弥散通量；$M_{2x}$，$M_{2y}$，$M_{2z}$ 分别代表 d$t$ 时段内沿 $x$，$y$，$z$ 方向由于水动力弥散而产生的质量增量，它们分别为

$$M_{2x} = -n\frac{\partial J_x}{\partial x}\mathrm{d}x\mathrm{d}y\mathrm{d}z\mathrm{d}t \tag{6-5}$$

$$M_{2y} = -n\frac{\partial J_y}{\partial y}\mathrm{d}y\mathrm{d}x\mathrm{d}z\mathrm{d}t \tag{6-6}$$

$$M_{2z} = -n\frac{\partial J_z}{\partial z}\mathrm{d}x\mathrm{d}z\mathrm{d}y\mathrm{d}t \tag{6-7}$$

根据质量守恒定律，单元体内由对流和弥散在 d$t$ 时段内引起的溶质质量变化的代数和，应等于该单元体内溶质质量的变化 $n\frac{\partial C}{\partial t}\mathrm{d}t\mathrm{d}x\mathrm{d}y\mathrm{d}z$，即有

$$n\frac{\partial C}{\partial t}\mathrm{d}t\mathrm{d}x\mathrm{d}y\mathrm{d}z = M_{1x}+M_{1y}+M_{1z}+M_{2x}+M_{2y}+M_{2z} \tag{6-8}$$

将式(6－2)～式(6－7)带入式(6－8)得：

$$n\frac{\partial C}{\partial t}\mathrm{d}t\mathrm{d}x\mathrm{d}y\mathrm{d}z = -\left\{\left[\frac{\partial}{\partial x}(Cq_x)+\frac{\partial}{\partial y}(Cq_y)+\frac{\partial}{\partial z}(Cq_z)\right]+\left(\frac{\partial J_x}{\partial x}+\frac{\partial J_y}{\partial y}+\frac{\partial J_z}{\partial z}\right)n\right\}\mathrm{d}x\mathrm{d}y\mathrm{d}z\mathrm{d}t \tag{6-9}$$

将式(6－9)除以 $n\mathrm{d}x\mathrm{d}y\mathrm{d}z\mathrm{d}t$ 得

$$\frac{\partial C}{\partial t} = -\left(\frac{\partial J_x}{\partial x}+\frac{\partial J_y}{\partial y}+\frac{\partial J_z}{\partial z}\right)-\frac{\partial}{\partial x}\left(C\frac{q_x}{n}\right)-\frac{\partial}{\partial y}\left(C\frac{q_y}{n}\right)-\frac{\partial}{\partial z}\left(C\frac{q_z}{n}\right) \tag{6-10}$$

以费克定律 $J_i = -D_{ij}\frac{\partial C}{\partial x_j}$ 和孔隙流速 $v_x = \frac{q_x}{n}$，$v_y = \frac{q_y}{n}$，$v_z = \frac{q_z}{n}$ 代入式(6－10)得水动力弥散方程为

$$\frac{\partial C}{\partial t} = \frac{\partial}{\partial x_i}\left(D_{ij}\frac{\partial C}{\partial x_j}\right)-\frac{\partial}{\partial x}(Cv_x)-\frac{\partial}{\partial y}(Cv_y)-\frac{\partial}{\partial z}(Cv_z) \tag{6-11}$$

($i$，$j=1$，2，3；$x_1=x$，$x_2=y$，$x_3=z$)（爱因斯坦求和约定），式(6－11)展开为

$$\frac{\partial C}{\partial t} = \frac{\partial}{\partial x}\left(D_{xx}\frac{\partial C}{\partial x}\right)+\frac{\partial}{\partial x}\left(D_{xy}\frac{\partial C}{\partial y}\right)+\frac{\partial}{\partial x}\left(D_{xz}\frac{\partial C}{\partial z}\right)+\frac{\partial}{\partial y}\left(D_{yy}\frac{\partial C}{\partial y}\right)+$$

$$\frac{\partial}{\partial y}\left(D_{yx}\frac{\partial C}{\partial x}\right)+\frac{\partial}{\partial y}\left(D_{yz}\frac{\partial C}{\partial z}\right)+\frac{\partial}{\partial z}\left(D_{zz}\frac{\partial C}{\partial z}\right)+\frac{\partial}{\partial z}\left(D_{zx}\frac{\partial C}{\partial x}\right)+$$
$$\frac{\partial}{\partial z}\left(D_{zy}\frac{\partial C}{\partial y}\right)-\frac{\partial}{\partial x}(Cv_x)-\frac{\partial}{\partial y}(Cv_y)-\frac{\partial}{\partial z}(Cv_z) \tag{6-12}$$

简写为

$$\frac{\partial C}{\partial t}=\frac{\partial}{\partial x_i}\left(D_{ij}\frac{\partial C}{\partial x_j}\right)-\frac{\partial}{\partial x_i}(Cv_i),\ (i,\ j=1,\ 2,\ 3)$$
$$或\ \frac{\partial C}{\partial t}=\nabla(D\nabla C)-\nabla(Cv) \tag{6-13}$$

### 6.2.2　水动力弥散方程的扩充

设 $F$ 表示固相中的溶质浓度，即单位体积的固相所含的溶质的质量。令 $f(C,\ F)$ 表示单位时间单位体积的多孔介质中，由固相进入液相中的溶质质量，对于液相来说，这时的水动力弥散方程为[149, 190]

$$\frac{\partial C}{\partial t}=\frac{\partial}{\partial x_i}\left(D_{ij}\frac{\partial C}{\partial x_j}\right)-\frac{\partial}{\partial x_i}(Cv_i)+\frac{f(C,\ F)}{n} \tag{6-14}$$

在这种情况下，对于固相单位时间单位体积的溶质质量的减少为

$$\frac{\partial F}{\partial t}=-\frac{f(C,\ F)}{1-n} \tag{6-15}$$

将式(6-15)代入式(6-14)得

$$\frac{\partial C}{\partial t}=\frac{\partial}{\partial x_i}\left(D_{ij}\frac{\partial C}{\partial x_j}\right)-\frac{\partial}{\partial x_i}(Cv_i)-\frac{1-n}{n}\frac{\partial F}{\partial t} \tag{6-16}$$

式(6-16)即为吸附解吸情况下的水动力弥散方程。

引进溶液中的溶质浓度 $C$ 与固相中的溶质浓度 $F$ 的关系。

非均衡条件下有

$$\frac{\partial F}{\partial t}=\beta(C-F/a_2)=aC-bF \tag{6-17}$$

其中，$\beta$，$a_2$，$a$，$b$ 均为常数。

均衡条件下有

$$F=\alpha C(\alpha=常数) \tag{6-18}$$

$$\frac{\partial C}{\partial t}\left(1+\frac{1-n}{n}\alpha\right)=\frac{\partial}{\partial x_i}\left(D_{ij}\frac{\partial C}{\partial x_j}\right)-\frac{\partial}{\partial x_i}(Cv_i) \tag{6-19}$$

设 $R_{\mathrm{d}}=1+\frac{1-n}{n}\alpha$，即得

$$R_{\mathrm{d}}\frac{\partial C}{\partial t}=\frac{\partial}{\partial x_i}\left(D_{ij}\frac{\partial C}{\partial x_j}\right)-\frac{\partial}{\partial x_i}(Cv_i) \tag{6-20}$$

显然 $R_{\mathrm{d}}>1$，从式中可见，它相当于把弥散系数和孔隙平均流速缩小了，使穿透曲线向后推迟，其效果是减弱了弥散进程，可称 $R_{\mathrm{d}}$ 为迟滞因子。

令 $\theta$ 表示土壤含水率；$I=\partial C/\partial t$。则衰减时的弥散方程为[189]

$$I=\frac{\partial C}{\partial t}=-\lambda\theta C$$

$$\frac{\partial C}{\partial t}=\frac{\partial}{\partial x_i}\left(D_{ij}\frac{\partial C}{\partial x_j}\right)-\frac{\partial}{\partial x_i}(Cv_i)-\lambda\theta C \tag{6-21}$$

同时考虑吸附、解吸和衰减，达到平衡（$F=\alpha C$）时有

$$R_{\mathrm{d}}\frac{\partial C}{\partial t}=\frac{\partial}{\partial x_i}\left(D_{ij}\frac{\partial C}{\partial x_j}\right)-\frac{\partial}{\partial x_i}(Cv_i)-\lambda\theta C \tag{6-22}$$

式中，$R_{\mathrm{d}}$——迟滞因子；

$\lambda$——污染物的降解系数。

再考虑到单位时间内含水饱和率的变化对水动力弥散过程的影响，变化量为 $\frac{\partial\theta}{\partial t}C$，综合考虑各因素即得如下形式的污染物水动力弥散方程

$$R_{\mathrm{d}}\frac{\partial C}{\partial t}=\frac{\partial}{\partial x_i}\left(D_{ij}\frac{\partial C}{\partial x_j}\right)-\frac{\partial}{\partial x_i}(Cv_i)+\left(\frac{\partial\theta}{\partial t}-\lambda\theta R_{\mathrm{d}}\right)C \tag{6-23}$$

式中出现了混合偏导项，只要坐标轴方向和弥散系数张量的主方向一致就会出现如下简化形式

$$R_{\mathrm{d}}\frac{\partial C}{\partial t}=\frac{\partial}{\partial x}\left(D_{xx}\frac{\partial C}{\partial x}\right)+\frac{\partial}{\partial z}\left(D_{zz}\frac{\partial C}{\partial z}\right)-\frac{\partial(v_xC)}{\partial x}-\frac{\partial(v_zC)}{\partial z}+\left(\frac{\partial\theta}{\partial t}-\lambda\theta R_{\mathrm{d}}\right)C \tag{6-24}$$

式中，$D_{xx}$——横向弥散系数；

$D_{zz}$——纵向弥散系数。

仿照上述推导方法亦可推导出水运动方程为

$$C\frac{\partial h}{\partial t}=\frac{\partial}{\partial x}\left(K_x\frac{\partial h}{\partial x}\right)+\frac{\partial}{\partial z}\left(K_z\frac{\partial h}{\partial z}\right)+\frac{\partial K_z}{\partial z} \tag{6-25}$$

式中，$h$——基质势；

$K_x$——横向水力传导系数；
$K_z$——纵向水力传导系数。

### 6.2.3　水动力弥散方程的定解条件

污染物迁移方程及其相应的水运移方程，描述了污染物在包气带及地下水中迁移转化的一般规律。为了求解迁移方程，必须确定其相应的初始条件和边界条件。

1) 初始条件

在区域Ω上给定初始时刻的浓度分布，其数学表达式为

$$C(x, y, z, t) = f(x, y, z), t = 0, (x, y, z) \in \Omega \tag{6-26}$$

式中，$f(x, y, z)$是已知函数。通常都假定研究区域内的浓度是定常数。

2) 边界条件

边界条件可分为三种类型[189-191]。

(1) 第一类边界条件　给定边界$\Gamma_1$上的浓度分布，其数学表达式为

$$C(x, y, z, t)\big|_{\Gamma_1} = C_0(x, y, z, t), t > 0, (x, y, z) \in \Gamma_1 \tag{6-27}$$

式中，$C_0(x, y, z, t)$对给定的边界是时间和空间的函数。

(2) 第二类边界条件　给定确定的边界$\Gamma_2$上的浓度梯度，即给定弥散通量的边界条件，其数学表达为：

$$\left[D_{ij}\frac{\partial C}{\partial x_j}\right]n_i\big|_{\Gamma_2} = q(x, y, z, t), t > 0, (x, y, z) \in \Gamma_2 \tag{6-28}$$

式中，$q$是已知函数，$n_i$是余弦。对不透水边界，$q$变为零。

(3) 第三类边界条件　给定确定的边界$\Gamma_3$上的边界浓度分布及梯度，即：给定溶质通量的边界条件，其数学表达式为

$$\left[D_{ij}\frac{\partial C}{\partial x_j} - v_i C\right]n_i\big|_{\Gamma_3} = g(x, y, z, t), t > 0, (x, y, z) \in \Gamma_3 \tag{6-29}$$

式中，$g$是已知函数；左侧第一项表示弥散通量，第二项表示对流效应。

## 6.3　耦合水动力弥散方程的数值解法

对于水运动方程，

$$C\frac{\partial h}{\partial t} = \frac{\partial}{\partial x}\left(K_x\frac{\partial h}{\partial x}\right) + \frac{\partial}{\partial z}\left(K_z\frac{\partial h}{\partial z}\right) + \frac{\partial K_z}{\partial z} \tag{6-30}$$

从 $k$ 层到 $k+1/2$ 层，对方程(6-30) $x$ 方向进行隐格式差分，对 $z$ 方向进行显格式差分，得

$$C\frac{\partial h}{\partial t}=C_{i,j}^{k+\frac{1}{2}}\frac{h_{i,j}^{k+\frac{1}{2}}-h_{i,j}^{k}}{\Delta t/2}$$

$$\frac{\partial}{\partial x}\left(K_x\frac{\partial h}{\partial x}\right)=\left[K_{x_i+1/2,j}^{k+\frac{1}{2}}(h_{i+1,j}^{k+\frac{1}{2}}-h_{i,j}^{k+\frac{1}{2}})-K_{x_i-1/2,j}^{k+\frac{1}{2}}(h_{i,j}^{k+\frac{1}{2}}-h_{i-1,j}^{k+\frac{1}{2}})\right]\Big/\Delta x^2$$

$$\frac{\partial}{\partial z}\left(K_z\frac{\partial h}{\partial z}\right)=[K_{z_i,j+1/2}^{k}(h_{i,j+1}^{k}-h_{i,j}^{k})-K_{z_i,j-1/2}^{k}(h_{i,j}^{k}-h_{i,j-1}^{k})]/\Delta z^2$$

$$\frac{\partial K}{\partial z}=(K_{z_i,j+1}^{k}-K_{z_i,j-1}^{k})/2\Delta$$

令 $r_1=\Delta t/(2\Delta x^2)$；$r_2=\Delta t/(2\Delta z^2)$；$r_3=\Delta t/(4\Delta z)$，可得如下形式

$$A_{i,j}h_{i-1,j}^{k+\frac{1}{2}}+B_{i,j}h_{i,j}^{k+\frac{1}{2}}+C_{i,j}h_{i+1,j}^{k+\frac{1}{2}}=M_{i,j} \tag{6-31}$$

式中

$$\begin{cases}A_{i,j}=-r_1K_{x_i-1/2,j}^{k+\frac{1}{2}}\\B_{i,j}=C_{i,j}^{k+\frac{1}{2}}+(K_{x_i+1/2,j}^{k+\frac{1}{2}}+K_{x_i-1/2,j}^{k+\frac{1}{2}})r_1\\C_{i,j}=-r_1K_{x_i+1/2,j}^{k+\frac{1}{2}}\\M_{i,j}=[C_{i,j}^{k+\frac{1}{2}}-r_2(K_{z_i,j+1/2}^{k}+K_{z_i,j-1/2}^{k})]h_{i,j}^{k}+r_2(K_{z_i,j+1/2}^{k}h_{i,j+1}^{k}+K_{z_i,j-1/2}^{k}h_{i,j-1}^{k})+\\\qquad r_3(K_{z_i,j+1}^{k}-K_{z_i,j-1}^{k})\end{cases}$$

从 $k+1/2$ 层到 $k+1$ 层，对方程(6-31) $x$ 方向进行显格式差分，对 $z$ 方向进行隐格式差分，得

$$C\frac{\partial h}{\partial t}=C_{i,j}^{k+1}\frac{h_{i,j}^{k+1}-h_{i,j}^{k+\frac{1}{2}}}{\Delta t/2}$$

$$\frac{\partial}{\partial x}\left(K_x\frac{\partial h}{\partial x}\right)=[K_{x_i+1/2,j}^{k+\frac{1}{2}}(h_{i+1,j}^{k+\frac{1}{2}}-h_{i,j}^{k+\frac{1}{2}})-K_{x_i-1/2,j}^{k+\frac{1}{2}}(h_{i,j}^{k+\frac{1}{2}}-h_{i-1,j}^{k+\frac{1}{2}})]/\Delta x^2$$

$$\frac{\partial}{\partial z}\left(K_z\frac{\partial h}{\partial z}\right)=[K_{z_i,j+1/2}^{k+1}(h_{i,j+1}^{k+1}-h_{i,j}^{k+1})-K_{z_i,j-1/2}^{k+1}(h_{i,j}^{k+1}-h_{i,j-1}^{k+1})]/\Delta z^2$$

$$\frac{\partial K_z}{\partial z}=(K_{z_i,j+1}^{k+1}-K_{z_i,j-1}^{k+1})/2\Delta z$$

令 $r'_1 = \Delta t/(2\Delta x^2)$，$r'_2 = \Delta t/(2\Delta z^2)$，$r'_3 = \Delta t/(4\Delta z)$，可得如下形式

$$A'_{i,j} h^{k+1}_{i,j-1} + B'_{i,j} h^{k+1}_{i,j} + C'_{i,j} h^{k+1}_{i,j+1} = M'_{i,j} \tag{6-32}$$

式中

$$\begin{cases} A'_{i,j} = -r'_2 K^{k+1}_{z_i, j-1/2} \\ B'_{i,j} = C^{k+1}_{i,j} + r'_2 (K^{k+1}_{z_i, j+1/2} + K^{k+1}_{x_i, j-1/2}) \\ C'_{i,j} = -r'_2 K^{k+1}_{z_i, j+1/2} \\ M'_{i,j} = [C^{k+1}_{i,j} - r'_1 (K^{k+\frac{1}{2}}_{x_i+1/2, j} + K^{k+\frac{1}{2}}_{x_i-1/2, j})] h^{k+\frac{1}{2}}_{i,j} + r_1{}' (K^{k+\frac{1}{2}}_{x_i+1/2, j} h^{k+\frac{1}{2}}_{i+1, j} + K^{k+\frac{1}{2}}_{x_i-1/2, j} h^{k+\frac{1}{2}}_{i-1, j}) + \\ \qquad r'_3 (K^{k+1}_{z_i, j+1} - K^{k+1}_{z_i, j-1}) \end{cases}$$

水运动方程边界条件[191]

下边界为

$$h_{ij} = 0, \; j = N \tag{6-33}$$

上边界为

$$-K^{k+1}_{ij} \frac{h^{k+1}_{ij} - h^{k+1}_{ij-1}}{\Delta z} = q \; (j = 1) \tag{6-34}$$

左边界为

$$-K^{k+1}_{ij} \frac{h^{k+1}_{ij} - h^{k+1}_{i-1j}}{\Delta x} = 0 \; (i = 1) \tag{6-35}$$

右边界为

$$-K^{k+1}_{ij} \frac{h^{k+1}_{ij} - h^{k+1}_{i-1j}}{\Delta x} = 0 \; (i = N) \tag{6-36}$$

对于污染物迁移方程

$$R_{\mathrm{d}} \frac{\partial C}{\partial t} = \frac{\partial}{\partial x}\left(D_x \frac{\partial C}{\partial x}\right) + \frac{\partial}{\partial z}\left(D_z \frac{\partial C}{\partial z}\right) - \frac{\partial (v_x C)}{\partial x} - \frac{\partial (v_z C)}{\partial z} + \left(\frac{\partial \theta}{\partial t} - \lambda \theta R_{\mathrm{d}}\right) C \tag{6-37}$$

仿照上述差分过程，从 $k$ 层到 $k+1/2$ 层，对方程(6－37)在 $x$ 方向上进行隐格式差分，在 $z$ 方向上进行显格式差分，得

$$R_{\mathrm{d}} \frac{\partial C}{\partial t} = R_{\mathrm{d}} \frac{C^{k+\frac{1}{2}}_{i,j} - C^{k}_{i,j}}{\Delta t/2}$$

$$\frac{\partial}{\partial x}\left(D_x \frac{\partial C}{\partial x}\right)=[D_{x_i+1/2,\,j}^{k+\frac{1}{2}}(C_{i+1,\,j}^{k+\frac{1}{2}}-C_{i,\,j}^{k+\frac{1}{2}})-D_{x_i-1/2,\,j}^{k+\frac{1}{2}}(C_{i,\,j}^{k+\frac{1}{2}}-C_{i-1,\,j}^{k+\frac{1}{2}})]/\Delta x^2$$

$$\frac{\partial(v_x C)}{\partial x}=[(v_x C)_{i+1,\,j}^{k+\frac{1}{2}}-(v_x C)_{i-1,\,j}^{k+\frac{1}{2}}]/2\Delta x$$

$$\frac{\partial}{\partial z}\left(D_z \frac{\partial C}{\partial z}\right)=[D_{z_i,\,j+1/2}^{k}(C_{i,\,j+1}^{k}-C_{i,\,j}^{k})-D_{z_i,\,j-1/2}^{k}(C_{i,\,j}^{k}-C_{i,\,j-1}^{k})]/\Delta z^2$$

$$\frac{\partial(v_z C)}{\partial z}=[(v_z C)_{i,\,j+1}^{k}-(v_z C)_{i,\,j-1}^{k}]/2\Delta x$$

$$\left(\frac{\partial\theta}{\partial t}-\lambda\theta R_{\mathrm{d}}\right)C=\left[\frac{\theta_{i,\,j}^{k+\frac{1}{2}}-\theta_{i,\,j}^{k}}{\Delta t/2}-\lambda\theta_{i,\,j}^{k+\frac{1}{2}}R_{\mathrm{d}}\right]C_{i,\,j}^{k+\frac{1}{2}}$$

令 $r_1=\Delta t/(2\Delta x^2)$，$r_2=\Delta t/(2\Delta z^2)$，$r_3=\Delta t/(4\Delta x)$，$r_4=\Delta t/(4\Delta z)$，整理得

$$A_{i,\,j}C_{i-1,\,j}^{k+\frac{1}{2}}+B_{i,\,j}C_{i,\,j}^{k+\frac{1}{2}}+C_{i,\,j}C_{i+1,\,j}^{k+\frac{1}{2}}=H_{i,\,j} \tag{6-38}$$

其中

$$\begin{cases}A_{i,\,j}=-r_1 D_{x_i-1/2,\,j}^{k+\frac{1}{2}}-r_3 v_{x_i-1,\,j}^{k+\frac{1}{2}}\\ B_{i,\,j}=R_{\mathrm{d}}+r_1(D_{x_i+1/2,\,j}^{k+\frac{1}{2}}+D_{x_i-1/2,\,j}^{k+\frac{1}{2}})-\theta_{i,\,j}^{k+\frac{1}{2}}+\theta_{i,\,j}^{k}+\dfrac{\Delta t}{2}\lambda\theta_{i,\,j}^{k+\frac{1}{2}}R_{\mathrm{d}}\\ C_{i,\,j}=-r_1 D_{x_i+1/2,\,j}^{k+\frac{1}{2}}+r_3 v_{x_i+1,\,j}^{k+\frac{1}{2}}\\ H_{i,\,j}=[R_{\mathrm{d}}-r_2(D_{z_i,\,j+1/2}^{k}+D_{z_i,\,j-1/2}^{k})]C_{i,\,j}^{k}+(r_2 D_{z_i,\,j+1/2}^{k}-r_4 v_{z_i,\,j+1}^{k})C_{i,\,j+1}^{k}+\\ \qquad (r_2 D_{z_i,\,j-1/2}^{k}+r_4 v_{z_i,\,j-1}^{k})C_{i,\,j-1}^{k}\end{cases}$$

从 $k+1/2$ 层到 $k+1$ 层，对方程(6－38)在 $x$ 方向上进行显格式差分，对 $z$ 方向进行隐格式差分，得

$$R_{\mathrm{d}}\frac{\partial C}{\partial t}=R_{\mathrm{d}}\frac{C_{i,\,j}^{k+1}-C_{i,\,j}^{k+\frac{1}{2}}}{\Delta t}$$

$$\frac{\partial}{\partial x}\left(D_x \frac{\partial C}{\partial x}\right)=[D_{x_i+1/2,\,j}^{k+\frac{1}{2}}(C_{i+1,\,j}^{k+\frac{1}{2}}-C_{i,\,j}^{k+\frac{1}{2}})-D_{x_i-1/2,\,j}^{k+\frac{1}{2}}(C_{i,\,j}^{k+\frac{1}{2}}-C_{i-1,\,j}^{k+\frac{1}{2}})]/\Delta x^2$$

$$\frac{\partial(v_x C)}{\partial x}=[(v_x C)_{i+1,\,j}^{k+\frac{1}{2}}-(v_x C)_{i-1,\,j}^{k+\frac{1}{2}}]/2\Delta x$$

$$\frac{\partial}{\partial z}\left(D_z \frac{\partial C}{\partial z}\right)=[D_{z_i,\,j+1/2}^{k+1}(C_{i,\,j+1}^{k+1}-C_{i,\,j}^{k+1})-D_{z_i,\,j-1/2}^{k+1}(C_{i,\,j}^{k+1}-C_{i,\,j-1}^{k+1})]/\Delta z^2$$

$$\frac{\partial(v_z C)}{\partial z}=[(v_z C)_{i,\,j+1}^{k+1}-(v_z C)_{i,\,j-1}^{k+1}]/2\Delta z$$

$$\left(\frac{\partial\theta}{\partial t}-\lambda\theta R_{\mathrm{d}}\right)C=\left(\frac{\theta_{i,j}^{k+1}-\theta_{i,j}^{k+\frac{1}{2}}}{\Delta t/2}-\lambda\theta_{i,j}^{k+1}R_{\mathrm{d}}\right)C_{i,j}^{k+1}$$

令 $r'_1=\Delta t/(2\Delta x^2)$，$r'_2=\Delta t/(2\Delta z^2)$，$r'_3=\Delta t/(4\Delta x)$，$r'_4=\Delta t/(4\Delta z)$，整理得

$$A'_{i,j}C_{i,j-1}^{k+1}+B'_{i,j}C_{i,j}^{k+1}+C'_{i,j}C_{i,j+1}^{k+1}=H'_{i,j} \tag{6-39}$$

式中

$$\begin{cases}A'_{i,j}=-r'_2D_{z_i,j-1/2}^{k+1}-r'_4v_{z_i,j-1}^{k+1}\\ B'_{i,j}=R_{\mathrm{d}}+r'_2(D_{z_i,j+1/2}^{k+1}+D_{z_i,j-1/2}^{k+1})-\theta_{i,j}^{k+1}+\theta_{i,j}^{k+\frac{1}{2}}+\dfrac{\Delta t}{2}\lambda\theta_{i,j}^{k+1}R_{\mathrm{d}}\\ C'_{i,j}=-r'_2D_{z_i,j+1/2}^{k+1}+r'_4v_{z_i,j+1}^{k+1}\\ H'_{i,j}=[R_{\mathrm{d}}-r'_1(D_{x_i+1/2,j}^{k+\frac{1}{2}}+D_{x_i-1/2,j}^{k+\frac{1}{2}})]C_{i,j}^{k+\frac{1}{2}}+(r'_1D_{x_i+1/2,j}^{k+\frac{1}{2}}-r'_3v_{x_i+1,j}^{k+\frac{1}{2}})C_{i+1,j}^{k+\frac{1}{2}}+\\ \qquad (r'_1D_{x_i-1/2,j}^{k+\frac{1}{2}}+r'_3v_{x_i-1,j}^{k+\frac{1}{2}})C_{i-1,j}^{k+\frac{1}{2}}\end{cases}$$

方程边界处理如下。

上边界(Dirichlet 边界)

$$C_{ij}=f(x),\ (j=1) \tag{6-40}$$

下边界(Neumann 边界)

$$-D_{ij}^{k+1}\frac{C_{ij}^{k+1}-C_{ij-1}^{k+1}}{\Delta z}=0,\ (j=N) \tag{6-41}$$

左边界(Neumann 边界)

$$-D_{ij}^{k+1}\frac{C_{ij}^{k+1}-C_{i-1j}^{k+1}}{\Delta x}=0,\ (i=-M) \tag{6-42}$$

右边界(Neumann 边界)

$$-D_{ij}^{k+1}\frac{C_{ij}^{k+1}-C_{i-1j}^{k+1}}{\Delta x}=0,\ (i=M) \tag{6-43}$$

水运动方程和污染物运移方程存在耦合(又称本构)关系，需要联立求解[75, 142]。先求解出水运动方程的定解流速场，然后将其代入污染物迁移方程中求解，这样才能得到土壤中污染物质的浓度分布。流速 $v_{ij}$ 通常是时间和空间的函数，表示为

$$v_{ij}=-\frac{K_{ij}}{\theta}\frac{\partial h}{\partial x_j} \tag{6-44}$$

其差分格式如下。

$j$ 固定时

$$v_{x_{ij}}^k=-\frac{K_{ij}^k}{\theta_{ij}}\frac{h_{ij}^k-h_{i-1,j}^k}{\Delta x} \tag{6-45}$$

$i$ 固定时

$$v_{z_{ij}}^k=-\frac{K_{ij}^k}{\theta_{ij}}\frac{h_{ij}^k-h_{i,j-1}^k}{\Delta z} \tag{6-46}$$

## 6.4 油田靶区预测

根据模拟实验结果与实测实验数据，运用上述计算方法及参考前人研究成果，对油田典型靶区油井石油污染物在土壤中的运移特征进行了预测研究。通过靶区实际研究证明，本书的数值模拟方法合理可行，可以较好地应用于大庆研究区域土壤石油污染的预测预报。

### 6.4.1 污染源分析和初、边界条件

油田土壤的主要污染源是试油及井下作业产生的落地原油。宋芳屯油田 1998 年投产油井数为 739 口，按回收率 80%计算，废弃在环境中的落地油为73.9～295.6 t/年。落地原油主要分布在以油井为中心的一定范围内。油井附近的浓度越大，离井越远，浓度越小，60～70 m 以外，几乎没有污染物存在。F58 井附近的落地原油平均产量按 1.0 t/年计算，源强按落地原油的 20%计算，以油井为中心呈正态分布。

对于污染物迁移模型，以油田开发前土壤的石油含量为初始值，根据监测资料取 40 mg/kg。上边界为第一类边界条件，为了给定污染物的浓度边界，根据对井场的实际检测，把落地油以油井为中心按正态分布分配到半径为 80 m 的区域。考虑到污染物在下边界的浓度或者通量是未知的，下边界取为 Neumann 边界作为边界条件，给定污染物的弥散通量为零。考虑到污染物分布范围以及污染物的迁移方向，左右边界取零通量边界。

水运动模型的上边界为降雨补给(蒸发排泄)边界，为降雨量减去地表径流和实际蒸发量，根据当地实际月平均降水量和蒸发量逐月计算。下边界为潜水面，给定水头值为潜水位。由于非饱和带的水运动主要是垂向运动，因此取左右边界通量为零。在计算的初始时刻，在计算域上给定基质势。实测土壤含水量和基质势见表 6-1，不同深度上的基质势变化按实测值插值得到。

表 6-1　土壤含水量和基质势监测值

| 深度/cm | 10 | 20 | 60 | 100 | 200 |
| --- | --- | --- | --- | --- | --- |
| 含水量/% | 18.2 | 20.6 | 24.1 | 26.4 | 37.7 |
| 基质势/cm 水柱 | 315.2 | 264.5 | 201.5 | 158.6 | 64.4 |

### 6.4.2　参数确定

应用数学物理方法对土壤溶质运移进行定量模拟时，土壤水分和溶质运移参数是必不可少的资料。模拟中实用的参数主要有三个来源：一是现场实验，二是实验室实验，三是文献调研。这些参数包括土壤水分特征曲线 $h-\theta$，土壤饱和导水率 $K_s$ 等。

1）土壤水特征曲线的测定

土壤水基质势或土壤水吸力随土壤含水率变化，其关系曲线称为土壤水分特征曲线或土壤持水曲线。土壤水分特征曲线表示土壤水能量和数量之间的关系。土壤水分特征曲线通常是通过实验测定得到，鉴于试验条件所限，本书数据主要通过文献调研得到[79]。部分主要数据如表 6-2 所示。

表 6-2　计算参数取值表

| 参数名称 | 符号 | 取值区间 | 典型值 |
| --- | --- | --- | --- |
| 吸附分配系数/($cm^3$/mg) | $K_d$ | 1.0～1.5 | 1.21 |
| 传导系数/(cm/d) | $K_z$ | 0.5～0.01 | 0.10 |
| 纵向弥散度/cm | $\alpha_L$ | 1～0.1 | 0.20 |
| 横向弥散度/cm | $\alpha_T$ | $0.1\alpha_L$ | 0.02 |
| 降解系数/(1/d) | $\lambda$ | $1.0 \sim 10.0\times10^{-4}$ | $4.0\times10^{-4}$ |
| 孔隙度 | $n$ | 0.23～0.42 | 0.3 |

采用 Gardner 和 Visser 提出的经验公式

$$S = a\theta^{-b} \tag{6-47}$$

公式两边取自然对数得：$\ln S=\ln a-b\ln\theta$，用最小二乘法进行拟合，回代得出经验公式

$$h = -7.8735\theta^{-2.2172} \tag{6-48}$$

2）饱和导水率 $K_s$ 的测定

饱和导水率 $K_s$ 用渗透仪法测定。土柱内径为 10 cm，长 30 cm，土壤干容重为

1.3 $g/cm^3$，土表控制 2 cm 定水头，为垂直向下的饱和流，测定结果取 5～7 次的平均水平，由下式计算饱和导水率 $K_s$：

$$K_s = \left(\frac{Q}{A_T}\right)\left(\frac{L}{H}\right) \tag{6-49}$$

式中，$K_s$ 为饱和导水率；$A_T$ 为土壤横截面面积；$Q$ 为 $t$ 时间内通过土柱的水量；$L$ 为土柱长度；计算结果为 10.1 cm/d。

3) 非饱和导水率 $K$ 的确定

关于非饱和导水率 $K$，采用 Campbell 定律，即：

$$K(h) = \left(\frac{h}{h_a}\right)^{2D-6} \tag{6-50}$$

其中，非饱和导水率 $K(h)$ 为关于基质势 $h$ 的函数；$h_a$ 为进气吸力（或进气值）；$S_a$ 所对应的基质势值。根据试验拟合最终确定得出公式为：

$$K(h) = 6.0 \times 10^5 h^{-2.77} \tag{6-51}$$

其他参数主要参考了《油田开发工程环境影响报告》中的实验数据及课题组野外入渗试验数据。取石油在土层中的渗透系数为水渗透系数的 1/50～1/100。吸附系数和降解系数由实验室实验结果确定，透过吸附平衡实验和土柱实验分别得到了黏土、黏质粉土、粉砂土和细砂土的吸附等温线，结合油井周围的地质条件，确定其吸附系数。降解系数则由实验得到的不同温度（30℃，100℃，200℃，300℃）条件下石油污染物在不同岩性（黏土、黏质粉土、粉砂土）中的降解系数来确定。石油污染物在纵向和横向的弥散度为经验值，参考前人研究成果设定本书模拟计算的主要参数取值[79]，详见表 6-2 所列。

### 6.4.3 数值模拟软件开发

根据井场作业的特点、影响范围以及地下水埋深，选择模拟分析范围为：以油井为中心，沿径向向两侧各 80 m。下边界为浅层地下水面，埋深 6 m。采用矩形剖分网格，共剖分 1 500 个单元，1 515 个节点。根据落地油分布和迁移特点，剖分网近地表加密，向下部变疏，在井点附近加密，向两侧变疏。

程序用 $C^{++}$ 语言实现，程序中设计了一个数据类 C-Data 和一个方法类 C-Does。数据类完成对数据初始化，并提供输出方法 output；方法类中包含以组合方式嵌入的四个对象，分别用于交替求解 $h$，$C$ 时的各方程组系数以及解三对角方程组的方法，下一步准备工作的方法等。主程序主要完成交替工作，计算工作是在方法类完成的。具体步骤如图 6-2 所示。

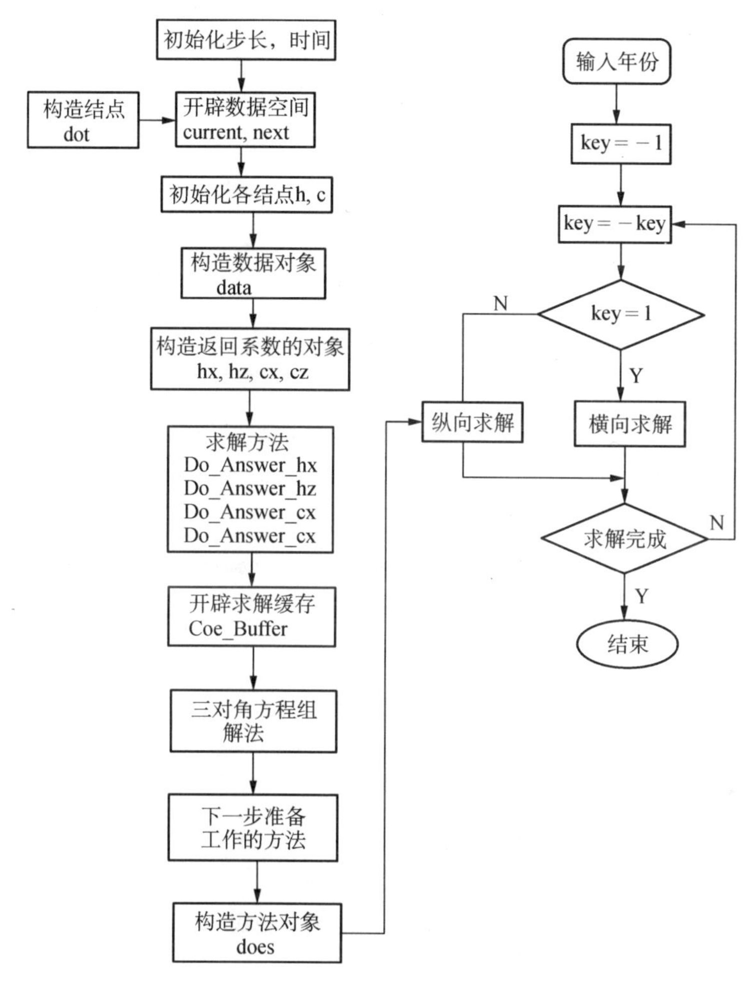


图6-2　石油污染数值模拟计算框图

### 6.4.4　油井井场石油污染对土壤影响分析

根据初始条件和边界条件以及最初的基本假设和参数值，利用有限差分方法对水运动模型求解得出土壤中水分的迁移，得到不同时间油井附近土壤剖面的水头和水运动速度。再运用污染物迁移模型模拟得出不同时段末刻的石油含量分布情况，如图6-3～图6-6所示。从模拟结果可以看出石油类污染物在土壤中的迁移具有以下特征：

从时间上看，污染源处土壤表层的有机污染物含量呈现累加的趋势。在污染源强一定的情况下，随着有机污染物在土壤中的迁移，参与吸附和生物降解等作用的土壤量不断增加，由于生物降解等作用，土壤的吸附作用不断得到部分恢复。当

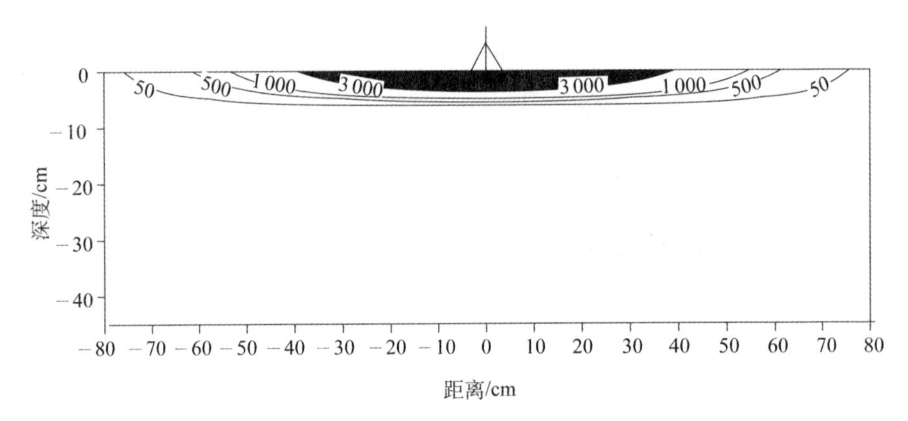


**图 6-3　1 年末土壤中石油含量等值线/(mg/kg)**

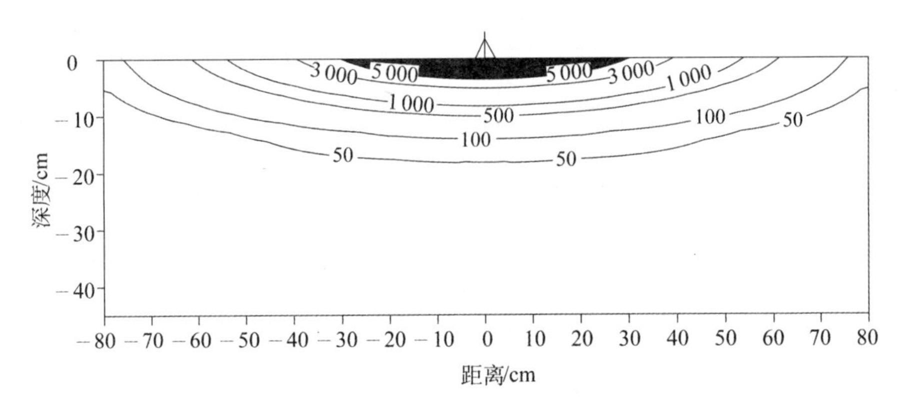


**图 6-4　5 年末土壤中石油含量等值线/(mg/kg)**

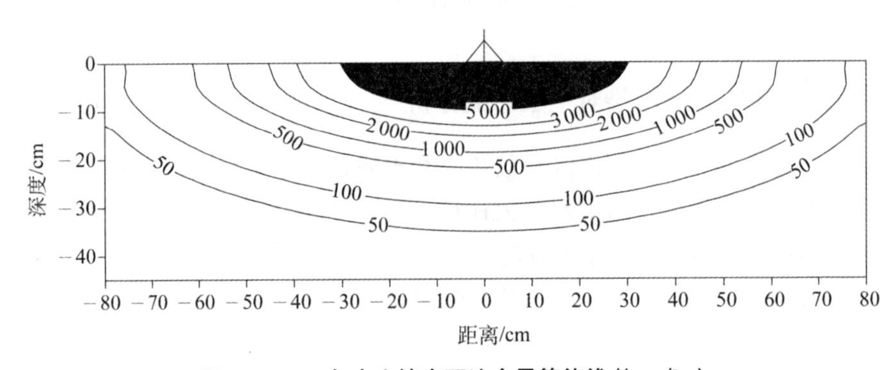


**图 6-5　10 年末土壤中石油含量等值线/(mg/kg)**

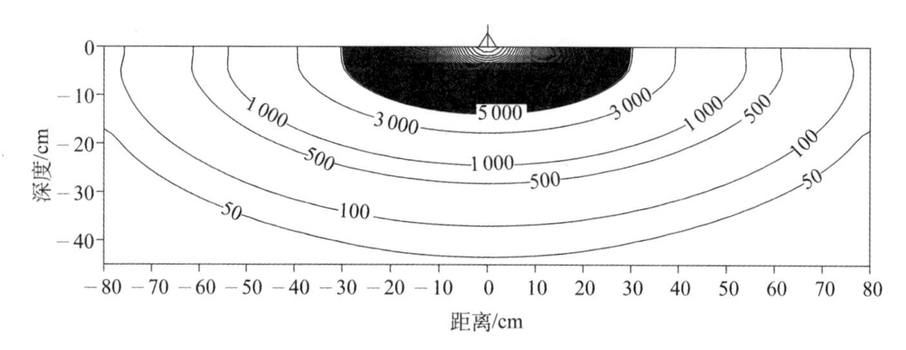


**图 6-6　20 年末土壤中石油含量等值线/(mg/kg)**

土壤的吸附与生物降解等自净作用与有机污染物的增加量大体持平时达到动平衡状态。模拟分析结果显示，达到平衡的时间大约需要 15～20 年，平衡条件下油井附近的土壤含油量一般为 7 000～12 000 mg/kg。

从垂直方向上看，落地油主要在表层土壤中聚集，一般集中在地表之下 20～30 cm 的范围内，其中 0～5 cm 深度范围内含量最高，向深部按指数规律迅速降低。达到平衡时，石油污染物的影响深度为 40～50 cm，污染深度为 30～40 cm，平均 90%以上的石油残留在 20 cm 以上的土层内。模拟结果说明石油污染物在土壤中的迁移能力很弱，石油类有机污染物在油区土壤中滞留时间长。

从水平方向看，在油井井场附近，石油对土壤的污染程度与距井口的距离基本呈反比趋势，由落地原油产生的污染区域在以油井为中心的 35～40 m 范围内，在此范围之外迅速降低。

### 6.4.5　模拟预测结果及分析

根据上述初始条件、边界条件以及模拟计算参数值，采用如前所述的有限差分方法对靶区土壤石油污染综合模型进行了数值模拟计算。运用流体运动模型模拟靶区土壤液体的运动，得到不同时间区内油井附近点源的水头和水运动速度，运用石油污染物迁移模型模拟计算出不同时段末刻土壤中的污油含量分布情况。模拟结果如图 6-7～图 6-9 所示。模拟结果反映出研究区石油类有机污染物在土壤中的迁移规律具有以下特征：

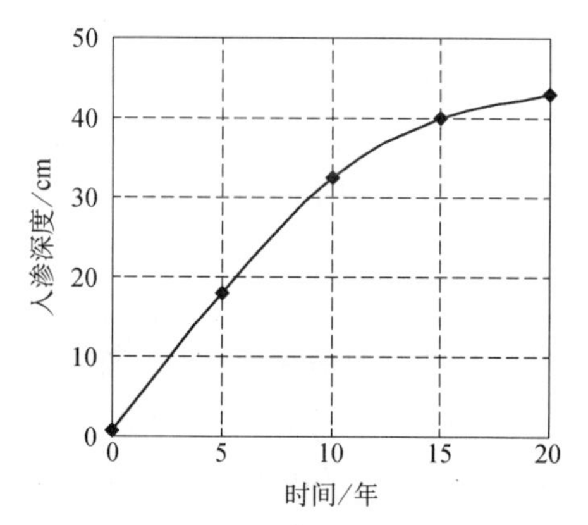


**图 6-7　土壤中污油迁移深度随时间变化特征**

研究区土壤中石油类有机污染物的迁移深度随时间的变化特征具有随时间的逐渐延长而加深的特征，在 20 年的迁移过程

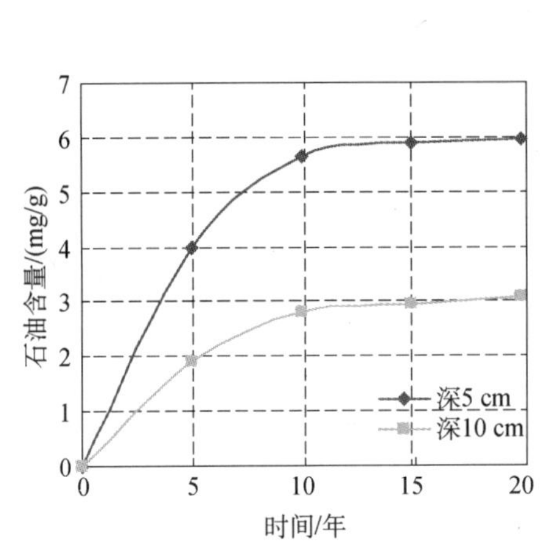


图 6-8　土壤中含油量随时间变化特征

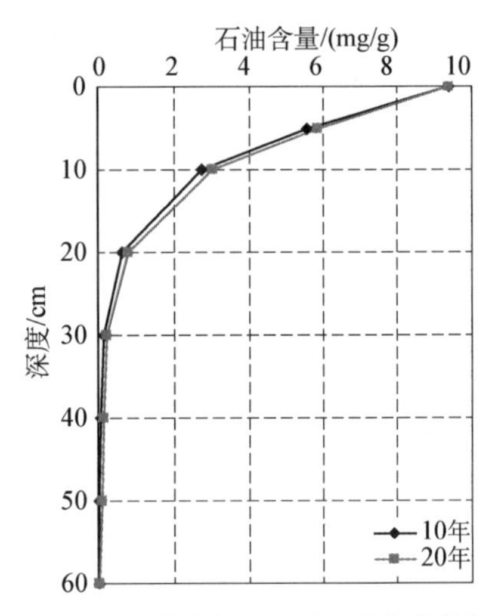


图 6-9　土壤中污油迁移深度变化特征

中，相对来说，前 10 年石油污染物向下迁移的速度快，10 年内约向下迁移了 32 cm，而后 10 年的迁移速度明显减慢，仅迁移了大约 10 cm 左右。而土壤中污油含量随迁移深度的变化特征显示，随着石油类污染物的迁移深度逐渐增加，污染区土壤中的污油含量逐渐降低，在深度为20 cm 内的土壤中污油含量高，污染物降低速度快；20～30 cm 范围内土壤污染物含量比较低，向下迁移速度比其上慢得多；石油污染物主要残存于 20～30 cm 以上的土壤中，其中 0～5 cm 深度范围的土壤中含量最高。模拟结果显示，在深度30 cm 以下的土壤中石油类污染物含量已经很低，在 40 cm 或 50 cm 以下的土壤中残余污油含量接近于零。

总之，数值模拟结果证实，研究区内土壤中石油类有机污染物的迁移影响深度主要在 20～30 cm 以上范围的土壤中，平均 90%以上的污油残留在 20 cm 以上的土层内；经过 20 年的迁移过程，大庆典型油区内石油类污染物的最大污染影响深度约为 50 cm。结合研究区水文地质资料得知该区地下水位深度为 6 m，因此模拟结果说明大庆宋芳屯油区土壤中，当土壤石油类有机污染物的污染强度控制在 9 550 mg/kg 以下时，在模拟 20 年时间里，土壤中的石油污染物不会对该区地下水构成威胁。所以，大庆油田在进行石油生产与储运等过程中，应做到尽量避免原油落地，已落地原油应尽量回收清理，虽然目前油区土壤石油污染平均水平在污染下限以内，但还是应该做到未雨绸缪，为大庆油田的长期稳定可持续发展而尽量降低油区土壤中的石油污染物含量，保证大庆油区地下水系统永久性免受地表油污土壤的侵害，给子孙后代留下一个美丽而洁净的大庆。

通过开展石油类污染物在油田土壤中的迁移数值模拟研究主要得到以下结论：

(1) 大庆原油的特征致使该区油污土壤中存在短时间内形成小范围、高浓度石油污染的现象，因石油浓度超过土壤颗粒的吸附容量，多余的石油在土壤空隙中形成石油—土壤复合体残留在土壤中。

(2) 大庆油区土壤中石油类有机污染物的迁移规律显示，土壤中污油主要富集在表层土壤中，聚集范围主要分布于20～30 cm以内。

(3) 大庆典型油区内土壤中石油类有机污染物经过模拟20年的迁移过程，其最大污染影响深度约为50 cm。

(4) 由于该区地下水位深度为6 m，因此当油区土壤中石油类有机污染物的污染强度控制在9 550 mg/kg以下时，在模拟20年的条件下，土壤中的石油污染物不会侵害地下水层。

(5) 油田土壤表层中石油有机污染物虽然未对地下水层构成威胁，但对油区地表生态环境产生的影响是不可忽视的。为了保持大庆的长久繁荣，应该避免环境中落地油的产生和存在。

# 上 篇 结 语

上篇运用环境科学、地质学与石油地球化学等领域的相关理论和技术，在改进土壤中石油类有机污染物检测方法的基础上，通过进行室内单体群组模拟与室外整体自然模拟相结合的实验研究途径，首次对大庆油田土壤中的石油类有机污染物进行了比较系统的迁移模拟研究，探讨了石油类污染物在油田两类典型土壤中的富集特征和迁移规律；并运用数值模拟方法对油田土壤中石油类污染物的迁移过程进行了研究；进而通过室内模拟和采样分析，从微生物降解和植物修复两方面比较深入地探讨了大庆油田土壤中石油类污染物的处理方法与防治对策。主要成果如下：

（1）针对大庆油田的区域条件与污染特点，首次比较全面地对研究区土壤环境中石油类有机污染物的富集特征、迁移规律及其防治对策进行了系统研究。

（2）建立了在基本上不使用有机溶剂的条件下对土壤中石油类有机污染物进行检测分析的方法，有效地避免了目前分析方法中存在的耗时长、溶剂用量大、操作繁琐、效率低、检测结果失真、易产生二次污染等问题。为深入进行土壤中石油类有机污染物研究奠定了基础。

（3）通过室内单体群组模拟试验证明，模拟石油污染物在大庆油区典型土壤中时间为 9 个月的条件下最大迁移深度＜10 cm，模拟 1 年时间的最大迁移深度＜25 cm，模拟 6 年的最大迁移深度＜30 cm，在最长模拟 8 年的时间里污染物最大迁移深度＜40 cm。因此得出结论说明大庆油区土壤对石油类有机污染物具有较强的吸着截留能力，而且大庆盐碱土对石油类污染物的总体截留能力强于黑钙土；石油类有机污染物 95％以上被截留在＜30 cm 的土壤表层，石油类污染物向大庆油田地下深处大量迁移的能力比较弱。

（4）室外整体迁移模拟 29 年的试验研究证明，大庆油区土壤石油类有机污染物大部分以“稳定状态”保持于 40 cm 以上土层中；石油中蜡质烃类污染物的最大迁移深度小于 25 cm。

（5）模拟石油污染物在大庆油田土壤中相对迁移能力较强的组分依次为联苯、$C_{17}$和萘；$C_{22}$烷烃迁移能力较弱，$C_{24}$以上烷烃组分基本上不会发生迁移。试验还证明石油类有机污染物在大庆土壤中的相对迁移能力与污染源强度成正比，与烷烃的分子量及芳烃的环数成反比。

(6) 数值模拟研究得出结论，大庆油区土壤中石油类污染物经过 20 年的迁移过程，污油主要聚集在 20～30 cm 以内表层土壤中，最大污染影响深度不超过 50 cm，模拟结果反映危及不到区内地下的上部潜水层。

(7) 通过进行室内室外实验模拟和数值模拟综合研究证明，模拟条件下大庆油田地表土壤石油污染不会对区内最上层地下水源造成污染，油田土壤中石油类有机污染防治的重点在于 50 cm 以上的地表浅层。

通过深入系统的综合研究排除了石油勘探开发产生的地表石油类污染物通过土壤向下渗透、迁移进而对地下潜水层造成污染的可能性。但土壤中石油污染对油田地表生态环境产生的影响是不可忽视的，为了保持大庆油田的长久繁荣，实现油田提出的“持续有效发展，创建百年油田”的发展目标，在重视油田开发与生态环境建设统一协调发展、建立健全规章制度避免土壤环境中产生新落地油的基础上，结合大庆油田环境中实际污染现状，更加深入系统地开展油田土壤中石油类有机污染物的防治对策研究和全方位修复工作。希望大庆油田继续为我国经济发展作出更大贡献，创造世界级大油田持续稳定发展的世界奇迹！给子孙后代留下一个美丽洁净的绿色生存环境。

# 下　篇

# 油污土壤与沉积物生态修复

# 第 7 章　土壤石油类污染及修复概述

## 7.1　石油引起的土壤污染

石油是现代社会的最主要能源之一，被称为“工业的血液”。石油工业在国民经济中占有十分重要的地位，是国家综合国力的重要组成部分。全世界石油的大规模开采始于 20 世纪初，1900 年全世界消费量约 2 000 万 t，100 年以来这一数量已经增长一百多倍[192]。在石油生产、贮运、炼制加工及使用过程中，由于井喷、泄漏、检修等原因，都会有石油烃类的溢出和排放，造成土壤的石油污染。石油引起的污染事故发生频率逐年上升，且海上溢油对岸边沉积物的污染不容忽视。当溢油发生时，海面上的浮油可以通过物理、化学的方法加以回收或清除，对于分散到水中的溶解油、乳化油、残余油，目前却没有好的清理办法。因此，这些溢油的其中一部分最后就在潮汐和海浪的作用下逐渐迁移到岸边湿地土壤，有的在植被中暂时存留下来；由于石油类污染物与岸边土壤及泥沙类沉积物之间的作用主要以物理吸附为主，所以如果这些污染物不能被及时清除掉，在一定条件下（如潮汐作用）又会被解析释放而再次进入水体环境，危害水质。

石油进入环境后会经历各种物理、化学和生物过程，其组分、物理化学性质、生物可利用性和环境毒性等均发生不同程度的变化，进而影响到石油化合物在环境中的行为和最终归趋。石油烃在环境中具有持久性，不易被降解[193, 194]。其中一些多环芳烃(PAHs)具有强烈的毒性、致癌、致畸变和致突变性，能通过食物链在动植物体内富集、放大，进而对人类健康造成威胁。联合国环境规划总署(UNEP)将石油化合物代谢的多环芳烃类化合物(polycyclic aromatic hydrocarbons, PAHs)列为 12 种优先控制的持久性有机污染物(persistent organic pollutants, POPs)之一。而环境代谢产生的加和或取代的 PAHs 比正常 PAHs 毒性更强，危害更大。而土壤作为环境污染重要的汇，其污染来源和污染物种类具有多重性。石油进入土壤后，多集中于 20 cm 左右的表层，黏着力强且乳化能力低，影响土壤的通透性，而土壤表层常常是植物根系最发达的区域，所以石油对土壤的污染程度直接影响到植物的生长[195]；改变了土壤微生物群落、微生物区系的变化，大量的石油不仅堵塞土壤空隙，抑制土壤微生物活性和土壤酶活性，而且包裹土壤结构的活性表面，阻碍了土壤微生物的活动；同时，石油烃类物质污染的土壤会产生疏水性，不能正常吸湿和储存水分，从而阻碍到植物根部的呼吸及生长[196, 197]；降低土壤中的有效磷、有效氮的含量，减弱土壤肥力，同时改变土壤有机质的组成和结构，引起土壤有机质的碳/氮比和碳/磷比的变化。石油经过一系列的物理化学作用后，其中的某些成分在植物组织中形成积累，从而影响植物的生物量，并进入食物链，进而危及人类健康。土壤作为一个有机无机结合体，对污染有着强大的缓冲和自我修复能力，但同其他环境介质相比，土壤同石油污染物之间具有更强的亲和力，增加了分离的难度和处理费用，且有研究表明这种亲和力会随时间推移而加强[198]。

## 7.2 石油污染物的修复途径

有机污染物及其对人体健康和生态系统的危害越来越被人们所认识。美国、英国、德国、荷兰等国家已经把治理土壤污染问题摆在与大气污染和水污染问题同等重要的位置，而且已从政府角度制定了相关的修复工程计划。德国在 1995 年投资约 60 亿美元用于净化土壤，美国于 20 世纪 90 年代在土壤恢复方面的投资约有数百亿到上千亿美元[199-213]。但目前我国对土壤污染的严重性和治理工作的紧迫性还不是非常重视。另外，由于土壤的地域差异性、生态系统复杂性和土壤的不可流动性等特点，决定了土壤污染要比水污染或空气污染更复杂、治理难度更大。

在土壤石油有机污染的防治措施中，目前国内外主要有物理方法、化学方法和生物方法(包括植物和微生物修复)三大类型。

物理化学法主要是通过溶剂洗脱、热脱附、吸附和浓缩等物理化学过程将有机化合物从土壤中去除。表面活性剂是常用的污染土壤清洗剂，它能改进憎水性有机物的溶解性，提高污染物的生物可利用性，热脱附法是指通过加热将土壤中污染物变成气体从土壤表面或空隙中逸出的方法。

化学法是将土壤中的有机化合物分解或转化成为其他无毒或低毒性物质，主要包括化学修复技术、电化学修复技术、光催化修复技术、微波分解及放射性辐射分解修复技术等。但是化学修复技术存在着较为明显的不足：费用高，且容易对环境造成二次污染，可操作性也差；此外，对大规模的土壤污染，化学治理方法不宜实施。

植物修复技术兴起于 20 世纪 50 年代人们对非耐性植物和耐性植物的耐重金属机理的研究[214]。进入 20 世纪 90 年代以后，有人开始注意到超积累植物及与其共存的微生物体系研究的重要性，将植物用于有机污染物修复的研究开始广泛展开[215,216]。我国国家863计划已将植物修复土壤重金属污染列为专项[217]。植物修复(phytoremediation)是指依据特定植物对某种环境污染物的吸收、超量积累、降解、固定、转移、挥发及促进根际微生物共存体系等特性,修复有毒重金属、有机物、放射性核素污染土壤、沉积物、地表水、地下水的一项绿色技术[218-220]。实际上,植物修复是利用土壤-植物-(土著)微生物组成的复合体来共同降解有机污染物,它是一项利用太阳能动力的处理系统,该系统中有机体的密度高,生命活性旺盛;由于植物、土壤微生物和酶的多样性,该系统可通过一系列的物理、化学和生物过程去除污染物,达到净化土壤的目的。并且这一修复过程常伴随着土壤有机质的积累和土壤肥力的提高,净化后的土壤更适合于植物生长;而植物的生长对于稳定表土、防止水土流失具有积极的生态意义[221];并且其成本远低于物理、化学和微生物处理[222]。

微生物修复油类等有机污染物在国外已有较为广泛的应用。此方法为向污染区直接投放营养物质或供氧,促进土壤中以石油作为碳源的微生物的生长和繁殖,或接种经驯化培养的高效降解微生物如特异工程菌等措施强化其降解力,以达到高效降解柴油的目的。这种方法工艺简单,费用低廉,适用于大面积污染地区修复。也可以将土壤挖出,集中起来对其进行微生物修复,这种工艺一方面限制了污染物的扩散与迁移,降低污染的范围;另一方面,也可以设计安装各种过程控制器或生物反应器以优化微生物的降解条件。但这些专性菌只能降解特定类型的污染物,且外来菌易受到土著微生物的竞争,只有大量接种才能形成优势,另外,易造成土壤微生态环境的不利;基因工程菌也同样存在生态风险,在国际上对其环境安全问题仍存在很大争议,实际利用仍受到严格的限制。

相对于物理方法和化学方法,油污土壤生物处理法由于处理过程简单、费用低、易操作、效果好、不产生二次污染等特点,国内外研究和使用较多,它是油污土壤的一种高新处理技术,目前国内外均提倡利用生物技术处理油污土壤[223-241]。

## 7.3 石油污染物的植物修复技术及机理

### 7.3.1 石油污染物的植物修复技术

植物的生长会对其周围环境产生物理、化学和生物影响,在茎、叶与根的生长、代谢、繁殖、衰老及其腐解等过程中,植物都能极大地改变周围的土壤环境。植物修复是利用植物与环境之间的相互作用,对环境污染物质起到吸附、吸收、转移、降解、固定、挥发等作用,最终使土壤环境得到恢复。广义的植物修复包括植物对空气、水体、土壤等环境的净化和治理。利用植物的提取、挥发、降解作用可以长期有效地解决环境污染问题;修复植物的稳定作用可以绿化污染环境,稳定地表,防止土壤因风蚀或水土流失带来的污染扩散问题;植物的蒸腾作用还可以防止污染物质对地下水的二次污染;可以尽可能地减少由于土壤清洁造成的场地破坏,对环境扰动小;植物的生长过程对于土壤有机质含量和土壤肥力的提高都有帮助;成本低,适合在大面积污染土壤上使用;技术简单安全,易操作。

植物修复成功的关键在于筛选出在石油污染土壤中增生扩散能力强的植物。高效修复植物的筛选原则是:能够超量吸收积累石油类有机污染物;具有高效降解污染物的根际环境。修复石油污染土壤的适宜植物应具备:①根系要深,能够穿透较深的土层;②有较大的须根系,提供最大可能的根表面积;③能够适应多种有机污染物,生长旺盛,并具有较大的生物量。李培军、骆永明、周启星、宋玉芳等学者在结合国内外土壤修复研究与发展概况的基础上,全面系统地论述了我国土壤修复学科的研究任务和面临的挑战,为我国科研人员指明了土壤修复科学研究的重要方向,他们还对辽河油田等区域的石油类污染土壤进行了生物修复研究;黄廷林教授研究组经对城市河湖水体和石油污染土壤的植物修复试验研究得出,一些农作物及美人蕉、风车草等景观植物对石油类污染物均具有较强的修复能力[242]。通过室内盆栽模拟实验,对芦苇和香蒲根际土壤的石油类污染物总含量、石油烃类组分浓度、非烃组分浓度进行测定。结果表明,芦苇和香蒲对石油类污染物具有明显的降解作用,使被污染土壤中的某些油污成分逐渐被选择性消耗。芦苇和香蒲对石油类污染物中正构烷烃的降解能力高于非正构烃,且芦苇的降解能力强于香蒲,原因是芦苇耐盐耐涝及吸水能力非常强,而且对水质条件需求比较低,具有根状茎的根系,植物体中具有中空的通气组织,根部生长着大量很细的根毛,叶片吸收的氧气可以通过茎和根状茎到达根毛,并从根毛分泌出来,这种根际可以供养大量的需氧微生物种群[243]。

吕志萍研究了土壤中石油浓度对玉米生长发育的影响,结果表明,土壤中石油浓度小于 5 000 mg/kg 时,对整个玉米生长期无任何显著影响;大于 5 000 mg/kg 时,开始影响出苗时间和表观特征。土壤中石油浓度对玉米产量的影响:土壤中石油浓度低于 800 mg/kg 时,可促进玉米生长,土壤石油浓度与玉米产量呈直线正相关;超出 800 mg/kg 时,结果相反[244]。Binet 等利用黑麦草来增强土壤中 3～6 环 PAHs(蒽、菲、荧蒽、苯并[a]荧蒽、二苯并[a, h]蒽)的降解,结果表明,黑麦草根际对降解包括 5 环和 6 环的大部分 PAHs 有很大的潜力[245]。Dowly 等研究发现一些豆科植物能分泌表面活性剂促进油污染的生物修复[246]。汽油和柴油对于植株生长有毒害作用,也会使氮含量偏高,汽油与柴油及其衍生的物质分别使春油菜减产 73%, 99%。添加混合肥料膨润土和氧化钙能减少汽油与柴油及其衍生物对植株生长产生的危害,并能减少蛋白氮的含量,增加硝基氮的含量有利于植株的生长[247]。不同的植物种类,其受到石油类污染物的抑制效果是不一样的。当土壤中石油含量小于 1 mg/kg 时,石油类污染物对植物的生长有促进作用,因为植物能将石油中的碳、氢、氧、氮等通过木质化作用而转化成植物所需的物质[248]。

植物修复具有其他方法无可比拟的优点：在修复土壤的同时能净化空气和水体、美化环境、防止水土流失，因而同时可收到显著的生态效益；植物修复属原位修复，操作简单，对环境扰动少，易被公众接受；植物的覆盖作用、蒸腾作用和根系对土壤的固定作用可减少污染物向大气、土壤和水体迁移；对修复复合污染有利，如柳树不仅能吸收土壤中的有机物，而且能吸收土壤中的氰，费用低，比物理化学处理费用低几个数量级，如使用得当，还可带来一定的经济效益。因此植物修复特别适用于大面积、污染不十分严重区域的环境土壤污染治理。自从 20 世纪 80 年代问世以来，植物修复技术已经成为国际学术界研究的热点，并开始进入产业化初期阶段。目前，植物修复技术的市场以每年翻一番的速度迅速发展。

它的缺点是植物修复过程比物理化学修复过程缓慢，因此比常规治理(挖掘、场外处理)周期长、效率低。某些植物对土壤、气候等条件有一定要求，植物受病虫害袭击时也会影响其修复效果。此外，植物修复受污染物浓度的限制，只有在植物能够承受的污染物浓度范围内，植物修复才能进行下去。当然，任何技术都有其优势和不足之处，从其诸多优点看，植物修复技术是最有发展潜力的，如能通过基因改良提高其降解和适应能力，并与其他方法联合使用，必定能在污染土壤修复中发挥重要作用。

### 7.3.2　石油污染物的植物修复机理

植物修复有机污染物的机理比植物修复重金属污染复杂得多，包括吸附、吸收、转移、降解、挥发等。有机污染物能否被植物吸收，并在植物体内发生转移，完全取决于有机污染物的亲水性、可溶性、极性和分子量。植物主要通过四种方式去除环境中的有机污染物，即植物直接吸收有机污染物、植物降解、根际降解和根际刺激。植物修复机理示意如图 7 - 1 所示。

1) 植物吸收

植物吸收是指植物直接吸收污染物并在植物组织中积累非植物毒性的代谢物，是去除有机污染物的有效途径之一[219, 220]。

植物根系是吸收和积累土壤有机污染物的重要组织。在植物根系对多环芳烃吸收的研究中发现，根系的不同会影响植物对多环芳烃的吸收[249-252]。凌婉婷等[250]研究了 20 种植物根对土壤中多环芳烃菲和芘的吸收，得出不同植物根中菲和芘的含量与植物富集系数、根的脂肪含量呈显著正相关，而与根含水量关系不显著。亲脂性有机污染物主要分配在根表皮，难以进入根及其木质部，也就无法通过蒸腾作用运输到茎叶中[253]。另外分配进入根的能力与污染物的辛醇-水分配系数($K_{ow}$)有关，上述研究中由于芘的 $K_{ow}$ 较大(菲、芘的 $\log K_{ow}$ 分别为 4.46 和 4.48)，在根中的含量也较高。水稻根系对多环芳烃的吸着与吸收研究中同样得到相似的

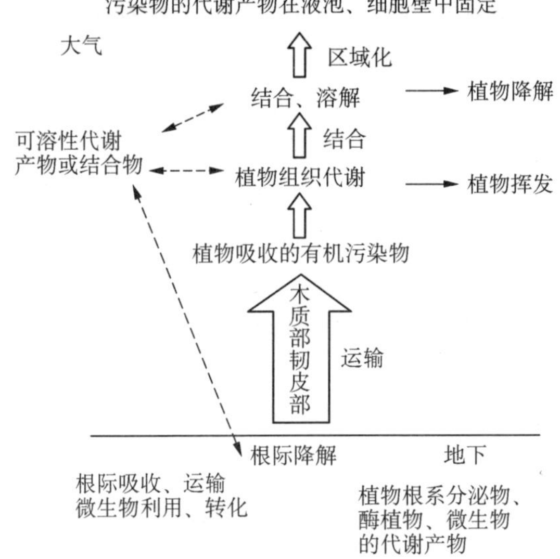


**图 7－1　植物修复有机污染物的机理**

（据 Singh，O. V. 等，2004）

结论，比表面积和脂肪含量高的侧根对多环芳烃的吸收率显著高于节根，其中水稻根系吸收的多环芳烃占吸收与吸着总量的一半以上[251]，并且水稻根系中多环芳烃的浓度随着水稻的生长不断变化，其中根系的脂含量、比表面和生物量等指标对其有一定的影响，且脂含量和比表面的影响比生物量更为显著[252]。水稻根系的吸收作用在多环芳烃污染土壤修复方面具有很大的潜力，虽然黑麦草也吸收一定的多环芳烃，但其贡献率小于 0.54%，吸收积累不是黑麦草促进多环芳烃降解的主要原因。不同植物种类根系吸收有机污染物的能力也是不同的。

Gao 等[254]研究发现，水生植物鹦鹉毛、浮萍和伊乐藻可以富集水体中的 DDT，并将部分 DDT 降解为滴滴滴（DDD）和滴滴依（DDE）；Suresh 等[255]运用咖啡草和芥菜来修复土壤中$^{14}C$标记的 DDT，经过 1 d 后在植物体内检测到总放射性元素的 12%～13%。Aslund 等[256]使用南瓜、莎草和高牛毛草来修复土壤中的 PCBs 污染时发现，三种植物都表现出对 PCBs 的直接吸收作用，玉米苗吸收的 95%的阿特拉津在72 h内转化为代谢产物。Burken 等[257]将杨树种植在含有阿特拉津的基质上，培养 80 d 后，在杨树的根、茎、叶中提取到了阿特拉津及其代谢产物，并且基质中被杨树吸收的阿特拉津占了相当比例。通过对植物细胞的悬浮培养也发现，植物细胞能代谢 2，4－D 和 DDT 等有机污染物[258]。

按照有机污染物被植物吸收后的去向可以将植物对有机污染物的吸收代谢作用分为植物提取作用、植物降解作用、植物固定作用和植物挥发作用四种。植物可以通过两个途径吸收环境中的有机污染物：①有机污染物可以被植物根系直接从环境介质中吸收，再随蒸腾作用沿木质部、韧皮部上行传输向茎叶；②植物地上部分还吸收大气中的气态、颗粒态有机污染物。

2）植物降解

植物降解是指植物本身通过体内的新陈代谢作用将污染物转化为毒性较弱或非植物毒性的代谢物。Parrish 等[259]在评价三种植物对多环芳烃的吸收积累的研究中发现，多环芳烃大量积累在植物的根部，只有极少的多环芳烃被运输到茎叶中。研究发现，植物可直接降解多环芳烃，大豆可降解$^{14}C$-蒽、苯并芘[260]，叶片和根系具有同化烷烃的能力。

3）根际降解

根际是受植物根系活动影响的根-土界面的一个微区，也是植物-土壤-微生物与其环境条件相互作用的场所[261]。石油污染的土壤种植了植物后，微生物数量显著增加，石油降解菌能够选择性富集，其群落组成也发生很大变化[193]。种植紫花苜蓿和披碱草的土壤中，根际微生物数量要高出 1～2 个数量级[262]。Kirk 等[263]研究发现，黑麦草根际石油烃降解菌和异养菌的数目是原土对照的 200 多倍。根际微生物数量的增加、活性的提高促进了土壤中石油烃的降解，同时也降低了石油烃对植物的毒性，达到“双赢”的效果。

4）根际刺激

植物向土壤环境释放出大量的分泌物（如有机酸、乙酸、蛋白质、酶等），其数量约占年光合作用产量的 10%～20%。根际刺激是通过根分泌的有机质为微生物提供碳源，从而增强微生物降解石油烃的能力。Parrish 等[264]在评价高羊茅根际土壤中根的死亡和腐败对多环芳烃降解的贡献中发现，根的死亡和腐败并没有显著提高多环芳烃的降解率，可能是由于死亡的根并没有产生大量支持多环芳烃代谢菌生长的基质。植物根分泌到根际的酶还可直接参与有机污染物降解的生化过程，研究表明，硝酸盐还原酶和漆酶能降解 TNT 等军用废弃物，脱卤酶能降解含氯的溶剂如 TCE，生成 $Cl^-$，$H_2O$，$CO_2$[265]。Lee Sang-Hwan 等[266]在应用四种韩国本土植物降解多环芳烃菲和芘的研究中发现，植物对多环芳烃的降解主要依靠微生物活性的提高和植物酶的释放作用，在种植物的土壤中，酚类化合物（根分泌物）和过氧化物酶的活性明显提高。

根系分泌物是植物根系在根系活动过程中向外界环境分泌的各种有机化合物的总称，一般情况下，根系向环境释放的有机碳量占植物固定总有机碳量的 1%～40%，其中 4%～7%通过分泌作用进入土壤[267]。

根系分泌物可以通过酶解作用直接降解有机污染物，通过增加根际微生物数量和活性加速污染物降解，还可以通过改善土壤特性来提高有机污染物的生物利用效率。

植物根系能够释放一定数量的酶到环境中，这些酶对土壤中持久性有机污染物可以进行有效降解。植物分泌的酶包括:漆酶、去卤酶、硝基还原酶、腈水解酶和过氧化物酶等[268]。已有研究表明,植物分泌的酶可以降解土壤中的2,4,6-三硝基甲苯、三氨基甲苯、氯化氰苯、四氯乙烯、多氯联苯等多种有机污染物[269, 270]。高等植物根际微生物的数量很大程度上取决于植物根分泌物中所含的糖类、有机酸和氨基酸等物质的数量和种类,这些分泌物越多,微生物生长越旺盛。根系分泌物不仅能够提高根际已存在的微生物数量和活性,而且能选择性地影响微生物生长,改变根际微生物的相对丰度,从而有利于根际周围的持久性有机污染物的降解[270]。土壤有机质会束缚亲脂性化合物。有机质含量高的土壤对PAHs的吸附量和吸附强度均较高,有机质的吸附降低了有机污染物的生物利用性,从而限制了土壤中有机污染物的降解[198, 271]。植物的根系分泌物可以提高污染物的腐殖化和吸附性能,从而提高污染物的生物有效性[272-275]。

## 7.4 植物对有机污染物胁迫的响应

### 7.4.1 有机污染物对植物生长的影响

研究表明:多环芳烃对植物种子的萌芽有影响:油菜种子在萘、芘和荧蒽污染实验的萌芽过程中,根的数量降低,长度变短[276];Henner等[277]通过水培方法研究多环芳烃对玉米、酥油草、一年生黑麦草等种子萌芽的影响中发现:在萌芽早期,多环芳烃处理下的所有种子萌芽与对照相比出现了延迟,但随着萌发时间的延长,这种延迟现象消失;刘宛等[278]研究发现,高浓度氯苯会延缓小麦种子出苗,降低幼苗的干重和鲜重。Maliszewska等[279]用芴、蒽、芘等分别土培小麦、燕麦和玉米等6种作物,在培养初期,土壤中低于10 mg/L的PAHs对作物生长有刺激作用。Ren等[280, 281]通过研究荧蒽、菲和萘对水萍的光诱导性毒害影响,结果表明,植物的生长和失绿现象可以作为最终评价多环芳烃光诱导毒害的指标,随着苯环的增加其毒害症状逐渐明显。

### 7.4.2 有机污染物对植物酶系统的影响

外来物质进入生物体后,在酶系统的作用下可以代谢转变成为水溶性高且易于排出体外的化合物,该过程称为生物转化。此过程包括氧化、还原、水解和结合等一系列生化反应。几乎所有生物都具有生物转化酶和解毒酶,在生物体内,通过一系列生化反应,可将脂溶性有机污染物转化为水溶性的、可被生物排泄的产物。

由于有机物在生物体内代谢过程中会产生氧自由基,而生物体内过量的氧自由基会给生物自身造成氧化伤害,因此,生物体内的抗氧化系统会对有机物有一定的响应。植物细胞体内的抗氧化系统包括抗氧化酶系和小分子抗氧化物。抗氧化酶系主要有超氧化物歧化酶(SOD)、过氧化物酶(POD)、过氧化氢酶(CAT)、抗坏血酸过氧化物酶(AsAPOD)、脱氢酸抗坏血酸氧化酶(DHAR)、谷胱甘肽还原酶(GR)、谷胱甘肽过氧化物酶(GP)、单脱氢抗坏血酸还原酶(MDAR)等。小分子抗氧化物主要有还原性谷胱甘肽(GSH)、类胡萝卜素(CAR)、半胱氨酸(Cys)等。其中 SOD, POD 和 GSH 的防卫功能非常显著。

陆志强[282]研究芘和萘处理下红树植物秋茄幼苗以及抗氧化酶系统的变化发现,秋茄幼苗叶片根尖的 SOD 与 POD 总活性随着处理浓度的提高而提高,表明多环芳烃的胁迫引起了秋茄幼苗体内自由基含量增加从而诱导 SOD 与 POD 活性上升。孙娟等[283]通过沙培萘处理白骨壤幼苗实验,探讨了萘胁迫对红树植物白骨壤幼苗萌发初期的幼苗生长、子叶抗氧化酶活力及膜脂质过氧化作用的影响。刘宛等[284]研究了短期菲胁迫对大豆幼苗超氧化物歧化酶(SOD)活性和丙二醛(MDA)浓度的影响,指出 SOD 活性可以作为大豆幼苗遭受短期菲胁迫的生物标记物。刘建武等[285]通过盆栽实验研究了萘污染对 5 种水生植物生理指标的影响,发现叶绿素含量及过氧化物酶(POD)活性可以作为水生植物受萘污染影响的指标。Paskova 等[286]在研究 PAHs 及其氮杂环衍生物对高等植物的毒性时认为,植物的氧化胁迫响应是植物响应 PAHs 胁迫的早期警报,在胁迫条件下,植物保护酶活性显著提高,脂质过氧化作用增强。Alkio 等[287]的研究表明多环芳烃能引起氧化胁迫,受多环芳烃处理的植物体抗氧化酶活性会有一定变化。Roy 等[288]研究发现:POD 和 SOD 活性的增加与体系中产生的羟基醌及邻二酚有关。研究还发现:在苯并芘的诱导下,水生植物抗氧化酶活性升高。

### 7.4.3　有机污染物对植物根际土壤酶活性的影响

土壤酶是土壤生物化学反应的催化剂,直接参与土壤系统中许多重要代谢过程,如土壤环境的净化。李玉瑛等[289]在柴油污染土壤的生物修复研究中发现土壤受到污染后过氧化氢酶、脱氢酶和脂酶的活性上升,而后随着土壤中石油烃的降解,脂酶又不断降低,脂酶活性与柴油降解率及柴油降解菌数量都有很好的相关性;李洪梅等[290]通过盆栽实验发现当石油污染物浓度超过 500 mg/kg 时,随着浓度的增大,土壤中细菌数量呈下降趋势、放线菌数量急剧下降、真菌数量变化不明显;范淑秀等[291]研究苜蓿对多环芳烃菲污染土壤的修复作用中发现,相同处理的根际土壤脱氢酶活性高于非根际,脱氢酶活性与菲降解率显著正相关。而朱凡等[292]发现在 3 种多环芳烃污染水平(重度 L3)、(中度 L2)、(轻度 L1)下,四种绿化树的多酚氧化酶和过氧化氢酶的趋势相同,都表现为 L3＞L1＞L2。

## 7.5　石油污染土壤的微生物修复

在已被石油类污染物污染的自然区域内,由于微生物的广泛存在性,自然界中会通过自然驯化作用而产生一定数量的嗜油微生物，能氧化石油烃及其化合物的微生物物种在自然界分布广泛。土著微生物相对于外源混合菌在石油污染土壤的生物修复中可以发挥更重要的作用[293]。研究表明，在正常环境下，能利用烃类化合物的降解菌只占微生物群落的1%，而当环境受到石油污染时，降解菌比例可提高到10%[294]。Rooney等利用16S rDNA的变性梯度凝胶电泳(DGGE)考察了石油污染的含水土层中的微生物区系组成，发现污染土层和相邻地点未污染土层的微生物区系组成存在显著差异[295]。多种细菌和真菌都表现出利用石油烃的特性，被实践用来处理海洋溢油事件，废弃物处理，油的生物乳化等[296]。200余种细菌、真菌和藻类已显示出能代谢一种或多种烃类化合物的能力，嗜油微生物的数量和活性会随着污染程度而加强，生物种群对石油烃的降解是消除石油烃和其他烃类污染物的基本途径之一[297]。

目前的一些研究是从石油污染土壤中筛选出各种嗜油微生物，然后将其投加到油污土壤中，并进行单因素实验来研究优化环境条件，来改善微生物作用环境，如温度、营养元素、pH值、盐度等[298]。李宝明从胜利油田分离筛选石油降解菌株，构建了石油降解微生物菌群$C_9$，通过单因素试验不同pH值，摇床转数，培养时间，N源，P源对石油降解效果的影响，进行最佳石油降解条件正交试验，得到菌群$C_9$的最适N源为$KNO_3$，最适P源为$K_2HPO_4$，最适pH范围为7～10，最适摇床转数为150～200 r/min；正交试验结果表明4种分离出来的菌种的最适接种比例为1∶1∶20∶1，优化后的最佳石油降解条件为：$KNO_3$ 3 g/L，$K_2HPO_4$ 1 g/L，pH 8，总接种量为6.9%，石油浓度为0.25%；气相色谱分析证明，菌群$C_9$在优化后能更有效地降解原油中各种饱和烃和芳烃[299, 300]。张胜等对西北黄土石油开采区石油污染土壤的原位微生物生态修复进行研究，辅以物理和化学方法强化原位微生物菌群修复作用，通过进行试验区土壤温度、水、氧气、营养元素等土壤环境因子的调控，采用与土壤环境相结合的微生物生态技术，取得了良好的降解效果[301]。

石油烃在环境中的状态主要受温度的影响，水溶态的石油烃更容易被微生物细胞接触降解，同时温度还影响微生物的种群和酶活性，对于控制石油烃的生物代谢有重要作用[302]。30～40℃的时候微生物活性达到最大值，降解石油的能力最强[303]。生化反应遵循的一个总的原则就是反应速度随温度升高而升高，但是随着温度的继续升高微生物的活性开始下降，微生物降解石油的能力降低，在60℃时降解效率达到最小值。而且，许多(但不是所有)微生物含有必需的酶，而这种酶在高于50℃时会变性。因此，这个温度代表了一个保持微生物活性的温度上限。对于好氧菌来说，最佳的降解温度一般在15～30℃之间[304, 305]。尽管低温下微生物的活性减弱，但一些嗜冷菌仍会降解石油烃。Marion Borresen等对永久冻结地带土壤对柴油和十六烷污染物进行降解研究，指出在5℃时微生物仍有降解烃的能力[306]。Bossert等研究显示：在低温时，油黏度增加，有毒的短链烷烃挥发性下降，生物降解起动滞后；随着温度的升高，烃代谢增加，一般在 30～40℃时达到最大；温度继续升高，烃的膜毒性增大而使代谢减少[307]。

研究表明，氮、磷营养物质的缺乏或过量均可限制石油烃的降解，氮、磷的最佳比例与细胞成分中的比例（N：P＝5.67：1）越接近越有利于提高降解能力[308]。Prince 等[309]证实，北极地区可以通过添加营养物来刺激海岸线上油的降解，并完成生物修复。营养物添加在微生物降解初期效果较好，利于微生物生长，但一段时间后，降解能力明显下降，可见营养物对生物降解石油烃既可以是正向的也可以是负向的。

Arco 等人发现随石油浓度的升高，最终的降解率逐渐降低，降解率与石油浓度成负相关关系。有研究报道，当向土壤中添加油污使土壤中烃浓度达到 1.25%～5%时，土壤的呼吸强度增大，当烃浓度达到 10%时，土壤的呼吸强度不再增大，当烃浓度达到 15%时，土壤的呼吸强度下降，表明油浓度太高会抑制微生物的活性。含油废弃物与土壤的重量百分比在 0～30%范围内时，研究油的浓度对生物降解的影响，发现浓度为 5%时，$O_2$ 的吸收率最高[310]。

石油烃的水溶性差，黏附在土壤颗粒上，使得微生物不能很好地与石油相接触，少量的表面活性剂能够使石油脱离土壤颗粒，增加微生物对石油的利用效率[311]。有研究表明，多环芳烃之所以难降解是因为被吸附在土壤中，一旦用特定的溶剂洗脱下来，多环芳烃在 14 天内的降解率从 10%上升至 90%[312]。而大量的表面活性剂却对微生物有杀灭作用，所以在加入表面活性剂的时候一定要选择一个合适的浓度。十二烷基苯磺酸钠对不同菌株的除油率在低浓度时无明显抑制作用，在高浓度时均有抑制作用。戴树桂[313]认为，聚氧乙烯型非离子表面活性剂用得最为广泛，这类表面活性剂无毒、可以生物降解，临界胶团浓度较低，不带电荷，受环境 pH 和离子强度等因素影响较小。因此在目前的土壤生物修复中使用的表面活性剂大多为非离子表面活性剂，如吐温－80（Tween－80），聚乙二醇辛基苯基醚 Triton X－100 等[314]。

每分解 1 g 石油需氧气 3～4 g。因此，土壤中氧含量是否充足对降解效率有重要影响[315]。且据报道，好氧微生物能够将土壤有机碳的 20%～40%转化为细胞物质，而厌氧微生物只能转化 2%～5%[316]。无氧条件下，降解也发生，但速率很低，有试验表明，有氧时烃类经 14 天可降解 20%以上，而厌氧条件下经 223 天降解不到 5%[317]。

根据微生物活性所需要的条件，在土壤水分为其最大持水量的 25%～85%范围内，石油烃的降解较为有利，在水分低于 25%或高于 90%时，对石油烃降解菌的活动不利。有人提出，当土壤含水量为其饱和含水量的 30%～50%时，石油类的生物降解速率较大[318]。这是由于土壤含水量过低，微生物得不到充足的水分供应，细胞活性受抑制；土壤含水量过高，有效毛细空隙空间将被水充满，则妨碍氧气的供应。

pH 值与盐度也是影响石油烃生物降解的重要因素，pH 值太高或太低都会影响微生物的降解能力。大部分异养细菌和真菌适宜中性的 pH 值条件，真菌更耐受酸性的条件。当土壤中氯化钠浓度超过 1%时，会极大地减小石油烃和芳香烃类的降解率，当氯化钠浓度为 1%时其降解率没有改变，少于 1%时，对石油烃和芳香烃类的降解率是没有影响的[319]。

基于对油污土壤的微生态环境非生物因子与微生物活性的研究，在实验中结合各油田及石油化工区的气候及地理条件，对油污土微生态环境的生物与非生物因子进行合理的调控与优化，可取得较优的石油烃生物降解效果[320]。总结得出，最佳温度为 30～40℃，土壤中营养元素 C∶N∶P＝100∶5∶1.7 时，土壤中烃浓度约为 1.25%～5%时，加入适量表面活性剂，适宜通氧与适当含水率条件下，对微生物降解能力有极大的帮助。

在利用碳源过程中微生物总是优先选择易被降解的低链正构烷烃，后选择长链的异构烷烃。一般各类石油烃可被微生物降解的次序如下：饱和烃＞芳香烃＞胶质和沥青质[321]。不同烃类的微生物可降解性的次序为：正烷烃＞支链烷烃＞芳香烃＞环烷烃＞支链芳香烃，同种类型烃类中分子量越大降解越慢。碳数多少是影响石油烃组分降解的重要因素，碳数越大，降解越难进行；当碳数相同时，不同类型石油烃组分的降解速度由其官能团决定。总之，结构越简单，分子量越小的组分越容易被降解，小于 $C_{10}$ 的直链烷烃＞$C_{10}$～$C_{24}$ 或更长的直链烷烃＞小于 $C_{10}$ 的支链烷烃＞$C_{10}$～$C_{24}$ 或更长的支链烷烃＞单环芳烃＞多环芳烃＞杂环芳烃[322]。

Zachary A[323]利用蚯蚓来协助有机物污染土壤的生物降解。蚯蚓能够疏松土壤，增加土壤通气性，改进土壤的营养状态与肥力等生物修复的环境因素；蚯蚓能够阻滞有机污染物黏于土壤颗粒，释放之前黏附于土壤的污染物以便于降解，促进生物修复的微生物的分散，能够有助于农业化肥，石油，原油烷烃，PAHs 和 PCBs 等的降解。研究不同农业化肥的营养比例，还有温度，湿度等因素条件下，蚯蚓与堆肥微生物种群的协同作用下对碳氢化合物的降解情况，结果表明适宜营养有助于提供有氧条件，蚯蚓的新陈代谢消化活动有益于微生物的活性，可以大大提高碳氢化合物的降解，极大地降低生物降解的结束点[305]。

## 7.6 石油污染土壤的植物—微生物联合修复

### 7.6.1 植物—微生物联合修复法

目前植物—微生物联合修复已成为土壤修复领域研究的热点。该技术可以将植物修复与微生物修复两种方法的优点相结合，从而强化根际有机污染物的降解，在油田开发开采过程中常会造成环境中PAHs不断积累增加的趋势，PAHs由于性质稳定、难于降解，针对石油中PAHs污染土壤的情况效果好。

植物可以促进根区微生物的转化作用，已被很多研究所证实[230-236]。植物为微生物提供了生存场所，并可转移氧气使根区的好氧作用能够正常进行；根分泌物、脱落物可为微生物提供大量营养，刺激根际各种菌群的生长繁殖，增强细菌的联合降解作用；某些情况下，植物根分泌物可作为微生物天然的共代谢底物促进污染物的降解；根区形成的有机碳可阻止有机化合物向地下水转移，也可增加微生物对污染物的矿化作用。某些情况下，植物根分泌物也可作为天然的共代谢底物促进污染物的降解。此外，植物根系可以伸展到不同层次的土壤中，故无须混合土壤即可使降解菌分散在土壤中。另一方面，微生物能够降解有机污染物或改变污染物的存在形态，减轻污染物对植物的毒害，提高植物的耐受性、促进植物对污染物的吸收转化[324]。这种互利作用尤其对难降解有机污染物的去除具有重要意义。有学者研究认为，土壤的植物直接吸收去除所占的比例较小，植物促进微生物降解是其去除的主要原因[325]。植物和微生物在根际的相互作用是复杂的互惠作用，一方面植物根细胞在代谢活动中主动向根际土壤分泌释放有机物质，且植物可以为微生物提供生存场所和氧气，营养和能源[326]；另一方面，微生物的活动促进了根系分泌物的释放；植物与微生物互惠共生，使根区的好氧转化作用得以正常进行[327]。

有研究表明，黑麦草可增加寄生微生物系统对根际土壤中烷烃的降解率，不同植物根际分布的不同微生物种群能影响植物对烃类的降解[328]。赵爱芬等在石油污染的水稻田中分离出的微生物 *Bacillus* sp，仅在有水稻根分泌物的情况下才能在石油的残留物中生长，表明水稻根分泌物促进了特定微生物消除石油残留物的作用[329]。植物与微生物联合修复的石油降解率均大于微生物或植物单独修复污染土壤的石油降解率。可见，土壤中石油类有机污染的植物—微生物联合修复可以成为一种很有发展前途的新型原位修复技术。它克服了单用微生物修复有机污染物的一些缺点，将植物修复与微生物修复两种方法的优点相结合，从而强化根际有机污染物的降解。特别是和其他修复技术相比，费用较低，修复彻底，适合于大规模现场修复污染土壤。

### 7.6.2　植物—专性降解菌联合修复法

在利用植物进行污染土壤修复的同时，向土壤中接种具有较强降解能力的专性降解菌，可促进有机污染物的降解。很多文献报道，与根共生的细菌和部分真菌能够降解高分子石油有机污染物质。研究表明，在用苜蓿草修复多环芳烃和矿物油污染土壤时，投加特性降解真菌可不同程度地提高土壤PAHs降解率，真菌对荧蒽、芘和苯并(a)蒽的降解有明显促进作用，而细菌能明显提高苊烯/芴、蒽和苯并(a)荧蒽/苯并(k)荧蒽的降解率。在种植植物的土壤中接入外来菌时，针对不同土壤条件和污染状况确定适宜的接种量及施肥量是必要的。真菌和细菌的接种量在不同污染水平上与矿物油和多环芳烃降解率存在最佳配比关系，过大或过小的外来接种不但不能产生最佳的清洁效果，反而会使土著微生物的降解能力下降，使污染物去除率降低，为外来菌提供营养可以提高其存活率和降解率；实验表明，有机肥含量与多环芳烃的降解率呈正相关，有机肥主要对三环 PAHs 的降解起作用，对四环、五环多环芳烃的降解并未产生有效作用，另一项以水稻和苜蓿草为供试植物的试验也得出相似结论。引入高效降解菌或根际协同菌群可以提高植物的修复效率，但要达到预期效果，需要对植物与微生物、微生物与微生物之间的相互关系有深入了解，以便进行有效调控。

### 7.6.3 植物—菌根真菌的联合修复

菌根真菌能与高等植物的营养根系形成高度平衡的联合共生体——菌根。近年来，菌根在降解土壤污染物中的作用已引起国内外很多学者的关注，应用菌根技术修复土壤有机污染、重金属污染、农药污染及放射性核素污染方面的研究也屡见报道。菌根生物修复与其他生物修复技术相比具有很多独特的优点：菌根表面延伸的菌丝体可大大增加根系的吸收面积，大部分菌根真菌具有很强的酸溶和酶解能力，可为植物吸收传递营养物质，并能合成植物激素，促进植物生长。菌根真菌的活动还可改善根际微生态环境，增强植物抗病能力，极大地提高植物在逆境（如干旱、有毒物质污染等）条件下的生存能力。例如在石油 PAHs 污染的土壤上，接种漏斗孢球囊霉（Glomus mosseae）菌根真菌可提高黑麦草的存活率和生长量，在 PAHs 浓度达 5 mg/g 的土壤上，只有菌根化植物能够存活；在蒽严重污染的工业土壤中，菌根化黑麦的存活率高、根际蒽的降解率都明显高于非菌根化黑麦，可能是菌根真菌加速了蒽的降解。研究表明，植物根区的菌根具有独特的酶系统和代谢途径，可以降解不能被细菌单独降解的有机污染物。

菌根生物修复的机理大概有以下几方面：①菌根真菌在污染物的诱导下产生独特的酶，直接降解污染物；②菌根在土壤中形成纵横交错的外延菌丝网，增加了根系与污染土壤的接触面积，菌丝的吸收面积和吸收长度分别比根系大 10 倍和 1 000 倍，从而提高了修复效率；③菌根的形成能促进植物的营养吸收，改善微环境，提高植物生物量和抗逆性，从而促进了植物对污染物的吸收和降解；④菌根的存在有利于土壤中多种菌落的形成，共同降解污染物。菌根可以为微生物提供微生态位和分泌物，使菌根根际维持较高的微生物种群密度和生理活性。同时，菌根根际分泌物也可作为降解的共代谢底物，促进降解。国外研究发现，在石油烃污染的土壤中，欧洲赤松与黏盖牛杆菌或卷边桩菇形成菌根，菌丝从被侵染的根系伸出漫布土壤，同时在外部菌丝表面形成了一层微生物薄膜，支持了形态多样的烃降解菌群落。有人观察到菌根化的 *Pinus sylverstris* 幼苗的外延菌丝表面有很多联合细菌，这种延伸的菌际成分支持了数量庞大的细菌。另据报道，树木每克外生菌根（鲜重）能分别支持 $10^6$ 和 $10^2$ 的好氧细菌和酵母菌。这些数量庞大的联合菌群会对难降解有机物的分解转化起到很大作用。菌根生物修复的关键在于筛选有较强降解能力的菌根真菌和适宜的共生植物，使两者能互相匹配形成有效的菌根。其优点是菌根化植物抗逆性强、吸收降解能力强，缺点是针对不同气候、土壤条件要选择不同的植物与菌根真菌，并要进行组合实验以确定最佳降解组合，因而比较费时。菌根生物修复同样受土壤温度、湿度、养分状况等环境条件的影响，成本相对较高，大面积应用还有一定困难。目前许多研究仍处在实验阶段，距实际应用尚有一定距离。

植物—微生物联合修复是土壤生物修复研究的新领域，植物与特殊的菌根真菌或专性、非专性降解菌群协同作用，增加对污染物的吸收和降解将是一个很有价值的研究方向。此外，用与植物共生的菌根真菌和高效降解菌联合作用，可能会进一步促进 PAHs 等难降解有机物及中间产物的降解，有关这方面的研究还很少。可以相信，微生物修复技术与植物修复技术的综合运用，将是今后污染土壤治理的一个颇有前景的发展方向。

# 第8章 大庆油污土壤植物修复

大庆油田是我国著名的油气田之一。作为我国最大的石油生产基地，2009年，大庆油田发现五十年来，累计生产原油超过20亿t，占中国同期陆上原油总产量的四成以上，并曾连续27年保持年产5 000万t原油，为我国的经济建设作出了巨大贡献。由于大庆市地处松嫩平原腹地，地质环境较为脆弱，大庆油田的开发、建设，对大庆市及其周边地区的地质环境系统造成了严重的破坏。造成土地“三化”面积日益扩大、土壤和水质污染加剧，区域地下水位大幅度持续下降，地面变形现象逐年加剧。各类地质环境问题已使该地区的环境容量和承载力接近极限，环境的恶化已严重影响了当地居民正常的生产秩序和生活质量，成为制约大庆市经济和社会可持续发展的重要因素。因此，开展大庆地区油污土壤的研究具有重要的意义。

## 8.1 实验设计

### 8.1.1 野外实验

为了深入研究大庆地区土壤中石油类有机污染的植物修复，分别在已受污染和未受污染地区选取当地生长的植物——芦苇进行检测分析，研究当地植物对土壤中有机污染的修复作用。

植物样品是在大庆石油污染较严重的某排污湿地中选取的，在污染区和无污染背景区采集的植物样本为整根芦苇及其根上带的土壤。背景样本编号为S，有机污染样本编号分别为A，B，C，D；将采回的芦苇在室内避光阴干，然后分别对每个芦苇样本根须及其上所带泥土样品使用GHM烃分析仪进行取样分析检测。

### 8.1.2 模拟实验

实验用土有两种：油污土和盐碱土。油污土取自于三厂五路线的油井附近，盐碱土取自日月星公司对面长有芦苇的空地。在实验室的空地上铺上厚白纸，然后将野外采集的土样分散在实验室的地上，去除其中掺杂的植物根茎和杂草。将油污土壤和盐碱土壤按实验设计比例混合均匀，然后置于已编号的桶中，装置如图8-1所示，然后将植物栽入其中，放入底肥。栽种前每桶取一定量土样以做测量背景值用。

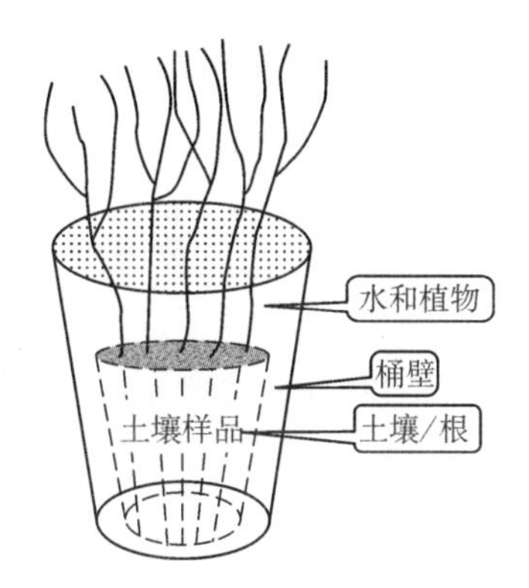

**图8-1　样品桶模拟实验示意**

将植物栽种于不同处理的桶中，定期对桶中土壤取样分析（10天为一个周期），观察土壤中石油含量是否有变化。为了考察不同植物对石油的降解能力，分别用芦苇、香蒲、羊草、水葱和委陵菜等一些杂草作为受试植物。各处理编号如表8-1所示，1号处理不加油污土，2，3，4号的石油污染物浓度分别为100 g/kg，200 g/kg，250 g/kg。

**表8-1　修复植物的编号**

| 植物种类 | 编号 | | | | 备注 |
|---|---|---|---|---|---|
| 芦苇 | L1 | L2 | L3 | L4 | 1号不加油污土；2号加入1.4 kg油污土；3号加入2.1 kg油污土；4号加入2.8 kg油污土。每桶土约14 kg。 |
| 香蒲 | X1 | X2 | X3 | X4 | |
| 羊草 | Y1 | Y2 | Y3 | Y4 | |
| 综合 | Z1 | Z2 | Z3 | Z4 | |

## 8.2　土壤中油污的测定

### 8.2.1　重量法

取土样后放置自然晾干，用研钵将土样研磨碎，然后用粒径0.25 mm的筛子过滤掉粒径太大的颗粒和杂质，再用重量法测土壤中石油烃总量[330]。

称25 g土样放置于已编号的250 mL的具塞锥形瓶中，每瓶加入50 mL的三氯甲烷，摇匀约1～2 min，最后静置16～24 h。静置后，将锥形瓶放入(55±0.5)℃水浴上热浸1 h，取出锥形瓶进行过滤，滤液收集于已知重量的100 mL烧杯中；然后向锥形瓶中再加入25 mL的三氯甲烷，摇匀，热浸半小时，如此反复两次。最后将收集滤液的烧杯放入温度为(58±0.5)℃的水浴中浓缩至干，擦去外壁水汽，在(70±5)℃烘箱中烘干4 h，取出放在干燥皿中冷却半小时后称重，所增加的重量即为氯仿抽提物的重量。所以，土壤中油污含量的计算公式如下：

$$\text{土壤中油污含量} = W/M * 1\,000(\text{mg/kg}) \tag{8-1}$$

式中，$W$——氯仿抽提物的重量(mg)；

$M$——土壤重量(g)。

### 8.2.2 色谱法

升温程序:初始温度40℃,(恒温5 min),以5℃/min的升温速率升至300℃,(恒温10 min)。

具体实验参数如表8-2所示。

表8-2 检测分析色谱条件表

| 色谱柱 | Elite-1 | | |
|---|---|---|---|
| 柱管材质 | 弹性石英融熔毛细管柱 | | |
| 柱内径/mm | 0.32 | 液膜厚度/μm | 0.25 |
| 载气平均线速度/(cm/s) | 1.0 | 分流比 | 20/1 |
| 进样器温度/℃ | 300 | FID温度/℃ | 300 |
| 柱前压/psi | 8.5 | 柱流量/(mL/min) | 20 |
| 自动进样器进样量/μL | 1(M(正己烷):M(石油烃)=1:7) | | |
| 燃气、助燃气/(mL/min) | 燃气 $H_2$:45 mL/min;助燃气 Air:450 mL/min | | |
| 外标物 | $n-C_{19}$(色谱纯) | | |

## 8.3 芦苇对有机污染物的修复

将有机污染环境中的植物根土壤样品及其根须样本分析结果与其背景样本相比较,它们的对比分析柱状图分别如图8-2与图8-3所示。

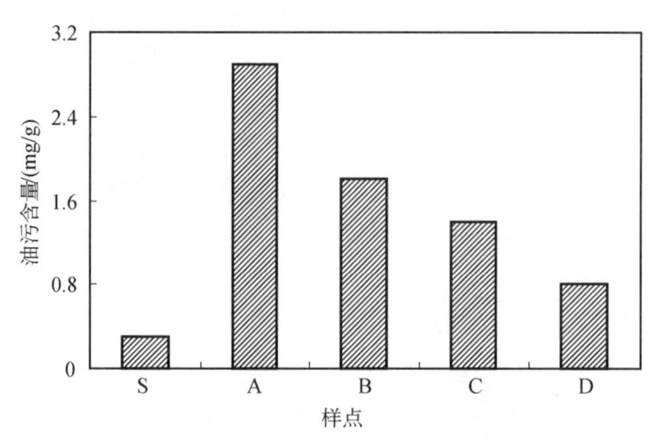


图8-2 芦苇样本根部土壤中油污含量特征

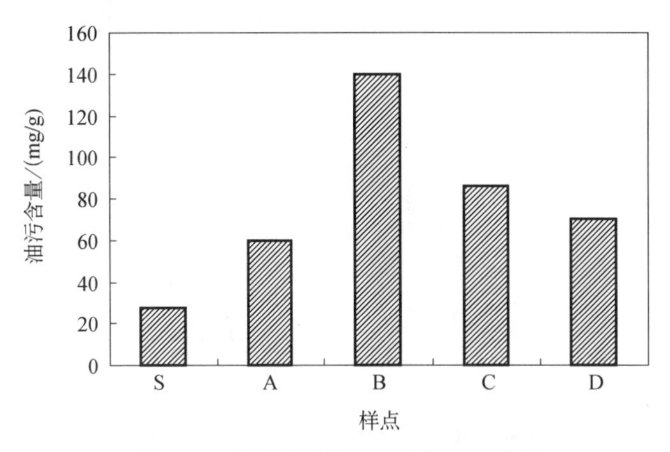


图 8-3 芦苇样本根须中油污含量特征

可以看出，芦苇样本中植物体内根须部的油污含量明显高于根部土壤中的含量，大约要高出50倍左右。这是由于植物体能够直接吸收有机物，而土壤却因土壤容量有限加之污水的冲刷使得污染物随水迁移；植物体对吸收的有机物有去除作用，它的去除机制主要有三个方面：一是植物体对有机污染物的直接吸收；二是植物体释放的分泌物和酶刺激微生物的活性加强其生物降解转化作用，此外有些酶也能直接分解有机污染物；三是植物根区及其与之共生的菌群增强根区有机物的矿化作用。在植物体吸收有机物的过程中，植物将有机物吸入体内，再将其无毒性的中间产物储存于植物组织中，这种产物可以是亲水性有机污染物自身的组成成分，也可通过代谢和矿化作用将其转变为二氧化碳和水或其他无毒代谢物，这是植物体去除污染物的重要机制。有机污染物进入植物体后一部分被分解，另一部分储存于植物体内。因此，芦苇根须中以及根部土壤中的油污含量均明显高于相应的背景样品，说明芦苇根须部对有机污染物确实具有非常强的降解吸收能力。

## 8.4 模拟土壤中油污降解率

根据减少的石油污染物浓度与初始浓度值可以计算出各种植物对石油污染物的降解率，图 8-4～图 8-7 分别表示芦苇、香蒲、羊草、综合植物对石油污染物的降解情况。

综合来看，随着植物生长天数的增加，各种植物的降解率都有不同程度的提高。但是，污染物浓度过高时，各种植物对污染物的降解率反而降低。有的学者认为低浓度的石油不会对土壤中普通菌类产生毒性，而且在有些情况下，污染物浓度相对高时，还能刺激植物根际降解污染物的微生物繁殖，同时研究者也一致认为，油浓度过高会抑制植物根际土壤中微生物的活性[331]。

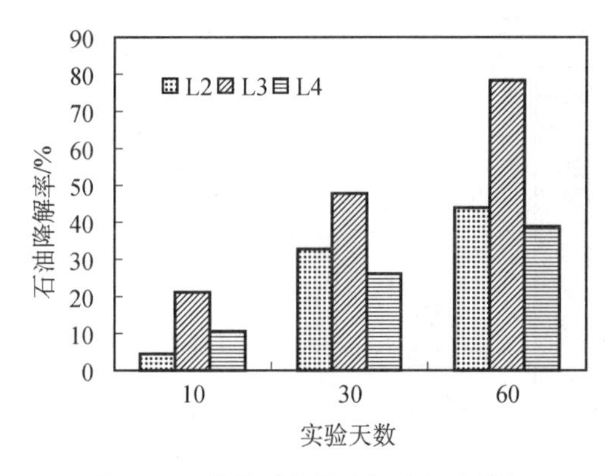


图 8-4 芦苇对土壤油污降解率特征

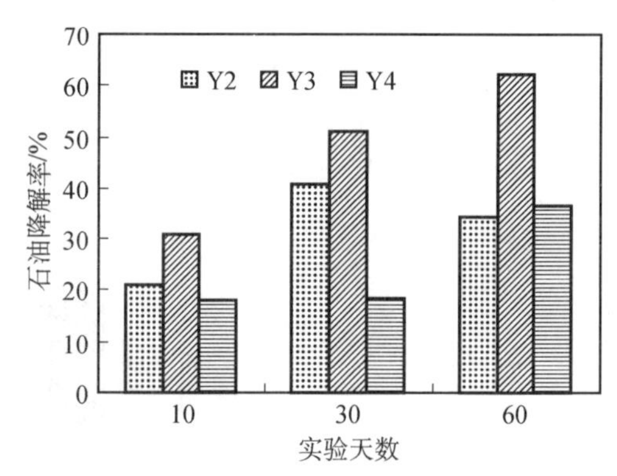


图 8-5 香蒲对土壤油污降解率特征

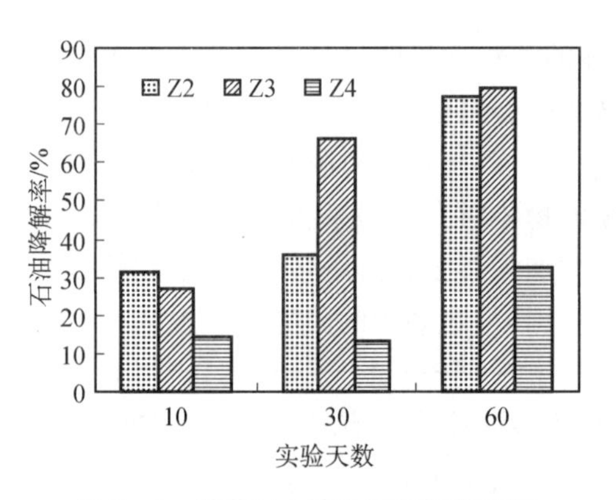


图 8-6 羊草对土壤油污降解率特征

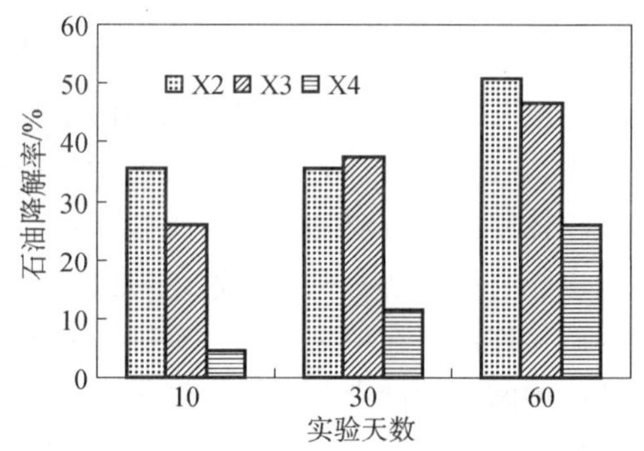


图 8-7 综合植物对土壤油污降解率特征

从图 8-4 中我们看到芦苇对于土壤中的石油烃类的降解情况，对于中等浓度的石油污染物来说，芦苇栽种两个月后其降解率可达到 78%，浓度过高时，降解率只达到百分之三十多，这正印证了以上结论。芦苇是根茎型禾草，天然种群以根茎繁殖补充更新，在 pH 值为 6.5～9.0 的偏酸性、中性、碱性以及在氯离子含量高达 0.5%的滩涂盐土或水边也能生长发育，也就是说它的适应性极强。对于大庆地区油污土壤来说，芦苇易于种植，并易于存活，可以作为降解石油的首选土著植物。图 8-5 中香蒲对于低浓度石油污染物降解好于过高浓度的现象更明显，香蒲最佳生长的 pH 值为 7～9，大庆地区的盐碱土正是略显碱性，香蒲生长情况很好，对石油污染物的降解能力也很强，但相对芦苇来说，虽然植物的根际效应相似，土壤中都存在大量的细菌、真菌、放线菌，但除此之外，芦苇的根际环境还适合亚硝酸细菌的生长[332]，芦苇这种特性使得它比香蒲降解污染物的能力更强。图 8-6 显示的是羊草对石油污染物的降解。盐碱土是大庆地区主要的土壤类型之一，而羊草是盐碱土上的优势物种，具有很强的生命力，对污染物的耐性高，虽然植株不高但生物量大，所以它对石油污染物的降解能力与香蒲差不多。图 8－7 是综合植物降解情况的反映，综合植物包括水葱、委陵菜、还有一些羊草等。由于植物种类不是单一的，所以根际土壤中微生物的种类相对也多，有一定的降解污染物能力。

## 8.5　模拟土壤油污各组分的降解

外标法又称标准工作曲线法或者已知样校正法，此法是先配制一系列不同浓度的标样进行色谱分析，做出峰面积对浓度的曲线，在严格相同的色谱条件下，注射相同容量或者质量的试样进行色谱分析，查看出峰面积后根据工作曲线求出被测组分的含量。

若工作曲线通过原点，可配制与所测组分浓度相近的一个标样进行色谱分析，在相同进样量的条件下，被测组分含量可直接用式计算。

$$X_i = E_i \frac{A_i}{A_e} \tag{8-2}$$

式中，$X_i$——试样中被测组分的百分含量；

$A_i$——试样中被测组分的峰面积；

$A_e$——标准样中被测组分的百分含量；

$E_i$——标准样中被测组分峰面积。

此方法的特点是操作简单，计算方便，但是要求分析组分与其他组分完全分离、色谱分析条件完全一致；而且标准物的色谱纯度要求高(或用准确知道浓度的标准物，配置浓度时进行折算)。

当配制标样的化合物欲与所测组分不同时，峰面积必须进行校正，校正因子如表 8－3 所示，校正公式如下：

$$X_i = X_e \frac{f_i A_i}{f_e A_e} \tag{8-3}$$

式中：$X_i$——被测组分含量；

$f_i$——被测组分相对校正因子；

$A_i$——被测组分的峰面积；

$X_e$——外标物的浓度；

$f_e$——外标物的校正因子；

$A_e$——外标物的峰面积。

表 8-3 相对校正因子值

| 相对校正因子 | | 相对校正因子 | |
|---|---|---|---|
| $n-C_{16}$ | 0.81 | $n-C_{26}$ | 1.06 |
| $n-C_{17}$ | 0.83 | $n-C_{27}$ | 1.09 |
| $n-C_{18}$ | 0.86 | $n-C_{28}$ | 1.12 |
| $n-C_{19}$ | 0.88 | $n-C_{29}$ | 1.14 |
| $n-C_{20}$ | 0.91 | $n-C_{30}$ | 1.17 |
| $n-C_{21}$ | 0.93 | $n-C_{31}$ | 1.19 |
| $n-C_{22}$ | 0.96 | $n-C_{32}$ | 1.22 |
| $n-C_{23}$ | 0.99 | $n-C_{33}$ | 1.25 |
| $n-C_{24}$ | 1.00 | $n-C_{34}$ | 1.27 |
| $n-C_{25}$ | 1.04 | $n-C_{35}$ | 1.3 |

图 8-8～图 8-10 是经芦苇降解的三种不同浓度油污土中正构烷烃的含量。图中序列里的第一次、第二次等是指每隔十天取土样分析的实验次数。由图可以看出，初始的石油组分奇偶优势比较明显，随着降解天数的增加，这种奇偶优势变得不那么明显。芦苇对不同污染程度的土壤中石油组分均有较好的降解效果，烃含量随降解时间的延长逐次减少，碳数 23 为主碳数，低碳数的石油烃组分减少的比例比高碳数的要大，这说明低碳数的烃类降解速度快于高碳数的，也就是说小分子正构烷烃降解速度大于大分子正构烷烃降解速度[333]，原因是正构烷烃都是由单键连接，而碳数低的烃类碳链容易打开，所以其易于被植物及其根围的微生物分解去除。

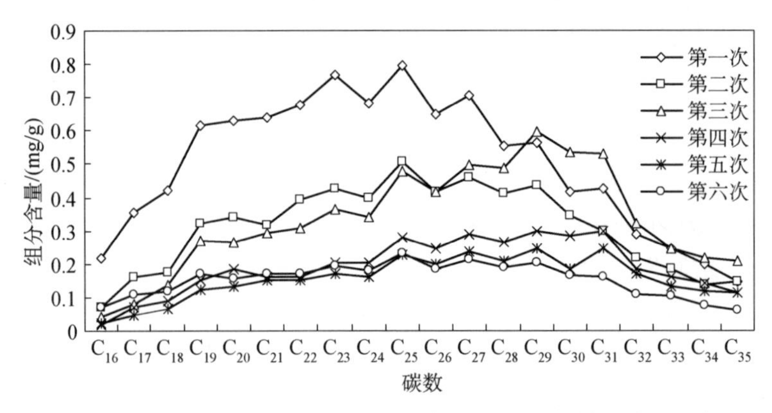


图 8-8 芦苇降解含油 100 g/kg 土壤不同时间 GC 检测烷烃分布

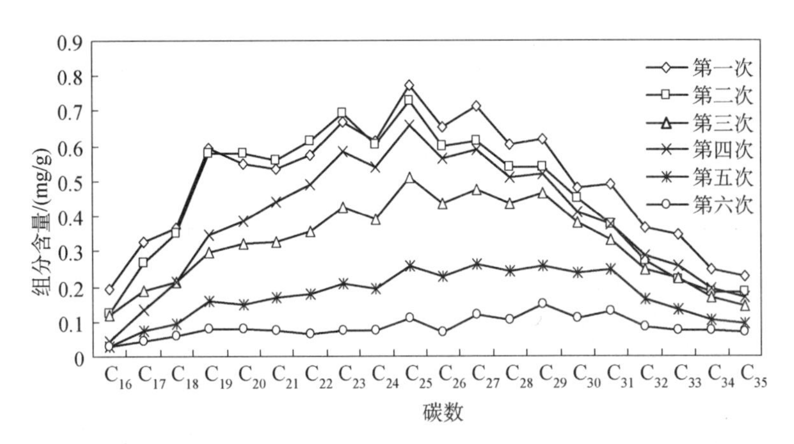


**图 8 - 9　芦苇降解含油 200 g/kg 土壤不同时间 GC 检测烷烃分布**

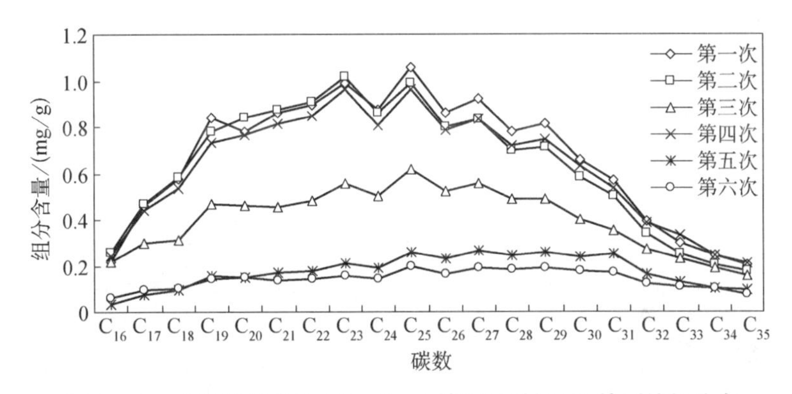


**图 8 - 10　芦苇降解含油 250 g/kg 土壤不同时间 GC 检测烷烃分布**

图 8 - 11～图 8 - 13 是经香蒲降解的不同浓度石油污染土壤中正构烷烃的含量。从图中可以看出，香蒲对石油污染物中各组分均有明显的降解作用，但是高浓度的石油污染物降解速率要低于浓度低的石油污染物，而且从整体上看，香蒲对于正构烷烃的降解能力不如芦苇，这与石油污染物总含量的降解情况是一致的。香蒲对污染物的降解缓慢，是因为香蒲在刚栽种的时候，植株比较小，根系还不够发达，根系周围的各种微生物含量、种类都不够多，所以其对石油的降解效果不是很明显。随着时间推移，香蒲逐渐生长，其发达的根部为微生物生存提供了场所，使得微生物的活性得到提高，促进了香蒲对石油污染物的降解，另外，根分泌物也影响根际微生物的种类和数量分布[334]，根系强大了其分泌物也随之增多，所以对于石油的降解效果也明显了。从图中我们同样可以看出石油烃组分的奇偶优势现象也是逐渐减弱的。

图 8 - 14～图 8 - 16 是经羊草降解的不同浓度石油污染土壤中正构烷烃的含量。

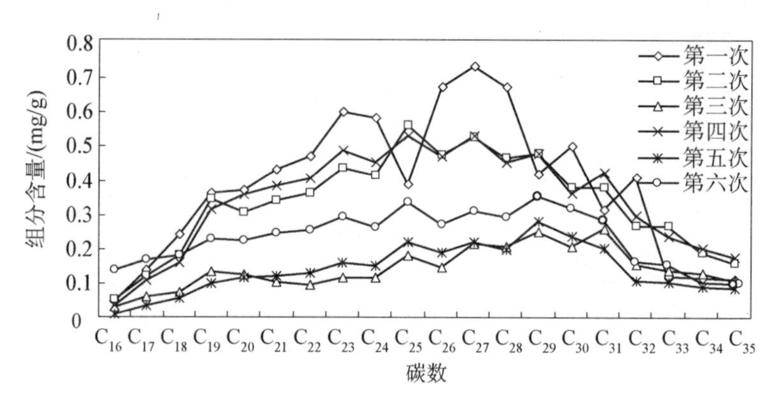


**图 8-11 香蒲降解含油 100 g/kg 土壤不同时间 GC 检测烷烃分布**

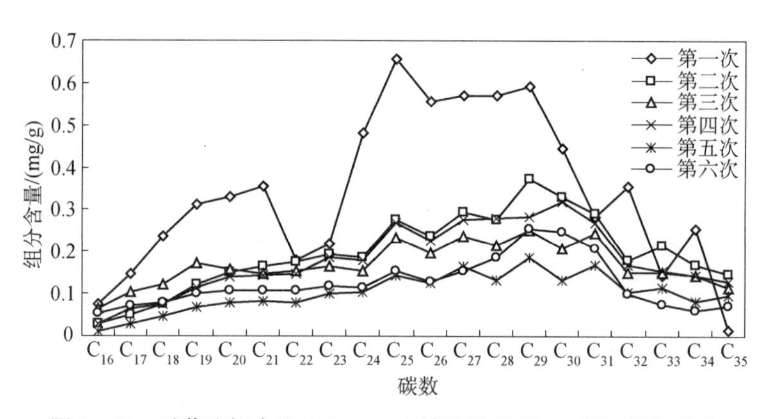


**图 8-12 香蒲降解含油 200 g/kg 土壤不同时间 GC 检测烷烃分布**

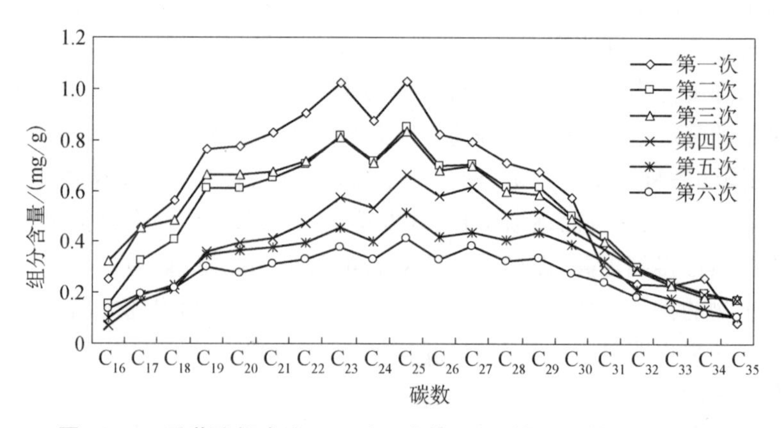


**图 8-13 香蒲降解含油 250 g/kg 土壤不同时间 GC 检测烷烃分布**

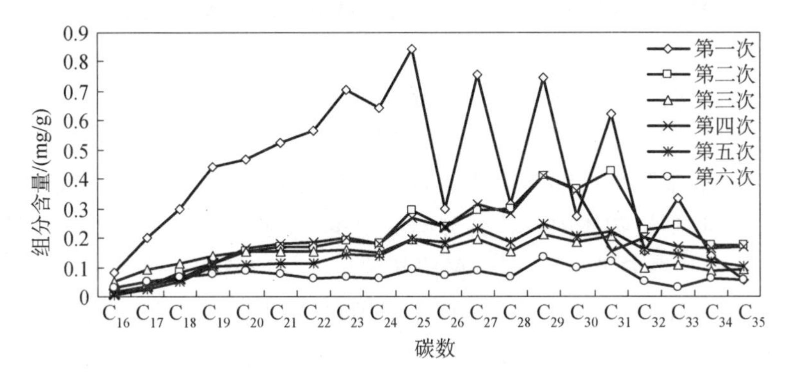


**图 8 - 14　羊草降解含油 100 g/kg 土壤不同时间 GC 检测烷烃分布**

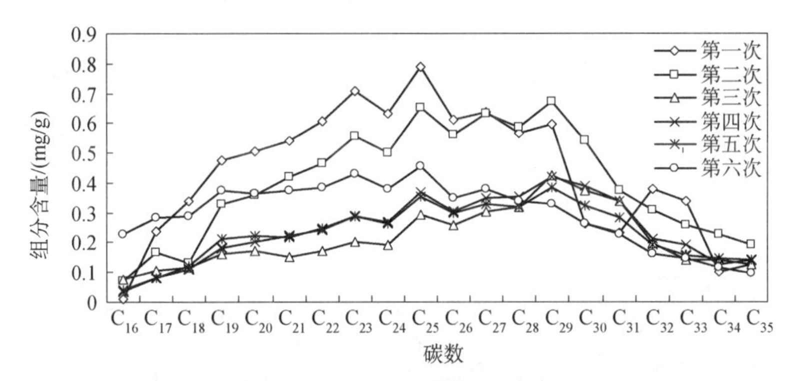


**图 8 - 15　羊草降解含油 200 g/kg 土壤不同时间 GC 检测烷烃分布**

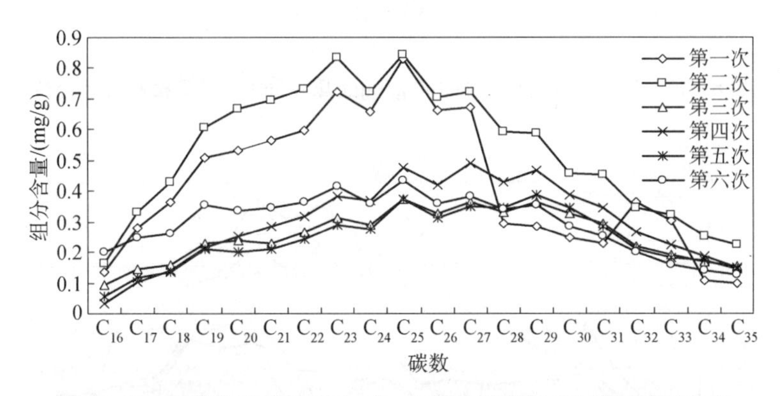


**图 8 - 16　羊草降解含油 250 g/kg 土壤不同时间 GC 检测烷烃分布**

分别测定了羊草在不同实验天数下对石油污染物各组分的降解情况。从图中可以看出，羊草对浓度较低的石油污染物的降解效果明显。用于植物修复的理想植物应具有强大的须根系，可以最大可能地提供微生物活动的根表面积；能够适应多种有机污染物，并生长旺盛，有较大的生物量；根系要深，能够穿透较深的土层[335]。羊草在刚栽种的时候长势很好，虽然其根系不发达，但是羊草的生物量还是很大的，为植物直接或间接地吸收、分离、降解污染物提供条件。土壤中微生物在生长过程中以石油作为唯一的碳源和能源而降解石油污染物或与其他有机质共代谢(或共氧化)来降解石油污染物。对于大多是植物修复的有机污染物来说，植物将其直接吸收到植物体内再将其分解的很少，大多数是根区微生物对污染物的吸收降解，所以从纵向上来说，羊草的降解效果不如芦苇和香蒲。

图 8－17～图 8－19 是经综合植物降解的三种不同浓度石油污染土壤中正构烷烃的含量。

图 8－19 中主碳峰 $C_{23}$ 以前的分子量小的正构烷烃降解速度快于分子量大的正构烷烃，说明石油污染物的降解与烃类化合物的化学结构有关，一般来说，微生物对烃类降解率由大到小为：链烃＞环烃＞杂环烃＞芳香烃；单环烃＞多环烃；在 $C_{12}$ 以下，长链烷烃＞短链烷烃，$C_{12}$ 以上的情况比较复杂；不饱和烃＞饱和烃；支链数量少＞支链数量多等[336]。综合植物长势一直很好，特别是其中的水葱，为降解

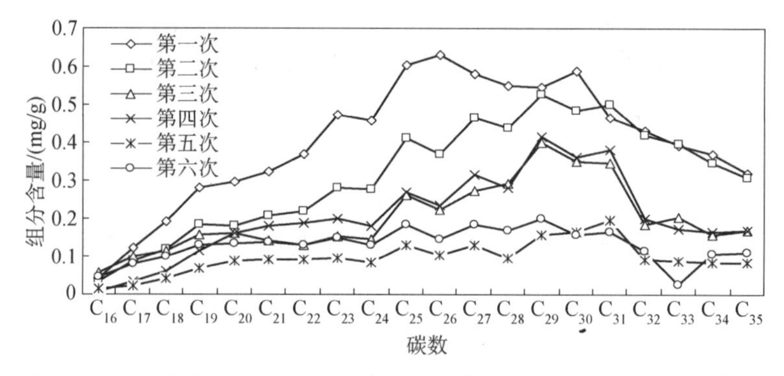


**图 8－17 综合植物降解含油 100 g/kg 土壤不同时间 GC 检测烷烃分布**

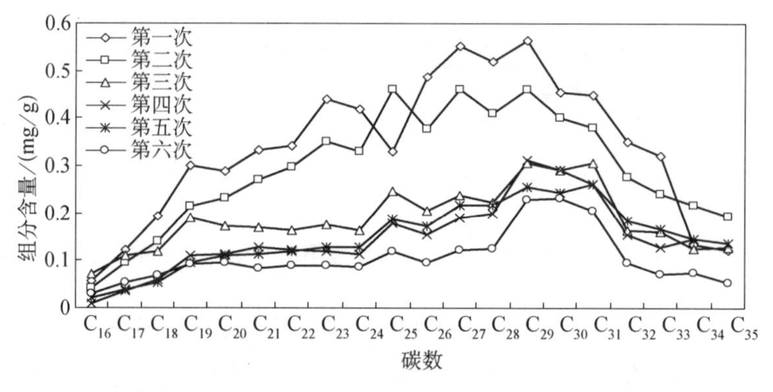


**图 8－18 综合植物降解含油 200 g/kg 土壤不同时间 GC 检测烷烃分布**

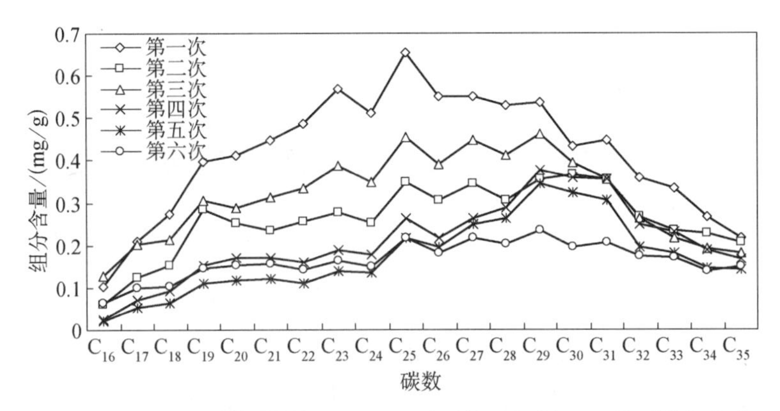


**图 8-19　综合植物降解含油 250 g/kg 土壤不同时间 GC 检测烷烃分布**

提供了基础。在植物枝叶和根的生长、水和矿物质的吸收过程中，植物都能深刻地改变周围的土壤环境，增强微生物的活性，微生物的旺盛生长，增强了对有机污染物的降解，也使植物有更优化的生长空间。在综合桶中不是单一的植物类型，每种植物的根区会有不同类型的微生物存在，污染物可能同时被几中细菌或真菌等来降解，相对来说综合植物对石油污染物的降解效果还是很理想的。

通过种植不同植物对土壤中的石油污染物进行降解的实验，我们发现不同种类的植物均能一定程度地降解石油污染物，但是降解效率有一定差异，证明了植物修复含油土壤的可行性，通过实验得出以下结论：

(1) 本次实验采用的植物全部为土著植物，证明了本土植物对于油污土的修复能力，由于芦苇、香蒲和羊草等本土植物的生长习性不同，实验室条件有限，芦苇对石油污染物的修复能力相对高一些，而且综合植物可以弥补单个物种在某一方面的不足，其根际微生物种类数量丰富，所以降解污染物的能力也强一些。

(2) 土壤中石油的各组分降解速度都不尽相同。研究表明，生物降解速率以饱和烃最高，小分子正构烷烃降解速度大于大分子正构烷烃降解速度，即碳数越小的烃类越容易降解，随着生物降解时间的延长，样品中油污含量均呈逐渐降低的趋势，这反映植物对油污的降解消耗作用随时间增加而加强。

# 第9章　大庆油污土壤微生物修复研究

微生物修复技术是研究得比较多而且相对成熟的一种技术，早期的生物修复均指此类修复。受石油污染物污染的土壤之所以能够用微生物的方法来治理修复，其原因可以从两方面来论述：其一是在土壤中存在着多种多样的微生物，这些微生物能够适应变化了的环境，具有能降解石油的酶，能够降解或转化土壤中难降解的石油类有机化合物；其二是进入土壤的有机化合物大部分具有可生物降解性，即在微生物作用下由大分子化合物转变为简单小分子化合物的可能性。只有具备了上述这两方面的条件，污染土壤的微生物修复才能实现。

## 9.1　石油的微生物降解特征

石油的微生物降解作用是微生物有选择的消耗某些烃类的过程。石油在油藏内部或被采出之后，都可能受到微生物降解作用的影响，近地表的石油均会不同程度地发生生物降解作用。图9－1～图9－3显示的是未受微生物降解及受到微生物降解的石油组成特征色谱。

生物降解作用和不同的持续时间，使原油表现出不同的转化程度。原油的降解程度会受到微生物种类、数量及其环境条件等多种因素的影响。图9－1显示的

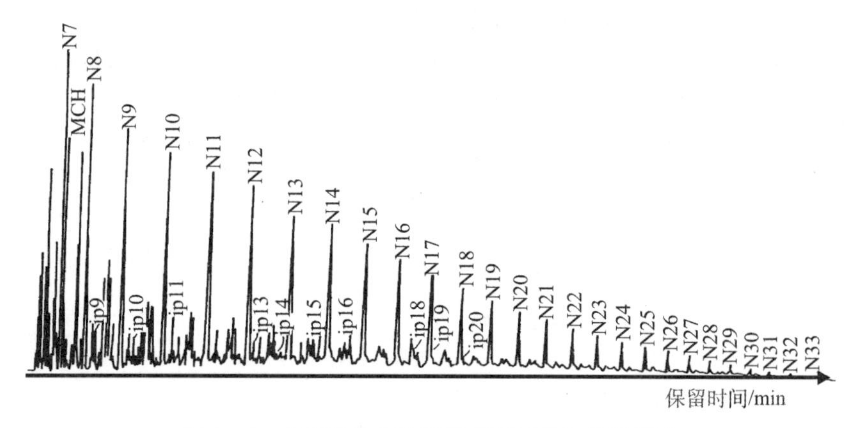


图9－1　未受微生物降解的正常石油组分特征谱

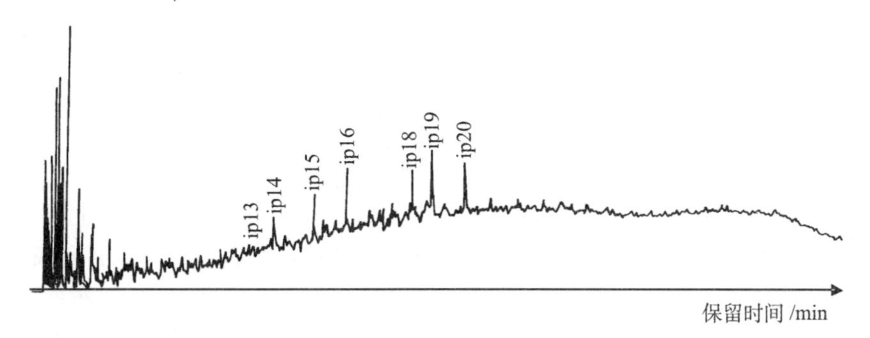


**图 9-2　被微生物中等降解的石油组分特征谱**

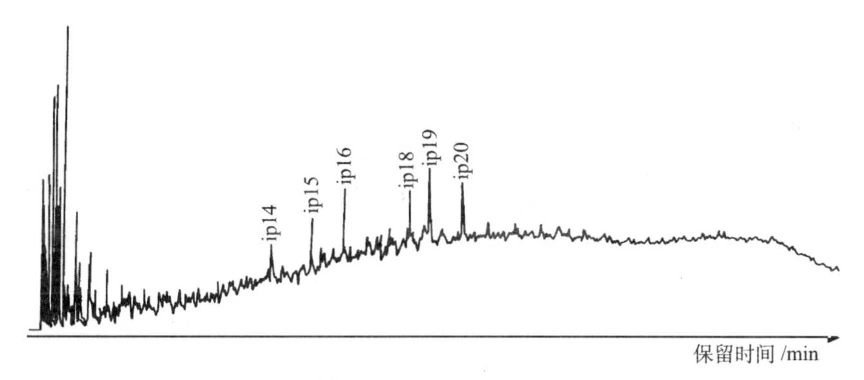


**图 9-3　被微生物强烈降解的石油组分特征谱**

是未受微生物降解的石油组成特征谱，可以看到石油组分具有很好的规律性；图 9-2 与图 9-3 分别是被微生物中等降解和强烈降解的石油组分特征谱，可以发现某些石油组分随着微生物降解程度的加强而被逐渐地降解掉了[337]。图中显示，正构烷烃首先被降解，然后是异构烷烃、环烷烃、芳香烃等逐渐被微生物选择性地消耗掉；同时也说明，石油污染物中的正构烷烃容易被微生物所降解，而芳香烃降解难度相对较大。好氧的生物降解处于优势地位，厌氧生物降解作用是某些细菌靠还原硫酸盐取得氧，使原油发生降解作用。根据石油烃类的化学结构特征，烃类的降解途径主要可分为：链烃的降解途径和芳香烃的降解途径。直链烷烃的降解方式主要有三种：末端氧化、亚末端氧化和氧化。此外，烷烃有时还可在脱氧酶作用下形成稀烃，再在双键处形成醇进一步代谢。关于芳香烃的降解途径，在好氧条件下先被氧化为儿茶醇或其衍生物，然后再进一步被降解。一般认为，不同烃类的微生物可降解性次序如下：小于 $C_{10}$ 的直链烷烃＞$C_{10}$～$C_{24}$ 或更长的直链烷烃＞小于 $C_{10}$ 的支链烷烃＞$C_{10}$～$C_{24}$ 或更长的支链烷烃＞单环芳烃＞多环芳烃＞杂环芳烃。

自然界中能够降解石油污染物质的微生物主要有细菌、真菌和藻类等三大类的生物，但其类群很多，有数百种 70 多属，且多存在于土壤环境和水体环境中。土壤微生物包括细菌、放线菌和真菌及蓝藻，由于他们具有细胞壁，也称微植物系。

土壤中细菌的数量大，可占土壤微生物总量的70%～90%，虽然个体小，但因其表面积/体积比大、代谢强、繁殖快，对土壤生物过程起着重要作用。土壤细菌以杆菌为主，其次为球菌，也有的为螺旋菌。土壤真菌种类繁多，尽管数目小于细菌，但由于其个体生物量大，通常在多数土壤中其总生物量及生物活性占优势。在石油降解方面，真菌比细菌起的作用更大。藻类也是降解石油污染物质的微生物类群之一，如颤藻属、鱼腥藻、念珠藻等。这些藻类能对多种石油碳氢化合物进行降解，包括苯、酚和萘等。自然界中微生物在没有遭受石油污染之前，其自然群落结构或微生物种群并不适合石油污染。当其生存环境被污染后，微生物群落结构会发生变化，但是一些不能适应石油污染的群落可能受到抑制，或完全被淘汰，这也就是一个"物竞天择、适者生存"的过程。研究发现在农业土壤中，尤其是在地表层，喜氧微生物的量会随着地表石油食物量的增加而增加，但是其物种数将减少，微生物的数量和活性都会随着土壤的污染而加强。

## 9.2 影响石油污染物降解的环境因素

在自然环境资源中，石油烃类降解与否以及快慢都与其所处环境密切相关。石油烃类微生物降解可在很大温度范围内进行，在0～70℃环境中均发现有降解石油烃类的微生物。大多数微生物在常温下易降解石油烃类，且由于某些对微生物有毒害的低分子量石油烃类在低温下难挥发，会对石油烃类的降解有一定的抑制作用，所以低温下石油烃类较难降解。

在自然环境中，大多数石油烃类是在喜氧条件下降解的，这是因为许多烃类的降解需要加氧酶和分子氧；但也有一些烃类能在厌氧条件下被降解的。在油田自然环境中石油的降解主要应依靠喜氧微生物。石油烃类微生物的降解一般处于中性pH值，极端的pH值环境不利于微生物生长。不过也有微生物能在极端pH值(如pH值为2.0)条件下降解石油烃类。其他环境条件，如浓度、盐度和压力也会影响微生物对石油烃类的降解。环境因素对石油碳氢化合物的降解起着重要的作用，而且在环境中非生物因素常常是一些难以控制的因素，例如环境温度对微生物种类具有重要影响，石油类物质在环境中的状态多是受温度的影响，温度可以决定石油碳氢化合物的物理状态，而物理状态最终影响到微生物与石油碳氢化合物分子之间的相互作用关系，从而改变了生物降解的过程和速率，因此只有在适宜的温度下石油污染物才易被降解掉；有研究表明，在环境温度为25℃时，石油碳氢化合物的降解速率是5℃时降解速率的10倍左右，温度的变化显著地影响微生物碳氢化合物的降解速率。石油碳氢化合物在含水环境状态下更容易被降解，微生物作用面积越大石油被降解的可能性也越大。石油碳氢化合物多以喜氧降解进行，一般石油污染多发生在土壤环境的表层，在表层环境中往往都是好氧环境，所以对嗜油微生物的降解作用是有利的。

## 9.3　研究区土壤石油类污染物微生物降解

大庆油田地域辽阔、油污土壤大多都是在野外草地上，因而也比较适宜采用生物处理技术。研究中对大庆东风新村采油井附近地表及浅层土壤中微生物对原油的降解特征和规律进行了实验模拟研究，选取的采样地点应在远离城市、工厂、公路及农田等人类活动较少的地区，由于适者生存、自然选择的结果，使大庆油井附近的土壤中富集了一些以石油为食的嗜油微生物。样品选取的是抽油作业年限为 15 年以上的 4 号油污土样，因为这样的土壤样品中富含已驯化的嗜油微生物；对照样品选取抽油作业年限较短、含嗜油微生物很少的 2 号样品。实验样品 4 和样品 2 取自大庆市东风新村地区采油一厂二矿的两口抽油井附近地表淋溶层盐碱土，样品 4 采样点的抽油井井史为 15 年以上，样品中可见含原油碎块，土层压实坚硬，进行实验分析的样品不包含原油碎块；样品 2 采样点的井史为 2 年，样品为油井人工后铺的黄色土壤。样品预处理方法见第 3 章相应部分内容。

石油烃的生物降解的程度取决于油的化学组成、微生物的种类和数量以及影响有关生化过程的环境参数。微生物繁衍最适宜温度为 10～40℃，因此实验模拟中选择室温条件和含水环境作为实验基本条件。在室温条件下，将粉碎至粒径为 1 mm 的样品各 100 g 放入洁净的三角烧瓶中，再倒入加热至 100℃后冷却下来的自来水，加入水的量取决于实验样品对水的吸收程度，加水后应保证样品刚刚浸入水中；实验中应模拟自然状态，不像一般的微生物实验那样投放营养源，因为施加了可口的营养源之后，虽然可以在一定时间内使微生物数量猛增，但那样也会导致它们“乐不思蜀”，不利于模拟微生物自然降解过程，而且还可能对土壤造成二次污染。因此，试验中将油井边含有土著微生物的土壤取回后，只掺加少量的石油，使微生物仍然必须以吃石油为生，进行室内大庆土著微生物石油降解模拟试验。整个实验是在避光、通风的室内进行的，实验时间设定为 5 d，10 d，15 d 和 360 d；实验过程中应尽量保证模拟自然环境的状态，避免人为影响因素的干扰。试验结束后使用 GHM 烃分析仪进行样品定量与定性分析，分析检测条件与定量定性方法详见第 3 章部分。

微生物降解量是与土壤中原始石油含量相比、样品每隔若干天的相对降解量差值，如样品第 10 天的降解量为其原始量与第 10 天样品中油污含量之差。随微生物作用时间的不断延长，实验土壤样品中石油含量的定量分析结果如图 9 - 4 所示。

图 9 - 4 显示，两个土壤样品中石油污染物的含量差别很大，样品 4 中的污油含量明显高于样品 2，这是因为样品 4 采样点的抽油生产史年限长，油井附近地面

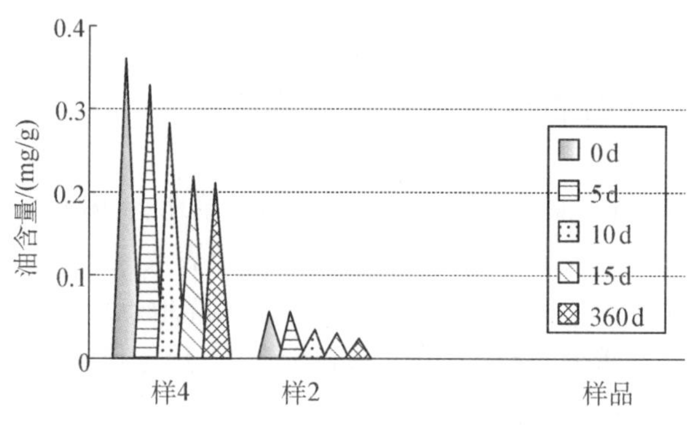


**图 9-4　不同时间油污土壤的微生物降解特征**

漏油积累多，导致土壤中石油含量高，而样品 2 由于井史短，样品中石油含量就很低。另外，随着微生物降解时间的增加，两个样品中石油含量均呈逐渐降低的趋势，这反映微生物对石油的降解消耗作用是随时间增加而加深的，说明抽油井周围的土壤中确实存在嗜油微生物，而且它们对落地石油具有比较明显的降解作用，还说明生产井史长的油井周围地表土壤样品 4 中由于自然选择和驯化存在更多的嗜油微生物，从而加速了污油的微生物降解作用，使落地原油中的某些成分逐渐被选择性地消耗掉；随着时间的延长可以逐渐减轻落地原油对土壤的破坏作用及对环境的污染影响。

在进行大庆油田土壤石油污染微生物降解特征分析显示，不同井史土壤中的石油污油组分的定性分析结果（见图 9-5）表明，微生物对土壤中存在的石油具有选择性的降解作用，六个碳以上的烃类化合物（$C_6^+$）均占明显优势，井史为 2 年者占 80.7%，而井史为 15 年者则占 65.3%，同时五个碳以下的轻质气态烃类（$C_5^-$）相对含量较低。这说明井史长的油井周围地表漏油积累量多，造成土壤中污油含量增高，而井史长的土壤中气态烃类含量高可能与土壤微生物对石油的选择性降解消耗作用有关，井史长的土壤中存在更多的自然驯化嗜油微生物，一般中等长度碳链的烃类化合物可被优先消耗掉，而且土壤中厌氧菌产生的一部分甲烷可被地表土壤所吸附，导致在样品中轻质烃含量增加，井史越长这种现象就越明显。因此开展油田石油污染土壤的微生物降解研究对于油田生产区的环境保护具有重要实际意义。

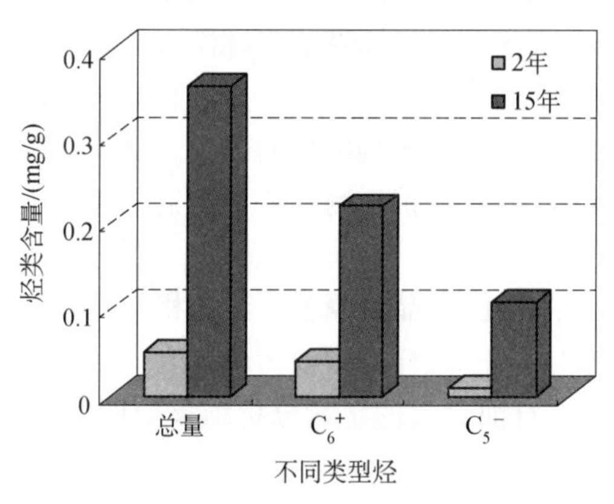


**图 9-5　不同时间土壤污油组分的微生物降解特征**

另外，两种含油土壤样品中油污的相对降解率(归一化后数据)随模拟时间的变化特征如图 9-6 所示。

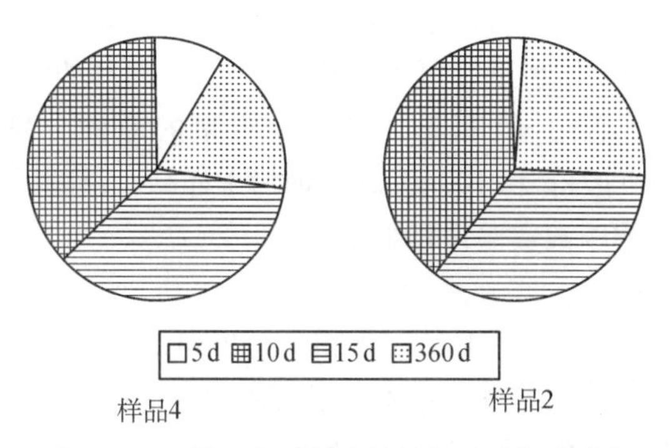


**图 9-6 不同时间油污土壤的相对降解率特征**

从图 9-6 可以看到，由于样品 4 中含自然驯化的嗜油微生物多，因此在 5 d 内样品 4 中油污的相对降解率很快，而样品 2 中油污的相对降解率则慢得多；而且随着微生物降解作用的不断进行，微生物数量的逐渐增多，两个样品中油污的相对降解速度越来越快，导致其相对降解率越来越高。

经与土壤中原始石油含量相对比，两样品石油相对降解量特征如图 9-7 所示。很明显，两个样品中石油污染物的相对降解量差别较大，样品 4 的石油降解幅度一直远高于样品 2；这种现象也反映了样品 4 比样品 2 中嗜油微生物降解原油能力更强的特征。

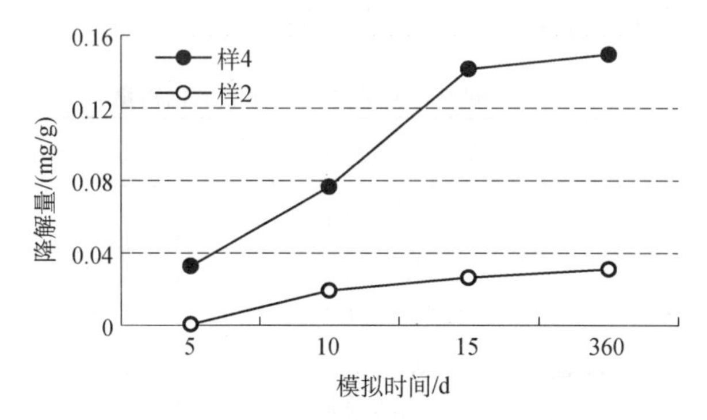


**图 9-7 不同时间土壤污染物的相对降解率特征**

以上研究结果对大庆地区土壤中石油有机污染微生物治理具有重要意义。

## 9.4 微生物修复室内模拟实验设计

原油样品取自大庆葡萄花油层原油。土壤样品取自八一农垦大学周围盐碱土，风干磨碎后过 40 目筛备用。全部试验均采用生物泥浆法[338]，除温度的影响因素外，其余实验样品都在恒温空气浴振荡器中进行。泥浆浓度为9.09%，放置在容积为 250 mL 的三角瓶中，震荡处理时间为 24 d。经过反复实验发现在三角瓶中加入 15 g 土壤和 150 mL 水正好可以配成浓度为 9.09%的泥浆。

将土壤自然风干后过 40 目筛。采用一定量的原油分别配制成含油量为 10 g/kg，30 g/kg，60 g/kg 和 100 g/kg 的油污土样品。影响因素实验用油污土浓度是 100 g/kg，各影响因素实验设计如下：

(1) 电子受体的影响。

选择了 4 个浓度 $H_2O_2$，分别是 0.2 mL，0.3 mL，0.5 mL，0.6 mL，并且每天添加，以满足微生物生长的需要。在 4 个锥形瓶中分别加入 15 g 油污土和 150 mL 蒸馏水，将 4 个锥形瓶分别编号，混合泥浆摇匀备用。

(2) 温度的影响。

选择常温，40℃，50℃和 60℃作为温度阶段来研究温度对微生物降解石油的影响。在锥形瓶中分别加入 9.09%的泥浆，并将其放在不同温度的恒温水域振荡器上振荡。

(3) 营养物质的影响。

根据文献以及实验本身的情况，选取了 N∶P = 10∶1，N∶P = 30∶1，N∶P = 50∶1 和 N∶P = 60∶1 四个不同的浓度比来研究，以便更好地测定营养物质对微生物降解能力的影响。在 5 个锥形瓶中分别加入 15 g 油污土和 150 mL 蒸馏水，将 5 个锥形瓶分别编好号，并且在 5 个瓶中分别加入 1 mL 浓度为 0.016 45 g/mL 的磷酸二氢钾。另外加入氮的量如表 9－1 所示。

**表 9－1　配制不同氮磷比所需的氯化铵量**

| 氮磷比 | 氯化铵浓度/(g/mL) | 加入量/mL |
| --- | --- | --- |
| N∶P = 6∶1 | 0.022 42 | 1 |
| N∶P = 10∶1 | 0.079 75 | 1 |
| N∶P = 30∶1 | 0.036 63 | 10 |
| N∶P = 50∶1 | 0.065 29 | 10 |
| N∶P = 60∶1 | 0.079 62 | 10 |

(4) 含水率的影响。

结合前人所做的成果，我们在课题实验设计过程中将含水率这一部分设计了 30%，50%，60%，80%和 90% 5 个不同的梯度来研究。将 5 个锥形瓶分别编号为 1 号(30%)、2 号(50%)、3 号(60%)、4 号(80%)和 5 号(90%)，将混合泥浆摇匀备用。5个样品的土壤量和水量如表9-2所示。

**表9-2　含水率样品中土壤和水的质量关系**

| 含水率/% | 土壤质量/g | 水质量/mL |
|---|---|---|
| 30 | 70 | 30 |
| 50 | 50 | 50 |
| 60 | 40 | 60 |
| 80 | 20 | 80 |
| 90 | 10 | 90 |

(5) 表面活性剂的影响。

表面活性剂的作用是将污染物从土壤胶体上剥离下来,从而大大提高其生物可利用性。考虑到表面活性剂在不同浓度时对微生物的加强和抑制作用,我们在实验设计过程中选择的表面活性剂为十二烷基苯磺酸钠,其浓度分别为50 mg/L,100 mg/L,250 mg/L和500 mg/L,在4个锥形瓶中分别加入15 g油污土,并用十二烷基苯磺酸钠溶液代替蒸馏水配成9.09%的泥浆,摇匀备用。

最后将制备好的样品放在震荡仪上连续震荡24 d,期间要注意保持温度样品的温度和含水率样品的水含量。

## 9.5　油污土壤中烃含量的测定

将震荡24 d后的样品从瓶中取出,晾干、磨细后用GHM-烃分析仪热解分析。GHM-烃分析可以定性和定量地检测出样品中残留烃的含量,其检测结果由A,C两通道显示出来。其中A通道为定性分析,可以清晰显示出样品中残留烃的出峰时间、面积和百分比;C通道为定量分析,可以显示出样品中残留烃的总含量,通过计算可以得出残留烃的含量。计算公式如下:

$$\frac{\Delta W_{标} \times M_{标}}{A_{标}} = \frac{\Delta W_{样} \times M_{样}}{A_{样}} \tag{9-1}$$

整理得到

$$M_{样} = \frac{A_{样}}{\Delta W_{样}} \times \frac{\Delta W_{标}}{A_{标}} = 常数\ K \times \frac{A_{样}}{\Delta W_{样}}$$

式中,$\Delta W$——样品质量;

$M$——样品烃含量;

$A$——样品峰面积。

## 9.6 油污土烃含量影响因素

### 9.6.1 不同温度下油污土烃含量

每种油污土温度组的3个样品分别在40℃，50℃和60℃下进行实验,同时与未处理的油污土(初始浓度的油污土)和空白样进行了对比,本次实验的空白样品就是指常温下进行的实验。图9-8显示了100 g/kg油污土在不同温度下的烃含量。

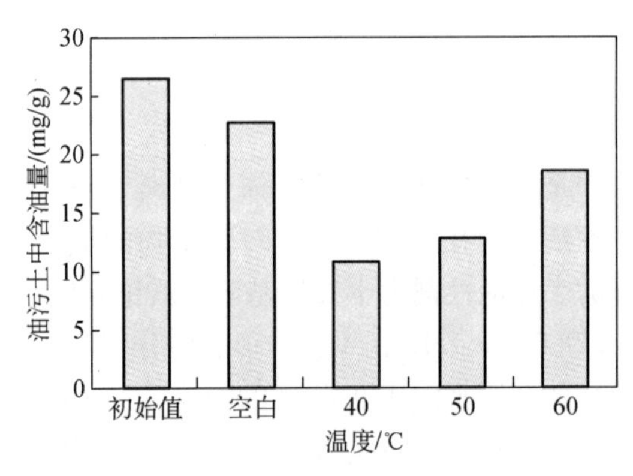


**图9-8 温度对烃含量的影响**

由图9-8可以看出,经过24 d的震荡温度对微生物降解石油的影响很大,随着温度的升高,微生物的活性逐渐加强,在40℃的时候微生物活性达到最大值,降解石油的能力最强,降解效率达到了59.8%。但是,随着温度的继续升高,微生物的活性开始下降,微生物降解石油的能力降低,在60℃时降解效率达到最小值30.34%。这与目前国内外研究的结果基本一致,土壤温度影响有机化合物的降解速率。生化反应遵循的一个总的原则就是反应速度随温度升高而升高。而且,许多(但不是所有)微生物含有必需的酶,而这种酶在高于50℃下会变性,因此,这个温度代表了一个保持微生物活性的温度上限。另外还有研究显示,在低温时,油黏度增加,有毒的短链烷烃挥发性下降而且水溶性增加,生物降解启动滞后;随着温度的升高,烃代谢增加,当温度继续升高,烃类的毒性增大,对微生物产生抑制作用,一般最佳的温度范围在30～40℃[339]。但是实验条件有限,本次实验没有做低温下的影响,生物学家已经分离了嗜冷、嗜热以及常温下的降解石油烃的微生物菌,所以说,温度虽然是一个重要的影响因素,但不是限制性因素。

### 9.6.2 不同 $H_2O_2$ 条件下油污土烃含量

微生物在降解石油烃的过程中,不断消耗泥浆中的溶解氧,使溶解氧浓度不断下降;我们将 $H_2O_2$ 加入泥浆中时,$H_2O_2$ 不断发生分解以补充泥浆中消耗掉的溶解氧。因此,为保持泥浆中溶解氧的浓度,必须在每次加入 $H_2O_2$ 不超过其上限值的条件下,每天加入一定量的 $H_2O_2$,以满足微生物生长的需要。$H_2O_2$ 的累计加入量不同时,100 g/kg 油污土样中烃类污染物的去除结果如图 9－9 所示。

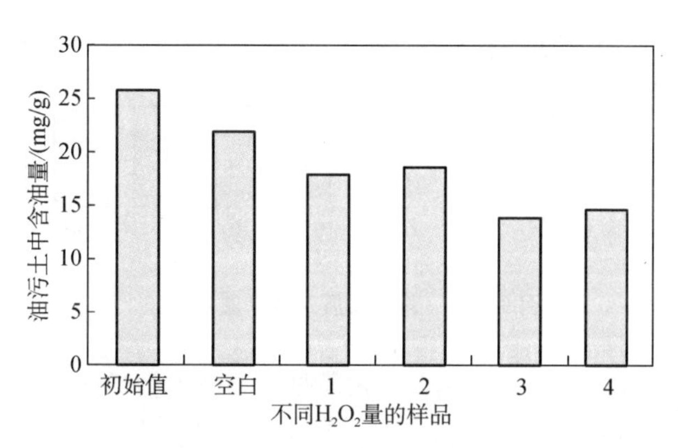


**图 9－9　电子受体对烃含量的影响**

1 号样品中每天加入 0.1 mL $H_2O_2$;2 号样品中每天加入 0.2 mL $H_2O_2$;3 号样品中每天加入 0.5 mL $H_2O_2$;4 号样品中每天加入 0.6 mL $H_2O_2$。根据图 9－9 可以看出,氧含量对微生物降解石油能力的影响非常大,随着 $H_2O_2$ 的加入,微生物的活性逐渐加强,降解能力也逐渐加强。当在 24 d 内累计加入 $H_2O_2$ 达到 14 mL 的时候降解效率达到最大值。因为 $H_2O_2$ 是强氧化剂,所以当它加入到油污土壤中时,有一部分石油类污染物会发生氧化,当然这并不是主要的。从含油土壤中微生物数量的测定中我们能够知道,泥浆中的活菌数逐渐提高,活菌数的增加必然会加快烃类污染物的微生物降解速度。另外,在加入 $H_2O_2$ 的情况下,泥浆的 pH 值可以保持稳定,不发生明显变化。在缺乏电子受体的情况下,微生物对脂肪酸的氧化难于进行,不能将烃类污染物完全氧化,从而使一些短烃链的脂肪酸在泥浆中形成积累,致使 pH 值下降,如果提供了充足的电子受体,有可能使微生物将碳氢化合物完全氧化成 $CO_2$ 和 $H_2O$,从而使泥浆的 pH 值保持稳定,这样就有利于微生物的生长繁殖、增强了它们的活性,从而微生物的降解效果也就更加明显[315]。也正是由于 $H_2O_2$ 可以影响到 pH 值,所以实验设计中就没有单独来考虑土壤中的 pH 值对微生物降解的影响。

### 9.6.3　在不同营养物质条件下油污土烃含量

大多数类型土壤的 N, P 含量都很低,为了达到更好的修复效果,必须添加一定量的营养盐,以确保修复过程中微生物生长的需要。本次试验设计了 5 种不同比例来进行测试,还有空白对比实验,也就是不添加任何营养物质的情况下进行的实验。

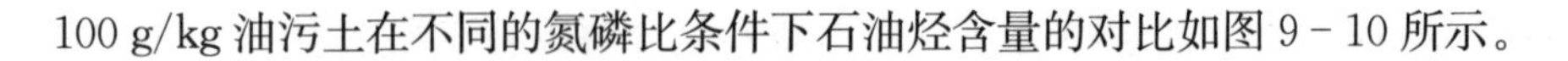
100 g/kg 油污土在不同的氮磷比条件下石油烃含量的对比如图 9－10 所示。

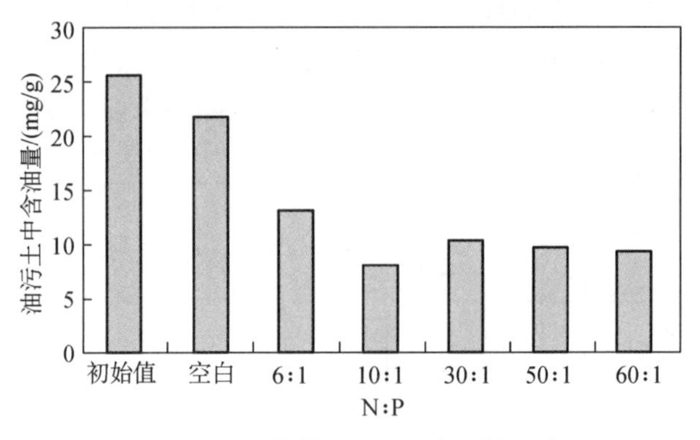


**图 9－10　营养物质对烃含量的影响**

根据图 9－10 可以看出，虽然营养物质是影响微生物活性的外界因素，但它对微生物降解能力影响非常大，在 N：P ＝ 10：1 的时候降解效率可以达到 60％左右。确切来说，微生物的营养物质还包括 C，但是石油污染导致了 C 源的大量增加，足以保证其供应。氮磷比值在总的趋势上都对微生物的降解有促进作用，但是当氮磷比值太高时，比如 50：1 和 60：1 的时候，对微生物的降解影响基本上没有变化了。这一现象是由于氮磷等营养物质是微生物生长代谢的必需品，适量的氮磷营养物质能起到对微生物繁殖的促进作用，增加对石油的降解能力。太多量的氮磷营养物质只会增加氮循环菌的繁殖，对石油的降解能力没有大的提升能力。目前国内外的一些资料也显示出，在土壤中添加营养物质可以在短时间内使油含量大大降低，最佳氮磷比值大约在 10：1 左右[340]。

### 9.6.4　在不同含水率条件下油污土烃含量

油污土样品降解情况在不同含水率条件下也进行了对比，这里的空白指的是正常配置的 9.09％的泥浆，即 15 g 油污土和 150 mL 水。100 g/kg 油污土的对比结果如图 9－11 所示。

从图 9－11 可以看出水对微生物降解石油能力的影响比较明显，在含水率低于 50％的时候，微生物降解石油的能力随着水量的增加而加强，但是当含水率继续增加后微生物的降解能力又开始逐渐减弱。土壤中的微生物需要水来维持基本的新陈代谢，土壤含水量过低，微生物得不到充足的水分供应，细胞活性受到抑制，代谢速率降低；土壤含水量过多，又会妨碍空气的通透和氧气的供应[341]。根据微生物活性所需要的条件，在土壤水分为其最大持水量的 30％～80％范围内，石油烃的降解较为有利，在水分低于 30％或高于 90％时，对石油烃降解菌的活动不利。这一现象说明微生物的生长繁殖需要在含水的条件下，水是微生物一些酶的必需

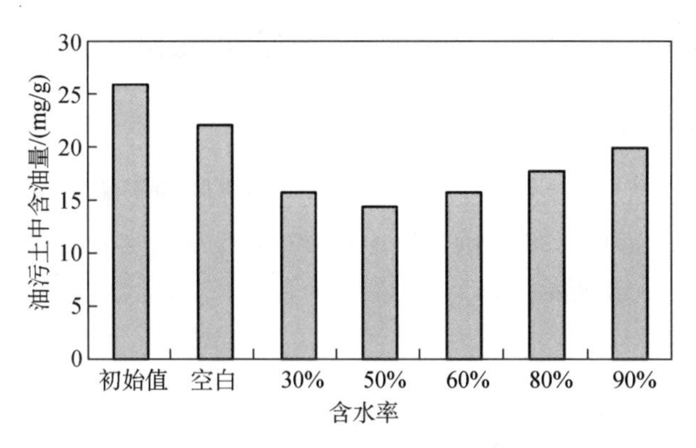


**图 9－11　含水率对烃含量的影响**

品，但是过多的水却阻止了微生物与氧气有效的接触，造成微生物缺氧，对微生物降解石油的能力起到了抑制作用。

### 9. 6. 5　在不同表面活性剂条件下油污土烃含量

在大量的研究中发现，离子型和非离子型表面活性剂对石油降解都有促进作用，我们选取了十二烷基苯磺酸钠作为此次实验的表面活性剂，其 100 g/kg 油污土在不同表面活性剂浓度下的对比情况如图 9－12 所示。

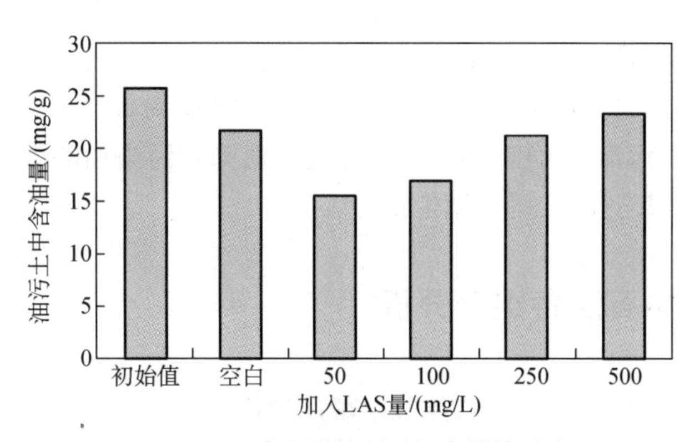


**图 9－12　表面活性剂对烃含量的影响**

图 9－12 中显示出十二烷基苯磺酸钠对微生物除油率在低浓度时无明显抑制作用，在高浓度时却有抑制作用，当表面活性剂浓度在 50 mg/L 时，对微生物降解能力有所提高，当浓度达到 500 mg/L 时，几乎无除油效果。由于石油经常黏附在土壤颗粒上，使得微生物不能很好地与石油相接触，少量的表面活性剂能够使石油脱离土壤颗粒，增加微生物对石油的利用率，大量的表面活性剂却对微生物有杀灭作用，所以在加入表面活性剂的时候一定要选择一个合适的浓度，而且在添加表面活性剂的时候还要确保它对微生物没有毒性，对土壤不会造成再次污染。总的来

说，应用表面活性剂来促进微生物的降解受到很多的限制。

### 9.6.6 不同浓度的油污土降解情况对比

实验设计中我们也考虑到石油浓度对微生物降解的影响。选择了 4 个浓度的油污土，分别为 10 g/kg，30 g/kg，60 g/kg 和 100 g/kg，实验对其进行了降解率的对比，结果如图 9－13 所示。

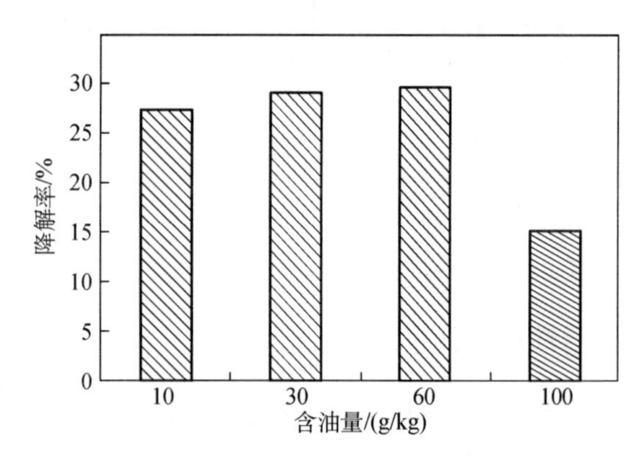


**图 9－13 不同石油浓度油污土降解率对比**

根据图 9－13 可以得出这样的结论：石油物质浓度过高时，微生物降解石油的能力有所下降。这是因为在污染物浓度过高的情况下，微生物利用氧和其他的营养盐产生一定的阻碍。通常，土壤中低浓度的石油不会对普通异养菌产生毒性，而且在有些情况下，污染物浓度相对高时，还能刺激降解污染物的微生物繁殖，研究者一致认为，油浓度过高会抑制微生物的活性。

## 9.7 油污土中石油各组分分析

### 9.7.1 不同条件下油污土样品各组分定性分析

GHM 烃分析是一种重要的热解色谱分离与分析方法，它利用在不同的加热温度下，岩石或其他固态样品中各种烃的沸点不同，将烃从固态样品中提取出来，进而通过载气对不同烃类物质在两相中进行多次反复分配而实现分离。油污土壤样品在热解炉中进行加热，当加热温度不超过 304℃时，样品中存在的游离烃从样品中挥发出来，从石英高弹毛细管柱分离后的各组分进入 A 检测器检测，经过检测器产生电信号，经过放大，在记录仪上画出色谱图（实时绘图），在图上每一组分都有一相应的色谱峰，其峰高或峰面积与相应组分的浓度成正比。

定性分析的方法有很多，比如说，在相同的色谱条件下，标准样品中组分的出峰时间应该与样品的出峰时间相差无几，所以可以根据出峰时间来判断组分。但我们常用的就是利用特征化合物来辨别样品各组分，特征化合物有姥鲛烷和植烷。姥鲛烷 Pr($C_{19}$异构烷烃)是在弱氧化条件下形成的，植烷 Ph($C_{20}$异构烷烃)是在还原条件下形成的。

配制好的油污土样品未降解前其色谱如图 9－14 所示。

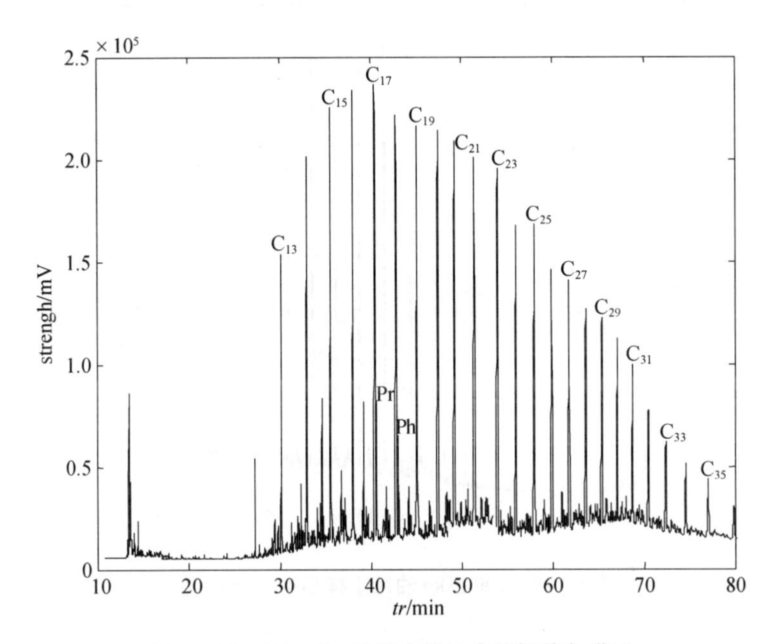


**图 9－14　100 g/kg 油污土样品未降解前色谱图**

图 9－14 是油污土样品配制好以后没有经过降解而直接测得的热解色谱谱图，我们可以看见碳数小于 10 的石油组分基本已经没有了，这是因为实验用的样品是用盐碱土和原油按照一定比例配制的，原油取回放置的时间很长，其中轻质组分已经挥发掉了，还有一部分就是与土壤混匀放置过程中被微生物降解了。除此之外，正构烷烃出峰还是很有规律的，而且基线也十分平稳，并没有发生基线漂移的现象。

样品经过降解后通过 GHM 热解烃分析仪热解分析，其分析结果的部分谱图如图 9－15～图 9－20 所示。

以下谱图非常清晰地显示了样品在经过微生物降解后石油组分的情况，反映了在不同条件下各样品的降解区别。根据图中的各种烃类的降解情况，我们可以对比出各种影响因素对微生物降解石油所起到的作用的大小。许多学者通过大量的研究，认为不同烃类的微生物可降解性的次序为：正烷烃＞支链烷烃＞芳香烃＞环烷烃＞支链芳香烃，同种类型烃类中分子量越大降解越慢；或者：小于 $C_{10}$ 的直链烷烃＞$C_{10}$～$C_{24}$ 或更长的直链烷烃＞小于 $C_{10}$ 的支链烷烃＞$C_{10}$～$C_{24}$ 或更长的支链烷烃＞单环芳烃＞多环芳烃＞杂环芳烃。碳数多少是影响石油烃组分降解的重要因素，碳数越大，降解越难进行；当碳数相同时，不同类型石油烃组分的降解速度由其官能团决定。总之，结构越简单，分子量越小的组分越容易被降解。不同的烃类物质对应着不同的微生物种群，当然就存在着不同降解机理。

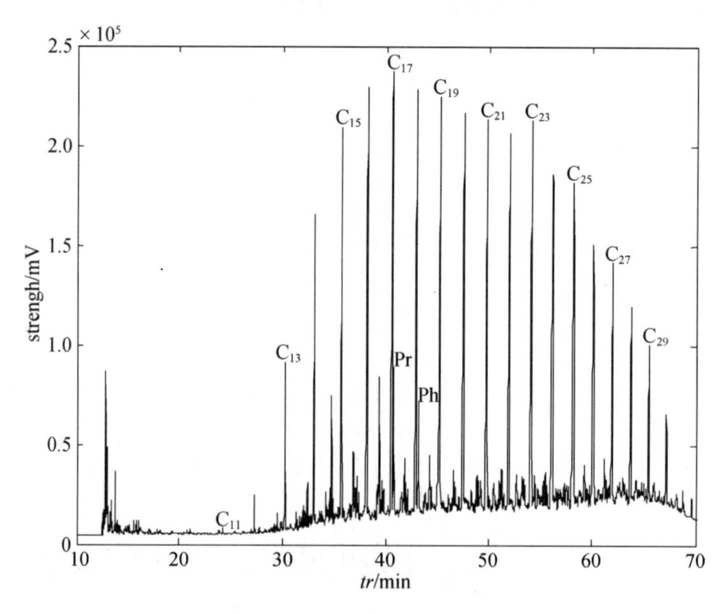


**图 9－15　100 g/kg 油污土样品空白样色谱图**

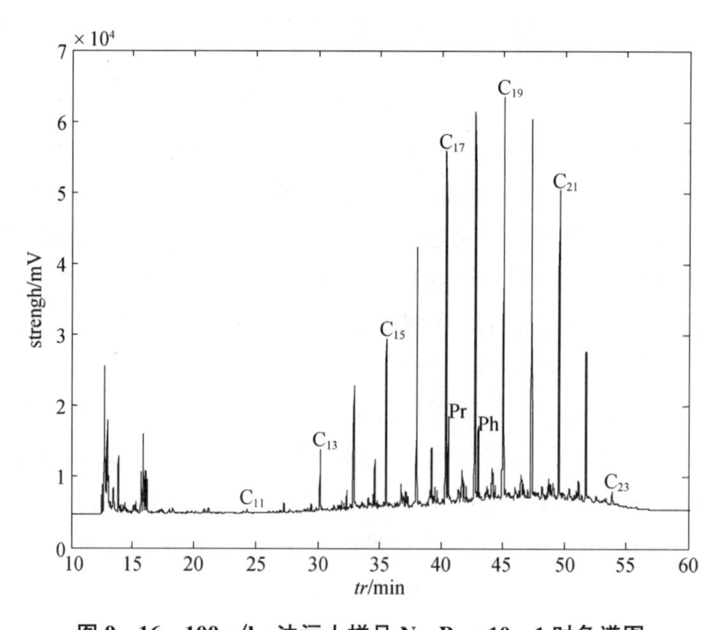


**图 9－16　100 g/kg 油污土样品 N：P ＝ 10：1 时色谱图**

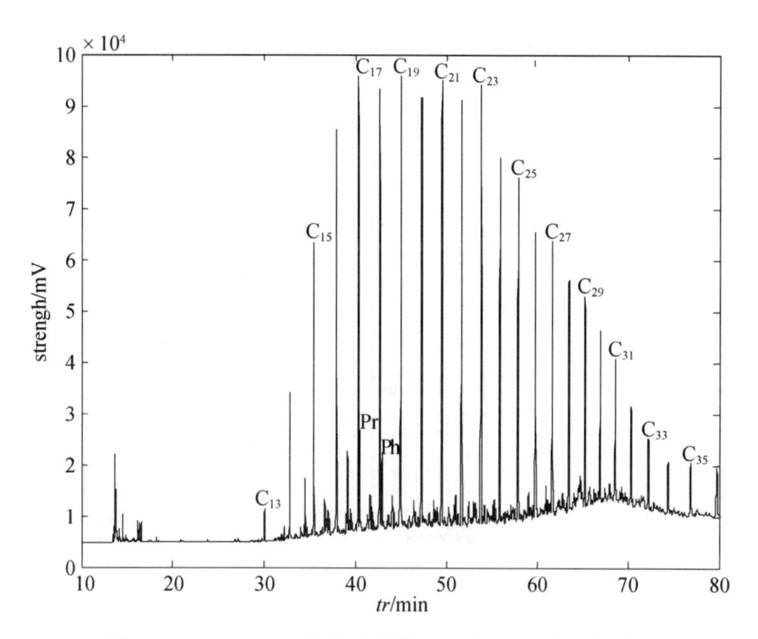


图 9－17　100 g/kg 油污土样品 LAS(100 mg/L)色谱图

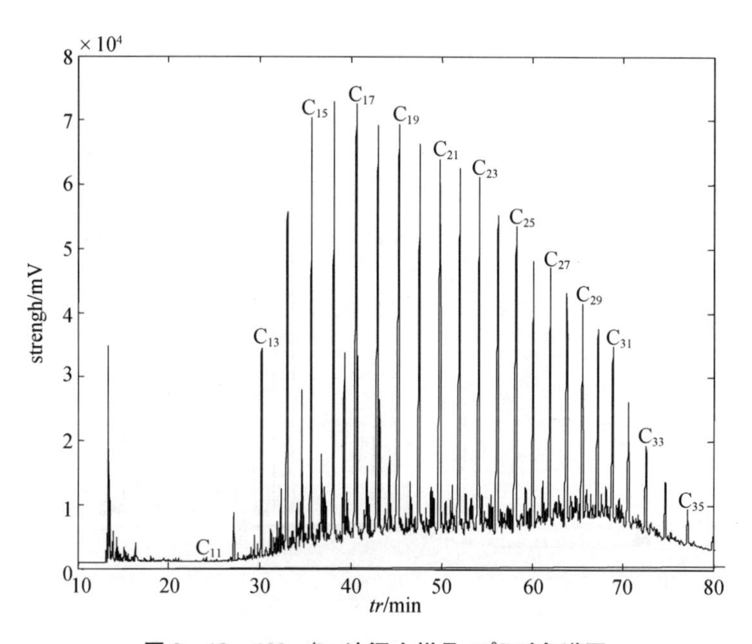


图 9－18　100 g/kg 油污土样品 40℃时色谱图

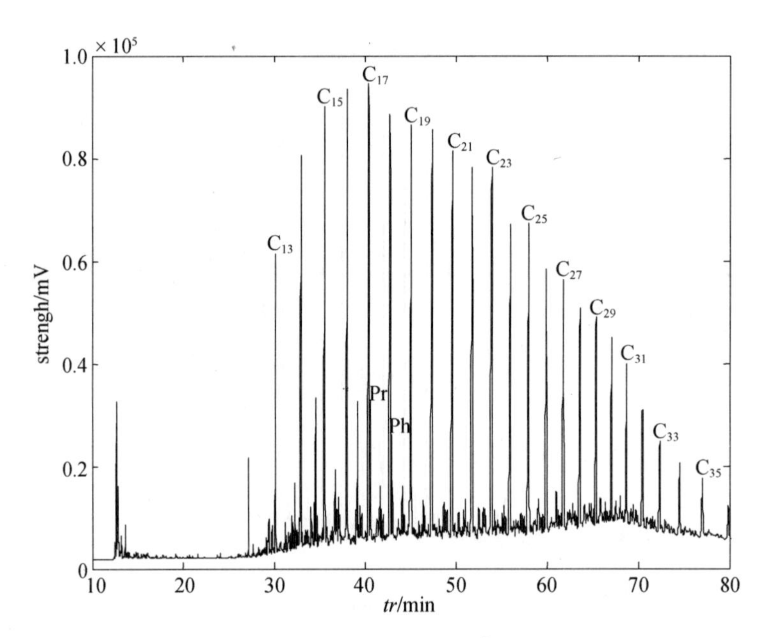


**图 9-19　100 g/kg 油污土样品 30%含水率时色谱图**

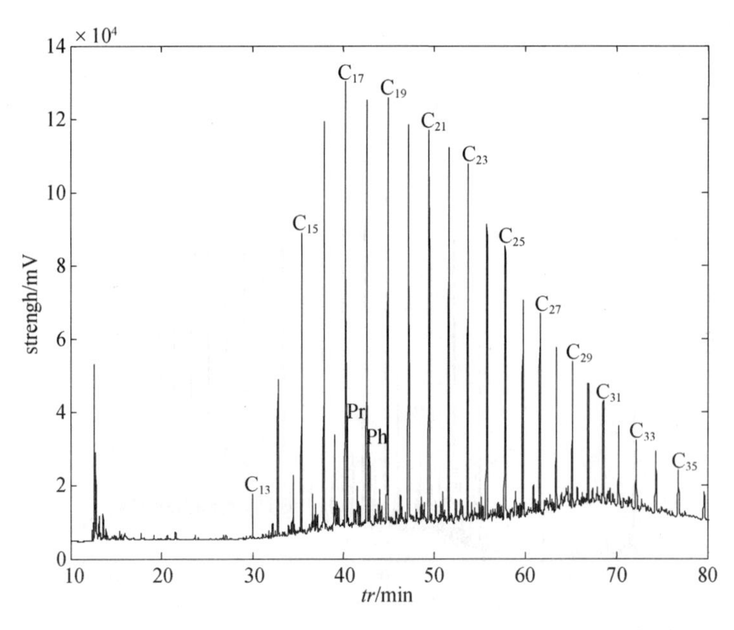


**图 9-20　100 g/kg 油污土样品累积加入 $H_2O_2$ 14.4 mL 时色谱图**

### 9.7.2　不同温度下油污土降解后石油组分分析

100 g/kg 油污土在不同温度下正构烷烃和异构烷烃降解情况如图 9－21 和图 9－22 所示。(注:以下各图中的 $C_{15}$类指 $C_{15}$类异构烷烃、$C_{16}$类指 $C_{16}$类异构烷烃、$C_{18}$类指 $C_{18}$类异构烷烃)

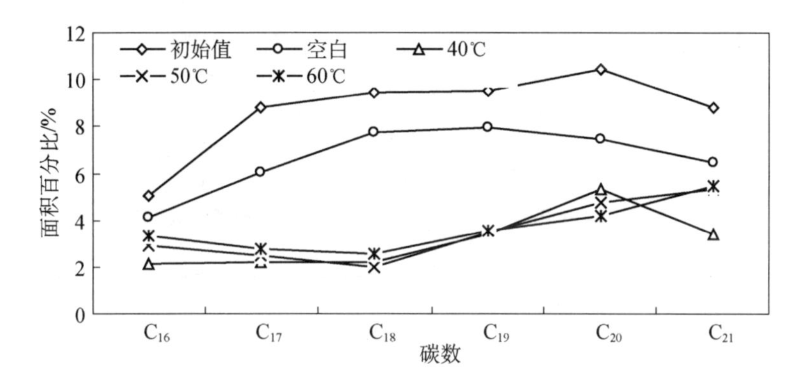


**图 9－21　油污土在不同温度下正构烷烃降解情况**

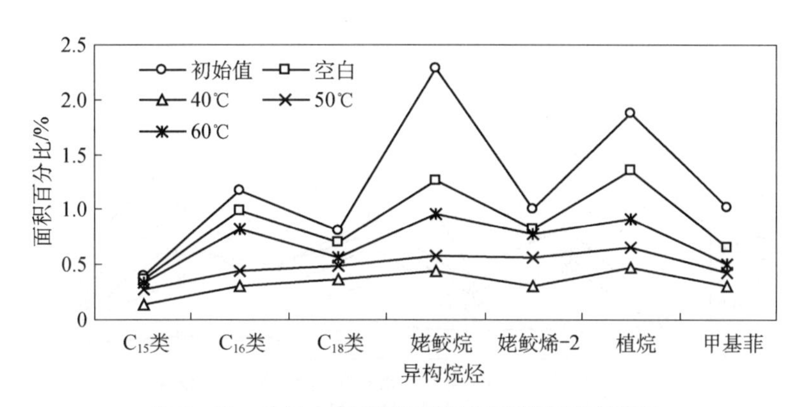


**图 9－22　油污土在不同温度下异构烷烃降解情况**

从图 9－21 看出石油组分中的正构烷烃随着温度的增加都有不同程度的降解,尤其是在温度达到 40℃的时候降解幅度最大。同时图中显示出低碳数的正构烷烃降解率明显高于高碳数的正构烷烃,这与微生物降解石油的机理一致,低碳数的正构烷烃间的化学键能量较低,容易被微生物所利用,所以微生物总是优先降解低碳数的正构烷烃。而从图 9－22 可以看出,石油组分中的异构烷烃在不同温度下也都有比较显著的降解情况,但是其降解比例与正构烷烃相比较却是比较低的,这与异构烷烃间化学键能量较强,非常难被微生物所利用有关。在微生物降解石油的过程中,微生物利用降解石油污染物中的碳元素来繁殖,低碳数的正构烷烃总是最先成为微生物利用的碳源,只有在微生物的量达到一定程度或低碳数的正构烷烃量少的时候才会选择高碳数的正构烷烃或异构烷烃。

### 9.7.3 不同电子受体浓度下油污土石油组分分析结果

100 g/kg 油污土在添加不同量 $H_2O_2$ 条件下正构烷烃和异构烷烃降解情况如图 9－23 和图 9－24 所示。

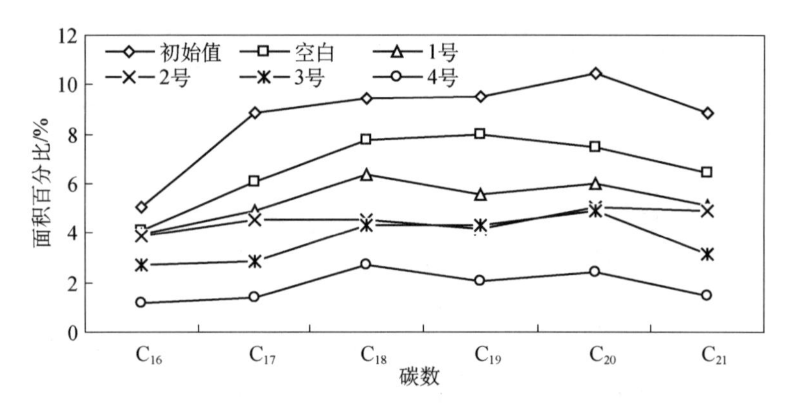


**图 9－23 油污土在不同电子受体浓度下正构烷烃降解情况**

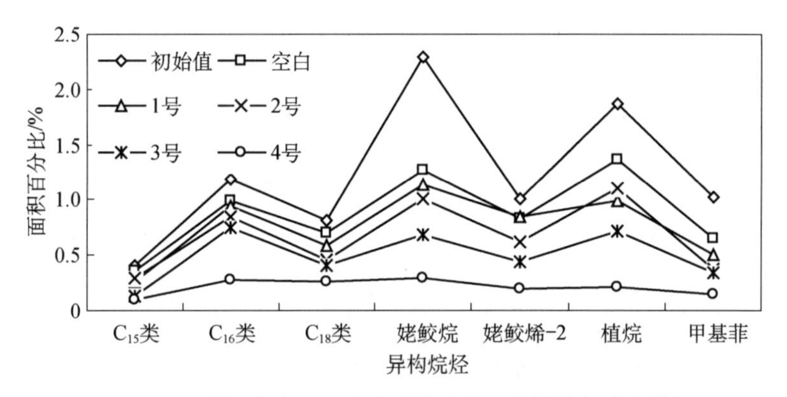


**图 9－24 油污土在不同电子受体浓度下异构烷烃降解情况**

根据图 9－23，正构烷烃在不同电子受体浓度下的降解率变化非常大，在累积加入双氧水量为 7.2 mL 与加入双氧水量为 12 mL 时对比发现两者的变化非常大，在累积量达到 14 mL 的时候降解率达到了最大值，但是资料显示当双氧水浓度继续增大的时候又由于高浓度的双氧水对微生物有杀灭作用，微生物的降解能力将受到抑制。从正构和异构烷烃的面积百分比上可以看出，正构烷烃的降解效率明显优于异构烷烃，而且正构烷烃中碳数越少降解速度越快，土壤中污染物的最终电子受体的种类和浓度极大地影响着微生物降解的速度和程度，其电子受体主要分为 3 类，溶解氧、有机分解物的中间产物、无机酸根（如硝酸根和硫酸根），其中主要为溶解氧[342]，因为双氧水的加入从不同的机制方面使得土壤中的微生物对石油污染物的降解得到加强，所以无论是正构烷烃还是异构烷烃，它们的成分在总的石油组分中的百分含量都是有一定程度减少的。

### 9.7.4　不同营养物质条件下油污土石油组分分析结果

100 g/kg 油污土在不同营养物质条件下正构烷烃和异构烷烃降解情况如图 9－25 和图 9－26 所示。

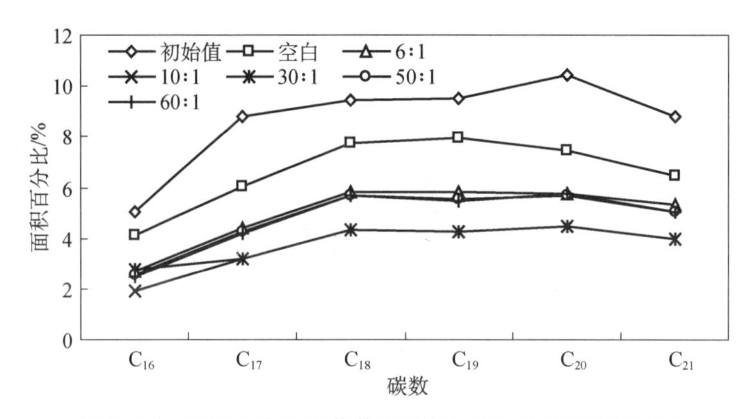


**图 9－25　油污土在不同营养物质条件下正构烷烃降解情况**

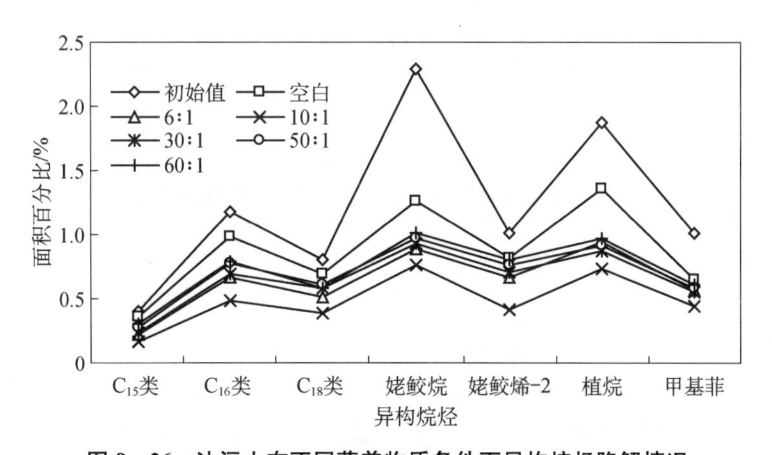


**图 9－26　油污土在不同营养物质条件下异构烷烃降解情况**

根据以上两幅图对比显示出，向微生物提供适量的营养物质能非常有效地起到加强微生物降解能力的作用。在向样品中加入氮磷比值为 10∶1 的时候降解能力达到最佳效果，继续对营养物质的增加并不能起到很理想的效果，这一现象与本书前面对石油剩余烃量的分析是一致的。同时两幅图的对比显示了当碳数相同时，不同类石油烃组分的降解速度由其官能团所决定，正构烷烃是直链的单键组成，自然要比异构烷烃容易降解。当碳数不同时，碳数越多，降解越难进行。

### 9.7.5 不同含水率条件下油污土石油组分分析结果

100 g/kg 油污土在不同含水率下正构烷烃和异构烷烃面积百分比如图 9-27 和图 9-28 所示。

在图 9-27 与图 9-28 两幅图的对比中，可以看出水含量对微生物降解石油的能力影响不是很强，水含量保持在 30%～50%的时候，对微生物的降解能力有所提高，这是由于微生物的各项生理活动大都是在有水的条件下进行的，适当的水含量对微生物的降解效率是有所提高的，但是当水含量太高时，阻止了微生物与氧气的有效接触，造成微生物缺氧，降解能力下降。在图 9-28 中，$C_{15}$类异戊二烯烷烃和甲基菲的降解微乎其微，可能是由于水分对于降解这两种组分的菌类来说影响不大。

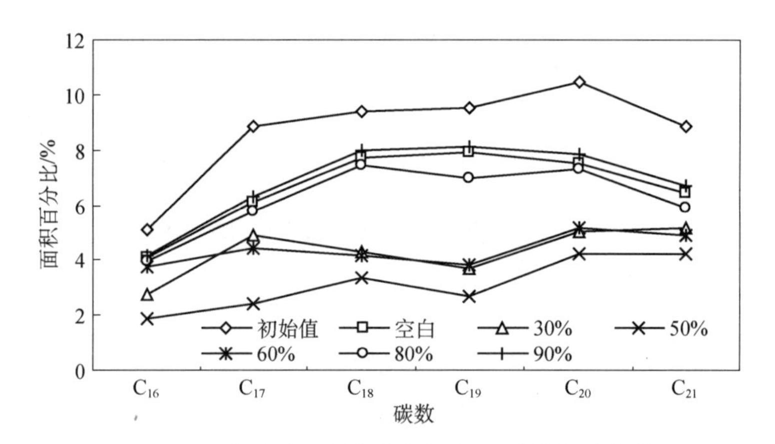


**图 9-27 油污土在不同含水率条件下正构烷烃降解情况**

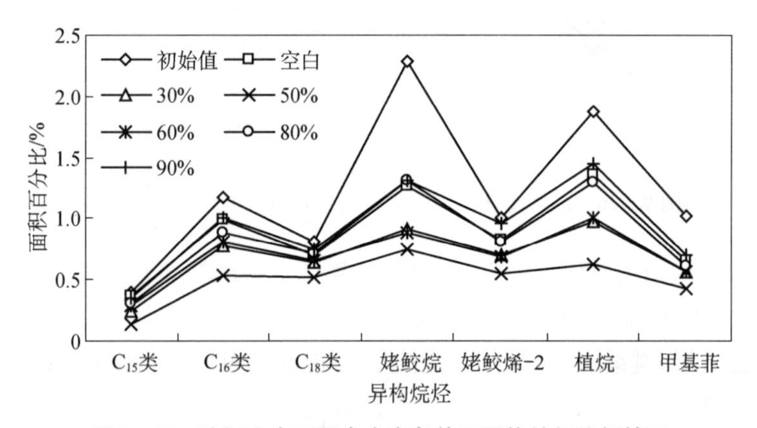


**图 9-28 油污土在不同含水率条件下异构烷烃降解情况**

### 9.7.6　在不同表面活性剂下油污土石油组分分析结果

100 g/kg 油污土在不同 LAS 下正构烷烃和异构烷烃降解情况如图 9－29 和图 9－30 所示。从图中可以看出，表面活性剂组对烃类降解情况影响效果一般，这与表面活性剂本身有很大关系。石油类污染物大多数是憎水的大分子有机物，之所以不容易被降解就是因为它紧紧地吸附在土壤的表面，低浓度的表面活性剂能够将黏附在土壤颗粒表面的石油脱离下来，增加微生物对石油的利用率，表面活性剂浓度在 50 mg/L 时，微生物的降解能力还是比较显著的，但是当其浓度继续增加时，微生物的降解能力很不明显，尤其是当增加到 500 mg/L 时，降解效果比不添加表面活性剂时还要差。此时的表面活性剂对微生物已经有毒害作用，图中也在一定程度上证实了正构烷烃的降解能力优于异构烷烃的降解能力，低碳数烃类的降解优于高碳数烃类这一基本现象。

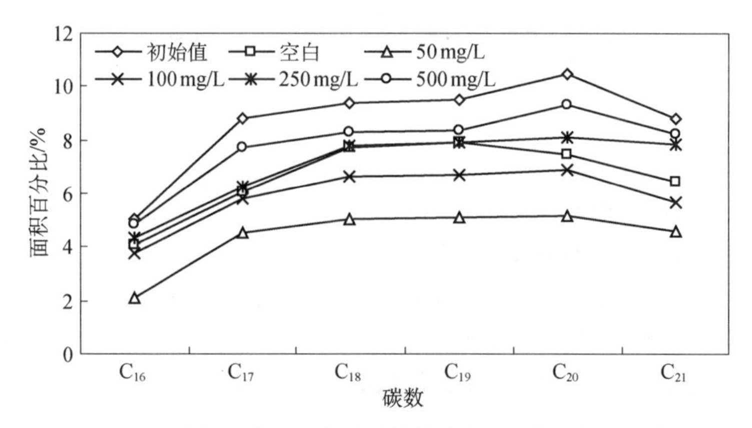


**图 9－29　油污土在不同表面活性剂浓度下正构烷烃降解情况**

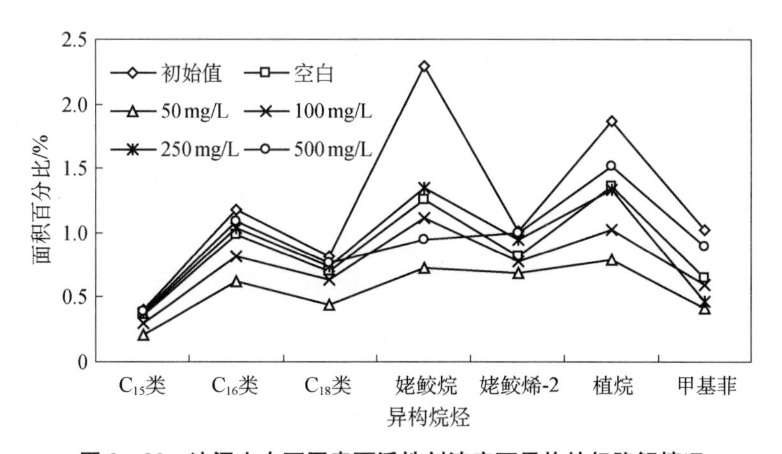


**图 9－30　油污土在不同表面活性剂浓度下异构烷烃降解情况**

通过室内模拟微生物降解石油的效果，得出如下结论：

(1) 温度对微生物降解效率的影响很大，合适的温度能够在很大程度上起到提高微生物降解能力的作用，在本实验室研究过程中得出的最佳温度为 40℃。

(2) 营养物质对微生物降解效率的影响也很大，本实验室研究结果是当 N：P = 10：1 时，对微生物降解能力的帮助非常大，高浓度的营养物质对微生物降解效率并没有太大的帮助。

(3) 电子受体对微生物的影响也很重要，本实验室研究结果表明，当在 24 d 向微生物累计提供双氧水达到 14 mL 时，微生物的降解能力最强，但是微生物对双氧水的一次性加入量有一个上限值，如果超出这个限度，对土壤中微生物的活性有抑制作用。

(4) 含水率对微生物的影响比较次要，本实验室研究结果认为合适的含水率为 50%，含水率太高影响微生物与氧气的有效接触。

(5) 表面活性剂对微生物降解石油的影响最次要，只有表面活性剂浓度低于 50 mg/L 时对微生物有利，浓度再高将在很大程度上抑制微生物降解。

(6) 污染物浓度的大小也是制约微生物降解石油能力的一个重要因素，低浓度的石油对微生物降解石油的能力没有大的影响，有的学者甚至认为适当的浓度还能刺激微生物的降解能力，但是高浓度的石油对微生物有一定的毒害作用。在本实验结果分析中我们发现，当石油浓度为 60 g/kg 时降解能力最佳，石油浓度为 100 g/kg 时降解能力相对较弱。

(7) 微生物法可以有效降解土壤中存在的石油污染物，诸多因素同时影响着石油烃的降解过程。无论是从定性分析谱图还是从烃含量的示意图中都可以看出，石油烃中碳数少的组分降解速度快于碳数多的，碳数相同时正构烷烃降解效率优于异构烷烃。

# 第10章 大庆油污土壤野外修复研究

植物—微生物联合修复就是利用植物及其根际微生物共存体系净化土壤中的有机污染物[343]。在有植物生长时，其根系为微生物旺盛生长提供了最佳场所；反过来，微生物的旺盛生长，增强了对有机污染物的降解，也使植物有更优化的生长空间，这样的植物—微生物联合体系能促进有机污染物的快速降解、矿化。

对于植物—微生物修复有机污染的土壤来说，影响植物修复和微生物修复的因素也都能影响到联合修复，比如以下几个方面。

1）污染物的性质

用同一种微生物降解不同地区产的石油，有不同的降解效果，对同一来源的石油在不同的地区进行污染实验，发现这些地区的微生物数量增值也有所不同，这说明石油本身的性质对微生物的降解有影响。有学者发现[344]，石油的物理化学性质如芳香烃或极性物质的含量，石油的黏度、沸点、折射率都与石油的降解率存在一定的关系。因而，对石油物质进行生物修复处理时，石油的物理化学性质也是影响生物降解和选择接种菌株的一个值得考虑的因素。

2）植物种类的影响

不同植物对污染物的吸收能力各不相同，同一种类植物不同部位对污染物的吸收也有区别。对于多数植物和大多数污染物，根系中的浓度高于茎叶和籽实，根系中须根浓度高于主根。在选择植物种类时应该选取：生长快；有强大的须根系，最大可能地提供微生物活动的根表面面积；能够适应多种有机污染物，有较大生物量的植物。

3）微生物生态结构的影响

微生物的种类、数量、活性对于污染物的代谢至关重要。有时某种微生物虽能忍受高浓度的污染物，但其降解能力很低，需与其他微生物共同代谢。

4）土壤环境条件的影响

土壤的环境条件对植物和微生物影响都很大，土壤环境条件包括土壤氧分、含水量、pH值、营养物质等。植物和微生物的生长有一定的条件范围，高于或低于范围值时生长就会受到限制，甚至死亡。

5）共存有机物

表面活性剂本身对植物具有一定的危害作用，但若将其浓度控制在合理范围内,将会促进疏水性有机污染物的生物可给性,提高其植物修复效率。一定浓度的表面活性剂能提高土壤中石油污染物的植物吸收率和生物降解率。这是因为加入表面活性剂可以减小石油物质与水溶液间的界面张力,增加石油的溶解性,使微生物和石油更有效地接触,加速石油的生物降解。在大量的研究中发现,离子型和非离子型表面活性剂对石油降解都有促进作用,但浓度高时对微生物产生抑制[345]。

## 10.1 实验设计

实验的油污土壤样品来源为:2004 年 9 月在采油二厂某油井附近采得的新鲜落地原油,采集后将原油分成十几份,一部分埋于不同地方的土壤中,另一部分不做任何处理,直接放在玻璃烧杯中;将各地方原油采用不同的处理方式,根据采样点和处理方式的不同将样品分为四组列于表 10-1 中;在每个样点中取大约 20 g 土样,注意取样时要在选取的采样点中心位置;采集后的土样要进行预处理,将取回的土样倒在厚白纸上,铺成薄层,除去残根、杂物,在阴凉处使其慢慢风干。风干后将其充分混匀研细,过孔径 2 mm 的细筛,去除 2 mm 以上的大块和植物残体,将过筛后的土样装塑料袋中,贴好标签以备用。

**表 10-1 依据处理办法进行样品分组**

| 样品分组 | 样品名称 | 处理方式 |
| --- | --- | --- |
| 第一组样品 | S1, S2, S3, S4, S5 | 埋在土壤下,植被稀少 |
| 第二组样品 | S6, S7, S8, S11, S12, S13, S14, S15 | 埋于草丛下 |
| 第三组样品 | S9, S10 | 埋于树丛根部土壤中 |
| 第四组样品 | S16 | 样品直接放在敞口玻璃杯中,置于外界自然条件下 |

## 10.2 土壤中石油的提取

土壤中有机污染物的预处理方法很多,比如说超声波处理法、索式抽提法、微波萃取法等。本次实验采用常规方法对样品进行了萃取,即取 5 g 处理好的样品放入样品瓶中,用 15 mL, 10 mL, 10 mL, 15 mL 的三氯甲烷,用搅拌器分别搅拌 5 min, 10 min, 5 min, 10 min,反复萃取 3 次,过滤合并 3 次的萃取液,萃取液收集于已知重量的 10 mL 烧杯中,滤出的泥样再用 $CH_2Cl_2$ 热浸两次,每次约用 10 mL,在水浴器中加热 0.5 h,浸提液均滤入烧杯中。最后将烧杯放在(58±0.5)℃水浴上加热,待溶剂完全挥发后取出,擦去外壁水汽,在 65～70℃烘箱中放置 4 h,取出后在干燥箱中冷却 30 min 后称重，增加的重量即为提取物重量。其萃取结果见表 10－2。

**表 10－2　四种萃取方法比较**

| 实验编号 | 三氯甲烷/mL | 搅拌时间/min | 空烧杯/g | 加样后/g | 萃取油样/g |
|---|---|---|---|---|---|
| 1 | 15 | 5 | 30.931 5 | 31.055 4 | 0.123 9 |
| 2 | 10 | 10 | 21.748 3 | 21.853 2 | 0.104 9 |
| 3 | 10 | 5 | 32.507 8 | 32.572 4 | 0.064 0 |
| 4 | 15 | 10 | 37.252 5 | 37.371 0 | 0.118 5 |

由表 10－2 中的实验结果可知，取三氯甲烷 15 mL，搅拌 5 min，萃取油样最多，故应用该方法来提取土壤中的石油。提取出的石油通过柱层析的方法除去沥青质。

## 10.3　提取油样的气相色谱分析

### 10.3.1　标准溶液配制及分析

称取 1 mg(色谱纯)样品正十九烷，放入样品瓶中，加入 2 g 正己烷溶剂，密封，待充分溶解后，取 2 mL 放入仪器样品瓶中，封盖，准备进样。

进行色谱分析前，先将色谱柱用正己烷老化一段时间，老化的目的是避免色谱柱中残留有上次实验的样品而影响实验样品检测的准确性。老化升温程序为：初始温度 50℃(恒温 1 min)，以 15℃/min 的升温速率升至 300℃(恒温 30 min)。

老化结束后，将配制好的标样放入进样口，采用确定好的升温程序：初始温度 40℃(恒温 3 min)，以 5℃/min 的升温速率升至 300℃(恒温 10 min)。选择自动进样，在机器状态稳定的情况下，连续做两个标样，当两个标样峰面积相近时，一般要求误差必须要小于一个数量级，求平均值得标样 $n-C_{19}$ 峰面积。

### 10.3.2　样品溶液配制及分析

用电子天平称取一定量已经过前期处理的土壤样品，称重误差小于 0.000 1 g，用正己烷作为稀释溶液稀释，按同等稀释比例对所有样品进行稀释，本书对烃类的定量分析采用单点法，故要使样品浓度与标准样品浓度相近，前提条件即样品的正己烷峰面积近似等于标样正己烷的峰面积。根据标样的峰面积大小，配制待分析样品溶液，分别配制 M(样品)∶M(正己烷)为 1∶7 的样品溶液(样品和正己烷以 1∶7 的比例配制溶液时，得出的样品 $C_{19}$ 峰面积与标样正十九烷的峰面积大小相近)。再根据气相色谱定量分析计算公式，就求出被测组分的含量。

## 10.4 石油降解的气相色谱图

原油样品在 2004 年采样后，随后用 GHM 对样品进行了分析，得出色谱图（如图 10－1），从图中可以定性分析出烷烃组分，原油中最小的正构烷烃是辛烷，比 $C_8$ 更小的分子都未出峰，说明在样品中已经不存在了。分析它们消失的原因可能是小于 $C_5$ 的烷烃大部分是挥发掉了，$C_5$～$C_7$ 是降解而消失。$C_8$，$C_9$，$C_{10}$的峰高与 $C_{11}$，$C_{12}$，$C_{13}$的峰高相比明显低很多，说明 $C_8$，$C_9$，$C_{10}$被生物大量降解，且碳数越小越容易降解。

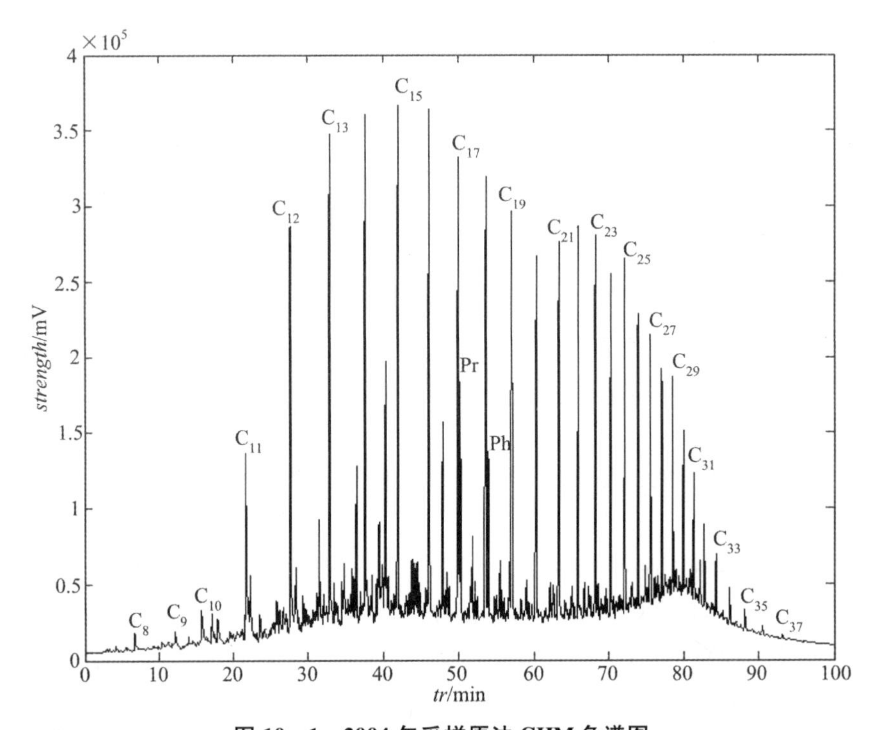


**图 10－1　2004 年采样原油 GHM 色谱图**

对 2006 年和 2007 年的样品进行了色谱分析，我们优选了几个有代表性和对比性的色谱图进行比较。以样品 S12 的降解程度进行讨论。

从图 10－2～图 10－3 中可以看出，2007 年的样品 S12 中的石油组分与 2006 年相比有明显的减少；相对 2004 年的原始色谱图来说，组分都有减少，原始谱图中 $C_8$，$C_9$ 出峰都很明显，2007 年样品中小于 $C_{15}$分子都未出峰，说明短链烷烃的降解优先长链烷烃的降解，所以钟形左部的降解比右部明显得多，但是各峰的峰高明显降低，说明各组分都存在不同程度的降解。2007 年样品中的主峰碳都向后推迟到 $C_{29}$，分析原因可能是样品 S12 所处环境，样品被埋在草丛下，在植物的代谢作用及与其共生的微生物的活动下，样品中的低分子烃被植物和微生物大量降解，而使样品的主峰碳位置向高碳方向偏移，早已有研究证明植物根区的微生物要比无植物生长土壤中微生物多[346]，可增加对污染物的降解。正构烷烃的色谱图由原来的对称钟形变为左陡右缓的偏钟形，而且谱图基线被明显抬高。

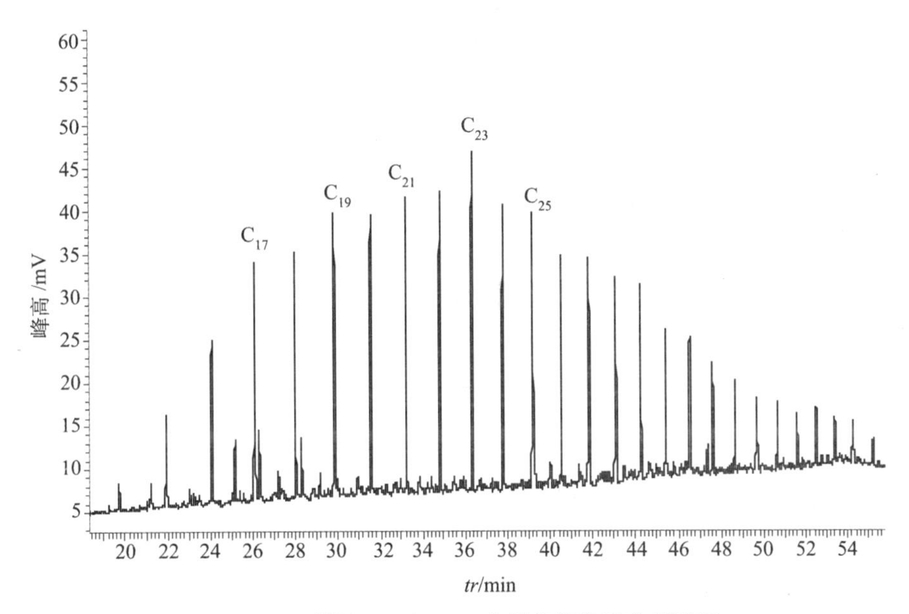


**图 10-2　样品 S12 在 2006 年的气相色谱分析谱图**

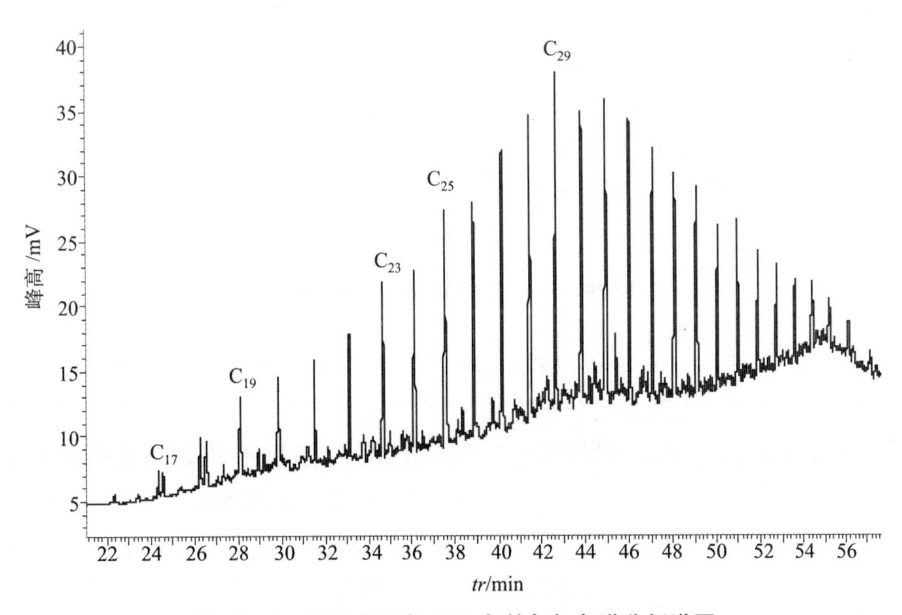


**图 10-3　样品 S12 在 2007 年的气相色谱分析谱图**

## 10.5 石油各组分的降解特征

图 10－4 和图 10－5 是四组样品中选取不同的样品进行对比的示意图，其中第四组只有样品 S16，所以无其他选择。

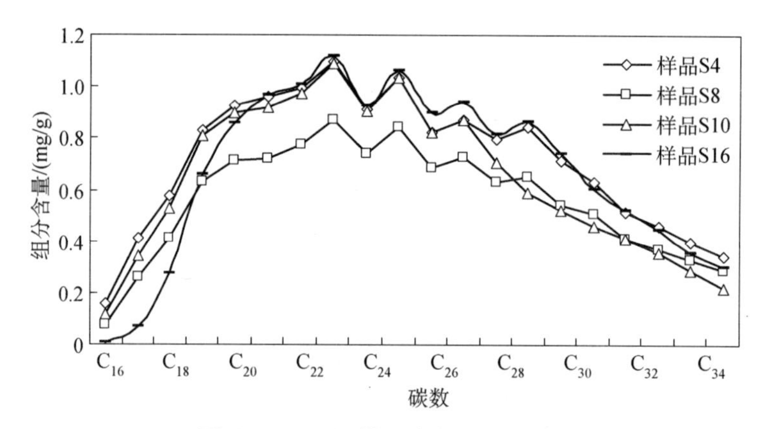


**图 10－4 四组样品浓度和组分对照**

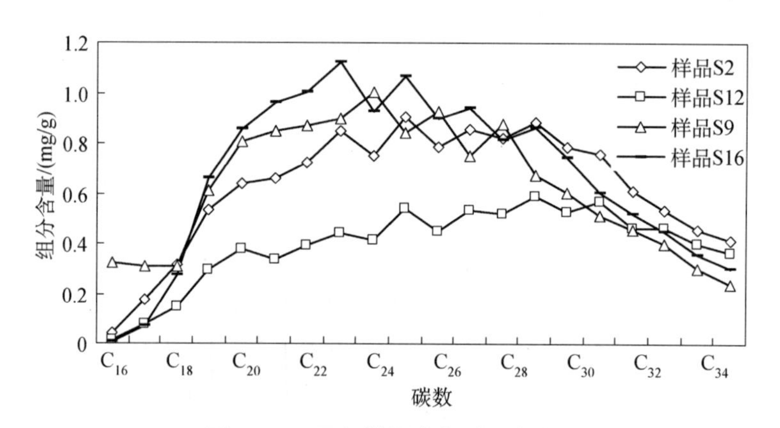


**图 10－5 四组样品浓度和组分对照**

由图 10－4 和图 10－5 可以看出，第四组样品大多组分浓度相对其他样品浓度最高，第一组样品大部分组分浓度高于第二组和第三组样品。这说明埋在草丛和树丛根部的样品降解比较好，因为含有的微生物数量和种类较多，有机物被降解的程度也越大，而敞口放置在玻璃杯中的样品 S16 油污的降解程度较小，分析原因可能是在缺少植物的自然条件下，微生物的生长条件有限，大部分依靠石油污染物的光化学转化来进行降解。石油污染物可能吸收光子而引发键断裂或者结构重排等光反应，也可能首先由另外一个化合物吸收光子而诱导发生光反应[347]。

图 10－6～图 10－9 是每组中不同样品在不同降解时间的正构烷烃组分含量的对比图。第一组所用样品是 S2，第二组所用样品是 S7，第三组所用样品是 S9，第四组所用样品是 S16。

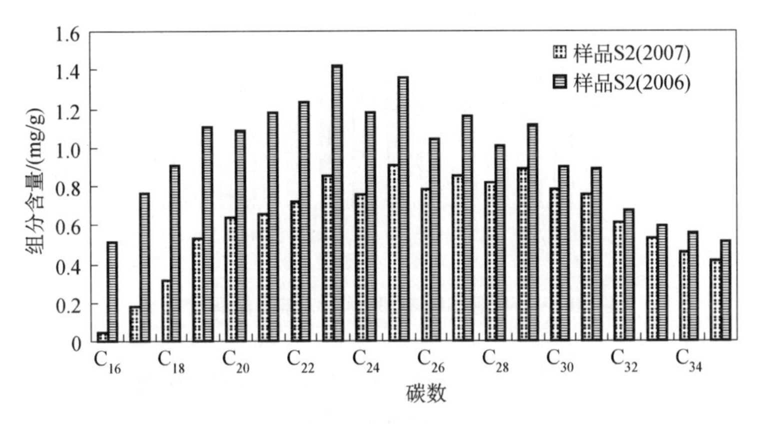


**图 10－6　样品 S2 在 06 及 07 年降解程度对比**

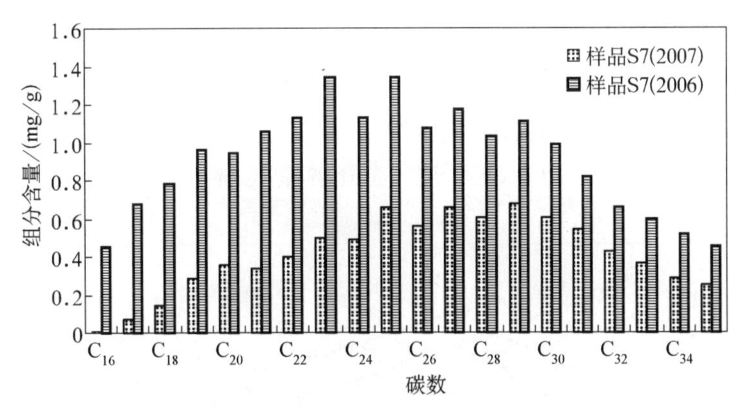


**图 10－7　样品 S7 在 06 及 07 年降解程度对比**

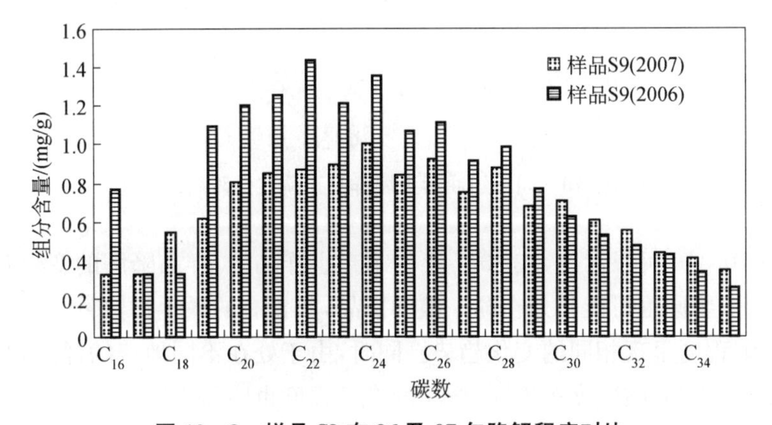


**图 10－8　样品 S9 在 06 及 07 年降解程度对比**

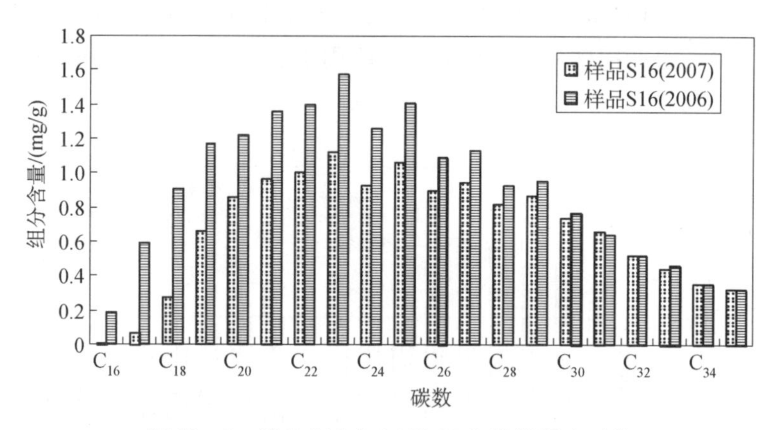


**图 10-9 样品 S16 在 06 及 07 年降解程度对比**

土壤中油污的降解与外界自然条件，如温度、营养物、酸碱度、土壤结构等有密切的关系。由图 10-6～图 10-9 可以比较得出，经过一年的降解，样品 2007 年的正构烷烃各组分浓度相比 2006 年的明显降低，分析其主要原因可能是随着微生物降解作用的不断进行，污染物被逐渐降解掉，微生物适应了它的生长环境后，其数量不断增多，油污存在于土壤中的时间越长，土壤中嗜油微生物越多，油污土壤降解得就越快，污油被降解的程度明显增高。也就是说，随着时间的增加，油污逐渐地被降解，组分含量越来越少，甚至被完全降解掉，总体上浓度越来越低。

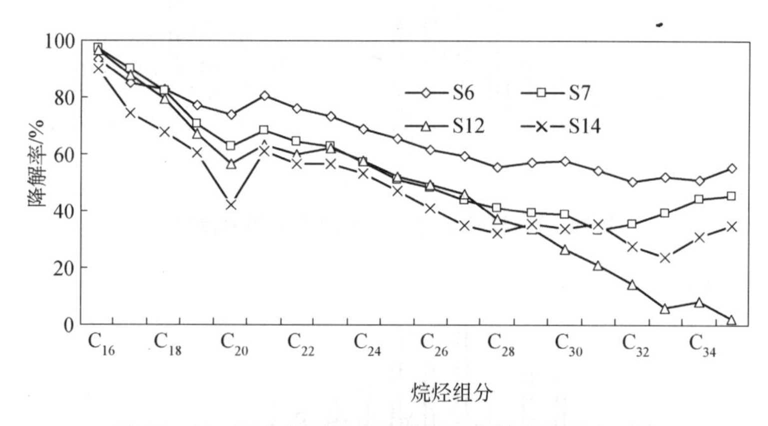


**图 10-10 同一组油污土壤样品正构烷烃降解率对比**

由图 10-10 可以看出，在 2007 年的第二组样品中，样品降解的变化趋势大致相同，分析主要原因可能是处在同一组的样品，其含有的微生物数量、种类相近，对油污的降解程度呈现相同的变化趋势。同时，由于处在不同地点的样品，其外界条件如温度、营养物，酸碱度等不同，样品的降解程度也明显不同。

本次实验的油污土壤样品均在不同程度上发生了降解作用，烃含量相对上一年有减少。证明土壤中确实存在嗜油微生物，而且它们对油污土壤具有比较明显的降解作用，从而使油污中的某些成分逐渐被选择性地消耗掉，减轻了油污对土壤的破坏作用及对环境的污染影响。土壤中石油的各组分降解速度都不尽相同。研究表明，微生物对原油的降解顺序为：正烷烃＞类异戊二烯异构烷烃，小分子正构烷烃降解速度＞大分子正构烷烃降解速度，即碳数越小的烃类越容易降解，随着碳数增加降解会越来越慢。且在不同的降解条件下，油污降解的程度不同，有植物生长地方的油污土壤样品，其各组分浓度均低于没有植物生长的。因此，可以得出结论：植物根际微生物多于无植物生长的，其联合降解作用好于微生物单独对其降解效果。而影响微生物生存和繁殖的各种环境因素（温度、水分、营养、污染物浓度等）也间接地影响油污降解效率。

目前大庆石油管理局认真贯彻执行国家环境保护的有关政策和法规，对石油生产过程中的各个环节进行严格管理和监督，并将污染物排量和环境保护情况列入先进单位评选指标中，各单位主动控制污染物外排，生产中尽量避免原油落地，防止油井和输油管线滴、漏、渗、冒等现象的发生，提倡绿色采油、预防为主，密切关注石油生产给土壤环境带来的各种污染。同时有计划地开展石油污染物的污染防治和无害化处理研究工作，研制开发低毒或无毒的油田生产制剂，切断油田污染的源头。但针对现在和以前油田开采所造成的污染状况，必须采取有力措施，加强采油井场管理，注意石油开采、运输、集油等各个环节，坚持污染防治与生态保护并重的原则，搞好井场绿化，大力推广先进的石油开采技术和污染防治技术。对于大庆油田土壤石油污染可主要采取以下防治措施：

(1) 提高石油污染企业及有关工作人员的环保意识，加强环境保护宣传力度，使大家从思想上重视石油污染防治工作，避免造成新的石油污染事件；

(2) 加强区域环境法制建设，建立健全的环境管理体系，包括健康、安全和环保的管理体系，从政策上约束石油的生产、储运、使用等过程中可能存在的石油污染行为；

(3) 加强勘探开发项目的环保管理及污染物排放管理等，保证将排放物控制在远低于排放标准的界限值以下；

(4) 采取教育培训和法律处罚并重原则，定期检查、整顿石油生产、储运等过程中的石油污染问题，消除油污事故隐患，杜绝超标随地排放；

(5) 研制开发和引进先进的控制和消除土壤石油污染的设备与技术，并在全油田范围内推广使用，从源头上控制和杜绝土壤石油污染的产生；

(6) 研究、借鉴和推广国外油田生产管理经验，大力提倡油田绿色生产，预防为主，避免原油落地，控制污染物外排，对于已落地的原油必须及时全面地进行回收处理，保障油区土壤安全；

(7) 注意油田及油井周围环境中地面植被的保护，开始地面作业和地下作业之前，应先勘测地下是否有文物古迹，并收集所占地位置的地面草籽，待作业结束后，覆土重新种上草籽，恢复地面植被；

（8）充分利用大庆地区的自然微生物与芦苇、香蒲等可降解石油污染物的植物资源，开展植物—微生物联合修复石油污染的研究工作，开展有区域特色和具有针对性的土壤石油污染防治研究与实施及推广工作；

（9）研制可高效降解土壤石油污染物、并能适应大庆地区自然环境生长的“吃油草”，在井场上推广种植；

（10）在油田生产过程中一定要注意保护湿地与草原，它们不仅可以有效地起到降解石油污染物的作用，而且还能为大庆地区的自然生态环境保护发挥重要作用，真正实现油田开发与区域生态环境建设的和谐统一，全面实现油田资源型城市经济的可持续发展及其长久的稳定与繁荣。

# 第11章　黄浦江湿地概况及油类污染调查

## 11.1　地理位置

黄浦江始于上海市青浦区朱家角镇淀峰的淀山湖，流经青浦、松江、奉贤、闵行、徐汇、卢湾、黄浦、虹口、杨浦、浦东新区、宝山11区，全长约113 km，河宽300～700 m，终年不冻，是上海乃至中国的黄金水道，在吴淞口注入长江，是长江入海之前的最后一条支流。该水系承太湖总泄水量的78%，是上海市居民主要生活用水及工业用水水源，具有航运、排洪、灌溉、渔业、旅游、调节气候等多种利用价值。穿越市区的60 km江段水面宽阔，深度较大，是上海港客货码头所在地，从吴淞口至松浦大桥一段可通万吨巨轮，上海市60%以上输入货物和98%以上外贸物资均由此航道出入，客运线年客运量在600万人次以上。上海港是我国吞吐量最大的进出口港。沿黄浦江两岸，先后建起的大小码头有100多个，其中万吨级深水泊位约有五六十个。黄浦江是一个河港，又兼有海港性质。江上的航道总长60 km，平均宽260 m，池水深度在8 m以上。

## 11.2　自然条件及植被特征

黄浦江流域是太湖流域的子流域，此流域内西南部有少数丘陵山脉外，其他为坦荡地平的平原，是长江三角洲冲积平原的一部分，平均海拔高度为4 m左右，西部淀山湖一带的淀泖洼地最低，海拔仅2～3 m。地势像向太湖微微倾斜的半碟型。在气候方面，黄浦江流域属北亚热带季风气候，温和湿润，光照充足，降水丰沛，四季分明。春秋较短，冬夏较长。春季始于3月；夏季自梅雨开始，进入盛夏后，高温干燥，形成伏旱；秋季金风送爽，时有连绵阴雨；冬季晴朗少雨，北方冷空气阵阵南下，偶有寒潮侵袭。年平均气温16.5℃。全年50%左右的雨量集中在5至9月的汛期，汛期有春雨、梅雨、秋雨三个雨期。

黄浦江流域河湖众多，大小河道纵横交织，水资源丰富，境内水域面积697 km$^2$，相当于整个上海面积的11%，全流域总河道3 000多条，河道总长32 800 km。主要河流有黄浦江及其支流苏州河、川杨河、淀浦河等。黄浦江流域的湖泊集中在与江、浙交界的西部洼地，最大湖泊为淀山湖，面积为62 $km^2$。黄浦江流域地区地表水总体来讲有机污染较为严重，黄浦江接纳的污染负荷既有沿江各主要支流带来的污染负荷，也有直接黄浦江的污染源带来的污染负荷。

黄浦江的软质岸边一般都生长有湿地植物，主要是藨草、芦苇、三棱草、茨菰、野茭白等。从江边到岸，依次分布藨草群落、藨草和三棱草混生群落、野茭白和水稗的混生群落、茨菰或野茭白群落、芦苇群落和旱柳等，其中藨草的种类较多。也存在有水蓼、鸢尾、菖蒲和香蒲等小的植物群落。

## 11.3 黄浦江岸边沉积物理化指标

### 11.3.1 沉积物有机质含量的测定

土壤有机质是土壤中各种营养元素特别是氮、磷的重要来源。它还含有刺激植物生长的胡敏酸类等物质。由于它具有胶体特性，能吸附较多的阳离子，因而使土壤具有保肥力和缓冲性。它还能使土壤疏松并形成结构，从而可改善土壤的物理性状。它也是土壤微生物必不可少的碳源和能源。一般来说，土壤中有机质含量的多少，是土壤肥力高低的一个重要指标。本实验采用重铬酸钾容量法—稀释热法来测量土壤中有机质的含量[348]。

原理：用一定浓度的重铬酸钾—硫酸溶液氧化土壤有机质，剩余的重铬酸钾用硫酸亚铁来滴定，由消耗的重铬酸钾量来计算有机质含量。

主要试剂：

(1) 1 mol/L的$K_2Cr_2O_7$溶液。准确称取$K_2Cr_2O_7$(分析纯，105℃烘干2 h) 49.04 g，溶于水中，定容至1 L。

(2) 0.5 mol/L的$FeSO_4$溶液。称取$FeSO_4 \cdot 7H_2O$ 140 g溶于水中，加入浓$H_2SO_4$ 15 mL，冷却稀释至1 L。

(3) 邻啡罗啉指示剂。称取邻啡罗啉(GB1293—77，分析纯)1.485 g与$FeSO_4 \cdot 7H_2O$ 0.695 g，溶于100 mL水中。

主要步骤：准确称取0.2 g左右的土壤样品于100 mL的三角瓶中，然后准确加入1 mol/L的$K_2Cr_2O_7$溶液5 mL，转动瓶子使之混合均匀，然后加浓$H_2SO_4$ 10 mL，将三角瓶转动1 min，促使试剂与土壤充分作用，放置30 min，加50 mL水稀释。然后加3～4滴邻啡罗啉指示剂，用0.5 mol/L的$FeSO_4$溶液滴定至近终点，溶液颜色由绿色变成暗绿色，再逐滴加入$FeSO_4$直至变成砖红色为止。土壤中有机质含量的计算公式如下：

$$土壤有机质(g/kg) = \frac{C(V_0 - V) \times 10^{-3} \times 3.0 \times 1.33 \times 1.724 \times 1\,000}{土重}$$

式中，$C$——$K_2Cr_2O_7$ 的浓度；

$V_0$——空白滴定用去 $FeSO_4$ 的体积(mL)；

$V$——样品滴定用去 $FeSO_4$ 的体积(mL)；

3.0——1/4 碳原子的摩尔质量(g/mol)；

$10^{-3}$——将 mL 换算为 L；

1.33——氧化校正系数；

1.724——有机碳转换成有机质的平均换算系数。

### 11.3.2　沉积物 pH 值的测定

土壤干燥后，准确称取 4.00 g，加入 20 mL 蒸馏水，搅拌 1 min，静置 10 min，用精密 pH 计直接测量 pH 值[348]。

### 11.3.3　沉积物粒度分析

称取过 40 目筛的土样 0.020 0 g，置于 250 mL 高型烧杯中。加入 $H_2O_2$ 溶液去除有机质，然后加热以去除过量的 $H_2O_2$，冷却后滴加 HCl 至无泡。水浴加热去除过量 HCl。用偏磷酸钠溶液分散，需加热搅拌，将分散好的样品在粒度仪上测定。

### 11.3.4　沉积物过氧化氢酶的测定

过氧化氢酶是一类广泛存在于动物、植物和微生物体内的氧化酶。测量土壤中的过氧化氢酶含量，可以衡量土壤中微生物的活性。

原理：用一定浓度的过氧化氢—硫酸溶液氧化土壤过氧化氢酶，剩余的过氧化氢用高锰酸钾来滴定，从消耗的高锰酸钾量来计算土壤过氧化氢酶量[348]。

主要试剂：沉积物中过氧化氢酶的测定使用的主要试剂如下：

① 0.3% $H_2O_2$，按 1∶100 将 30% $H_2O_2$ 用水稀释；

② 3 N 硫酸，98%的浓硫酸 163 mL 加水稀释至 1 L；

③ 0.1 N $KMnO_4$。

主要步骤：取土样 1.00 g 放于 100 mL 锥形瓶，并注入 20 mL 蒸馏水，5 mL 0.3% $H_2O_2$，将瓶置于摇床上震荡 20 min，随后加入 5 mL 3 N 硫酸以稳定剩余的 $H_2O_2$。用致密滤纸将瓶中内容物过滤，取 25 mL 滤液，用 0.1 N $KMnO_4$ 滴定成浅粉红色。其计算公式如下：

$$过氧化氢酶的含量 = (V_0 - V)T(以每克土壤的 0.1\ N\ KMnO_4 的毫升数表示)$$

式中，$V_0$——空白消耗的 $KMnO_4$ 量；

$V$——土壤滤液消耗的 $KMnO_4$ 量；
$T$——$KMnO_4$ 滴定度。

### 11.3.5 沉积物含水率的测定

土壤中含水率是指土壤在 105～110℃下烘干恒重时失去的水的质量和原土质量的百分比值。称取代表性土样若干，放入质量为 $m_0$ 的称量盒内，精确称量湿土与盒质量 $m_1$；置于烘箱 105～110℃下烘 6～8 h 至恒重。将烘干后的试样放入干燥器内冷却至室温，精确称量干土与盒质量 $m_2$。按下列公式计算含水率：

$$W=\frac{m_{\mathrm{w}}}{m_{\mathrm{s}}}=\frac{m_1-m_2}{m_1-m_0}\times 100\%$$

式中，$W$——含水率；
$m_{\mathrm{w}}$——水分的质量；
$m_{\mathrm{s}}$——土壤的质量。

### 11.3.6 黄浦江采样点沉积物理化指标

表 11-1 显示了黄浦江岸边采样点处的沉积物部分物理化学指标。从表中得知，黄浦江岸边沉积物中性偏碱性，pH 值为 7.4～8.9，且下游沉积物的碱度明显高于中游沉积物，可能是由于工业和生活污水的排放引起的；平均粒径为 17.4～26.3 μm，以 1#（吴淞口）为例，其平均粒径为 27.2 μm，属于沙质土壤；沉积物中有机质的含量为 4.5～40.8 g/kg，变化幅度较大，主要是部分地区因有植被而产生有机质积累，如 8#（滨江公园）；过氧化氢酶活性为 1.5～12.5 mL/g；全磷和全氮分别为 0.84～1.67 g/kg 和 0.33～2.19 g/kg，部分地区氮磷污染较为严重，推测是生活污水排放和生活垃圾堆放引起的。

**表 11-1 黄浦江岸边沉积物物化指标**

| 采样位点 | 1# | 2# | 3# | 4# | 5# | 6# | 7# | 8# | 9# | 10# | 11# |
|---|---|---|---|---|---|---|---|---|---|---|---|
| pH 值 | 8.41 | 8.78 | 8.62 | 8.47 | 8.76 | 8.89 | 7.41 | 7.47 | 7.57 | 7.41 | 7.76 |
| 平均粒径/μm | 27.2 | 22.6 | 21.4 | 26.3 | 20.7 | 17.4 | 18.8 | 23.4 | 22.2 | 22.1 | 23.0 |
| 有机质/(mg/kg) | 12.1 | 8.2 | 7.1 | 14.2 | 21.2 | 7.0 | 13.5 | 40.8 | 11.8 | 4.5 | 8.0 |
| 过氧化氢酶/(mL/g) | 4.3 | 12.5 | 6.9 | 8.0 | 6.7 | 2.0 | 1.7 | 2.3 | 1.5 | 2.0 | 2.4 |
| 全磷/(g/kg) | 0.90 | 1.48 | 1.22 | 1.00 | 0.82 | 0.84 | 1.67 | 0.84 | 1.10 | 1.58 | 1.11 |
| 全氮/(g/kg) | 0.60 | 0.33 | 0.46 | 0.59 | 0.56 | 1.47 | 2.19 | 0.83 | 1.79 | 1.03 | 0.60 |

其中，pH 值会影响到土壤胶体的电荷数量、石油污染物的物理化学形态。有研究证实土壤对有机物的吸附量随 pH 值的增大有减小的趋势，pH 值升高会引起

羟基和酚羟基的电离，从而削弱油类污染物与有机质中的羧基和酚羟基形成的氢键作用[349]。Tremblay[350]对不同有机污染物的吸附实验也得出类似的结论。黄浦江岸边沉积物为中性偏碱性，所以 pH 值不是该地区沉积物中油类污染物分布的主要影响因子。

土壤粒度对石油在土壤中吸附有较大的影响。土壤颗粒表面与石油类污染物表面有相同的双电层结构，两者相遇时形成公共反离子层，如果两者粒径和质量相差较大，公共反离子层对其吸引力足以使石油颗粒黏附于土壤颗粒表面，土壤颗粒的表面积越大吸附的油滴颗粒越多，土壤粒径越小，单位质量中的颗粒越多，比表面积随粒径成指数变化，因此颗粒越细其吸附量越大。董家渡(6#)和冷藏厂(7#)处土壤粒度较小，数据证明冷藏厂的油污确实严重，而董家渡因有较多植物分布，植物的吸收和降解作用缓解了该区域的油污情况。

有机质含量通常作为土壤肥力水平高低的一个重要指标。它不仅是土壤各种养分特别是氮磷的重要来源，并对土壤理化性质如结构性、保肥性和缓冲性等有着积极的影响作用。我国大部分土样中的有机质含量应该是 30～40 g/kg，而从黄浦江沿岸中下游 11 个位点的沉积物中有机质含量可发现，黄浦江岸边大部分地区沉积物中有机质含量低于 30 g/kg，可能是由于潮汐冲刷作用，使部分有机质进入水体造成的。具有疏水性的油类污染物主要是通过与有机颗粒和胶体的结合形式发生迁移的，研究表明土壤中较高的有机质含量有利于对油类污染物的吸附[351]，但本项研究发现，有机质含量与油类污染物含量有一定的相关性，但相关性不强，线性相关系数仅为 0.176，推测是由于内陆土壤与岸边沉积物中油类污染物迁移规律上有所不同，黄浦江岸边沉积物受海水的冲刷和潮汐作用显著所致。有研究证明土壤的粒径对油类污染物吸附量的影响比有机质要小得多[352]，本研究亦得出相同的结论，粒度与污染物分布基本上不存在相关性。过氧化氢酶是需氧生物所具有的防御过氧化损害的一种系统酶，在土壤的物质和能量转化中占有很重要的地位。研究中显示过氧化氢酶活性与土壤中油污含量呈现较好的负相关性，相关性系数为 0.578。说明土壤中的油污在一定程度上有抑制过氧化氢酶活性的作用，降低了微生物的数量或活性。有研究报道污染物对土壤过氧化氢酶的影响在低浓度下轻微激活，在高浓度下抑制[353, 354]。实验还发现氮磷等影响因子与油污含量的相关性较好，线性相关系数分别为 0.539 和 0.500。但关于氮磷营养因子与污染物含量的研究较少，相关研究将在后续研究中涉及。

## 11.4　黄浦江岸边沉积物污染现状

然而令人担忧的是，近些年来黄浦江水域内接连不断发生溢油事件。1995 年 12 月 30 日，新加坡籍“金冠”轮在立新船厂码头装燃料油过程中，由于操作不当，造成溢油。2002年5月10日上午，上海华元食品公司因重油锅炉阀门失效，导致2.7 t重油溢出，大量重油侵入黄浦江一级水源保护区的黄浦江支流紫石泾及附近的四号河。有关部门当即关闭四号河闸门，组织人力、物力对四号河、紫石泾水面的油污进行清理，同时对松浦大桥取水口采取预防性措施，确保饮用水的安全。2003年8月5日凌晨四点多，停泊在吴泾热电厂附近的长阳号被一艘小船撞击后油舱破损，近85 t燃料油全部流入黄浦江，导致了黄浦江上游这段水源保护区受到大面积污染，在小潮汐和东南风的共同影响下，主要污染源位于上海七库至吴泾海缆公司码头，共有约15万 $m^2$ 受到污染，近8 km的岸线受到影响。吴泾发电厂取水口和上游的水域保护区受到严重威胁，造成经济损失1 800万元。有关部门历经7天8夜才清污成功。2007年4月9日晚上该水域发生了一起运油船泄漏事故，45.33 t重油泄漏进黄浦江。2008年2月26日，在上海立新船厂码头附近江面上，装载250 t重油的"海供油10"轮与一艘运沙船相撞，"供油10"轮侧翻于高桥化工厂下游浅滩处，一些柴油流入黄浦江中；2008年4月29日，位于黄浦江南浦大桥下游浦东侧的上海瑞科船务公司"庐山"号船坞发生倾斜事故，造成污油泄露、2人死亡。黄浦江船舶溢油事故灾害正在向人们赖以生存的水源区逼近。溢油污染已逐渐成为突发性水污染的主要问题之一，有效地保护河流水源地势在必行。

为了掌握黄浦江岸边沉积物的污染状况以便对其进行现场实地勘查与调研，黄浦江边的采样点位分布如图11－1所示。

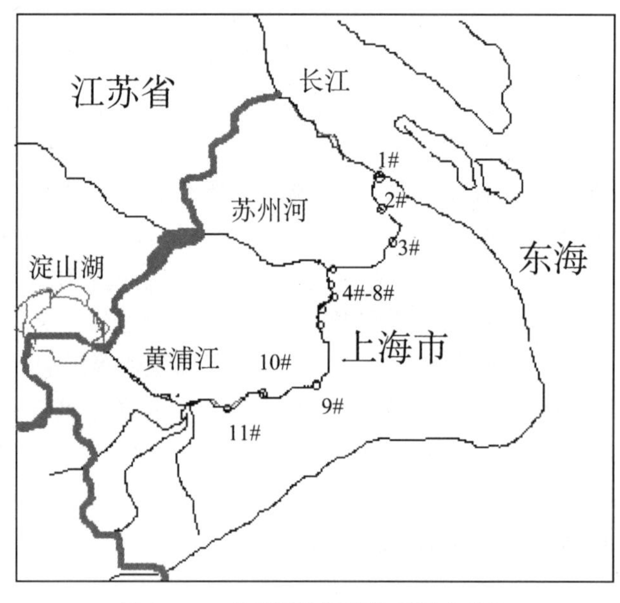


**图11－1　黄浦江边沉积物采样点位图**

（比例尺为1∶20 000）

### 11.4.1　样品的采集与处理

黄浦江中游和下游的 11 个代表性采样点位特征见表 11－2。采集 1 cm 以下的岸边沉积物样品，密封保存，备用。

样品除去残根、碎石等杂物后，阴凉处风干，置于研钵中捣碎后，过 100 目尼龙筛，装入已编号的聚四氟乙烯塑料袋中，贴好标签，低温保存备用。

**表 11－2　采样点位特征**

| 编号 | 采样点 | 地理坐标 | 段位 | 采样点位描述 |
|---|---|---|---|---|
| 1# | 吴淞口 | N30°23′15.51″<br>E121°31′34.32″<br>$H=-1$ m | 下游 | 软质岸边，生长有藨草、茭白、水蓼、三棱草等，江岸后侧有旱柳和芦苇 |
| 2# | 东滨森林公园西侧 | N31°23′5.4″<br>E121°30′28.3″<br>$H=0\sim-1$ m | 下游 | 软质岸边，江岸后侧有旱柳和芦苇 |
| 3# | 张家浜加油站码头 | N31°21′25.5″<br>E121°30′35.7″<br>$H=10$ m | 下游 | 软质岸边，船多 |
| 4# | 光华一号码头 | N31°20′41.5″<br>E121°32′25.1″<br>$H=19$ m | 下游 | 硬质岸边 |
| 5# | 东塘渡口 | N31°12′47.07″<br>E121°30′41.73″<br>$H=35$ m | 下游 | 软硬结合岸边 |
| 6# | 董家渡岸边 | N31°10′52.5″<br>E121°27′46.6″<br>$H=40$ m | 下游 | 泥沙江岸，有芦苇、菖蒲、柳树等，垃圾沿岸边呈条带状分布 |
| 7# | 冷藏厂里侧 | N31°2′38.4″<br>E121°28′31.1″<br>$H=6$ m | 中游 | 江边船多，气味很大，岸边有植物生长，中等盖度 |
| 8# | 滨江公园内东侧 | N31°1′1.5″<br>E121°28′27.7″<br>$H=10$ m | 中游 | 江中船多，软硬结合岸边 |
| 9# | 闵行发电厂码头 | N30°59′26.2″<br>E121°22′57.3″<br>$H=25$ m | 中游 | 见大型吊车，轮船很多 |

（续表）

| 编号 | 采样点 | 地理坐标 | 段位 | 采样点位描述 |
| --- | --- | --- | --- | --- |
| 10# | 东勤渡口 | N30°58′48.2″<br>E121°20′53.6″<br>$H=28$ m | 中游 | 附近垃圾很多 |
| 11# | 松浦大桥和二桥之间 | N30°58′20.2″<br>E121°15′13.5″<br>$H=33$ m | 中游 | 垃圾异常多，见废船，见到漂浮死猫、狗、龟等 |

### 11.4.2 沉积物中油类污染物含量的测定

称取干燥土样 15 g 左右（精确到 0.000 1），加入适量的无水硫酸钠，用 50 mL 二氯甲烷/正己烷（体积比 1∶1）超声提取 30 min，重复两次，合并提取液于已知重量的小烧杯中；将其放入温度为（25±0.5）℃的水浴中浓缩至干，擦去外壁水汽，在（40±5）℃烘箱中烘干 4 h，取出放在干燥皿中冷却室温后称重，所增加的重量即油污的重量。

测得数据的计算方法如下：

$$油含量(mg/kg)=\frac{(m_2-m_1)}{m_0}\times 10^6$$

式中，$m_0$——沉积物样品质量（g）；

$m_1$——烧杯质量（g）；

$m_2$——烧杯及油总质量（g）。

### 11.4.3 浦江岸边沉积物中油类污染物分布

黄浦江中下游岸边沉积物的油类污染物含量的整体分布如图 11-2 所示。由图 11-2 可以看出，7#（冷藏厂里侧）、8#（滨江公园内东侧）、9#（闵行发电厂码

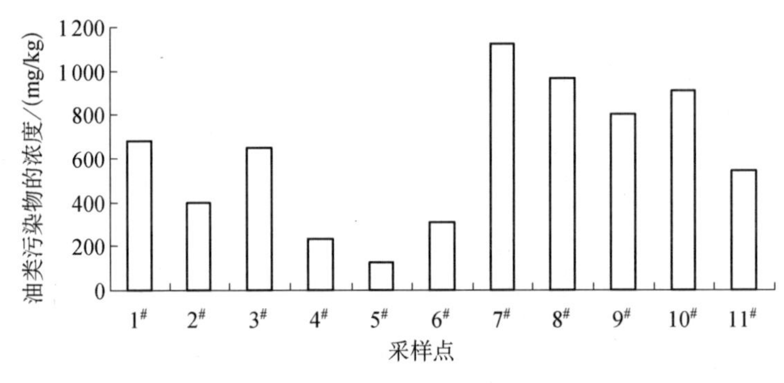


图 11-2　黄浦江岸边沉积物中油类污染物的分布

头)、10#(东勤渡口)四个位点油类污染物含量明显较高，其中 9# 和 10# 都是重型码头，来往船只较多，其岸边垃圾也较多，受到油污污染的可能性较大。只有 7#(冷藏厂里侧)处沉积物超过了 1 000 mg/kg，说明实验考察的位点受油污污染并不严重。据实地考察，这些位点的油污污染主要来源于船舱清洗、燃料油的泄漏等。但据我们所知，黄浦江是溢油事件发生较为频繁的地区，溢油引起的沉积物污染并非如此简单。

油类污染物的相关研究相对于重金属和多环芳烃等来说开展得较晚，尽管近十几年来引起国内外研究者的关注，仍然有很多问题等待解决：

(1) 油类污染物相对于其他的有机污染物组分较为复杂，进入植物体内的柴油组分可能被部分代谢，从而影响到植物的生长系统。但对于湿地植物自身与柴油相关的生理响应缺乏报道；

(2) 植物根际酶在有机污染物的降解过程中发挥重要的作用，但前人的研究中鲜有涉及柴油污染下湿地植物根际的变化情况；

(3) 针对黄浦江岸边的油污湿地生态环境修复问题，需要对其典型植物做初步的修复潜力考查，同时对植物吸收降解柴油组分机制研究进行补充；

这些问题的解决对于黄浦江及其他岸边湿地的油污修复问题有重要的理论和实践意义。

基于以上这些问题，本书将以黄浦江岸边的典型植物三棱草、茨菰、水蓼、芦苇、藨草和鸢尾为考查对象，柴油为油类污染代表开展相关研究。

三棱草(*Cyperus rotundus L.*)，是双子叶植物，多年生莎草科杂草的统称，别名大三方草，三棱马尾，仙鹤草等，生于山坡草丛中，分布华东、华南、西南各地。

茨菰(*Sagittaria trifolia L.*)，多年生挺水植物，生长于浅湖、池塘和溪流。又名燕尾草、白地栗、芽菇等，泽泻科，茨菰属、天南星科本草植物。原产我国，南北各省均有栽培，并广布亚洲热带、温带地区，欧美也有栽培。有很强的适应性，在陆地上各种水面的浅水区均能生长，但要求光照充足，气候温和环境下生长，在土壤肥沃，土层不太深的黏土上生长。可做水边、岸边的绿化材料，也可作为盆栽观赏。

水蓼(*Polygonum hydropiper L.*)，被子植物门双子叶植物纲蓼科蓼属，别名辣蓼(湖北、江苏)。一年生草本，系喜水植物，生长在溪边、河边的浅水中及山谷地，即使没尖 30～40 d 也不会淹死；若基部长期有水，生长将十分旺盛；若土壤相对湿度低于 70%，它便生长不良；一般密度 45～95 株/m$^2$，呈单一群落或与其他植物混生；水蓼春发冬枯，一年发生一代，约 250 d[355]。王旭明和王理想研究发现两栖蓼对含 Zn 的污水有较强的净化能力，是较好的净化材料之一，其富集量为根＞茎＞叶[356]，但对于水蓼对有机物的耐受能力至今少有人报道。

芦苇(*Phragmites communis*)，单子叶植物纲禾本科芦苇属多年生草本植物，别名有泡芦(湖南、湖北)，芦子(山东)、毛苇(天津)、苇子，苇芦子(东北)等。具有生长快，根系发达，耐盐碱，耐干旱，适生于水湿、沙壤质地环境，对重金属污染抗性较强，又经济实用等特点，因此是构成人工湿地污水处理系统中最常用的湿地植物；生于池沼、河边、湖边，常以大片形成所谓芦苇荡，干旱沙丘也能生长，分布于我国以及全球温带地区。芦苇对重金属污染具有较强的耐受性和富集能力，对于重金属造成的污染修复有着良好的应用前景。国内外学者对芦苇的研究较多且广泛，很多研究都表明芦苇对于污染处理效果也很好，是构成人工湿地污水处理系统中最常用的湿地植物。有研究表明芦苇对 Cd 有较强的耐受性和富集能力[357, 358]。芦苇对于石油原油造成的污染进行修复的效果也十分明显。籍国东等[359]以芦苇湿地为介质净化石油开采过程中落于地面的原油，研究了中试条件下芦苇湿地的净化效果及落地原油对土壤和芦苇介质的影响。结果表明，芦苇湿地对不同施入剂量的落地原油有较好的净化率，在实验运行期内，芦苇湿地对矿物油的净化率高达 88%～96%。但在本书中，可能是选取了较小的芦苇苗，且培养时间较短，其修复和耐受能力没有得到充分的体现。

藨草(*Scripus triqueter*)，抗寒耐湿，为湿生植物。喜生于潮湿多水之地，常于沟边池边、山谷溪畔或沼泽地，成片出现藨草占优势的群落。又名野荸蓠、光棍子、光棍草等，多年生水生挺水植物，主要用于水面绿化或岸边、池旁点缀，较为美观，根系发达，对重金属污染具有一定的吸附能力，是近年来兴起的人工湿地的重要材料。除了广东、海南外，中国各地区均有分布；俄罗斯、欧洲和印度、朝鲜、日本等国也有。

黄花鸢尾(*Iris wilsonii*)，又名黄菖蒲，多年水生草本植物。鸢尾属，植株高大，有肥粗根状茎。叶基生，剑形，长 60～120 cm，中脉明显，并具横向网状脉。花期 5～6 月，花茎高于叶，花黄色，花茎 8～12 cm。蒴果长形，内有种子数粒。种子褐色，有棱角。分布于我国南北各地，广布于世界温带、亚热带。生于池塘、湖泊岸边浅水区，沼泽地或泡子中；适应性强，在 15～35℃温度下均能生长，10℃以下时植株停止生长；耐寒，喜水湿，能在水畔和浅水中正常生长，也耐干燥；喜含石灰质弱碱性土壤。

紫花鸢尾(*Iris tectorum*)，别名紫蝴蝶，蓝蝴蝶，乌鸢，扁竹花。鸢尾属，现在主要分布在我国中南部，生于浅水中，喜阳光充足，气候凉爽，耐寒力强，亦耐半阴环境。其花型大而美丽，可供观赏。

# 第 12 章　柴油对黄浦江岸边典型植物种子萌芽及根部形态的影响

目前常用的高等植物毒理实验方法主要有三种，即种子萌芽实验、根伸长抑制实验及植物早期生长实验。这些实验通过植物在污染条件下根系发育状况、生物量减小的程度或植物的耐污染特性等对污染进行诊断。为考查柴油对植物的物理形态的影响，我们选用藨草、水蓼和鸢尾种子为实验对象，植物萌芽率、萌发时间、根系发育状况等指标研究柴油对植物的影响。

由于柴油为亲脂类有机物，水中的溶解度极低，为配制预定浓度的柴油处理液，必须使用助溶剂。亲脂性物质一般采用有机助溶剂，有机溶剂能够增加疏水性有机物在水中的溶解，但助溶剂本身也可能对植物体造成毒害，其种类和浓度必须慎重选择。在相关研究中，甲醇、乙醇、二甲亚砜、丙酮等都是常用的助溶剂，选用乙醇作为助溶剂，在该部分，也考查了助溶剂对种子萌芽的影响。

## 12.1　实验设计

### 12.1.1　实验设计

毒性实验浓度设置 5 个浓度梯度，柴油浓度计分别为 0.002，0.004，0.006，0.008，0.01 mL/皿，一个空白对照，由于使用乙醇为助溶剂，为排除乙醇对植物的影响，该空白为助溶剂对照，每组设三个重复。

柴油先以乙醇溶解为母液，使用时将母液按比例加入到乙醇中，使得最终体积为 9 mL，且每 3 mL 处理液中柴油的量分别为 0.002 mL，0.004 mL，0.006 mL，0.008 mL，0.01 mL，另设溶剂参照，每个培养皿(灭过菌，铺有滤纸)中加入 3 mL 处理液，放置一晚使溶剂挥发。

大小均匀的植物种子消毒[360]后，吸干表面的水分，随机平铺在培养皿中，在人工气候室内培养。从第一颗种子萌芽开始计数，直至种子萌芽趋于稳定。

紫花鸢尾的萌芽情况较为稳定，且萌芽率普遍较高，故选取该植物做关于柴油对植物根部形态特征的影响实验。选用沙子作为种子生长的基质，柴油浓度设为

0，2 000，4 000，8 000 和 10 000 mg/kg，实验方法同上。不同浓度柴油胁迫鸢尾的根系形态特征通过根系分析系统测得。

### 12.1.2 鸢尾叶片中过氧化氢的积累

鸢尾叶片 $H_2O_2$ 的检测采用二氨基联苯胺(3，3 - diaminobenzidine - HCL，DAB)染色检测法[361]。当植物受到外来污染物胁迫时，细胞中的过氧化物酶能将 $H_2O_2$ 中的氧释放出来，氧化二氨基联苯胺，形成红褐色斑点而定位 $H_2O_2$ 部位。DAB 检测的具体方法[362]如下：取叶片浸入 DAB 染色液中，在 25℃时避光染色 8 h，取出叶片用蒸馏水清洗四次后加入无水乙醇 40℃水浴脱色，于 40 倍光学显微镜下观察染色情况。

### 12.1.3 数据处理

用 SPSS 16.0 软件对处理组和对照组的数据差异性进行单因子方差分析(One-way ANOVA)。

种子萌芽数据计算公式参照 Saxena A. 等的研究文献[363]。采用 Excel 对数据进行相关处理。

所用公式如下。

萌发率(germination ratio，GR)：

$$GR = \frac{\text{萌芽数}}{\text{种子总数}} \times 100\%$$

最终萌发率(ultimate germination，UG)：指最终平均种子萌发率

$$UG = \frac{\text{最终萌芽数}}{\text{种子总数}} \times 100\%$$

萌发速率(rate of germination，RG)：

$$RG = \sum_{1}^{i} N_i / D_i$$

平均萌发周期(mean period of ultimate germination，MPUG)：

$$MPUG = \sum_{1}^{i} N_i D_i / UG$$

种子萌发抑制/促进率(percentage inhibition(—) or stimulation(+)，PI or PS)

$$PI(PS) = 100 \times \left(\frac{\text{最终萌发率}}{\text{对照组的最终萌发率}} - 1\right)$$

式中，$N_i$——第 $i$ 天的萌芽颗数；

$D_i$——天数。

## 12.2　柴油对种子萌芽率的影响

藨草、紫花鸢尾、水蓼和黄花鸢尾四种湿地植物在不同浓度的柴油胁迫下萌芽率的变化情况如图 12-1 所示。可以发现，藨草、紫花鸢尾、黄花鸢尾的萌芽率比较高，而水蓼的萌芽率普遍比较低。藨草的萌芽率随柴油浓度的增大有先升高后降低的趋势，柴油浓度为 0.06 mL/皿时萌芽率最高，为 61.7%。之后萌芽率略有下降，但仍显著高于空白，说明柴油对藨草的萌芽有一定的促进作用，随柴油浓度的增大，这种促进作用有所降低，但在最高的柴油浓度胁迫下依然存在。紫花鸢尾的萌芽率普遍较高，柴油处理下的种子萌芽率与空白相比均没有显著性差异，且在最高浓度处长势也较好，说明紫花鸢尾对于柴油污染有较强的耐受能力，推测其具有较强的柴油修复潜力。水蓼的萌芽率随柴油浓度增大呈现先增大后减小的趋势，且在 0.04 mL/皿处理下与空白有显著性差异，说明少量的柴油对水蓼的萌发也有一定的刺激作用，但当柴油浓度增大到高于 0.06 mL/皿时，萌芽率就会被柴油抑制。紫花鸢尾萌芽率在不同浓度柴油影响下均没有显著性差异，也呈现先增大后减小的趋势。

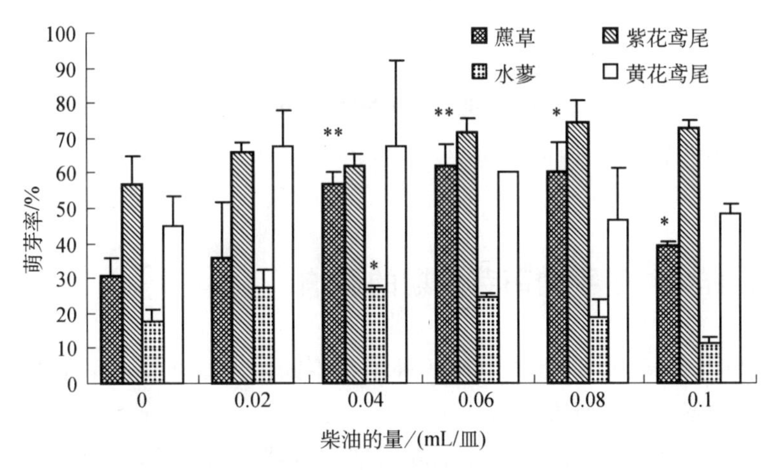


**图 12-1　柴油胁迫对四种植物种子萌芽率的影响**

（* 和 ** 分别表示与空白相比在 $p<0.05$，$p<0.01$ 水平上有显著性差异）

## 12.3　柴油对种子萌芽速率的影响

藨草、紫花鸢尾、水蓼和黄花鸢尾在不同浓度的柴油胁迫下平均萌芽速率的变化情况如图 12－2 所示。蘼草的平均萌发速率随着柴油浓度增大先升高后减小，并且在 0.04，0.06，0.08 mL/皿处与空白样相比有显著性差异，但在 0.1 mL/皿处萌发速率显著降低，与空白样间不存在显著性差异。紫花鸢尾的平均萌芽速率在整个实验浓度范围内变化不大，趋势较为平缓，说明柴油对其影响较小。水蓼的平均萌发速率也是先升高后下降，最高浓度处萌发速率显著性降低。除 0.04 mL/皿处理，黄花鸢尾种子在其他浓度下萌芽速率与空白相比都有显著性下降，但不同浓度间却没有明显的差异。

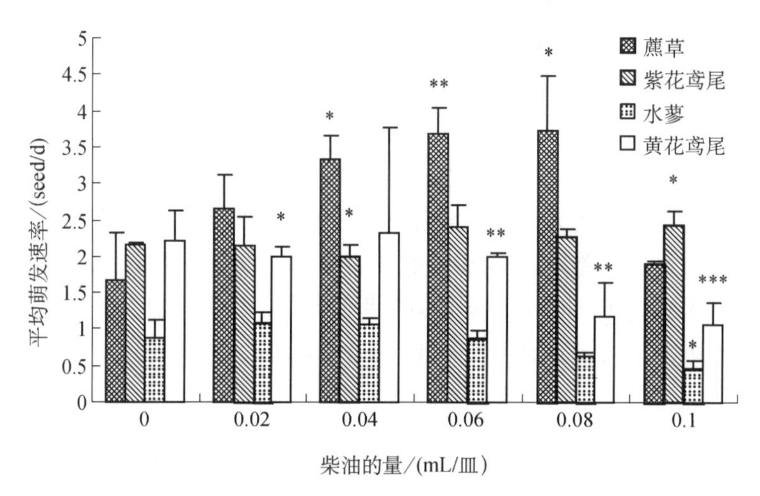


**图 12－2　柴油胁迫对四种植物种子萌芽速率的影响**

(*，** 和 *** 分别表示与空白相比在 $p<0.05$，$p<0.01$ 和 $p<0.001$ 水平上有显著性差异)

## 12.4　柴油对种子平均萌芽周期的影响

蘼草、紫花鸢尾、水蓼、黄花鸢尾的种子在不同浓度柴油胁迫下平均萌发周期的变化情况如图 12－3 所示。

蘼草的平均萌芽周期随着柴油浓度的增大有降低的趋势，并在 0.04 mL/皿，0.06 mL/皿，0.08 mL/皿三个浓度下比空白显著降低。紫花鸢尾的平均萌发周期变化不明显，与空白没有显著性差异，说明其受柴油影响比较小。水蓼在柴油胁迫下种子萌发周期普遍高于空白，并且在 0.08 mL/皿处显著高于空白。黄花鸢尾的萌发周期在最大的两个浓度梯度处与空白相比显著增加，说明高浓度的柴油抑制了黄花鸢尾的萌芽。

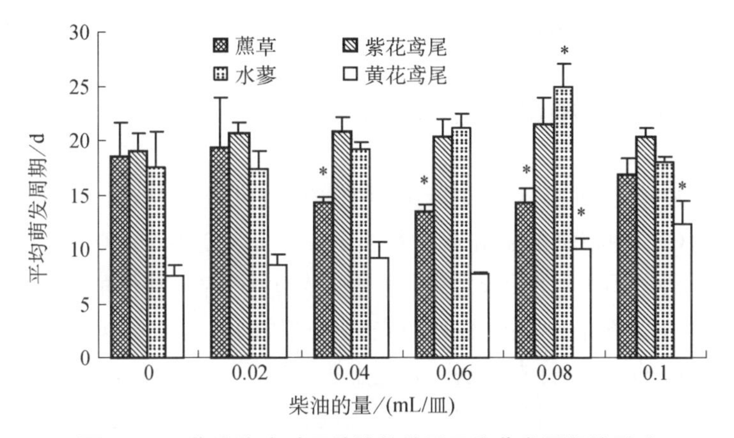


**图 12-3　柴油胁迫对四种植物种子平均萌发周期的影响**

（* 表示与空白相比在 $p < 0.05$ 水平上有显著性差异）

## 12.5　柴油对种子抑制/促进率的影响

不同浓度下柴油胁迫对四种植物种子萌发的促进率/抑制率的影响如图 12-4 所示。从图 12-4 可以看出，相对于空白样，柴油胁迫对蔗草和紫花鸢尾种子萌芽有促进作用，而黄花鸢尾的萌发在柴油影响下一直处于抑制状态。实验浓度下的柴油处理促进了蔗草的种子萌芽，且当柴油浓度低于 0.06 mL/皿时，这种促进作用随污染物的增多而加强；之后，随柴油量的增大，促进作用开始减弱。紫花鸢尾的萌发也受到了柴油污染物的促进作用，且这种作用在高浓度柴油胁迫下依然存在，在 0.08 mL/皿处促进作用最强。柴油对水蓼既存在促进作用还存在抑制作用，促进作用随着柴油污染物浓度增大逐渐减缓，最后转变为抑制作用。黄花鸢尾

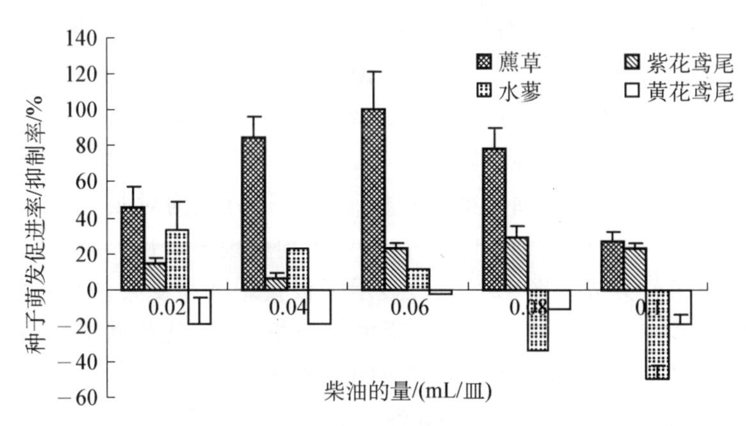


**图 12-4　柴油胁迫对四种植物种子萌发的抑制率/促进率的影响**

的萌芽一直处于抑制的状态，在 0.06 mL/皿的处理浓度下抑制作用最弱。

## 12.6 柴油对芽体根部形态特征的影响

图 12-5 显示了第 30 天紫花鸢尾种子的生长状态随柴油浓度的变化。从中可知，对照组(CK)中植物的根和芽长势良好，柴油浓度为 2 000 mg/kg 下紫花鸢尾的根和芽长势稍弱于对照组，之后，随柴油浓度的升高，芽体的生长受到了明显抑制。在逆境胁迫条件下，植物根是最先感受逆境胁迫的器官，植物感受这一逆境信号后做出相应的反应，首先在基因表达上进行时间和空间的调整反应，然后调整代谢途径和方向、改变碳同化产物的分配比例和方向，进而改变根系形态和分布以适应环境胁迫，其中根系形态上的变化是最为直观的[364]。

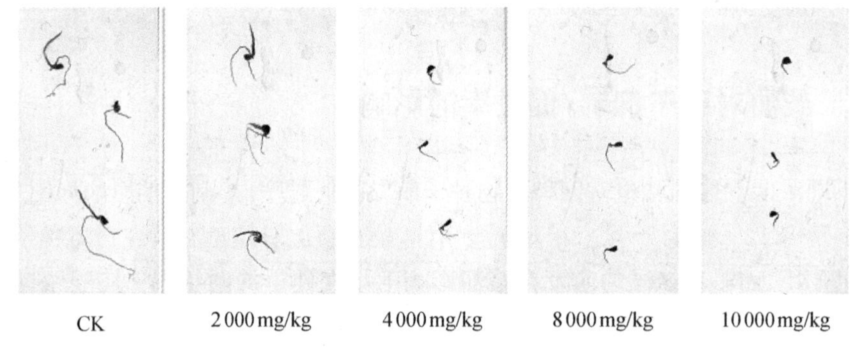


**图 12-5 柴油浓度对紫花鸢尾幼苗生长的影响**

为了进一步阐明柴油对鸢尾根系形态的影响，对不同浓度柴油胁迫下的植物总根长、平均直径和根系投影面积进行分析，如图 12-6 所示。柴油胁迫下总根长的变化见图 12-6(a)，当柴油浓度为 2 000 mg/kg 和 4 000 mg/kg 时，总根长分别为 6.18 cm 和 1.84 cm，分别为对照组(11.65 cm)的 53.0%和 15.8%，且与对照组均呈现显著性差异 ($p < 0.05$)。说明植物根长受到了柴油的抑制，当柴油浓度大于 4 000 mg/kg 时，根长随柴油浓度的变化趋于平缓。在最高的三个浓度梯度间，总根长无显著性差别 ($p > 0.05$)。图 12-6(b)显示了不同浓度柴油对根平均直径的影响，柴油污染下的根平均直径分别为对照组(0.872 2 mm)的 60.3%，54.3%，56.9%和 63.4%，对照组均呈现显著性差异($p<0.05$)，但各浓度间无显著性差异。图 12-6(c)显示了根投影面积受柴油胁迫的影响，根投影面积常用于表征植物根系的发达程度。分析可得，紫花鸢尾根系的发达程度在最低浓度(2 000 mg/kg)下比对照组间显著降低 ($p < 0.05$)。与平均直径相似，在四个柴油浓度处理间不存在差异性。推测总根长、平均直径和根投影面积间存在一定的相关性。

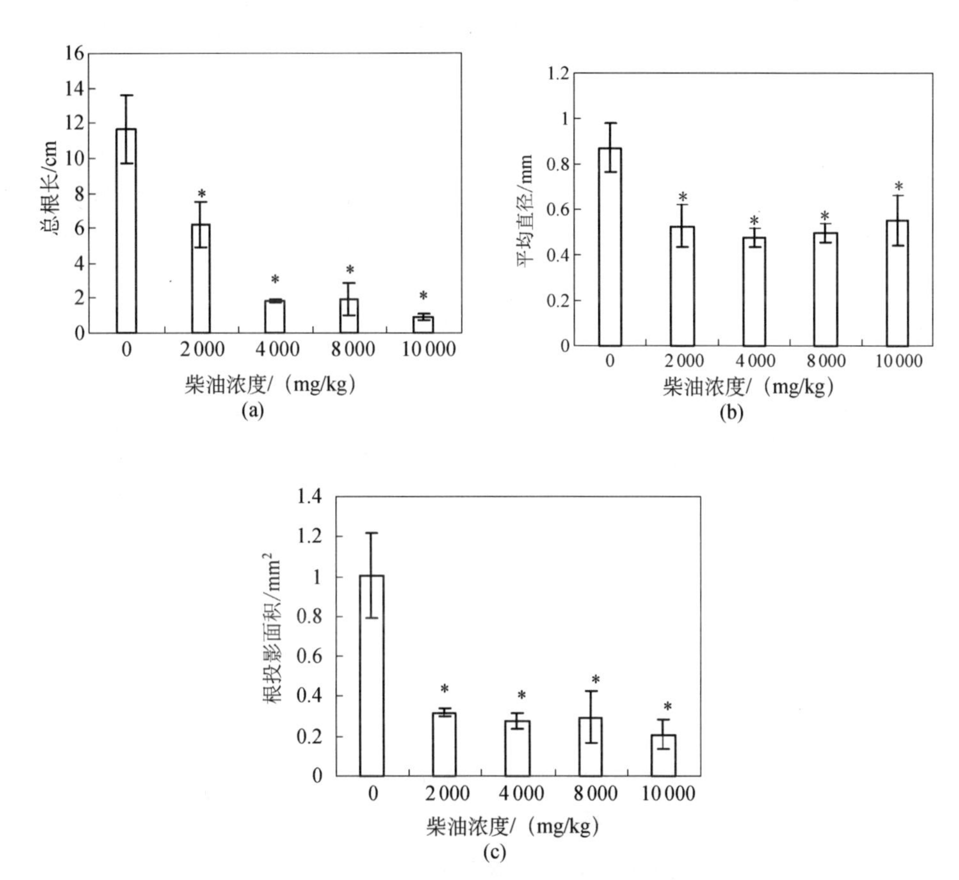


**图 12-6　不同浓度柴油对紫花鸢尾根系形态的影响**

（* 表示与空白相比在 $p<0.05$ 水平上有显著性差异）

总根长、平均直径和根投影面积三项指标与柴油浓度的相关性系数分别为 −0.835 0，−0.499 2，−0.679 9，说明受柴油污染胁迫的敏感度是：总根长>根投影面积>平均直径。值得注意的是，总根长与根投影面积之间显著相关，两者间的相关性系数为 0.898 8($p<0.01$)。综上，三项指标随柴油浓度升高均受到不同程度的抑制，其中植物总根长对柴油的敏感性最强。曾有类似的研究[365]，水稻根系生长受到镉胁迫的过程中，根长、根表面积、根体积等明显受到抑制，且随镉胁迫时间的延长，抑制程度加重。Nicole 等[366]研究也发现 *Brachiaria brizantha* 和 *Cyperus aggregatus* 两种植物的总根长和根表面积受原油污染胁迫的响应较根平均直径和根体积更显著。

## 12.7　植物叶片中过氧化氢($H_2O_2$)的积累

柴油处理下，叶片在荧光显微镜下出现了红褐色斑点，且随着柴油浓度增加，叶片红褐色斑点面积增大，颜色由浅变深，说明随着柴油浓度的增加 $H_2O_2$ 在叶片中产生了积累(见图 12-7)。值得注意的是，当浓度为 4 000 mg/kg 时，$H_2O_2$ 积累扩展到大部分的保卫细胞(空心箭头标示)，说明此时，柴油的过氧化作用开始向细胞内部转化；高浓度柴油处理下(8 000 mg/kg 和 10 000 mg/kg)，$H_2O_2$ 不仅仅在保卫细胞处大量积累，而且扩散至叶片细胞的细胞壁及其他各细胞器。低浓度柴油处理下(2 000 mg/kg 和 4 000 mg/kg)，适量 $H_2O_2$ 可以诱导紫花鸢尾产生逆境响应信号从而使机体做出减轻逆境伤害的反应；然而，随着柴油浓度升高，叶片组织积累了大量的 $H_2O_2$，抑制了植物生长[367]。

CK

2 000 mg/kg

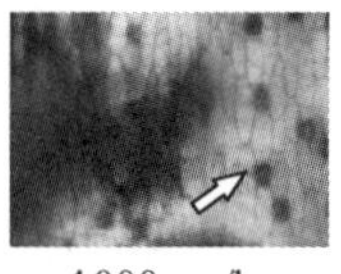

4 000 mg/kg

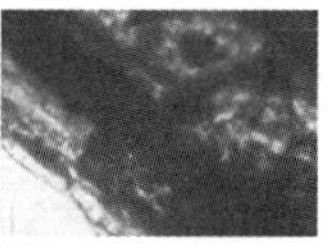

8 000 mg/kg

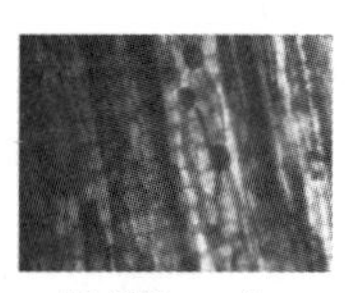

10 000 mg/kg

**图 12-7　不同浓度柴油对紫花鸢尾叶片 $H_2O_2$ 的积累**

(实心箭头指示 $H_2O_2$ 积累部位，空心箭头指示保卫细胞)

柴油污染胁迫降低了种子的萌芽率，延长了种子的萌芽时间，植物不同，种子的耐性不同，柴油烃的影响程度也有明显的差别。耐性较强的植物种子，其萌芽率和萌芽时间基本不受污染胁迫的影响或影响较小，如紫花鸢尾；而对柴油污染较敏感的种子，萌芽周期受污染影响较大，如蘸草。高浓度柴油污染处理条件下，植物种子萌芽率都有所下降，但在整个柴油浓度梯度内，种子萌芽率并没有随柴油的变化呈现明显的规律性。萌芽可能与种子的一些不确定因素有关，如种子质量、大小、营养成分含量等，这些因素都可能造成实验误差。在柴油污染情况下种子萌芽率具有某种程度的不确定性，说明低浓度柴油污染物对植物种子萌芽影响只能用于生态的初级评价，不宜用于土壤污染的深度评价。

柴油污染对紫花鸢尾种子萌芽率和萌发速率都有抑制作用，且该作用随柴油浓度升高而增大；其幼苗总根长、根平均直径和根投影面积也均受到污染物的消极影响，且总根长对不同浓度柴油处理间响应最为敏感；鸢尾叶片中 $H_2O_2$ 的积累随着柴油浓度升高逐渐增多，该指标可用于表征植物对柴油污染胁迫的生理响应特征。

# 第13章　典型植物对柴油污染胁迫的生理响应及修复能力

有机物对动植物的毒性表现在：有机物进入动植物体内后，在细胞内被相关酶代谢，产生很多中间产物，这些中间产物可以直接参与动植物体内的氧化还原循环，伴随这一过程，细胞内也产生大量的活性氧自由离子(reactive oxygen species，ROS)，ROS可以氧化细胞内的DNA、蛋白质、脂质，造成这些活性大分子的氧化损伤，从而影响动植物的正常生长。

研究通过对植物生理指标、环境和土壤中柴油有机烃残留的检测来了解不同湿地植物对柴油的耐受能力及抗性，评价了湿地植物对柴油的修复效果，筛选出能高效降解柴油的湿地植物物种，为植物修复机制的研究做补充。

## 13.1　实验设计与分析

### 13.1.1　实验设计

三棱草、茨菰、水蓼、芦苇采自黄浦江岸边湿地，实验室驯化培养后，选取生长状态一致的植株作为实验材料。

花盆购于农贸市场，使用前用自来水冲洗干净，然后在1%的盐酸溶液中浸泡过夜，取出后用蒸馏水冲洗干净后待用。

土壤采集后，去除石块和大的杂物，风干、碾碎、过筛。沙质土壤基质的初始理化性质见表13-1。将柴油按照0 mg/kg，1 000 mg/kg，5 000 mg/kg，10 000 mg/kg，15 000 mg/kg，20 000 mg/kg的浓度与土壤充分混合均匀后，装入花盆中，每盆装土2 500 g，每个梯度准备三个平行样。常温放置一周备用，期间固定时间翻动土壤以除去其中的易挥发不稳定的有机组分。种植植物前取土样用于初始油组分的测定。

表13-1　沙质土壤基质的理化性质

| 参数 | 数值 |
|---|---|
| 质地/% | |
| 沙粒 | 32.2 |
| 粉粒 | 60.4 |
| 黏粒 | 7.4 |
| 有机质/(g/kg) | 19.6 |
| pH值 | 8.30 |

实验共设计3种处理：①种植植物，土壤中未添加柴油（空白1）；②未种植植物，土壤中添加柴油（空白2）；③种植植物，土壤添加柴油（实验组）。每个处理重复3次。为模拟湿地环境，盆内维持一定的水面高（3～4 cm），实验周期为50 d。采集的植物样用蒸馏水洗净，用滤纸吸干表面水分，根、茎、叶分装入密封袋中，－80℃下保存备用。土壤样品取自根围，风干48 h，研碎过100目筛，密封低温保存备用。

## 13.1.2 分析方法

### 13.1.2.1 叶绿素含量的测定

采用分光光度法[368]。取植物的新鲜叶片适量，剪成碎片混匀，称取0.5 g放入研钵中，加入纯丙酮5 mL，少许碳酸钙和石英沙，研磨成匀浆，再加80％丙酮5 mL，将匀浆转入离心管，并用适量80％丙酮洗涤研钵，一并转入离心管，离心后弃沉淀，上清液用80％丙酮定容至20 mL。再取上述色素提取液1 mL，加80％丙酮4 mL，稀释后转入比色杯中，以80％丙酮为对照，分别测定663 nm，645 nm处的吸光值。再根据稀释倍数分别计算每克鲜重叶片中色数的含量。

### 13.1.2.2 根系活力的测定(α-萘胺氧化法)

实验原理：植物根系能氧化α-萘胺，生成红色的α-羟基-1-萘胺，并沉淀于有氧化能力的根表面，使这部分根染成红色。根对α-萘胺的氧化能力与其呼吸强度有密切联系。可根据根系表面着色深浅，定性观察并判断根系活力大小，也可通过测定溶液中未被氧化的α-萘胺的量，以定量测定根系活力[369]。

试剂：

(1) α-萘胺溶液，称取10 mg α-萘胺放在烧杯中，先用2 mL左右95％酒精溶解，然后加水定容到200 mL，制成50 μg/mL的溶液。另取150 mL 50 μg/mL溶液加水定容至300 mL，制成25 μg/mL的α-萘胺溶液；

(2) 0.1 M磷酸缓冲液(0.1 M的磷酸氢二钠和磷酸二氢钠61∶39)，pH值为7.0；

(3) 0.01 M对氨基苯磺酸溶液。

步骤：

(1) 取50 μg/mL的α-萘胺和磷酸缓冲液各25 mL，在三角瓶中混匀。将须根系洗净吸干，取0.5 g浸入三角瓶。同样取α-萘胺与磷酸缓冲液各25 mL于另一三角瓶，不放根系作为对照。5 min后，两瓶各取2 mL溶液。然后按照步骤(3)进行第一次测定。

(2) 将两个三角瓶置于25℃恒温箱，避光保存60 min后，各取2 mL，再按照步骤(3)做第二次测定。

(3) 取2 mL培养液加入10 mL水，混匀后顺次加入1 mL对氨基苯碳酸钠和

1 mL 亚硝酸钠。混合均匀之后观察颜色变化。再定容至 25 mL。室温下放置 25 min 于 510 nm 测 OD 值。

(4) 做标准曲线，以 50 μg/mL α-萘胺为母液，配制 40 μL，30 μL，20 μL，10 μL，5 μL，0 μg/mL 的溶液各 10 mL，各取 2 mL 按(3)反应，测 OD 值，以 OD 值为纵坐标，浓度为横坐标做标准曲线，并计算回归方程。

(5) 分别查对标准曲线或按回归方程计算实验组合对照组实验前后的 α-萘胺浓度。

结果计算：

$$\alpha\text{-萘胺的生物氧化强度}(\text{g/gFW. h}) = [(C_1' - C_1) - (C_2' - C_2)] \times 48\ \text{mL}/(2\ \text{mL} \times W \times 1\ \text{h})$$

式中，$C_1$，$C_2$ 分别表示 1 h，5 min 后测对照组 OD 值查标准曲线得 α-萘胺浓度；

$C_1'$，$C_2'$分别表示 1 h，5 min 后测实验组 OD 值查标准曲线得 α-萘胺浓度；

$W$——植物鲜重(g)。

#### 13.1.2.3 可溶性蛋白含量的测定

植物体内的可溶性蛋白大多数是参与各种代谢的酶类，测其含量可以了解植物体代谢情况。常用的测定方法是考马斯亮蓝法。

实验原理：

考马斯亮蓝 G-250 测定蛋白质含量属于燃料结合法的一种。考马斯亮蓝 G-250 在游离下呈红色，当它与蛋白质的疏水区结合后变成青色，前者最大光吸收在 465 nm 处，后者在 595 nm 处。在一定蛋白质浓度范围内(0～100 μg/mL)，蛋白质—色素结合物在 595 nm 波长下的光吸收与蛋白质含量呈正比，故可用于蛋白质的定量测定。蛋白质与考马斯亮蓝 G-250 结合，在 2 min 左右的时间达到平衡，完成反应十分迅速，其结合物在室温下 1 h 内保持稳定。该反应非常灵敏，可测微克级蛋白质含量，所以是一种比较好的蛋白质定量法[370]。

试剂：

(1) 牛血清蛋白，配成 1 000 μg/mL 和 100 μg/mL；

(2) 考马斯亮蓝 G-250，称取 100 mg 考马斯亮蓝 G-250 溶于 50 mL 90%乙醇中，加入 85%(W/V)磷酸 100 mL，最后用蒸馏水定容至 1 000 mL。此溶液在常温下可放置一个月；

(3) 90%乙醇；

(4) 磷酸(85%，W/V)。

步骤：

(1) 采集植物的根、茎、叶部分，剪碎混合，取 0.5 g 在冰浴中研磨成糊状，悬浮于 10 mL 50 mmol/L 预冷的磷酸缓冲液(pH7.8，内含 1%聚乙烯吡咯烷酮)中。

于 4℃下 10 000 rap/min，上清液定容至 25 mL，此酶提取液用于分析可溶性蛋白和酶活性。

(2) 0～100 μg/mL 标准曲线的制作，取 6 支试管，按表 13－2 数据配置 0～100 μg/mL 血清蛋白液各 1 mL。准确吸取所配各管溶液 0.1 mL，分别放入 10 mL 具塞试管中，加入 5 mL 考马斯亮蓝 G－250 试剂，盖塞，反复转动数次，混合均匀，放置 2 min 后，在 595 nm 下比色，绘制标准曲线。

**表 13－2　0～100 μg/mL 血清蛋白液的配制**

| 试管管号 | 1 | 2 | 3 | 4 | 5 | 6 |
|---|---|---|---|---|---|---|
| 100 μg/mL 牛血清蛋白量/mL | 0 | 0.2 | 0.4 | 0.6 | 0.8 | 1.0 |
| 蒸馏水量/mL | 1.0 | 0.8 | 0.6 | 0.4 | 0.2 | 0 |
| 蛋白质含量/mg | 0 | 0.02 | 0.04 | 0.06 | 0.08 | 0.10 |

(3) 样品提取液中蛋白质浓度的测定，吸取样品提取液 0.1 mL，放入具塞刻度试管中(设两个重复)，加入 5 mL 考马斯亮蓝 G－250 试剂，充分混合，放置 2 min 后在 595 nm 下比色，记录吸光值，通过标准曲线查得蛋白质含量。

样品的蛋白质含量结果计算方法如下：

$$样品蛋白质含量(mg/gFW) = CV/aW$$

式中，$C$——查标准曲线所得的蛋白质含量(mg)；

$V$——提取液总体积(mL)；

$a$——所取提取液体积(mL)；

$W$——取样量(g)。

#### 13.1.2.4　植物组织中各种抗氧化酶活性的测定

近年来大量研究表明，植物在逆境胁迫或衰老过程中，细胞内自由基代谢平衡被破坏而有利于自由基的产生。过剩自由基的毒害之一就是引起或加剧膜脂过氧化作用，造成细胞膜系统的损伤，严重时会导致植物细胞死亡。自由基是具有未配对价电子的原子或原子团。生物体内产生的自由基主要有超氧自由基($O\cdot_2^-$)、羟自由基(·OH)、过氧自由基(ROO·)、烷基自由基(RO·)等。植物细胞膜有酶促和非酶促两类过氧化物防御系统，CAT，POD，SOD 和氨基酸氧化酶(AAO)等是酶促防御系统的重要保护酶。抗坏血酸(Vc)和还原性谷胱甘肽(GSH)等是非酶促防御系统中的重要抗氧化剂，在这里不做考查。

植物的生长发育是凭借其体内一系列极为复杂的生物化学反应过程及各种代谢活动来完成的，植物体内的各种生理代谢都有赖于酶的催化，有研究表明，水生植物体内过氧化物酶活性提高，有助于催进植物体内的生理代谢活动，并加速水中污染物的去除速率。

酶液的提取参照 13.1.2.3 所述。

1）过氧化氢酶的测定

采用紫外吸收法。$H_2O_2$ 在 240 nm 波长下有强烈吸收，该酶能催化 $H_2O_2$ 分解，使 $H_2O_2$ 在 240 nm 处吸收随时间增加而减少。凡在 240 nm 下有强吸收的物质对本实验都有干扰[371]。

取 10 mL 试管 3 支，其中 2 支为样品测定管，1 支为空白管，按表 13－3 顺序加入试剂。

**表 13－3　样 品 配 制**

| 试管号 | 1 | 2 | 3 |
|---|---|---|---|
| 粗酶液/mL | 0.2 | 0.2 | 0.2 |
| pH7.8 磷酸/mL | 1.5 | 1.5 | 1.5 |
| 蒸馏水/mL | 1.0 | 1.0 | 1.0 |

25℃预热后，逐管加入 0.3 mL 0.1 mol/L 的 $H_2O_2$，每加完一管立即计时，并迅速倒入石英比色杯中，240 nm 下测定吸光度，每隔 1 min 读数 1 次，共测 4 min，待 3 支管全部测定完后，按下式计算酶活性。

结果计算：

以 1 min 内 $A_{240}$ 减少 0.1 的酶量为 1 个酶活单位(u)。

$$\text{过氧化氢酶活性(u/gFW/min)} = \Delta A_{240} \times V_T/(0.1 \times V_1 \times t \times FW)$$

式中，$\Delta A_{240} = As_0 - (As_1 + As_2)/2$

$As_0$——加入煮死酶液的对照管吸光值；

$As_1$，$As_2$——样品管吸光值；

$V_T$——粗酶提取液总体积(mL)；

$V_1$——测定用粗酶液体积(mL)；

$FW$——样品鲜重(g)；

0.1——$A_{240}$ 每下降 0.1 为 1 个酶活单位(u)；

$t$——加过氧化氢到最后一次读数时间(min)。

2）过氧化物酶的测定

过氧化物酶是植物体内普遍存在的、活性较高的一种酶。它与呼吸作用、光合作用及生长素的氧化等都有密切关系，在植物生长发育过程中，它的活性不断发生变化，可以反映某一时期植物体内代谢的变化。

实验原理：在有 $H_2O_2$ 存在下，过氧化物酶能使愈创木酚氧化，生成茶褐色物质,该物质在 470 nm 处有最大吸收,可用分光光度计测量 470 nm 的吸光度变化测定过氧化物酶的活性[368]。

试剂如下:

(1) 50 mmol/L 磷酸缓冲液 pH7.8;

(2) 反应液:在 50 mL 磷酸缓冲溶液中加入愈创木酚 28 μL,于磁力搅拌器上加热搅拌,直至愈创木酚溶解,待溶液冷却后,加入 30% $H_2O_2$ 19 μL,混合均匀,保存于冰箱中。

步骤如下:

取光径 1 cm 比色杯 2 只,一只加入反应混合液 3 mL 和磷酸缓冲液 1 mL,作为对照,另 1 只中加入反应液 3 mL 和上述酶液 1 mL(如酶活性过高可稀释之),立即开启秒表记录时间,于分光光度计上测量波长 470 nm 下吸光度值,每隔 1 min 读数一次。

结果计算:

以每分钟 $\Delta A_{470}$ 变化 0.01 为 1 个过氧化物酶活性单位(u)表示之。

$$\text{过氧化物酶活性}[\mathrm{u/(gFW \cdot min)}] = \Delta A_{470} \times V_T / (W \times V_S \times 0.01 \times t)$$

式中,$\Delta A_{470}$——反应时间内吸光度的变化;

$W$——植物鲜重(g);

$V_T$——提取液总体积(mL);

$V_S$——测定时取用酶液体积(mL);

$t$——反应时间(min)。

3) 超氧化物歧化酶的测定

超氧化物歧化酶(SOD)能通过歧化反应清除生物细胞中的超氧自由基,生成 $H_2O_2$ 和 $O_2$,从而减少自由基对有机体的毒害。

实验原理:

核黄素在有氧条件下能产生超氧自由基负离子,当加入氮蓝四唑(NBT)后,在光照条件下,与超氧自由基反应生成单甲腊(黄色),继而还原生成二甲腊,它是一种蓝色物质,在 560 nm 波长下有最大吸收。当加入 SOD 时,可以使超氧自由基与 $H^+$ 结合生成 $H_2O_2$ 和 $O_2$,从而抑制了 NBT 光还原的进行,使蓝色二甲腊生成速度减慢。通过在反应液中加入不同量的 SOD 酶液,光照一定时间后测定 560 nm 波长下的光密度值,抑制 NBT 光还原相对百分率与酶活性在一定范围内呈正比,根据 SOD 抑制 NBT 光还原相对百分率计算酶活性。SOD 抑制 NBT 光还原相对百分率为 50%时的酶量作为一个酶活力单位(u)[368]。

试剂:

(1) 50 mmol/L 磷酸缓冲溶液(pH7.8);

(2) 0.026 mol/L 甲硫氨酸(Met)磷酸缓冲溶液；

(3) $7.5\times10^{-4}$ mol/L NBT 溶液；

(4) 含 1.0 μmol/L EDTA 的 $2\times10^{-5}$ mol/L 核黄素溶液。

步骤：

每次处理取 5 个洗干净干燥的微烧杯编号，按表 13-4 加入各试剂及酶液，反应系统总体积为 3 mL。

**表 13-4　反应系统中各试剂加入量(mL)**

| 烧杯编号 | 试剂 1 | 试剂 2 | 试剂 3 | 酶液 | 试剂 4 |
|---|---|---|---|---|---|
| 1 | 0.9 | 1.5 | 0.3 | 0 | 0.3 |
| 2 | 0.9 | 1.5 | 0.3 | 0 | 0.3 |
| 3 | 0.9 | 1.5 | 0.3 | 0 | 0.3 |
| 4 | 0.8 | 1.5 | 0.3 | 0.10 | 0.3 |
| 5 | 0.7 | 1.5 | 0.3 | 0.20 | 0.3 |

试剂加入后，充分混合，取 1 号杯置于暗处，作为空白对照。其余 4 个微杯放在温度为 25℃，光强为 4 500 Lux 的光照强度下光照 15 min，然后立即避光终止反应。在 560 nm 下以 1 号杯调零，测定各杯光密度并记录结果。

结果计算：

$$\text{SOD 酶活}[\text{u}/(\text{gFW. h})] = \frac{V\times 1\,000\times 60}{B\times W\times T}$$

式中，$V$——酶提取液总体积(mL)；

$B$——一个酶活力单位的酶液量(μL)；

$W$——样品鲜重(g)；

$T$——反应时间(min)；

1 000——1 mL=1 000 μL；

60——1 h=60 min。

4) 抗坏血酸氧化酶的测定

常用的测定方法是碘量法[368]。

实验原理：

抗坏血酸氧化酶在有氧的情况下，能氧化抗坏血酸呈脱氢抗坏血酸，同时促进其氢与空气中的氧结合生成水。抗坏血酸氧化酶的测定是在该酶的最适 pH 值及适宜的温度下，向反应瓶中加入一定量的底物(抗坏血酸)及酶提取液，让酶作用一段时间，然后测定底物被消耗的数量来计算酶的活性。抗坏血酸被消耗的量可用碘液滴定剩余的抗坏血酸来测定。

试剂：

(1) 50 mmol/L 磷酸缓冲溶液(pH7.8)；

(2) 0.1%抗坏血酸溶液；

(3) 10%的三氯乙酸；

(4) 1%淀粉溶液；

(5) 碘液，称取碘化钾 2.5 g 溶于 200 mL 蒸馏水中，加冰醋酸 1 mL，再加 1 mol/L 碘酸钾 12.5 mL，最后加蒸馏水成 250 mL。

步骤：

取 3 个 50 mL 三角瓶，标上号码，按表 13-5 准确加入各项试剂。

**表 13-5　试剂添加顺序及体积(mL)**

| 瓶号 | 试剂 1 | 试剂 2 | 试剂 3 | 酶液 | 试剂 4 |
| --- | --- | --- | --- | --- | --- |
| ① | 4 | 2 | — | 3 | 1 |
| ② | 4 | 2 | — | 3 | 1 |
| ③ | 4 | 2 | 1 | 3 | — |

现在各瓶中加磷酸缓冲溶液 4 mL，0.1%抗坏血酸 2 mL，并向 3 号瓶加入 10%三氯乙酸 1 mL，以每隔 1 min 在各瓶中依次加入酶液 3 mL，准确记录加入酶液的时间，摇匀后将各瓶在 20℃水浴中酶促反应 5 min 后，立即向 1，2 号瓶各加入 10%三氯乙酸 1 mL，以终止酶的活动，然后各瓶中加入 1%淀粉液 3 滴作为指示剂，用微量滴定管以碘液进行滴定，以出现浅蓝色为滴定终点。

结果计算：

$$\text{抗坏血酸氧化酶活性}(\text{VCmg/gFW}\cdot\text{min}) = [③-(①+②)/2]\times 0.44\times V_t/(W\cdot t\cdot V\text{s})$$

式中，0.44——1 mL 碘液氧化抗坏血酸 mg 数；

①，②和③分别为 1，2，3 瓶中碘液滴定用量(mL)；

$V_t$——酶液提取总量；

$W$——样品重；

$t$——反应时间；

$V$s——测定时酶液的用量。

#### 13.1.2.5　土壤中柴油含量的测定

参照文献[372]的提取方法，取 2 g 风干土于 25 mL 离心管中，用 30 mL 提取液(二氯甲烷：正己烷=1：1，V/V)于 40℃下分三次超声提取，每次 30 min，离心，收集上清液于已知重量的小烧杯中，低温烘干至恒重，重量法测定土壤中柴油的降解率。

## 13.2　柴油胁迫下不同植物叶绿素含量的变化

叶绿素是光合作用膜中的绿色色素，是植物捕获太阳光能进行光合作用的重要物质。叶片中叶绿素的含量必然影响到植物光合作用的效率，从而影响到植物生长和生物量积累。因此，评价叶绿素含量有助于了解污染物对植物的影响[373-375]。叶绿素含量和叶绿素 a/b 值是光合作用的基础参数，常作为植物抗性指标，用于评价环境污染对植物的影响。Huang 等[373]在对多种植物进行抗性分析后指出抗污能力强的高羊茅草具有较高的茎含水量和根生物积累量，并且能够维持一定的叶绿素含量水平和叶绿素 a/b 值。

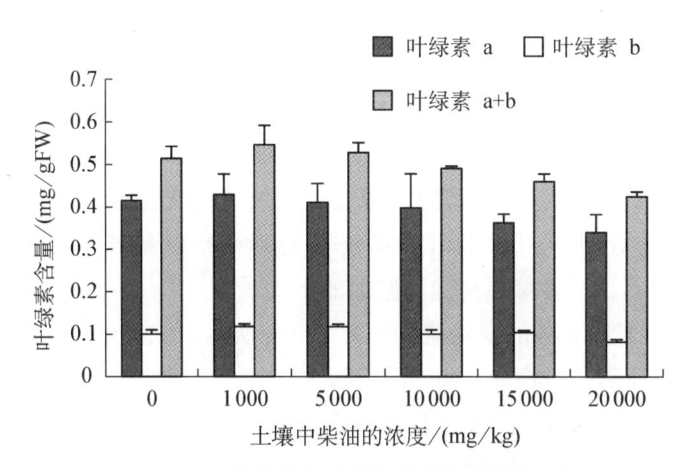


**图 13-1　三棱草中叶绿素随柴油浓度的变化**

从图 13-1 中可以看出，三棱草叶绿素 a，b 和 a+b 含量在 1 000 mg/kg 柴油浓度下，相对于空白参照都有所上升，数据显著性差异较为明显，分别比对照高出 3.5%，16.3%和 6.0%。当柴油浓度为 5 000 mg/kg 时，叶绿素 a 和 a+b 开始下降，前者甚至低于空白参照 1.0% ($p < 0.01$)，而叶绿素 b 仍高出空白参照，高出了 17.5% ($p < 0.01$)。之后随着柴油浓度的增大，除了叶绿素 b 变化无规律性外，其他两种色素都依次下降，且叶绿素 a+b 显著性下降 ($p < 0.05$)。在最高柴油浓度处理下，三种色素相对于空白分别降低了 17.8%，20.8%和 18.4%。

50 d 培养后茭蓝的叶绿素 a，叶绿素 b 和总叶绿素含量如图 13-2 所示。可以看出叶绿素 a 和总叶绿素含量的变化趋势相同，均在 1 000 mg/kg 处理下出现最高值，而后随柴油浓度的增大呈下降趋势，且在较低的三个浓度间均存在显著性差

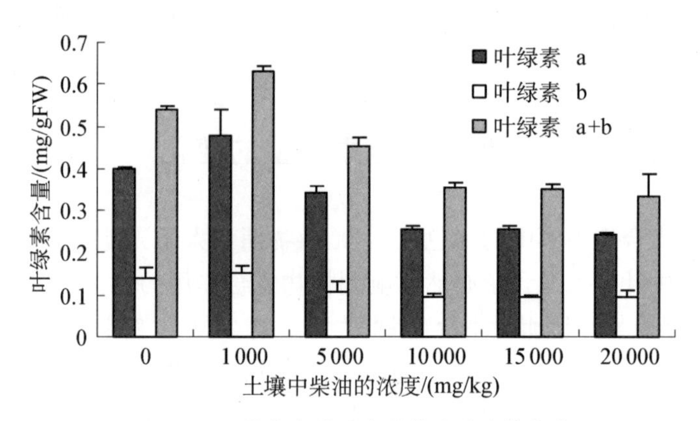


**图 13－2　茨菰中叶绿素随柴油浓度的变化**

异（$p < 0.01$）。与 1 000 mg/kg 柴油浓度处理相比，5 000 mg/kg 处理下叶绿素 a 和总叶绿素含量比分别下降了 28.2%和 28.5%，10 000 mg/kg 处理下分别降低了46.3%和 44.1%。但在 10 000，15 000 和 20 000 mg/kg 三个梯度间叶绿素 a 和总叶绿素含量数据分析均无显著性差异。柴油对茨菰叶绿素 b 含量也存在刺激作用，使其在 1 000 mg/kg 处达到最大值，但该作用不显著，之后随柴油浓度的增大，叶绿素 b 的含量波动性下降，数据分析显示各梯度间无显著性差异（$p > 0.05$）。在 20 000 mg/kg 处理下，叶绿素 a，b 和 a＋b 相对于空白参照分别降低了 39.2%，34.5%和 38.0%，比三棱草更易受到柴油的影响。

芦苇中叶绿素随柴油的变化情况如图 13－3 所示。三种色素含量最高值都出现在 10 000 mg/kg，与空白相比高出了 30.0%，7.3%和 23.3%。除了叶绿素 b 外，其他两个色素在较低浓度的柴油刺激下有所上升，但无显著性差异（$p > 0.05$）。而在较高的三个浓度处理下，三种色素都显著性下降，且当柴油浓度最高时，光合色素的含量都显著低于空白处理（$p < 0.05$）。

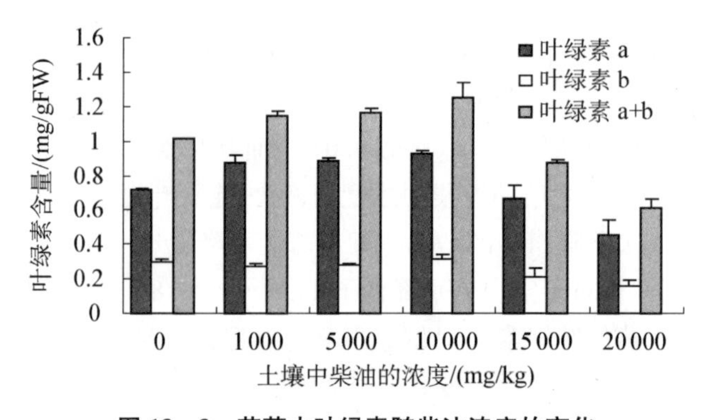


**图 13－3　芦苇中叶绿素随柴油浓度的变化**

与以上三种植物不同的是，水蓼的叶绿素 a 随柴油浓度的增大而单调降低（见图 13－4），分别降低了 1.7%，4.8%，22.8%，41.1%和 45.3%，且在中间三个梯度间差异显著（$p < 0.01$）。叶绿素 b 在最低浓度稍有上升后随柴油浓度增大单调降低，显著差异不明显。当柴油浓度为 10 000 mg/kg 时，三种色素的含量都低于参照空白，且数据显著性差异明显（$p < 0.05$）。

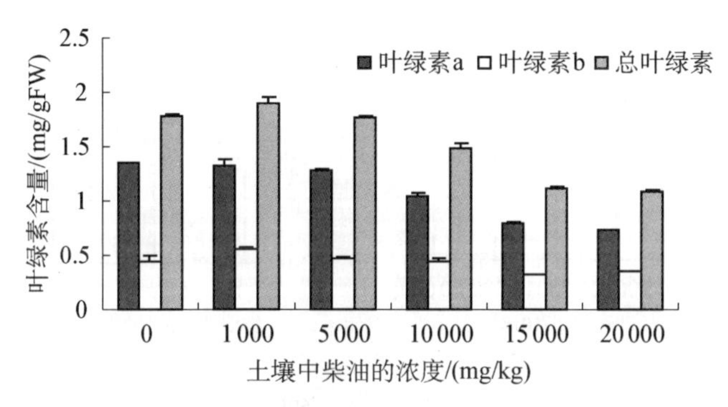


**图 13－4　水蓼中叶绿素随柴油浓度的变化**

叶绿素是植物光合作用的物质基础，其含量高低决定着植物光合作用水平，叶绿素破坏与降解可能直接导致光合作用效率的降低，使得植物长势减弱，生长量减少。说明低浓度柴油对叶绿素的合成有促进作用，高浓度的柴油污染胁迫下，使得叶绿素酶活性比例失调，叶绿素分解加快，含量降低。相关性分析的结果，叶绿素 b 与柴油浓度的相关性较其他两个差。在环境研究中，有人用斜率的绝对值的大小来评价不同类型植物对外来物质的敏感性[376]。本实验比较看来，4 种植物中芦苇对柴油的耐受性较强，在较高的柴油梯度（1 000 mg/kg）下，光合作用仍未受到抑制。而对于高浓度的柴油污染物来讲，三棱草也同样表现出强的耐受性，其叶绿素 a+b 仅比空白参照低了 6.0%，远远低于其他几种植物。

Huang 等[373]研究发现，当植物受逆境胁迫时，植物叶片中叶绿素的含量也会降低，而叶绿素 a/b 值会升高。但在该研究中，叶绿素 a/b 值在 5 000 mg/kg 处达到最大值，之后随柴油浓度的增加有所降低。宋雪英等[374]研究了柴油对小麦幼苗中叶绿素 a 含量的影响，发现 500 mg/kg 的低浓度污染对叶绿素 a 的合成有刺激作用，从 1 000 到 30 000 mg/kg，叶绿素 a 含量呈下降趋势。柴油中的有机污染物可能抑制了叶绿素合成途径中的酶的活性。并且有研究表明，石油类污染物可导致土壤 NaCl 盐渍化[377]，NaCl 胁迫又将破坏叶绿素生物合成过程中的中间体——原卟啉[378]，从而间接使得叶绿素合成受阻。总的来讲，低浓度柴油刺激了植物的光合作用，而高浓度的柴油对植物光合作用又产生了抑制，直接或间接地影响到植物生长，进而影响到植物对土壤中柴油污染物的吸收和利用能力。

## 13.3 柴油胁迫下不同植物根的活力的变化

柴油对四种植物根的活力的影响如图 13-5 所示。

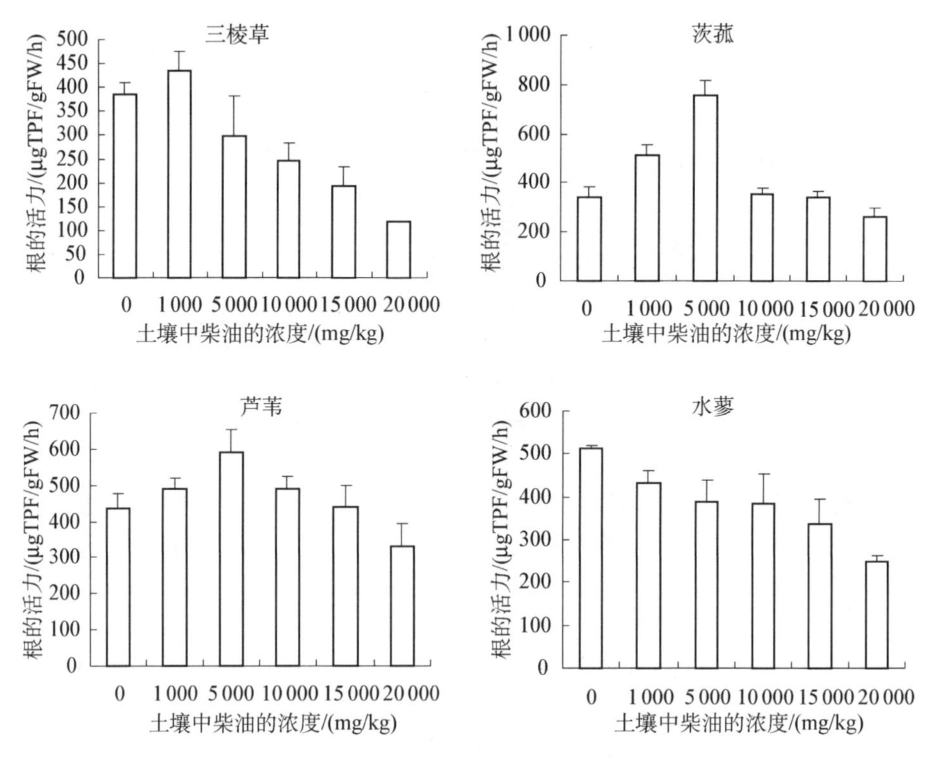


**图 13-5 植物根的活力随柴油浓度的变化**

从图 13-5 看出，在无柴油的环境下，四种植物的根系氯化三苯基四氮唑(TTC)还原强度为 343.3～512.0 μg TPF/gFW/h，植物种类之间的差异显著($p<0.01$)。在柴油胁迫的环境下，除了水蓼外，其他三种都是随着柴油浓度的增大先上升后下降。茨菰和芦苇的根系最大活力都出现在 5 000 mg/kg 的处理下，分别为 592.44 μg TPF/gFW/h 和 757.3 μgTPF/gFW/h，与空白参照相比有极显著性差异($p<0.01$)，之后 TTC 还原强度与柴油浓度呈显著负相关($p<0.05$)。三棱草的根系活力在 1 000 mg/kg 处达到最高值，相对于空白高出 13.2%，相对于芦苇(36.3%)和茨菰(120.6%)较低，当柴油浓度为 20 000 mg/kg 时，根系活力相对于空白降低了 69.4%。

## 13.4 柴油胁迫下不同植物组织中可溶性蛋白含量的变化

植物体内的可溶性蛋白是指可以以小分子状态溶于水或其他试剂的蛋白，大多数是参与各种代谢的酶类，测定其含量是了解植物总体代谢的一个重要指标。由图 13-6 可以看出，柴油胁迫对三棱草根、茎、叶中的可溶性蛋白含量都有一定的影响。蛋白质含量总体随着柴油浓度的升高呈现增加的趋势，含柴油的土壤对三棱草各组织中蛋白质都有刺激作用，相对于空白参照有显著性差异（$p<0.01$）。根、茎、叶中的可溶性蛋白均在最大柴油浓度下出现最大值，相对于空白参照增加了 157%，123%和 284%，对叶的促进作用较明显一些。

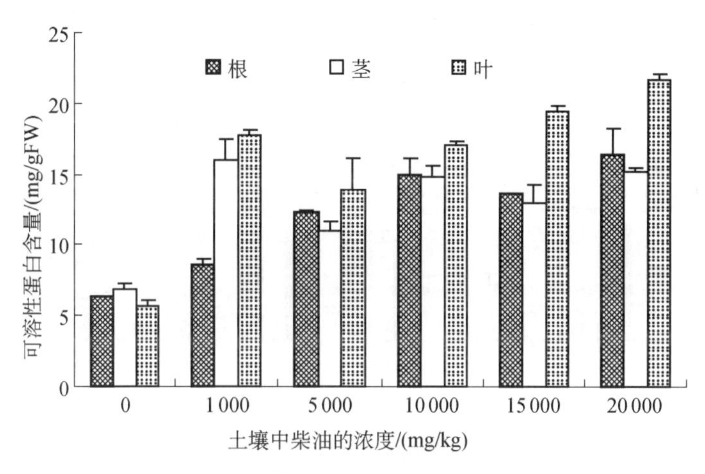


**图 13-6　三棱草可溶性蛋白随柴油浓度的变化**

与三棱草不同，茨菰各组织中可溶性蛋白含量在最大柴油浓度下出现较低值（见图 13-7），根部甚至低于空白参照（$p<0.01$），其最大值出现在 1 000 mg/kg 的处理水平下，而茎和叶的最大值都出现在 5 000 mg/kg，且对于空白参照数据显著性差异较为明显（$p<0.01$），分别高出了 46.2%，130.1%和 115.7%。而后，

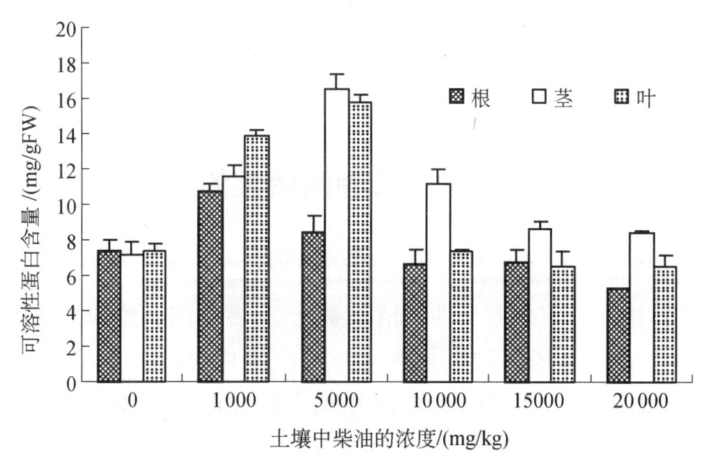


**图 13-7　茨菰可溶性蛋白随柴油浓度的变化**

蛋白质含量又随柴油浓度有下降的趋势,但除了茎的变化比较显著($p < 0.05$)外,其他两个的变化并不显著。

水蓼各组织中的可溶性蛋白含量变化如图 13-8 所示,在 1 000 mg/kg 处理下,其根、茎、叶中蛋白含量显著低于空白($p < 0.01$),而后却又随柴油浓度的增高波动性地增加。总体来说,其变化趋势与三棱草相似。

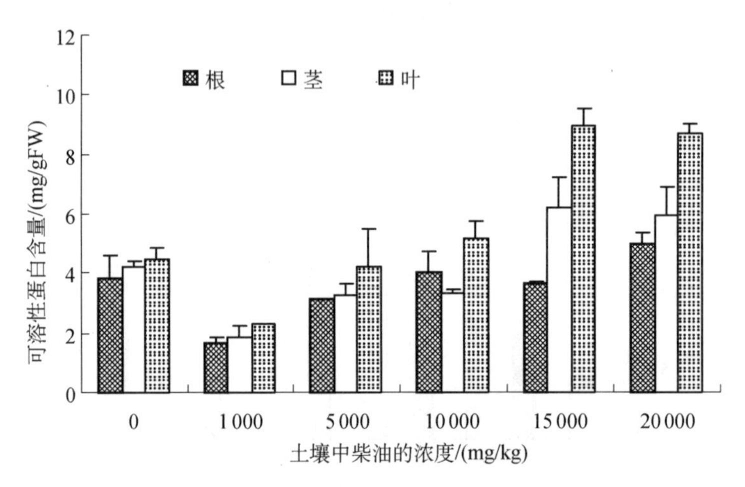


**图 13-8　水蓼可溶性蛋白随柴油浓度的变化**

可溶性蛋白含量与抗旱性的关系近年来引起重视,它们的平行增长关系已经在多种抗寒植物中被发现,植物在逆境下失水伤害是首要的:可溶性蛋白的增加可以束缚更多的水分,同时可以减少原生质内结冰而伤害致死的机会。所以,可溶性蛋白增加可能是因为植物体内处于缺水状态,柴油污染物会阻碍植物根对水分的吸收,为满足植物体对水分的需求,机体靠蛋白质含量增加来束缚水分,保持机体的正常生长,而当柴油污染物的浓度达到一定程度,植物体的生长受到了抑制,不能靠增加蛋白质的量来维持植物的生长,其含量就出现了下降的趋势。这样看来,三棱草和水蓼对柴油的耐受能力比茨菰强。水蓼本身也具有一定的抗旱能力。

## 13.5　柴油胁迫下不同植物中各种酶活性的变化

大量研究表明,逆境环境会影响植物的酶促系统,其中 POD, SOD, CAT 酶共同组成植物体内一个有效的活性氧清除系统,三者协调一致的共同作用,能有效地清除植物体内的自由基和过氧化物。一定范围内,SOD, CAT 共同作用能把 $O_2^-$ 和 $H_2O_2$ 转化为 $H_2O$ 和 $O_2$,并能起到减少具有毒性和高活性 · OH 的形成;POD 和 CAT 则可催化 $H_2O_2$ 形成 $H_2O$,从而有效阻止 $O_2^-$ 和 $H_2O_2$ 的积累,限制这些自由基对膜脂过氧化的启动。

### 13.5.1　柴油胁迫对茨菰中超氧化物歧化酶活性的影响

超氧化物歧化酶(SOD)是植物中普遍存在的一种含金属的酶，其存在与细胞的需氧代谢密切相关。植物体细胞内积累了高浓度的超氧根离子，植物会以通过提高其体内的 SOD 活性的方式对超氧根离子浓度进行调节。SOD 防御活性氧或其他过氧化物自由基对细胞膜系统的伤害，广泛应用于植物对逆境的反应机理的研究。由图 13－9 可以看出，空白参照样品中 SOD 酶活性是茎＞根＞叶，根部酶活性随柴油浓度的增大有升高的趋势，在 1 000 mg/kg 的处理下达到最大值，而后开始显著降低（$p < 0.01$)，且最高柴油浓度出现最低值。茎和叶中的 SOD 活性随柴油浓度单调下降，且茎在 10 000，15 000 和 20 000 mg/kg 三个处理水平间有数据显著性差异（$p < 0.01$)，叶的变化趋于平缓，数据间无显著性差异。

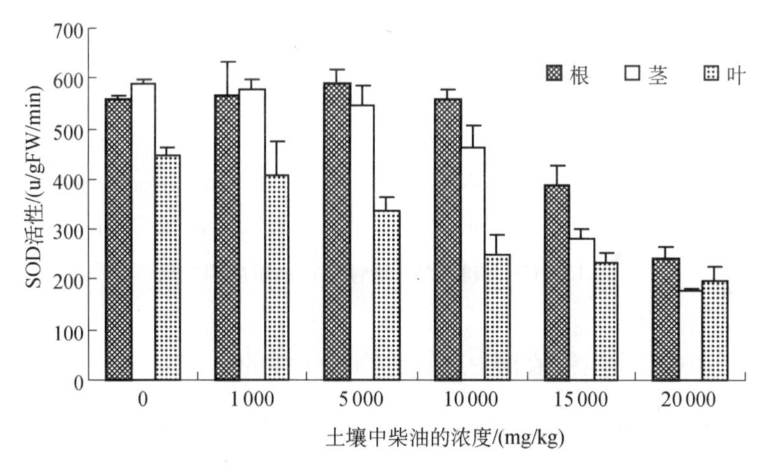


**图 13－9　茨菰 SOD 活性随柴油浓度的变化**

### 13.5.2　柴油胁迫对四种植物中过氧化氢酶活性的影响

四种植物中过氧化氢酶活性随柴油的变化情况如图 13－10 所示。

从图 13－10 可以看出，水蓼中的 CAT 酶活性远高于另外三种植物($p < 0.01$)。芦苇和水蓼的茎和叶中的 CAT 酶活性随柴油浓度先增大而后又降低，且最大值都出现在 15 000 mg/kg 的柴油处理水平上，但水蓼茎中酶的变化并没有显著性差异（$p > 0.05$)，植物叶对柴油浓度的变化呈现较强的敏感性，这点也同样可以从三棱草和茨菰的变化趋势中看出。三棱草根和茎中酶活性的变化呈现波动性，但也同样具有先增后降的趋势。CAT 的酶活性是可以被氧化条件诱导的，数据分析显示，CAT 酶活性与土壤中柴油浓度有一定的正相关性。

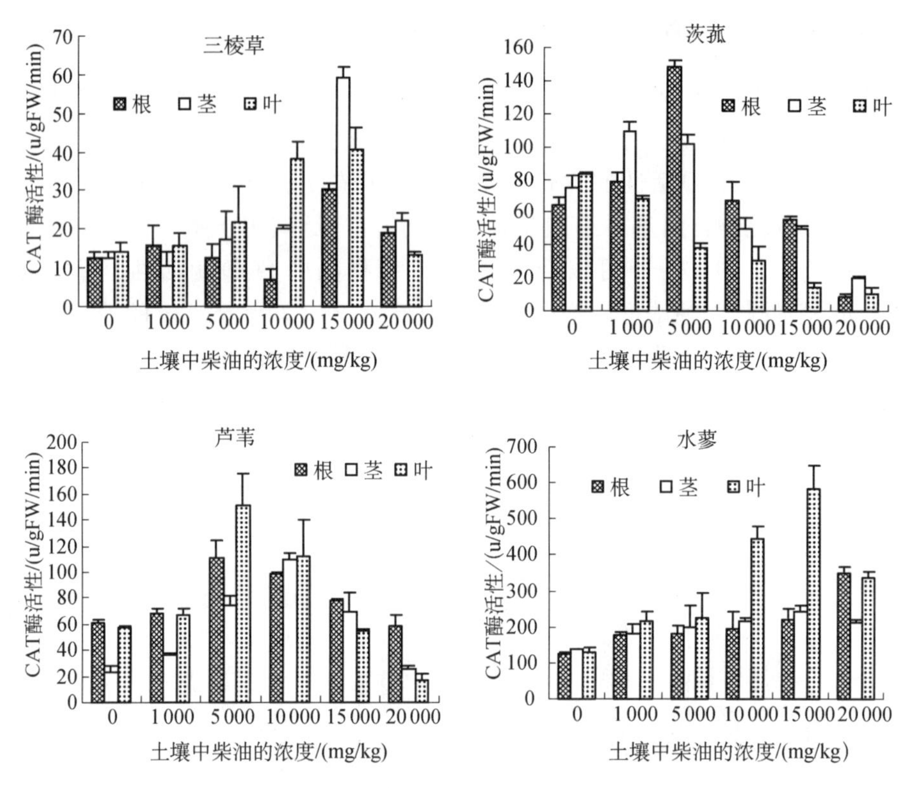


**图 13-10 植物 CAT 活性随柴油浓度的变化**

### 13.5.3 柴油胁迫对四种植物中过氧化物酶活性的影响

过氧化物酶(POD)是植物体内分布较广的一类氧化还原酶,为植物体内清除活性氧伤害的酶保护系统的重要组成之一,具有重要的生理功能,在清除超自由基、控制膜脂的过氧化作用和保护细胞膜的正常代谢方面起到重要作用。从图13-11纵坐标看,水蓼中的POD酶的活性是最低的,茨菰和芦苇的POD酶活性在一个数量级上,酶活性较高,三棱草酶活性位居中间。

三棱草酶活性的变化比较特殊,在低浓度柴油诱导下有降低的趋势,根中的POD酶活性显著降低 ($p < 0.01$),在 1 000 mg/kg 的浓度下出现最低值,推测可能是因为低浓度的柴油造成了三棱草机体的活力降低,其内部的酶活性也降低,但这样的酶活性水平仍能够满足机体的正常生长,然而当柴油浓度增长到一定程度,POD酶活性受到了刺激,又出现回升。其茎中的酶活性在 15 000 mg/kg 下回升后,在最大浓度又有所降,但显著性差异并不明显。叶中酶活性波动性降低。

茨菰的根、茎、叶中的POD酶活性均在 5 000 mg/kg 下出现最大值,相对于空白参照显著性较强 ($p < 0.01$),高出了 124.8%,12.9%和 40.0%。之后随柴油

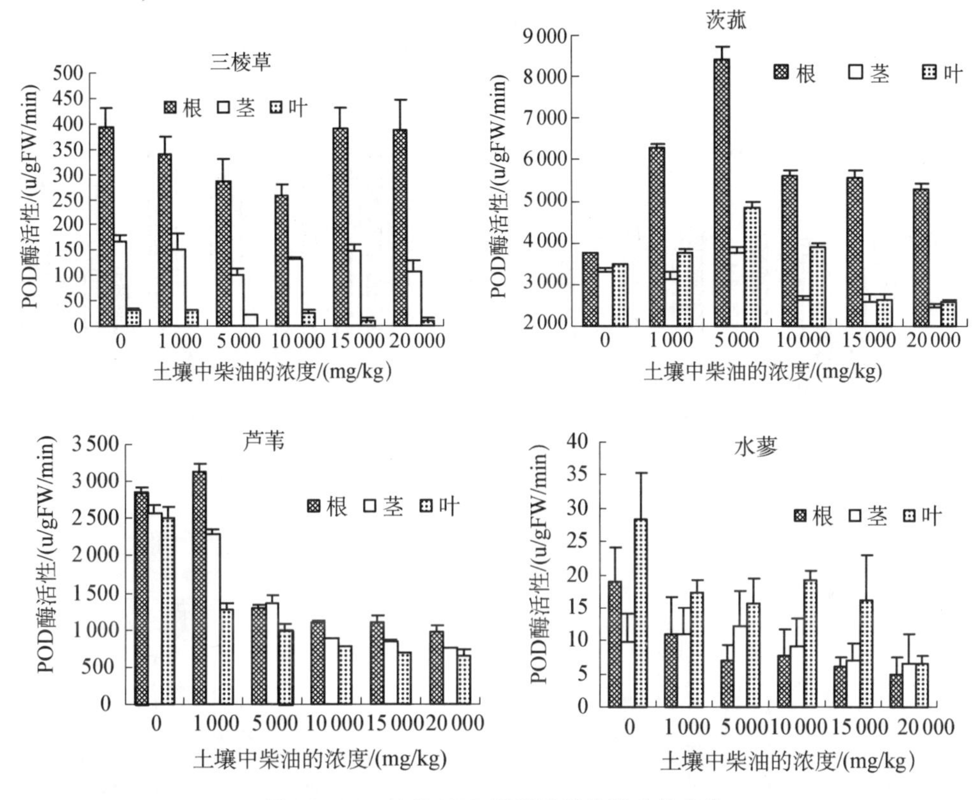


**图 13-11　植物 POD 活性随柴油浓度的变化**

浓度的增加而降低，但并不显著，尤其是在较大的三个梯度间，数据分析显示无显著性差异 ($p>0.05$)。当柴油浓度为 20 000 mg/kg 时，茎和叶中的 POD 活性显著低于空白参照，根组织中的 POD 酶活性仍高于空白参照。

除了根中的酶活性在 1 000 mg/kg 下出现小幅度的升高外，芦苇机体中的 POD 酶活性总体趋势为随柴油浓度升高而下降，在 0，1 000，5 000，10 000 mg/kg 的处理下，酶活性具有显著性差异，较大的柴油浓度间数据无显著性差异。在最大浓度处理下，根、茎、叶中的酶活性都显著低于空白参照。

水蓼的 POD 酶活性的标准方差偏大，数据不稳定。原因可能是水蓼的各组织中 POD 受到更多的因素限制，虽然其变化呈现波动性，但其总体也存在降低的趋势。

### 13.5.4　柴油胁迫对四种植物中抗坏血酸氧化酶活性的影响

抗坏血酸氧化酶是一种含铜的酶，位于细胞质中或与细胞壁结合，与其他氧化还原反应相偶联起到末端氧化酶的作用，能催化抗坏血酸的氧化，在植物体内物质代谢中具有重要的作用。四种植物中的 AAO 酶活性的变化如图 13-12 所示。

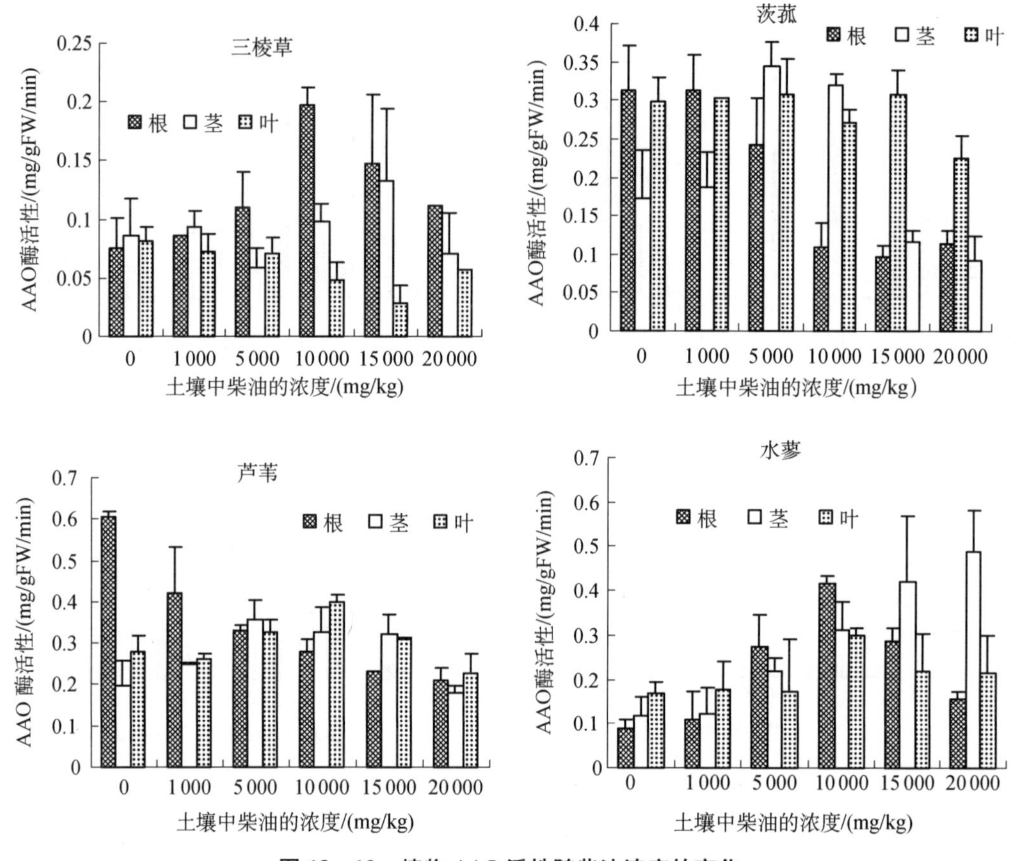


**图 13-12 植物 AAO 活性随柴油浓度的变化**

三棱草根和茎中的抗坏血酸氧化酶随柴油浓度的增大波动性升高，分别在 10 000 mg/kg 和 15 000 mg/kg 浓度下出现最大值，相对于空白参照有显著性差异（$p < 0.01$），分别高出了 162.7%和 54.6%。叶中的酶活性却随柴油浓度有降低的趋势，且在 5 000 mg/kg，10 000 mg/kg 和 15 000 mg/kg 三个梯度间数据显著性差异较明显（$p < 0.01$）。

与三棱草相反，茨菰的根和叶中的 AAO 酶活性随柴油浓度的增大而降低，而在较低的三个梯度间变化并不显著。当柴油浓度达到最大值时，根和叶中的酶活性也达到了最低值，且显著低于空白参照。叶子中的抗坏血酸酶活性在 5 000 mg/kg 的处理水平下出现最大值，而后随柴油浓度的增加而降低（$p > 0.05$）。柴油浓度最大时，其酶活性仍高于空白参照。

芦苇根中的酶的活性变化与茨菰相似，但数据分析显示有较明显的差异性（$p < 0.01$），随柴油浓度的增加依次降低了 30.6%，45.0%，54.1%，61.8%和 65.6%。茎和叶中的 AAO 酶活性在低浓度柴油刺激下有升高的趋势，分别在

5 000 mg/kg 和 10 000 mg/kg 下出现最大值，分别为 0.36 mg/gFW/min 和 0.4 mg/gFW/min，相对于空白参照具有显著性差异。

水蓼根和叶中的 AAO 酶活性的变化规律大致相似，均在 1 000 mg/kg 下出现最大值，且与空白参照相比有显著性差异，而后随柴油浓度的增大而降低。茎组织中的酶活性随柴油浓度一直显著性上升（$p < 0.01$），依次升高了 5.1%，87.6%，170.1%，262.3%和 320.0%。

### 13.5.5　不同植物中不同种酶对柴油的敏感性

不同组织中的酶活性与土壤中柴油浓度关系的线性回归方程的斜率(a)和截距(b)之比值的绝对值|b/a|能够较好地描述不同组织中各参数对柴油的敏感性。植物酶对柴油的敏感性系数如表 13-6 所示。

表 13-6　植物酶对柴油的敏感性系数

| 植物种类 | | 三棱草 | 茨菰 | 芦苇 | 水蓼 |
|---|---|---|---|---|---|
| CAT | 根 | 4.18E-5 | 3.51E-5 | 3.67E-6 | 6.37E-5 |
| | 茎 | 1.1E-4 | 3.73E-5 | 1.15E-5 | 2.02E-5 |
| | 叶 | 2.54E-5 | 4.84E-5 | 2.55E-5 | 0.29 |
| POD | 根 | 4.87E-6 | 1.54E-6 | 3.90E-5 | 3.90E-5 |
| | 茎 | 1.09E-5 | 1.52E-5 | 4.04E-5 | 4.04E-5 |
| | 叶 | 3.58E-5 | 1.69E-5 | 3.90E-5 | 5.18E-5 |
| AAO | 根 | 3.07E-5 | 3.03E-5 | 1.03E-4 | 3.43E-5 |
| | 茎 | 7.11E-6 | 1.29E-5 | 1.45E-6 | 1.74E-4 |
| | 叶 | 2.68E-5 | 3.03E-5 | 2.61E-6 | 1.65E-5 |

从表 13-6 看出，不同植物中不同种酶对柴油表现出不同的敏感性，三棱草不同种酶对柴油的敏感顺序为：CAT > POD > AAO，茨菰为 CAT > AAO > POD，芦苇为 POD > AAO > CAT，水蓼为 AAO > POD > CAT。

## 13.6　植物对柴油的降解情况

四种植物对柴油的降解情况如图 13-13 所示。对未种植植物的空白土壤来讲，植物对油污的修复效果是显而易见的。当柴油浓度为 5 000 mg/kg 时，三棱草对污染物的降解率高达 75%，是空白土壤修复效果的三倍以上。植物对柴油的修复效果随柴油浓度的增大有降低的趋势，芦苇受柴油的影响较为明显。值得注意的是，水蓼和芦苇比较适合修复轻度污染的土壤，其最高修复效率分别为 60.1%

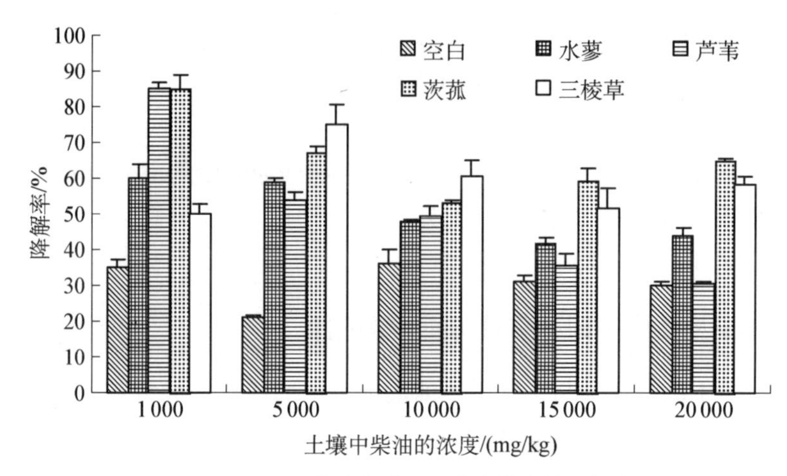


**图 13-13　四种植物对不同浓度柴油的降解率**

和 85.0%，且均出现在最低浓度的柴油处理下。相对而言，三棱草和茨菰对柴油的修复效果在整个实验的污染物浓度下都较高，且受柴油浓度影响较小。

由于植物对柴油的吸收及污染物在植物体内的传输与植物组织中的脂含量正相关，针对于此，我们测得的四种植物的根、茎、叶中的脂含量如表 13-7 所示。

**表 13-7　四种植物脂含量(g/g 干重)**

| 部位 | 三棱草 | 茨菰 | 芦苇 | 水蓼 |
| --- | --- | --- | --- | --- |
| 根 | 0.053 | 0.028 | 0.014 | 0.021 |
| 茎 | 0.107 | 0.069 | 0.023 | 0.096 |
| 叶 | 0.067 | 0.040 | 0.013 | 0.008 |

表 13-7 中三棱草及茨菰的根部脂含量最多，有利于根部对有机物的吸收和传输，所以在高浓度柴油下依然保持较高的修复效果，与上述结论不谋而合。整体看来，三棱草和茨菰的组织中脂含量较高，能吸收和传递较多的柴油组分，对柴油污染物的敏感性也较强。

柴油污染胁迫下，植物中的叶绿素、根的活力及各组织中的酶活性都受到了不同程度的影响。低浓度的柴油污染物有利于提高植物光合色素的含量及根的活力，说明植物对污染物都有一定的耐受能力；当植物生长受到胁迫时，植物能通过调节自身体内的酶活性来降低这种外来威胁，酶活性的变化再次证明了植物对柴油的耐受能力，不同植物中不同种酶对柴油表现出不同的敏感性，说明植物对逆境的可接受程度不同；三棱草和茨菰的各组织尤其是根部中脂含量较高，能吸收和传递较多的柴油组分，相对于水蓼和芦苇，对柴油的耐受能力和降解能力都较高。

# 第 14 章 典型植物根系微环境对柴油胁迫响应及降解特征

根际是指植物的根表以及受根系直接影响的几毫米的土壤微域，在物理、化学和生物特性上不同于原土体的特殊土区，也是土壤微生物生长特别旺盛的区域。本章主要研究柴油对植物根际土中的各种酶及各种微生物数量的影响。

根际土壤中的酶主要有 3 个来源：

(1) 直源于根系本身，受根系的生理活动及环境胁迫的影响，植物往往会向外分泌大量的酶，如酸性磷酸酶；

(2) 源于微生物，根际微生物的大量增加，必然会引起酶的数量和种类的增加；

(3) 土壤中一些原生动物如蚯蚓能分泌酸性和碱性磷酸酶。

土壤酶活性直接影响到土壤养分的供应和储存，是土壤生物活性强度的标志之一。根据作用原理可以将土壤酶分为水解酶、氧化还原酶类、转移酶类、裂合酶类四大类(见表 14 - 1)。

**表 14 - 1 土壤酶的种类**

| 土壤酶种类 | 土壤酶亚类 |
| --- | --- |
| 水解酶类 | 蔗糖酶、麦芽糖酶、纤二糖酶、密二糖酶、乳糖酶、淀粉酶、纤维素酶、葡聚糖酶、果聚糖酶、菊粉酶、地衣多糖酶、脲酶、蛋白酶、酰胺酶、磷酸酶、偏磷酸酶、植酸酶、核酸酶、果胶酶、脂肪酶、氰酸酶、氨肽酶、硫酸酶、芳香基酰酶 |
| 氧化还原酶 | 脱氢酶、酚氧化镁、过氧化氢酶、过氧化物酶、脲酸梅、硫化物氧化酶、抗坏血酸氧化酶、吲哚- 3 -甲醛(IA)氧化酶、硫酸盐还原酶、硝酸盐还原酶、亚硝酸盐还原酶、羟胺盐还原酶 |
| 转移酶 | 转氨酶、果聚糖蔗糖酶、转糖苷酶 |
| 裂合酶 | 天门冬氨酸脱羧酶、谷氨酸脱羧酶、色氨酸脱羧酶 |

土壤根际中的微生物主要包括细菌、真菌和放线菌等。根际土中的微生物群体密度一般比非根际土壤中的大。微生物对植物生长发育有着积极的促进作用，是土壤发育过程的重要生物指标之一，在改善土壤肥力、改善根际环境、促进根系

生长和防止植物病害等方面有一定的作用，还可以促进有机物质的分解，对调节土壤有机质含量和腐殖质的形成和分解起到决定性作用。

## 14.1 土壤酶活性、柴油含量及微生物的测定

### 14.1.1 土壤酶活性的测定

1) 硝酸还原酶(2，4-D法)

称取风干土2.5 g，置于250 mL的具塞锥形瓶中，逐滴加入含2.5%(W/V)的2，4-D的乙醇溶液，以完全覆盖土壤。用电吹风将土壤中的乙醇挥发殆尽，再往该处理后的土壤中加入含5 mmol/L的$KNO_3$溶液5 mL，旋转锥形瓶数秒，使得内含物均匀混合，于25℃暗处培养24 h。培养结束后，再往瓶中加入2.5 mol/L的KCl溶液20 mL，盖上瓶塞子，在摇床上震荡30 min，过滤，取1 mL滤液与50 mL容量瓶，稀释至40 mL，注入1 mL对氨基苯磺酸试剂，放置10 min，然后加入α-萘胺试剂1 mL和20 g/L醋酸钠溶液1 mL，显色10 min，定容。用分光光度计于波长520 nm处进行比色，记录吸光度[379]。

标准曲线的绘制：同时吸取亚硝酸根浓度为0.01 mg/mL的标准溶液0.5 mL，1.0 mL，2.0 mL，3.0 mL，4.0 mL，5.0 mL，分别放入50 mL容量瓶中，即得0.005 mg，0.01 mg，0.02 mg，0.03 mg，0.04 mg，0.05 mg的$NO_2^-$溶液，然后与待测样品同样步骤和条件进行显色与比色。根据系列标准$NO_2^-$溶液的透光度绘制标准曲线，查出待测样品中的$NO_2^-$毫克数。

测定过程中同时设置空白参照，即不加硝酸钾溶液，而用5 mL蒸馏水代之，其余步骤与上述相同。

2) 磷酸酶(磷酸苯二钠法)

称取2 g风干土根际土壤，于100 mL锥形瓶中，加入0.5 mL甲苯，处理10 min后，加入1 g/Lβ-甘油磷酸钠溶液20 mL，对照处理，在加入β-甘油磷酸钠之前，先加入0.4 mL氟化钠饱和溶液，以抑制磷酸酶，仔细摇匀，将锥形瓶置于30℃恒温下培养1 h(酶活性低时，可以适当延长培养时间)，定时振摇混合物。培养结束，过滤，滤液收集于50 mL容量瓶中，滤纸上的土壤用5 mL浓度为100 mol/L的HCl洗涤，然后用蒸馏水冲洗并且定容。取容量瓶中的上清液5 mL于试管中，加入5 mL的提取剂(异丙醇/乙醚=4∶1 V/V)和2 mL钼酸铵试剂，将其混合振荡15 min，放置使其分层。吸取2 mL上部溶液放入刻度试管中，注入0.5 mL氯化亚锡溶液，显色后，用异丙醇定容至10 mL，用分光光度计于700 nm波长下比色测定，记录吸光值[379]。

标准曲线的绘制：分别取含0.05 mg/mL $P_2O_5$的$KH_2PO4$溶液1～10 mL于

50 mL 容量瓶中，加入 5 mL 浓度为 100 mL/L 的 HCl，定容至 50 mL 摇匀。从各容量瓶中取磷标准溶液 5 mL，分别置于试管中，按上述提取和显色步骤进行。

3）脲酶（靛酚蓝比色法）

称 5 g 风干土，置于 50 mL 的三角瓶中，加 1 mL 甲苯，15 min 后加入 10%尿素液和 20 mL pH 值为 7.6 的柠檬酸缓冲液，摇匀后在 37℃恒温箱中培养 2 h，过滤后，显色，比色测定。脲酶活性以 2 h 后 1 g 土壤中 $NH_2$ - N 的毫克数表示[379]。

4）多酚氧化酶

称取 1 g 风干土，置于 50 mL 容量瓶中，加入 10 mL 1% 1，2，3 -邻苯三酚溶液，摇均匀后置于 30℃恒温箱中培养 3 h，然后加入 4 mL pH 4.5 的柠檬酸—磷酸缓冲液，最后用乙醚定容并用力震荡，萃取 30 min。乙醚为参照，着色乙醚相在 430 nm 处测其吸光度（为防止误差，每比色一次要用无水乙醇洗涤比色皿）[379]。

5）转化酶

称 5 g 风干土，置于 50 mL 锥形瓶中，注入 15 mL 8%的蔗糖溶液，5 mL pH 值为 5.5 的磷酸缓冲液和 5 滴甲苯。摇匀混合物后，放入恒温箱，37℃下培养 24 h。到时取出，迅速过滤。从中吸取滤液 1 mL，注入 50 mL 具塞试管中，加入 3 mL 3，5 -二硝基水杨酸，并在沸腾的水浴锅中加热 5 min，随即将具塞试管移至自来水流下冷却 3 min，溶液因生成 3 -氨基- 5 -硝基水杨酸而呈橙黄色，最后用蒸馏水稀释至50 mL，在分光光度计上于波长 508 nm 处进行比色。为消除土壤中原有的蔗糖、葡萄糖造成的误差，每一土样需做无基质对照，整个实验需做无土对照[379]。

标准曲线的绘制：将葡萄糖先在 50～58℃下干燥至恒重。然后取 500 mg 溶于 100 mL 苯甲酸溶液中，配成标准葡萄糖溶液。再用标准液制成 1 mL 含 0.01～0.5 mg 葡萄糖的工作溶液。取 1 mL 不同浓度的工作液，并按与测定转化酶活性同样的方法进行显色，比色后以光密度值为纵坐标，葡萄糖浓度为横坐标绘制成标准曲线。

结果计算：转化酶活性以 24 h 后 1 g 土壤葡萄糖的毫克数表示。

$$\text{葡萄糖(mg)} = a \times 4$$

式中，$a$——从标准曲线查到的毫克数；

4——换算成 1 g 土的系数。

6）脱氢酶

称取 1 g 风干土于 50 mL 的塑料离心管中，加入 0.05 mL 的 0.5%葡萄糖溶液，混合均匀后加入 0.20 mL 的 3%TTC 溶液，混匀后在 27℃的恒温培养箱中避光培养 24 h。培养结束后加入 2 滴浓硫酸以终止反应，再加入 10 mL 甲醇，彻底混匀，5 000 r/min 下离心 5 min，将上清液过滤，在 485 nm 下比色，测定吸光度，以 1 g 土壤在 27℃条件下培养 24 h 后 TTC 的还原量来表示脱氢酶活性[379]。

### 14.1.2 土壤中柴油含量的测定

柴油提取参照第 11 章 11.4.2 节的提取方法，用重量法测定土壤中柴油的降解率。

提取物成分分析：将提取液溶于 5 mL 正己烷，过硅胶/氧化铝柱，20 mL 正己烷冲洗柱子，得到的淋洗液旋转蒸发浓缩，氮吹定容，低温保存待上机分析。GC (Agilent 7890)分析条件：DB－5 毛细管色谱柱(30 m×0.25 mm×0.25 μm)；采用手动进样，进样量 1 μl；进样口无分流模式，温度为 250℃；载气为 He 气，流速为 1 mL/min；柱箱初始温度为 60℃，保持 2 min，以 12℃/min 升至 300℃，保持 10 min；氢火焰离子化检测器(FID)温度为 250℃。

### 14.1.3 微生物测定

以平板计数法测定土壤中的微生物数量。用牛肉膏蛋白胨(pH 值为 7.4～7.6)培养细菌，孟加拉红琼脂(自然 pH 值)培养真菌，高氏 1 号培养基(pH 值为 7.2～7.4)培养放线菌(每 300 mL 培养基中加入 3%重铬酸钾 1 mL 以抑制细菌和霉菌生长)。细菌培养 24～48 h，真菌和放线菌培养 3～7 d，之后于菌落分析仪上进行计数。所用土壤为鲜土。

## 14.2 柴油胁迫对根际土壤中酶活性的影响

### 14.2.1 对硝酸还原酶活性的影响

硝酸还原酶是植物氮素代谢中的关键性酶之一，它与作物吸收利用氮肥有关，对作物的产量和品质有影响。因而硝酸还原酶的活力可以当做植物生长状况的指标，也可以用于品种选育的指标之一。这里对硝酸还原酶的测定主要是为了了解植物在柴油胁迫下对氮素的代谢情况是否受到影响。图 14－1 显示了不同柴油浓度处理下，茨菰和三棱草根际土中的硝酸还原酶的变化。从图中可以看出茨菰和三棱草根际土中硝酸还原酶的活性都是波动下降的，柴油胁迫下的酶活性都显著低于空白参照 ($p < 0.01$)。在 1 000～20 000 mg/kg 范围的处理下，茨菰的根际酶活性依次降低了 32.5%，35.0%，52.5%，40.0%和 69.8%，三棱草为 38.3%，36.2%，40.4%，85.1%和 78.7%。在较低的几个浓度梯度间，酶活性都没有大的变动，三棱草根际酶活性在 1 000，5 000，10 000 mg/kg 三个梯度间数据分析显示无显著性差异 ($p > 0.05$)。

显然，土壤中柴油的添加对根际土中硝酸酶活性造成了一定的影响，尤其是在高浓度柴油胁迫下，植物的生长受到了抑制，根系活力降低，根部对营养元素氮的

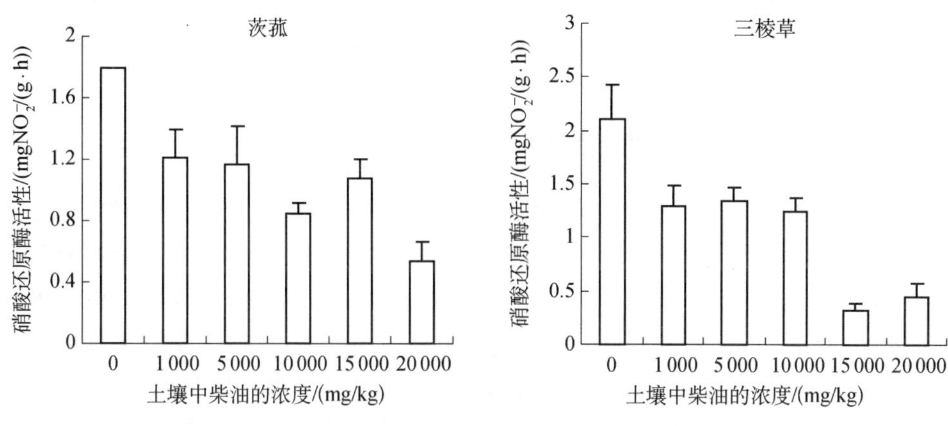


**图 14－1　柴油胁迫下植物根际土中的硝酸还原酶活性的变化**

吸收受到了抑制。茨菰和三棱草的酶活性最大降低量分别为 69.8%和 85.1%，且显著性差异较为明显（$p < 0.05$）。说明对于柴油污染，三棱草表现较为敏感。

### 14.2.2　对磷酸酶活性的影响

磷酸酶是土壤中的主要酶类之一，土壤学研究表明该酶是以无机磷形式存在的[380]。该水解酶的酶促作用能够加速有机磷的脱磷速度，提高土壤磷素的有效性，土壤磷酸酶活性可以表征土壤的肥力状况，特别是磷素肥力状况。

图 14－2 显示了柴油胁迫下植物根际土中的磷酸酶活性的变化。磷酸酶活性的变化与硝酸还原酶不同，是先上升后下降的趋势。当柴油浓度为 5 000 mg/kg 时，茨菰和三棱草根际的磷酸酶活性都显著高于空白参照（$p < 0.01$），分别高出 1.44 倍和 4.17 倍；而在柴油浓度为 15 000～20 000 mg/kg 时，根际土磷酸酶活性

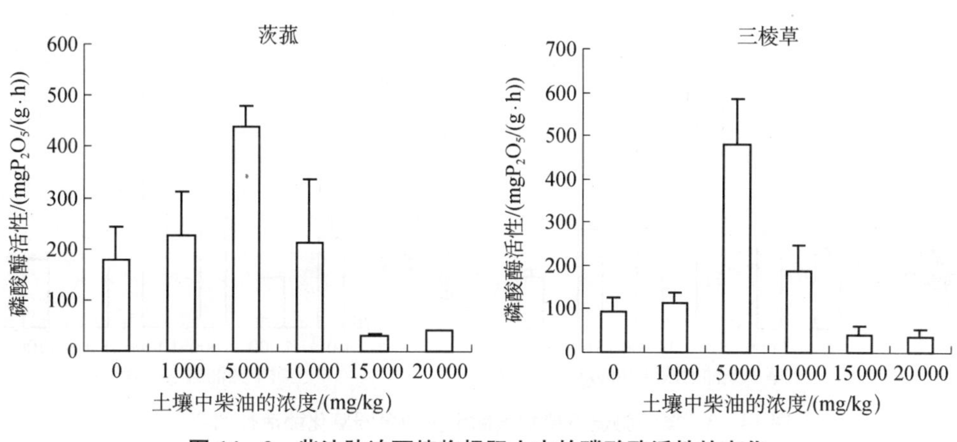


**图 14－2　柴油胁迫下植物根际土中的磷酸酶活性的变化**

又显著低于空白。说明低浓度的柴油刺激了植物根际磷酸酶活性，提高了植物对营养元素 P 的吸收能力，而高浓度的柴油在抑制植物生长的同时，减少了植物对磷酸酶的分泌，也降低了植物对 P 的吸收能力。

### 14.2.3　对多酚氧化酶活性的影响

多酚氧化酶是一种诱导酶，催化土壤中酚类物质氧化生成醌。同时它也是土壤氧化潜力的表征[381]，研究根际土壤多酚氧化酶活性有利于了解根际修复有机污染物的能力。从图 14－3 可以看出，茨菰根际土中多酚氧化酶活性在柴油浓度为 5 000 mg/kg 的处理水平下出现最大值(256.4 μg/(gh))，之后随柴油浓度的增大开始显著性下降，在最高的污染物浓度下，酶活性受到最大的抑制作用，出现最低值，与空白参照有显著性差异 ($p < 0.01$)。三棱草根际土中多酚氧化酶活性在 1 000 mg/kg 的柴油浓度处理下稍有降低后，又随柴油浓度的升高而增高，在 10 000 mg/kg 下出现最高值。柴油污染物中含有一定量的多环芳烃，此类物质及其中间产物的降解与多酚氧化酶的活性密切相关[382, 383]。它们进入土壤后能诱导和激活土壤中的多酚氧化酶，从而促进这类物质及其中间产物的降解。周礼恺等报道过土壤中多环化合物的添加可以诱导土壤多酚氧化酶活性的增加[384]。Zhan 等[385]也发现菲的添加可以提高多酚氧化酶的活性。三棱草根际酶活性在最低柴油浓度下出现降低，可能是由于在较低的多酚氧化酶活性水平上，三棱草依然可以维持对柴油的耐受性，当柴油浓度有所增加时，又刺激了根际的酶活性。当柴油浓度增大到 10 000 mg/kg 左右，多酚氧化酶活性开始受到抑制作用，过多的有机类污染物可能作用于植物和微生物，或者直接作用于酶本身，从而导致酶活性的降低甚至失活。

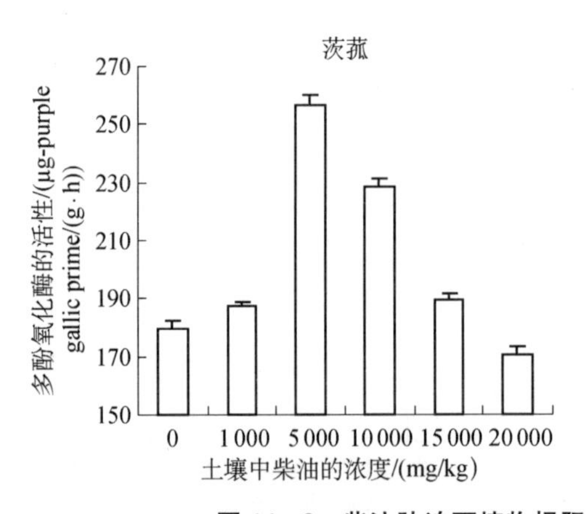


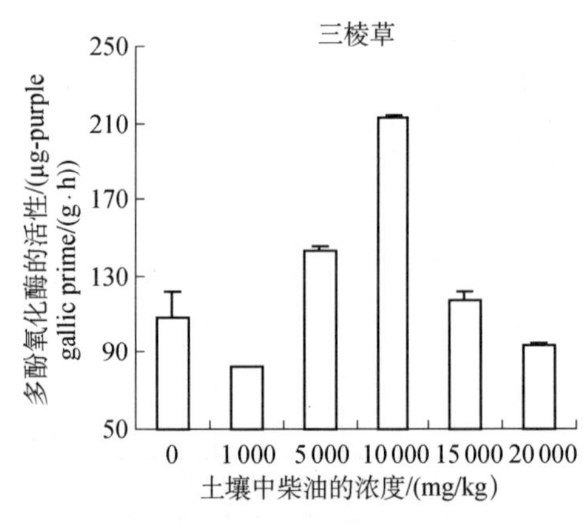


**图 14－3　柴油胁迫下植物根际土中的多酚氧化酶活性的变化**

### 14.2.4　对脲酶活性的影响

脲酶与土壤氮肥水解关系密切，其活性变化可反映污染物对氮肥的利用和土壤氮素代谢情况的影响[386]，脲酶的活性与作物的产量呈正相关[387]。从图 14-4 可以看出，茨菰根际土脲酶的活性随柴油浓度的增大依次是 6.89，6.57，6.36，5.72 和 4.88 μg $NH_3$-N/(gh)，相对于空白参照，分别降低了 1.4%，5.9%，8.9%，18.0%和 30.2%。数据显著性差异显示，在较大的三个梯度间，酶活性有显著性差异（$p<0.05$）。大量的有机污染物进入土壤后，极大地改变了土壤中的碳氮比，从而抑制了植物对营养元素的吸收，随着柴油浓度的增加，这种抑制作用不断加强，植物的生长受到抑制，对于污染物的吸收降解，微生物的作用逐渐变为主导。这一推断从脱氢酶的变化趋势可以得到证明，当柴油浓度最大时，茨菰根际的微生态环境的活性依然高于无污染的根际土。

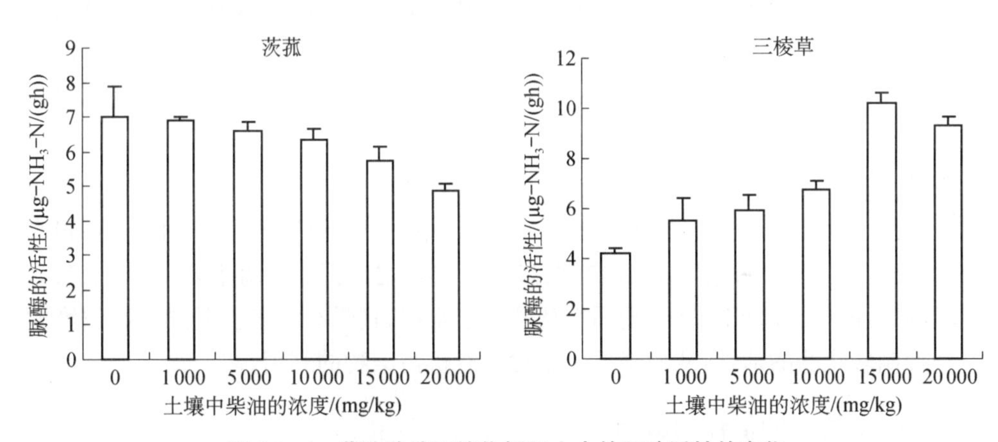


**图 14-4　柴油胁迫下植物根际土中的脲酶活性的变化**

三棱草根际脲酶活性随柴油浓度先增后降，且都与空白参照具有显著性差异。最高酶活性出现在 15 000 mg/kg 的柴油浓度处理下，在最高的柴油胁迫下，其脲酶的活性仍显著高于空白参照（$p<0.01$），高出 1.2 倍。从三棱草根际酶活性的变化趋势来看，土壤中柴油的添加刺激了其活性，较茨菰看来，三棱草根际的脲酶活性对柴油的耐受性更强，原因可能是三棱草对多环类物质具有较强的耐受性。

### 14.2.5　对转化酶活性的影响

转化酶又称为蔗糖酶，直接参与土壤有机质的代谢，有利于有机污染物的溶解，进而有利于根部对其吸收和降解，它也可以表征土壤的肥力[388]。从图 14-5 中可以看出茨菰和三棱草根际土壤转化酶活性随柴油浓度不同的变化趋势。

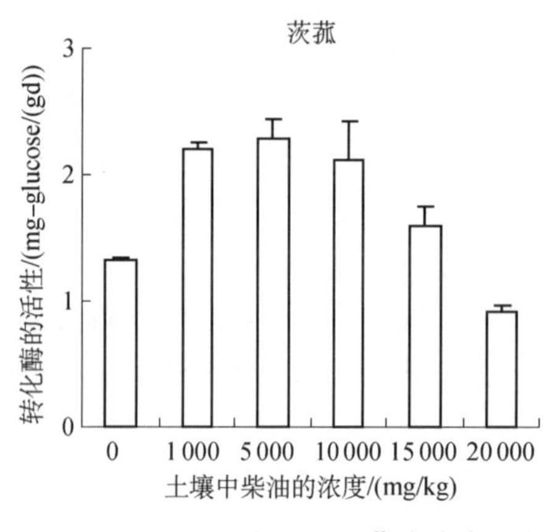


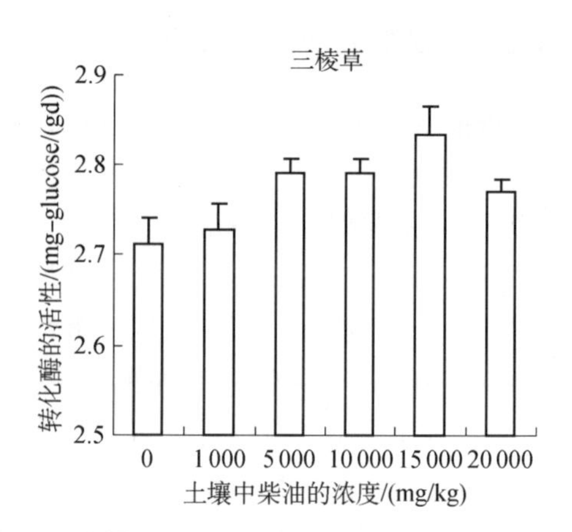


**图 14-5　柴油胁迫下植物根际土中转化酶活性的变化**

除了最高柴油浓度梯度，茨菰根际酶活性均显著高于空白参照（$p<0.01$），最高酶活性出现在 5 000 mg/kg，高出空白 73.0%，但在 1 000，5 000 和 10 000 mg/kg 间数据无显著性差异（$p>0.05$），之后随着柴油浓度的增大，酶活性开始降低。当柴油浓度为 20 000 mg/kg 时，转化酶的活性为 0.909 mg-glucose/(gd)，比空白降低了 31.1%。三棱草的根际转化酶活性变化趋势与茨菰相似，柴油处理的根际土中酶活性都高于空白参照，但在 1 000 mg/kg 的处理下数据无显著性差异；最高酶活性出现在 15 000 mg/kg，高出空白参照 4.6%；之后开始显著下降（$p<0.01$），在最高柴油浓度处理下，转化酶活性依然高于空白，且具有显著性差异。高浓度的柴油抑制转化酶的活性，从而降低了植物对有机污染物的利用。

### 14.2.6　对脱氢酶活性的影响

脱氢酶存在于所有的微生物群体中，它可能是评价整个微生态环境活力的重要指标[389]，它可以催化有机物的脱氢反应[390]。图 14-6 显示了 50 d 培养后的植物根际土中脱氢酶活性随柴油浓度的变化情况。显然，土壤中的柴油污染物刺激了脱氢酶的活性，尤其是在 10 000 mg/kg 的处理水平，茨菰根际土脱氢酶的活性出现了最大值(81.1 g-TPF/(gh))，显著高于空白参照（$p<0.01$）。三棱草根际脱氢酶活性最高值出现在 15 000 mg/kg，且显著高于空白参照。随着柴油浓度的增大，茨菰和三棱草的根际脱氢酶的活性又有所回落，但在最高的污染水平上都仍高于空白参照，20 000 mg/kg 的柴油对脱氢酶仍然保持着激活作用。相关性分析显示两者有较为显著的正相关，Cheema 等[391]也发现了土壤中的菲和芘污染物对植物根际脱氢酶有一定的促进作用。但是有机污染物和脱氢酶的负相关性也曾见报道[268]。低浓度的柴油给植物和微生物提供了碳源，促进了其生长，然而当柴油浓度增大到一定程度，土壤的物理化学性质发生改变，透气性降低，不利于空气流

通，抑制了植物和微生物的呼吸作用，降低了植物根的活力，微生物的数量也受到抑制，微生物体内酶的合成和植物根分泌和释放酶的能力都受到影响，脱氢酶活性就出现了下降。

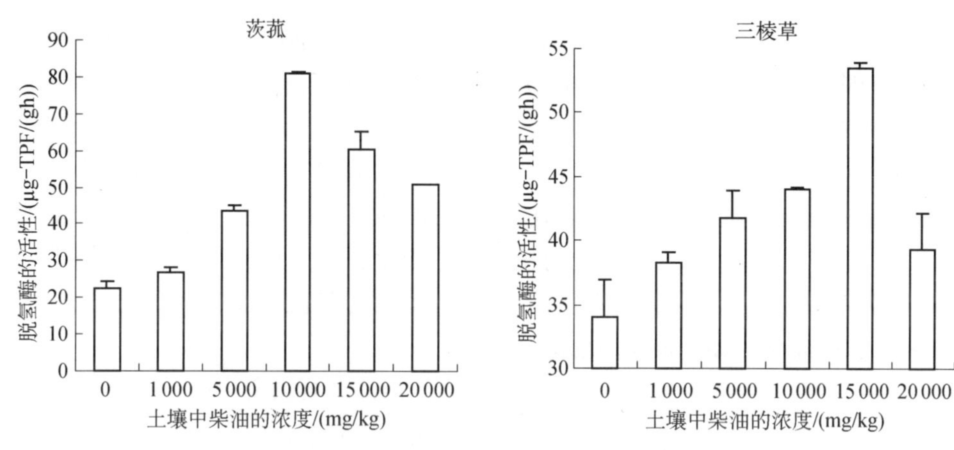


图 14－6　柴油胁迫下茨菰和三棱草根际土中脱氢酶活性的变化

## 14.3　根际土中油污含量及正构烷烃含量的变化

种植茨菰 50 d 后，不同处理浓度土壤中根际和非根际柴油的降解率如图 14－7 所示。根际和非根际土壤中柴油的降解率随柴油浓度的变化总体趋于一致，先降低而后受到高浓度柴油的刺激有所上升，初始浓度为 5 000 mg/kg 时，根际和非根际土壤中柴油的降解率分别为 67％和 21.1％；15 000 mg/kg 时，柴油的降解率分别为 59.7％和 31.1％；根际土中柴油的降解率在 10 000 mg/kg 时最低，非根际在 5 000 mg/kg 时最低，分别为 53.5％和 21.2％，根际土壤的降解率变化相对于非根际有所滞后。但是，各处理均表现为根际土壤中柴油的降解率高于非根际土壤。

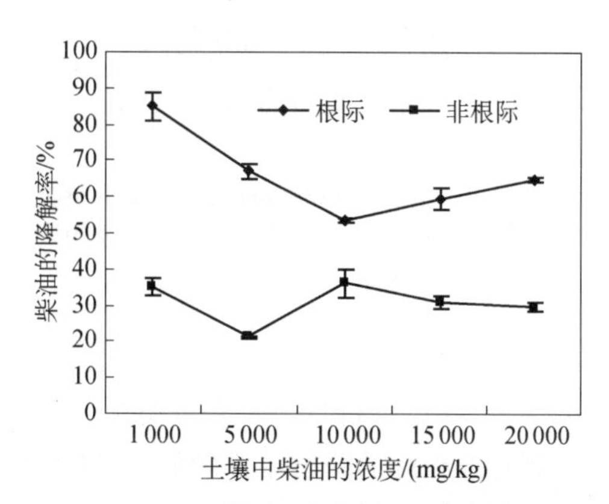


图 14－7　茨菰根际和非根际土中柴油的降解率

根际是受植物根系影响的根、土界面的一个微区，也是植物、土壤、微生物和环境条件相互作用的场所，这个区域与根系土体的区别是根系的影响。根际环境具有较高水平的微生物活性、多样性与生物量,这对于提高土壤中污染物的降解速率具有重要作用,另外,根系分泌物可通过酶解和促进降解菌增长等作用增强对有机污染物的降解[392, 393]。Rentz[394]等还证明了根系提取物也可以促进苯并[a]芘的降解。本实验中,根际土壤中柴油的去除率比非根际的高,是植物和微生物联合作用的结果。低浓度柴油处理下,根际和非根际土壤中柴油的降解率都随柴油浓度的增大而降低($p < 0.05$),说明柴油浓度的增大对柴油的降解产生了抑制作用;随着柴油浓度的继续升高,其降解率出现回升,高浓度的污染物刺激了植物和微生物的生长及其吸附和降解作用,但在 1 000, 15 000 和 20 000 mg/kg 间,根际和非根际数据分析均无显著性差异,推测植物对柴油的最大耐受限度在 15 000 mg/kg 左右,柴油浓度进一步增大可能会对植物的内部生长机制造成影响;另外,根际土壤的降解率变化相对于非根际有所滞后,说明植物的存在可以进一步减低土壤中的柴油,从而提高土壤对柴油的耐受限度。

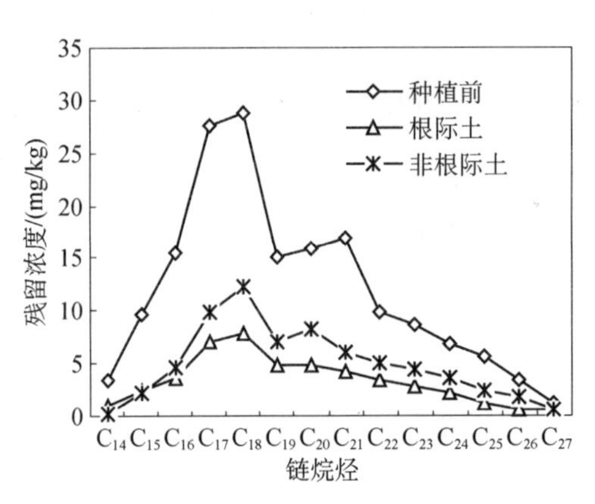


**图 14-8 柴油(20 000 mg/kg)胁迫下茨菰根际和非根际土中各链烷烃的残留浓度**

柴油主要由 C—H 化合物组成,包括烷烃、环烷烃、烯烃、炔烃、二烯烃以及芳香烃,在这几种成分中,烷烃占有很大比例,尤其是链烷烃,占 65%以上。从图 14-8 可以看到,在 20 000 mg/kg 浓度处理下,土壤中部分链烷烃的残留量浓度是:种植前>非根际土>根际土中。经过 50 d 的培养,20 000 mg/kg 处理下,各碳数的链烃在根际和非根际都有较大幅度的减少,尤其是 $C_{14}$~$C_{19}$ 间的链烃,其在根际和非根际土中的降解率分别可达到 67.6%~76.3%和 52.9%~92.0%,平均降解率分别为 72.7%和 68.9%;对于 $C_{20}$~$C_{26}$ 间的链烃,根际和非根际中的降解率分别可达到 65.4%~81.1%和 47.8%~55.9%,平均降解率为 72.1%和 52.2%。链烃 $C_{27}$ 在根际和非根际的降解率都较低,分别为 42.3%和 49.1%。

从各链烃的降解率可以看出 $C_{15}$~$C_{19}$ 的降解率在根际和非根际间的差异性不大,而植物根际土中 $C_{20}$~$C_{26}$ 的降解率明显高于非根际,茨菰根际效应促进了这部分长链烷烃的降解,所以在根际出现了 $C_{14}$ 等低链烷烃的积累。

三棱草在油污土中生长 50 d 后,其根际和非根际的柴油的降解率如图 14-9 所示。根际和非根际土壤中柴油的降解率随柴油浓度的变化趋势有所不同。初始浓度为 5 000 mg/kg 时根际和非根际土壤中柴油的降解率分别为 75%和 21.1%,该浓度处理下,根际和非根际的降解效率相差最大,随后,根际和非根际降解效率差距有降低的趋势；15 000 mg/kg 时柴油的降解率分别为 51.7%和 31.1%，此时根际于非根际降解效率相差最小。与茨菰相似，各浓度处理下均表现为根际土壤中柴油的降解率高于非根际土壤，且数据分析显示差异性显著。另外，对于三棱草根际的 $C_{14}$～$C_{19}$ 和 $C_{20}$～$C_{26}$ 两部分链烃，其根际降解率都高达 90%以上(见图 14-10)，说明虽然三棱草的降解效率随柴油浓度的变化较大，但对于正构烷烃始终是高效率降解。且 $C_{14}$ 在三棱草根际未检出。

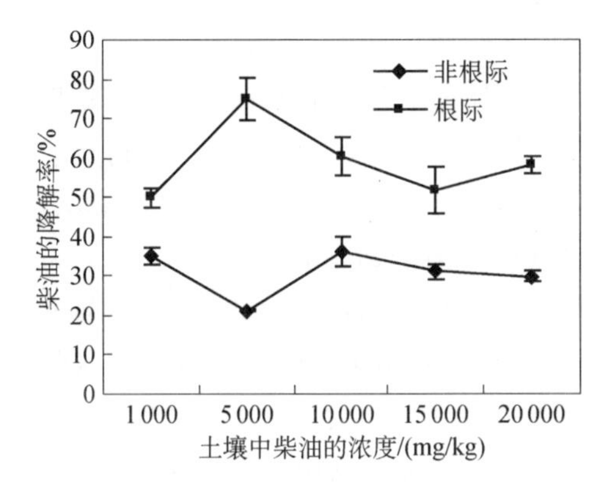


图 14-9　三棱草根际和非根际土中柴油的降解率

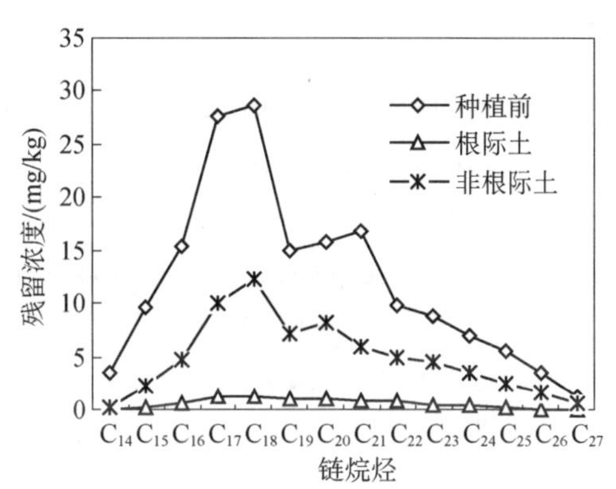


图 14-10　柴油(20 000 mg/kg)胁迫下三棱草根际和非根际土中链烷烃的残留浓度变化

## 14.4　根际土中微生物数量的变化情况

土壤微生物是构成土壤微生态环境的重要组成部分，油类污染物进入土壤中会造成土壤中各微生物种群的数量和结构的变化，来适应外来污染物对其生长环境造成的改变。图 14-11 显示了不同浓度的柴油污染物对茨菰根际土中各类微

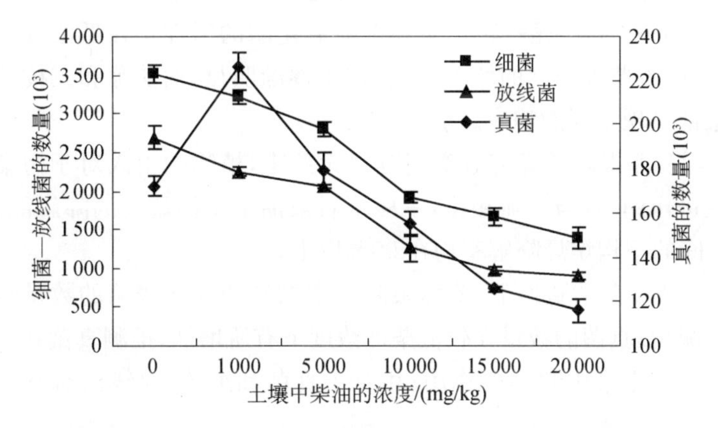


图 14-11　柴油胁迫下茨菰根际土中的各种微生物数量变化

生物数量的影响。

从图 14 - 11 可以看出,在 1 000 mg/kg 浓度的柴油处理下,真菌的数量较空白参照有显著性上升 ($p<0.01$),且当柴油浓度为 5 000 mg/kg 时,真菌数量依然高于空白参照,但无显著性差异 ($p>0.05$);随着柴油浓度的升高,真菌的生长受到了抑制,其数量相对于空白依次降低了 10.0%, 27.2%和 32.7%。而细菌和放线菌都是随柴油浓度的增大单调降低的,在五个柴油浓度处理下,细菌的数量依次降低了 8.6%, 20.4%, 45.4%, 52.4%和 60.4%,放线菌为 16.5%, 23.4%, 53.0%, 64.0%和 66.3%。

真菌的数量在柴油浓度低于 5 000 mg/kg 的处理下较空白有所增加,主要是由于低浓度的柴油污染(0~5 000 mg/kg)给真菌提供了生长所需的碳源,刺激了真菌的生长;但细菌和放线菌却受到了抑制。Peng 等[395] 在紫茉莉(*Mirabilis Jalapa L.*)修复石油污染土壤的研究中也发现,真菌的数量在总石油烃含量为 0.5%(W/W)的处理下出现最高值,与空白相比高出将近两倍。由此推测,真菌可能是低浓度柴油污染降解菌的重要群落。在其他处理水平下,细菌、真菌和放线菌都受了抑制,在 20 000 mg/kg 实验浓度下,其数量分别减少了 60.4%, 32.7%和 66.3%,三种微生物对柴油敏感性依次是:放线菌>细菌>真菌。王梅等[396]研究了石油污染物对褐土、潮土和棕壤三种土壤中三种微生物的影响,也发现石油烃对放线菌的影响最为显著;但在其研究中,当石油烃为 5 000 mg/kg 的时候,放线菌的数量就降低了 85%左右,高于本实验的 66.3%,是由于根际土中的微生物相对于非根际能更好地抵御外界污染物的刺激。另外值得注意的是,三种微生物均在 5 000 mg/kg和 10 000 mg/kg 的处理之间有较大幅度的降低,说明三种微生物对于这一浓度范围的柴油都有较强的敏感性;可能是在这一柴油浓度范围内,茨菰根际微生态环境中微生物种类构成发生了较大的变化,而后随柴油浓度的变化趋势较为平缓,推测在高浓度柴油刺激下,嗜油菌在外界竞争减少的情况下成为优势菌群。

总之,对茨菰和三棱草根际微环境的研究显示:

(1) 根际土中的脱氢酶、转化酶和多酚氧化酶的活性均在低浓度柴油处理下被刺激,而后随着柴油浓度的增大,抑制作用逐渐明显,而茨菰和三棱草根际土脲酶活性对柴油呈现不同的响应。

(2) 根际和非根际的降解效率间有很大差距,植物的引入对于污染物的降解确实存在促进作用,且与茨菰相比,三棱草对柴油中正构烷烃的降解能力较强,对于 $C_{14}$~$C_{26}$间的正构烷烃降解率均在 90%以上。

(3) 不同浓度柴油胁迫下,茨菰根际土中的细菌和放线菌的数量随着柴油浓度的增大而减少;真菌的数量在较低柴油浓度下有所增加,推测真菌在微生物修复低浓度柴油污染土壤中起主要作用;相对于真菌和细菌,放线菌对柴油的敏感性最高。

另外，植物修复是实现原位修复的一种有效途径，尽管这是天然的修复过程，但成功且高效率的修复还应考虑其他的一些相关因素，包括：

(1) 黄浦江岸边湿地的植物主要是藨草、三棱草、菖蒲、茨菰、茭白、芦苇、水稗等，通过实地实验或实验室实验研究考察筛选出耐油植物，进行单一种植或一种多种植物间种等途径来优化修复效果；另外，还可以通过引种来丰富黄浦江岸边湿地的植物系统，从而增强该地区抵抗外界侵害的能力，在选择引用物种的同时要考虑到外来物种对当地的生态环境有无侵害，是否会对当地的生物群落带来致命性的毁灭；在耐油污湿地建立的同时，可以考虑一些途径提高黄浦江岸边湿地的景观效应。

(2) 植物修复的强化措施。植物修复效率与多种因素相关，除了植物自身对污染物的耐受特性外，还与很多外在环境因素有关，如土壤营养成分及含量、污染物的浓度和滞留时间等。可以应用计算机模拟技术建立一些有效的植物修复模型，从而有助于准确认识参与植物修复过程中的多种因素的相互作用。

(3) 联用技术的开发和应用。目前利用较多的是微生物和植物的联用技术，本课题已经鉴定出几种嗜油菌，可以考虑利用鉴定出的嗜油菌中的控制油污降解基因片段克隆出新的基因工程菌，应用于黄浦江岸边油污湿地的修复及突发性溢油的去除。

(4) 植物修复机理的深化。普遍认为植物修复的主要作用源于根际，根际微环境是一个由植物根部和微生物共同主导的复杂的小生境。本项目主要研究了植物根际酶对柴油的响应，而部分酶还可以直接参与到有机物的降解，该过程的机理是植物修复机理的重要组成部分；此外，在筛选石油烃修复植物品种时应注意发现新酶系。很多研究表明，植物根际的修复能力主要受控于天然土著微生物的降解活性，对于植物自身来讲，其根表面和根内部的微生物可能影响着植物对土壤中有机污染物的吸收和利用，因此对植物根表面和根内部的微生物的考察有利于植物修复机理的进一步深化。

# 第 15 章　嗜油菌的筛选及除油特征

从黄浦江岸边湿地中采集受到石油类污染的沉积物，采用限制性底物筛选菌种的方法从油污沉积物中分离筛选出对油类污染物具有降解作用的嗜油菌株；研究嗜油菌株的最适宜生长条件，结合形态观察与 16S rDNA 方法鉴定嗜油菌株的种属；通过进行室内的嗜油菌降解柴油模拟实验，研究嗜油菌株在其最适宜生长条件下对柴油的降解特征。

## 15.1　嗜油菌的分离与筛选

### 15.1.1　实验设计

#### 15.1.1.1　培养基

无机盐培养基($g \cdot L^{-1}$)：$K_2HPO_4$ 2 g，$KH_2PO_4$ 0.5 g，NaCl 0.5 g，$NH_4Cl$ 0.5 g，$MgSO_4$ 0.2 g，$CaCl_2$ 10 mg，维生素母液 1 mL[397]；

LB 培养基($g \cdot L^{-1}$)：胰蛋白胨 10 g，酵母提取物 5 g，NaCl 10 g，pH 7.0[398]；

保存培养基($g \cdot L^{-1}$)：牛肉浸膏 5 g，牛肉蛋白胨 10 g，NaCl 5 g[399]；

富集葡萄糖培养基($g \cdot L^{-1}$)：葡萄糖 20 g，蛋白胨 5 g，酵母提取物 3 g，NaCl 5 g，pH 7.5；

维生素母液($g \cdot L^{-1}$)：硫胺素 10 mg，核黄素 5 mg，维生素 B6 5 mg，泛酸钙 20 mg，对—氨基苯甲酸 5 mg，烟碱 5 mg，肌醇 100 mg，用无菌水定容至 1 000 mL，用 0.4 $\mu$m 滤膜过滤除菌。

向液体培养基中加入 2%琼脂粉制成固体培养基。

#### 15.1.1.2　嗜油菌的驯化

供试土壤采自黄浦江岸边湿地，取表层 1～10 cm。实验采用零号柴油。采用逐步提高污染物底物浓度的方法对石油烃耐受菌群进行筛选培养。称取 10 g 土样加入到含柴油 1 g/L(100 mL)的无机盐培养液中，150 r/min，30℃恒温摇床培养 72 h 后，以 10%的接种量依次转入柴油浓度为 2 g/L 的无机盐培养液中同等条件驯化培养。在无机盐营养液的接代培养中，逐渐提高柴油浓度，直至在高柴油浓度的无机盐培养基中无法生长菌为止，该实验进行到了无机盐培养基中柴油浓度达到 10 g/L，共 10 个周期，筛选结束。并在每次接代培养时，取 0.1 mL 培养液涂布于油平板上，分离得到能够以原油为唯一碳源生长的微生物单菌落，挑取到 LB 固体斜面培养基进行培养保存。然后接种单菌落于葡萄糖培养基中，30℃ 培养 24 h 后，再从葡萄糖培养基中以 10% 的接种量接入含油无机盐培养液中，检测菌株是否能降解原油[400]。

#### 15.1.1.3　嗜油菌的分离、保存和形态观察

驯化结束后，采用涂布法琼脂平板分离，然后将琼脂平板倒置 30℃ 恒温培养箱内培养 24 h。待琼脂平板上的菌种长成菌落后，接种于保存培养基斜面上于 4℃ 的冰箱保存备用。观察并记录微生物的生长状况、个体形态特征、菌落特征，对菌株进行革兰氏染色。

#### 15.1.1.4　嗜油菌的生长曲线和生长条件测定

为了确定菌株的生长速率，测定嗜油菌株的生长曲线。将菌种自斜面接入盛有葡萄糖培养基中，30℃，150 r/min 震荡培养 12 h 后，按 1% 转入盛有 100 mL 含油浓度为 10 g/L 的无机盐液体培养基中培养，每隔 2 h 取样，分光光度计测定 $OD_{600}$ 吸收值。

耐温性：分别于 20℃，25℃，30℃，32℃，35℃，40℃ 的条件下培养，每隔 2 h 取样，用紫外分光光度计于 600 nm 处测量其 *OD* 值，以确定适宜其生长的最佳生长温度。

耐酸性：配置 pH 值为 5，6，7，7.5，8，9，10 的无机盐培养基中，30℃ 下培养，每隔 2 h 取样，于 600 nm 处测 *OD* 值，以确定适宜其生长的最佳 pH 值。

耐盐性：配置 NaCl 含量为 0，0.5%，1.0%，3.0%，5.0% 和 7.0% 的无机盐培养基中，30℃ 下，每隔 2 h 取样，于 600 nm 处测 *OD* 值，以确定适宜其生长的最佳盐度[401]。

### 15.1.2　嗜油菌及其生长特性

#### 15.1.2.1　菌落特征

实验筛选出三种嗜油菌株，分别命名为 M1，M2 和 M3。

三株湿地嗜油菌群落形态特征分别为：

M1：菌落浅黄色，半透明，不规则圆形凸起，表面光滑有光泽，菌落直径 0.5～2 mm，产生的代谢产物使培养基呈现蓝绿色。根据该菌株的形态及特性初步鉴定为假单胞菌属（*Pseudomonas*）[402]。

M2：菌落浅黄色，不透明，圆形凸起，表面光滑有光泽，易挑起，菌落直径 2～3 mm。

M3：菌落白色，半透明，圆形凸起，表面光滑有光泽，菌落直径 1～2 mm。

#### 15.1.2.2 菌株生长曲线及其生长条件优化

实验筛选出来的三株嗜油菌株的生长特征曲线如图 15－1 所示。

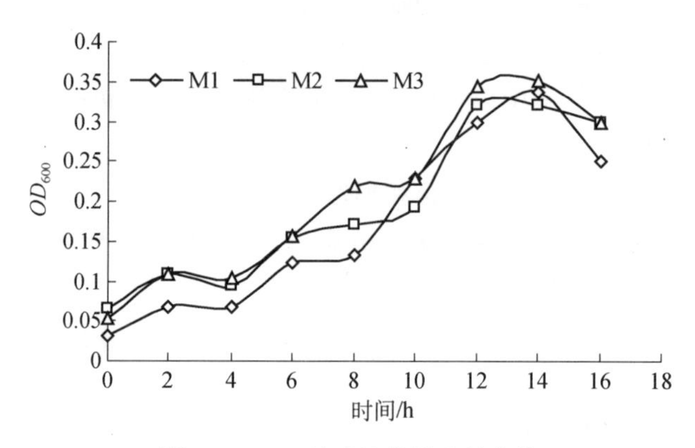


图 15－1 三株嗜油菌的生长曲线

从图 15－1 可以看出，该三株菌达到对数生长期的时间较短，仅需 4 h，但稳定期较短，M1 菌株在 14 h 时菌密度最大，M2 和 M3 菌在 12 h 时达到生长高峰。

#### 15.1.2.3 嗜油菌株培养条件优化

温度可影响微生物的种群数量和活性，对于控制油类烃的生物代谢有重要作用。pH 值与盐度也是影响油类烃生物降解的重要因素。大部分异养细菌和真菌适宜中性的 pH 值条件，一般在 30～40℃时微生物活性最高，在淡水环境中 20～30℃或在海水环境中 15～20℃时的降解油类能力最强[303]。实验中三株嗜油菌的优化培养条件如图 15－2(a)，15－2(b)，15－2(c)所示。

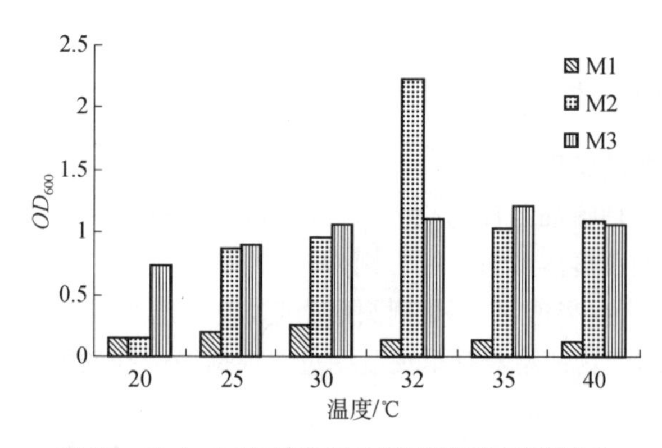


图 15－2(a) 三株嗜油菌生长受不同温度的影响

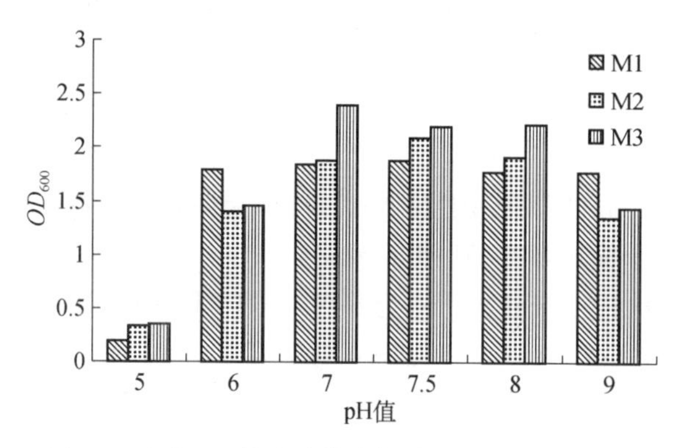


图 15-2(b)　三株嗜油菌生长受不同 pH 值的影响

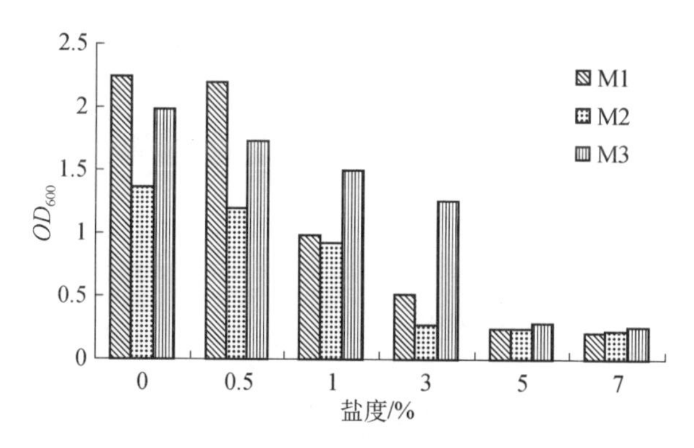


图 15-2(c)　三株嗜油菌生长受不同盐度的影响

从图 15-2 可以看出，黄浦江岸边湿地嗜油菌的适宜生长温度为 30～35℃；三株菌的适宜 pH 值为 7～8，适宜盐度为 0～1.0%。Albert D 等的研究表明，嗜油微生物在 30～40℃时活性最高，降解石油的能力最强[303]。在低温时，油类的黏度增加，有毒的短链烷烃挥发性下降，生物降解启动滞后；随着温度的升高，烃代谢增加，一般在 30～40℃时达到最大；温度继续升高，烃的膜毒性增大而使代谢减少[307]。当土壤中氯化钠浓度>1%时，会极大地减小石油烃和芳香烃类的降解率，土壤中氯化钠浓度≤1%时对石油烃和芳香烃类的降解率没有影响[318]。本实验筛选出的黄浦江岸边湿地嗜油菌的优化培养条件与前人研究结果较为一致。

## 15.2　嗜油菌的 16S rDNA 鉴定

### 15.2.1　16S rDNA 序列分析

16S rDNA 序列分析[403，404]主要按照以下步骤。

(1) 采用生工 SK1201 - UNIQ - 10 柱式细菌基因组 DNA 抽提试剂盒提取基因组;

(2) 在 16S rDNA 基因的 PCR 扩增过程中,采用了如下的扩增条件和扩增的引物:

PCR 扩增条件为:98℃预变性 5 min, 95℃变性 35 s, 55℃退火 35 s, 72℃延伸 1 min 30 s, 35 个循环,72℃延伸 8 min;

PCR 扩增的引物是:P1 正向引物为 5′AGAGTTTGATCCTGGCTCAG 3′ 20 bp, P2 反向引物为 5′ GGTTACCTTGTTACGACTT 3′ 19 bp;

(3) PCR 产物的回收。采用 SK1131 - UNIQ - 10 DNA 胶回收试剂盒纯化回收 DNA 片断;

(4) 采用 SK2211 - T -载体 PCR 产物克隆试剂盒目的片断 TA 克隆。

a. 连接反应:

| | |
|---|---|
| 1 μL | 10×Ligation Buffer |
| 1 μL | 50%PEG |
| 50 ng | pUCm - T Vector |
| 0.2 pmol | PCR Product |
| x μL | $H_2O$ |
| 2.5 U | T4 DNA Ligase |
| Final Volume | 10 μl |

注意:一般最后加入 T4 DNA Ligase, 16～23℃连接 1～2 h。

b. 连接产物转化:

使用生工 SSCS 快速一步法试剂制备感受态细胞,产品编号 SK2301。将 100 μL 感受态细胞,置于冰上,完全解冻后轻轻将细胞均匀悬浮;加入 10 μL 连接液,轻轻混匀。冰上放置 30 min;42℃水浴热激 90 s。冰上放置 15～20 min;加 400 μL SOC 培养基,37℃, 200～250 r/min 振荡培养 1 h;室温下 4 000 r/min 离心 5 min,用枪头吸掉 400 μL 上清液,用剩余的培养基将细胞悬浮;将细菌涂布在预先用 20 μL 100 mM IPTG 和 100 μL 20 mg/mL X - gal 涂布的氨苄青霉素平板上;平板在 37℃下正向放置 1 h 以吸收过多的液体,然后倒置培养过夜。

c. 蓝白斑筛选:

当外源 DNA 片段插入到 pUCm - T 中后,外源 DNA 的核酸序列存在改变了 LacZ 基因的编码,从而影响了其产物 β-半乳糖苷酶 α-片段的活性,因此重组克隆在 X - gal/IPTG 平板上呈现为白色,而非重组克隆呈蓝色,选择在 IPTG/X - gal 平板上生长的白色菌落,用牙签挑至含氨苄青霉素的液体培养基,37℃培养过夜。

(5) 质粒提取。使用生工质粒提取试剂盒 SK1191 的 UNIQ - 10 柱式质粒小量抽提试剂盒提取 DNA。

（6）在 Applied Biosystem 3730 测序仪上测序，然后用 BLAST 软件，将测得的 16S rDNA 全序列与 GenBank 数据库比较分析，最终确定其基因全序列。

### 15. 2. 2　嗜油菌的鉴定结果

实验过程中，嗜油细菌 M1 和 M2 经过在 Applied Biosystem 3730 测序仪上测序，然后用 BLAST 软件，将测得的 16S rDNA 全序列与 GenBank 数据库比较分析，最终确定其为假单胞菌(*Pseudomonas*)。

嗜油细菌 M2 在 Applied Biosystem 3730 测序仪上测序，然后用 BLAST 软件，将测得的 16S rDNA 全序列与 GenBank 数据库比较分析，最终确定其为产碱杆菌属(*Alcaligenes*)。

嗜油细菌 M3 在 Applied Biosystem 3730 测序仪上测序，然后用 BLAST 软件，将测得的 16S rDNA 全序列与 GenBank 数据库比较分析，最终确定其为假单胞菌(*Pseudomonas*)。

## 15. 3　嗜油菌的降解特征

### 15. 3. 1　实验设计及分析

#### 15.3.1.1　柴油降解率的测定

将分离到的石油烃降解菌株于富集葡萄糖培养基中，30℃培养 12 h，至对数生长期，制成同浓度的菌悬液，以 10 mL 接种量加入到 100 mL 以柴油为唯一碳源的无机盐液体培养基中，柴油浓度为 8.46 $g \cdot L^{-1}$，每种菌做 3 个重复，同时做 3 个不接菌对照。置于 30℃恒温摇床上 120 r/min 培养 7 d。培养结束后，整瓶提取残留石油烃[403]。

柴油含量采用重量法测定，用盐酸将降解后的水样酸化(pH 值<2)，全部转移至 150 mL 分液漏斗中，加入氯化钠，其量约为水样量的 8%，用石油醚洗涤采样瓶并转入分液漏斗中，充分震摇 3 min，静置分层并将水层放入原采样瓶内，石油醚层转入 50 mL 锥形瓶中，用石油醚重复萃取水样 2 次，合并 3 次萃取液于锥形瓶中；向石油醚萃取液中加入适量无水硫酸钠(至不再结块为止)，加盖后放置 0.5 h 来脱去水分；用预先以石油醚洗涤过的定性滤纸过滤，收集滤液于 50 mL 已烘干至恒重的烧杯中，用少量石油醚洗涤锥形瓶、硫酸钠和滤纸，洗涤液并入烧杯，将烧杯置于 65℃恒温箱中蒸出石油醚，烘干后，放入干燥器中冷却称量。

以不接菌的含油无机盐培养基作为对照，每个处理做 3 次重复。菌株对柴油降解率[401,405]计算公式如下：

$$菌株对柴油降解率(\%)=\frac{空白含油率-接菌含油率}{空白含油率}\times 100\%$$

#### 15.3.1.2 石油烃组分柱层析分析方法

降解后的残油通过柱层析的方法得到石油中饱和烃、芳香烃的组分含量[406]。

饱和烃：将瓶中的正己烷溶液浓缩至 3～5 mL(75～80℃)，在洗净干燥的吸附柱下端口塞入少许脱脂棉，从上端依次加入 3 g 硅胶和 2 g 氧化铝，用包有橡皮的细棒，轻轻敲打柱子，使氧化铝紧密均匀。然后用 6 mL 正己烷从柱子顶端加入以润湿氧化铝床层，等正己烷接近顶层，立即将瓶中浓缩液加入，每次取 5 mL 正己烷 6 次洗涤瓶中的残留物，并倒入柱中，用称量瓶承接饱和烃组分。

芳香烃：当最后一次 5 mL 正己烷接近氧化铝顶部界面时，以每次 5 mL 2∶1 二氯甲烷与正己烷的混合溶剂共 4 次淋洗芳香烃，当第一次混合溶剂流进柱内 2 mL 时，换上承接芳香烃的称量瓶。

将上述分离好的各组分称量瓶至于 40℃条件下挥干溶剂，恒重后称量，分别得到饱和烃、芳香烃的量，用正己烷定容于 1 mL。

#### 15.3.1.3 GC 分析饱和烃、芳香烃的方法

层析分离后进行 GC 分析，测定培养液中残余柴油的组分特征[407]。Agilent6890 气相色谱仪，DB－5 色谱柱，氦气为载气，流速 48.5 cm/s。

GC 分析饱和烃的条件：柱箱 60℃保持 2 min，12℃/min 程序升温至 300℃，保持 10 min；FID 检测器 250℃，氮气尾吹 30 mL/min，进样量 1 μL。

#### 15.3.1.4 嗜油菌细胞表面疏水性的测定

挑取 3 株石油降解菌菌落各一环，分别接入 100 mL 葡萄糖培养基，于 30℃，150 r/min 摇床培养 24 h，各取 50 mL 菌液离心，用灭菌生理盐水为缓冲溶液洗涤两次，并用缓冲液稀释至 $OD_{600}$ 值约为 0.5，取已调整浓度的 5 mL 菌悬液于试管中，再加入等量的液体石蜡，对照组不加入液体石蜡，用玻璃小塞封口，室温剧烈震荡 60 s，静置 5 min 分层。用无菌注射针头快速吸取下相水溶液 4 mL，以缓冲液为空白对照，在 600 nm 波长下测定 $OD$ 值，每个实验重复 3 次，细菌细胞表面疏水率(CSH)按下式计算：

$$\mathrm{CSH}=\frac{对照组\ OD_{600}-实验组\ OD_{600}}{对照组\ OD_{600}}\times 100\%$$

#### 15.3.1.5 菌株排油活性测试

挑取 3 株石油降解菌菌落各一环，分别接入 100 mL 葡萄糖培养基，于 30℃，150 r/min 下振荡培养 24 h，离心(10 000 r/min，30 min)去菌体，取一直径约 9 cm 的培养皿，加入 50 mL 左右蒸馏水，水面上加入 100 μL 石蜡形成油膜，在油膜中心

滴入 10 μL 发酵液，油膜被挤向周围形成排油圈，测定排油圈的直径。

#### 15.3.1.6　嗜油菌油水乳化能力测定

分别挑取 3 株石油降解菌株菌落一环接入 100 mL 葡萄糖培养基，于 30℃，150 r/min 下振荡培养 24 h，离心（10 000 r/min，30 min）去菌体，后取上清液 7 mL，各加入 3 mL 柴油、液体石蜡、甲苯和二甲苯充分震荡 3 min，静置 24 h，观察乳化层高度及稳定性，24 h 乳化指数按下式计算：

$$乳化指数(EI - 24) = (乳化层高度 / 油相高度) \times 100\%$$

### 15.3.2　嗜油菌的降解特征及乳化特性

#### 15.3.2.1　各种嗜油菌对柴油总量与主成分的降解

实验得到三株嗜油菌对柴油的降解率如图 15-3 所示。菌株 M1，M2 和 M3 在 7 d 内对柴油的降解率分别可达到 33.05%，15.21% 和 15.89%（$P < 0.05$）。三株嗜油菌均对柴油具有降解作用，其中 M1 菌株对柴油的降解效果较好。

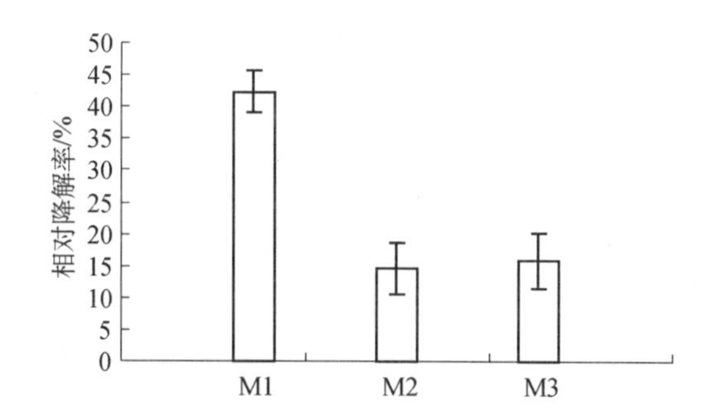


**图 15-3　三株嗜油菌株一周内对柴油的相对降解率**

利用 GC 分析了黄浦江岸边湿地嗜油菌对柴油的降解特征，柴油被嗜油菌降解后，其中所含的正构烷烃分布特征如图 15-4 所示。

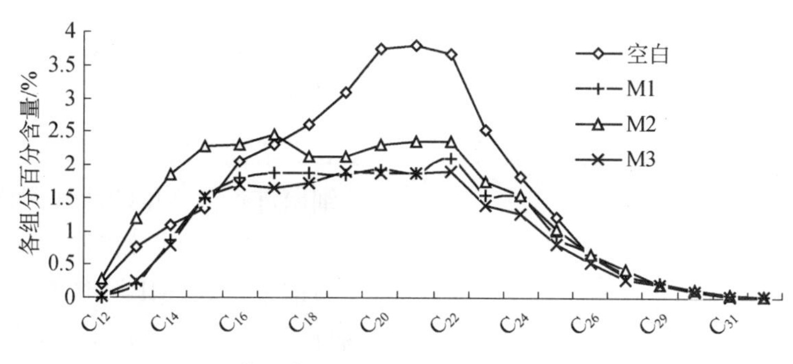


**图 15-4　嗜油菌降解后柴油中的正构烷烃分布特征**

由图 15-4 可以明显看出，黄浦江岸边湿地嗜油菌株对柴油中的正构烷烃各组分具有不同的降解作用，三株嗜油菌对 $C_{16}$～$C_{25}$ 范围内的正构烷烃具有良好的降解作用，而对 $C_{12}$～$C_{15}$ 范围的正构烷烃的降解能力差，对 $C_{26}$ 以上的正构烷烃没有影响；另外，M2 菌株的降解能力明显高于 M1 和 M3。因此，实验结果表明黄浦江岸边湿地嗜油菌株对油类正构烷烃各组分的降解特征与普通的土壤微生物具有差异性[321, 333]，反映出黄浦江岸边湿地嗜油菌株对柴油类污染物的降解特性。

#### 15.3.2.2 嗜油菌细胞表面活性特征

如果石油浓度过高，形成胶束后，微生物可能无法直接利用胶束内的污染物，从而抑制生物降解过程。表面活性剂能在一定程度上改善微生物的除油效果，这是因为表面活性剂的存在能加快石油的脱附速率，使微生物有更多的机会与烃类有机物接触，提高了除油率[408]。例如，表面活性剂能提高多环芳烃(PAHs)的生物可利用性，加快 PAHs 的降解速率，但其浓度过高时可抑制微生物的活性[409]。生物表面活性剂是微生物在特定条件下(如适合的碳源、氮源、有机营养物、pH 值以及温度)，在其生长过程中分泌的具有表面活性的代谢产物。其最大的优点是具有环境兼容性——无毒，不对环境造成污染，并具有选择性好，用量少等优点，对于加快受污土壤和水体等环境的修复速率具有很大的潜力[410-412]。

通过对 3 种筛选得到的嗜油细菌进行细胞表面疏水性测试，得到各种嗜油菌细胞表面的疏水率如图 15-5 所示。

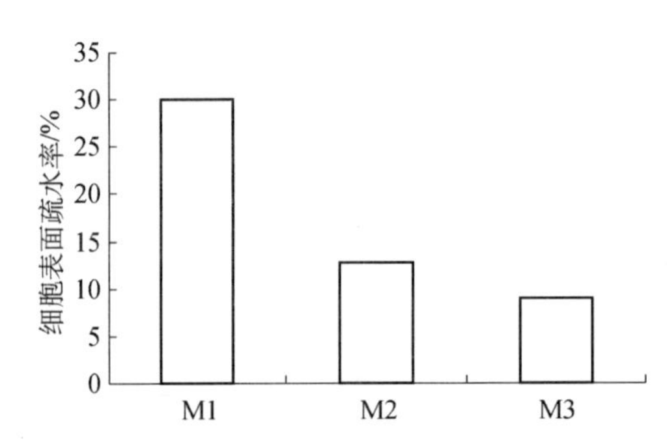


图 15-5　各种微生物的细胞表面疏水率

由实验结果可知，嗜油菌 M1，M2 和 M3 的疏水率分别为 30.10%，12.68%和 8.86%，M1 菌的疏水性最强，大于另外两种菌。细菌 M2 与 M3 的疏水率较低，亲油性较差，其细胞表面性质不利于与油滴的直接接触，较弱的亲油性使其摄取石油烃能力较低，因而其降解石油烃能力不如 M1。

排油圈法可以检测菌株是否产生了表面活性物质，对三种筛选得到的嗜油细菌进行菌株排油活性测试，得到各种嗜油菌排油活性如图 15-6 所示。由实验结果可知，M1，M2 与 M3 的排油圈直径分别为 5.8 mm，6 mm，5.6 mm。三种细菌的排油圈大小基本一致，无太

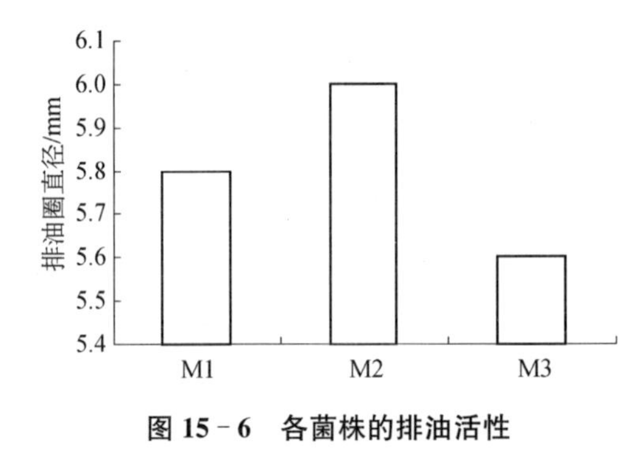


图 15-6　各菌株的排油活性

大差别，其中 M2 菌的排油圈最大。由于排油圈的大小与表面活性剂的含量和活性呈正比，所以细菌 M2 产生的表面活性剂含量较多，活性较强。

向嗜油菌 M1，M2 和 M3 的菌液中加入柴油、液体石蜡、甲苯、二甲苯，进行油水乳化能力测试得到各菌株的油水乳化能力如图 15－7 所示。

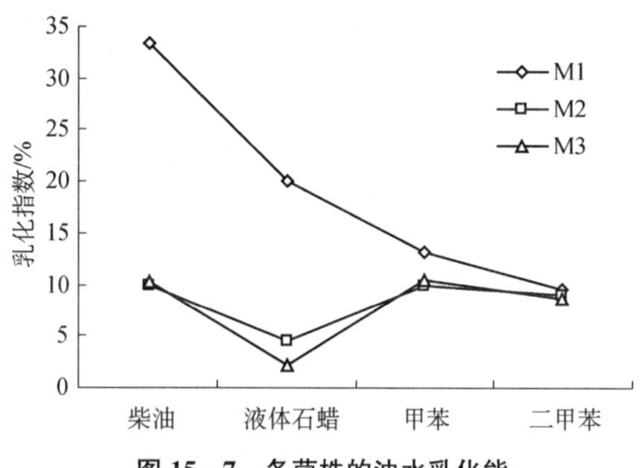


**图 15－7　各菌株的油水乳化能**

乳化指数越高说明微生物的乳化能力越强，对分散石油烃形成小油滴具有更重要的作用，有利于微生物充分接触石油污染物质，提高微生物对石油烃的降解率。由图可知，细菌 M2 与 M3 对四种溶剂的乳化效果基本无差异，对液体石蜡的乳化效果较差；细菌 M2 与 M3 对柴油、液体石蜡的乳化能力相对较差，而对甲苯与二甲苯的乳化能力还是较好的。细菌 M1 的乳化能力明显好于其他两种细菌，对柴油的乳化效果尤其好。综上所述，可以得出 M1 嗜油菌的乳化能力最强。

本章通过对黄浦江岸边湿地油类污染沉积物中的嗜油微生物进行实验筛选，得到了三株土著嗜油菌(M1，M2，M3)，并研究了它们的适宜培养条件，进行了三株嗜油菌对柴油污染物的降解模拟实验研究。得到如下主要结论：

(1) 这几株嗜油细菌在 30～35℃、盐度为 0～1.0%的中性偏碱性环境条件下最适宜生长，M1 与 M3 为假单胞杆菌属，M2 为产碱杆菌属。

(2) 三株嗜油菌对柴油污染物均具有良好的降解作用，菌株 M1，M2 和 M3 在 7 d 内对柴油的降解率分别可达到 33.05%，15.21%和 15.89% ($p < 0.05$)。

(3) 实验表明，三株嗜油菌对柴油中 $C_{16}$～$C_{25}$ 范围内的正构烷烃组分具有良好的降解作用。

(4) 综合考虑三株嗜油菌对柴油类污染物的降解能力和降解特征，若合理地搭配各种嗜油微生物并用于湿地沉积物中柴油类污染物的治理会取得更好的效果。

# 第 16 章　黄浦江岸边湿地的植物—微生物联合修复研究

湿地可以通过植物吸收及其生长代谢过程分解污染物质，从黄浦江岸边湿地选择具有代表性的土著植物藨草、芦苇、三棱草、茨菰作为实验植物，采用第 15 章从黄浦江岸边油污沉积物中筛选出来的嗜油菌为实验嗜油菌株，应用植物的生长来强化嗜油菌株的降解作用，进行植物—微生物联合修复油污湿地模拟实验。通过模拟实验，分析土壤样品中油含量变化与微生物量的变化，从而得出靶区湿地的植物联合土著嗜油菌株对溢油残余污染物的降解情况，优选出能够降解油污的湿地植物系统。

## 16.1　实验材料、设计与分析

### 16.1.1　供试柴油与土壤样品

供试柴油为零号柴油，土壤过 2 mm 筛后，按沙土比 2∶3 均匀混合。土壤基本性质如表 16-1 所示。

表 16-1　土壤基本理化性质

| 性质 | pH | 粘粒/% | 有机质/(g/kg) | N/(g/kg) | P/(mg/kg) | K/(mg/kg) | Ca/(mg/kg) | Mg/(mg/kg) | Fe/(mg/kg) |
|---|---|---|---|---|---|---|---|---|---|
| 数值 | 8.30 | 7.40 | 19.60 | 0.52 | 1.16 | 19.84 | 19.30 | 8.75 | 22.55 |

在土壤中加入柴油，配置成不同柴油浓度梯度的土壤。设置 5 个柴油浓度梯度，分别为：1 000 mg/kg，5 000 mg/kg，10 000 mg/kg，15 000 mg/kg，20 000 mg/kg。

### 16.1.2　供试菌种及菌悬液的制备

本研究是采用从长期受石油污染的黄浦江岸边湿地沉积物中筛选出的三株土著嗜油菌，命名为 HPM 嗜油菌群。将嗜油菌群接种于富集培养基中，置于 30℃，100～150 r/min 的摇床，培养至对数生长期，离心收集菌体；三种菌株以 1∶1∶1

的比例混合，将其悬浮于尿素浓度为 40 g/L，过磷酸钙浓度为 15 g/L，pH 值为 7.5 的灭菌营养底物中，调节吸光度（$OD_{600}$）为 1.5，制成 $OD_{600}\approx1.5$ 的活性菌制剂。

### 16.1.3　供试植物选择

四种实验植物，藨草、芦苇、三棱草、茨菰于 2009 年 7 月，采自黄浦江岸边的受溢油污染影响较小的高潮滩。本实验于 2009 年 8 月进行，模拟实验地点选在实验楼的露天阳台上进行，实验区处于上海市宝山区，属亚热带半湿大陆性季风气候。

### 16.1.4　实验设计与分析

实验共分为三个组，分别为：油污土（空白组）、油污土接种嗜油菌（微生物组）、油污土接种嗜油菌种并分别植入藨草、芦苇、三棱草、茨菰（植物—微生物实验组），每千克土壤中 $OD_{600}\approx1.5$ 的营养菌悬液的加入量为 10 mL。浇入菌液时利用小铁铲松动表土，松土时不要伤到植物的根，从而保证菌液的均匀分布与土壤中氧气充足，利于植物和微生物的生长繁殖，在嗜油菌群与植物根系的共同作用下，修复油污湿地。

根据土壤水分丰缺状况，不定期浇水，使土壤饱和含水。实验共历时 60 d，在实验过程中间歇采取土样测定其中柴油含量与组分发生的变化。土壤样品在 70℃下烘干 20 h 测定含水率。每隔 5～10 d 采集根际土壤测定微生物的数量，以说明其对微生物的影响；测定土壤中柴油的含量，以说明降解石油污染物的效果。

实验步骤如下：

(1) 含油量的测定。

土样的油含量采用超声波提取重量法[262]。提取的石油经硅胶氧化铝层析柱分离。烷烃组分采用 Agilent 7890 仪器进行 GC - FID 分析。色谱柱为 15 mm×0.25 mm×0.25 mm(DB - 5)毛细管柱。氦气为载气，流速 1 mL/min。工作条件及升温程序为：初始温度 60℃，恒温 2 min，以 12℃/min 程序升温至 300℃，保持 10 min；FID 检测器 250℃。进样量 1 μL，进样温度为 280℃。以 1 000 ppm 十六烷烃为标准样品进行定量。

柴油去除率与降解率的计算公式如下：

$$去除率=\frac{初始含油率-样品含油率}{初始含油率}\times100\%$$

$$降解率=\frac{空白含油率-样品含油率}{空白含油率}\times100\%$$

(2) 活性菌的计数。

土样的活性微生物数量以 CFU 稀释平板计数法测定[413]。

(3) 统计分析。

本实验研究结果为 3 次平行实验的平均值,采用 SPSS 13.0 软件对实验样品与空白组样品数据差异性进行单因子方差分析(One-way ANOVA)。

## 16.2 植物对活性细菌数量的影响

每隔 5～10 d 采集各组土样,用平板计数法测定土壤中活性细菌的数量,得到不同处理的土壤样品中活性细菌的数量变化如图 16-1(a),(b),(c),(d),(e),(f)所示。

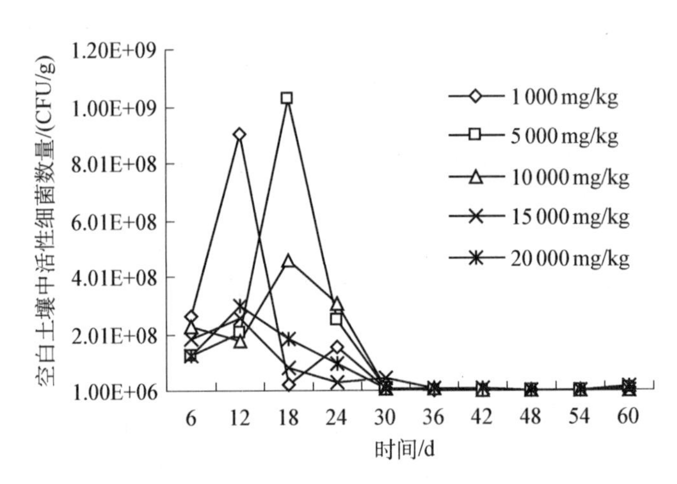


**图 16-1(a) 空白土壤中活性细菌数量的变化**

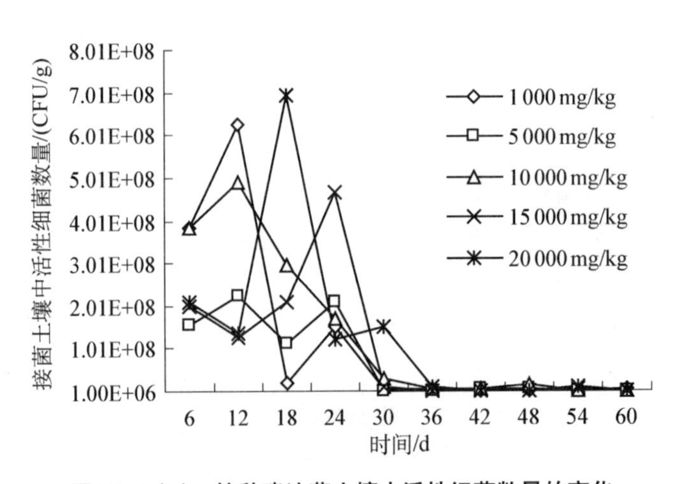


**图 16-1(b) 接种嗜油菌土壤中活性细菌数量的变化**

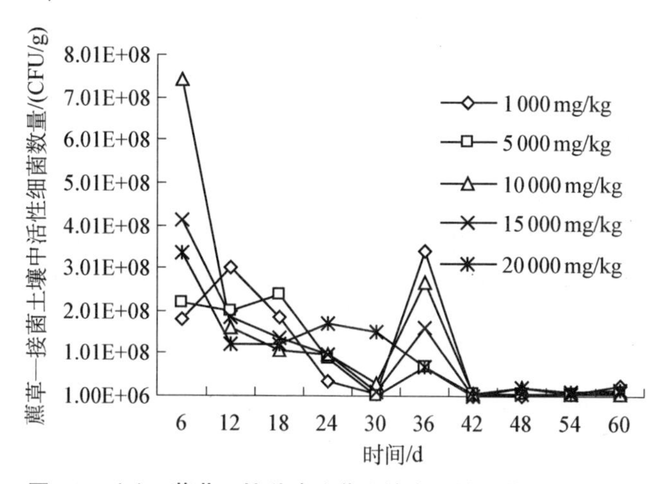


图 16-1(c)　蔗草—接种嗜油菌土壤中活性细菌数量的变化

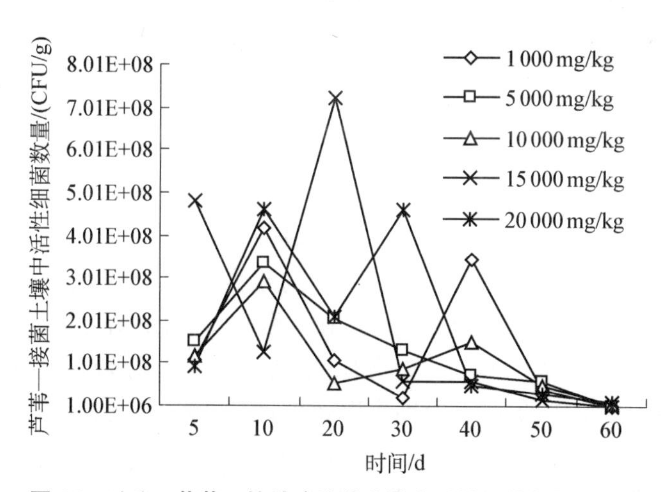


图 16-1(d)　芦苇—接种嗜油菌土壤中活性细菌数量的变化

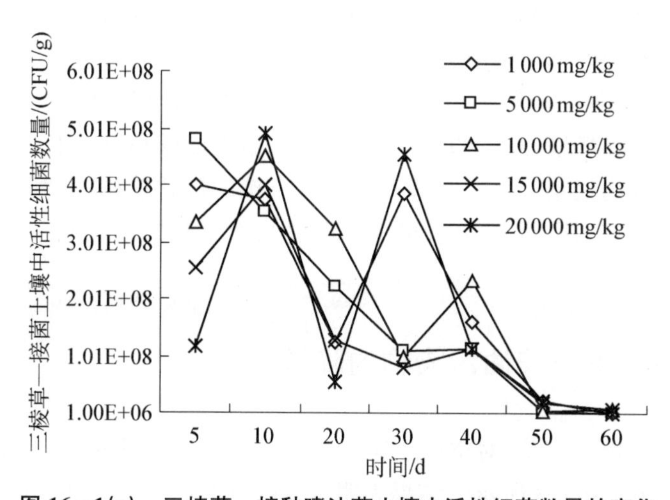


图 16-1(e)　三棱草—接种嗜油菌土壤中活性细菌数量的变化

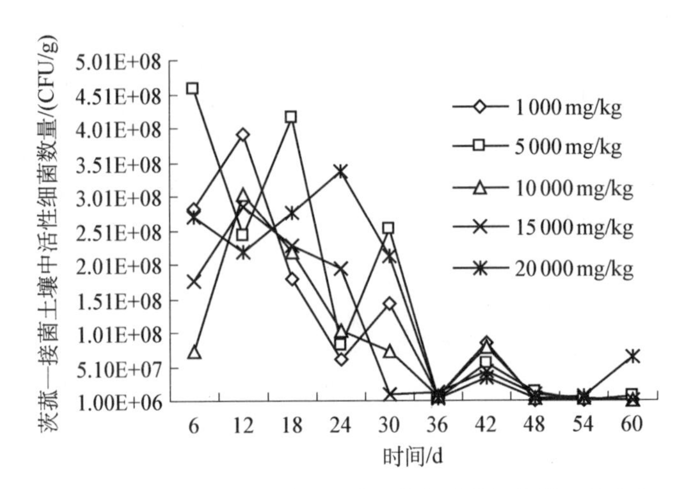


**图 16-1(f) 茨菰—接种嗜油菌土壤中活性细菌数量的变化**

由图 16-1 可知，活性细菌总量随时间逐渐减少，在污染程度不同的土壤中，一段时间后细菌的数量也减少到几乎相等的数量级，细菌总量的减少是由于柴油污染物的胁迫作用，或是细菌数量伴随土壤中营养物质的减少而减少。而由各图也可以看出，在降解过程中，石油的浓度不同细菌数量不同，含较低柴油浓度的土壤中细菌数量较多。由图 16-1(a)，(b)和图 16-1(c)，(d)，(e)，(f)的对比可知，土壤中种植了植物可以缓解微生物减少的趋势，在有四种植物生长的土壤中，出现了细菌总量的减少速度要相对缓慢，在一段时间后，细菌总量要显著大于无植物生长的非根际土壤，表明石油污染物有利于嗜油菌的生存，而种植植物可以延长活性细菌存在于土壤中的时间，有助于提高耐油细菌活性，也表明了植物的生长有利于微生物的生长繁殖。细菌数量的提高有利于土壤石油烃的降解；植物根际的调控作用对污染土壤石油烃的降解具有促进作用[414]。

在柴油浓度为 10 000 mg/kg 的土壤中，对比空白，加嗜油菌与四种植物联合嗜油菌的三组不同处理土壤中微生物总量的变化，如图 16-2 所示。由图可看出，在第 12～29 d，种植了植物的根际土壤中的微生物含量远远大于空白土壤与嗜油菌土壤。根据外界环境，夏末的天气潮湿多雨，植物能够茁壮成长，促进微生物大量繁殖。可以说明根系分泌物能够有效改善土壤的理化结构，有利于提高根系微生物的活性[415-417]。用 SPSS 分析柴油降解量与微生物量的关系，结果表明，两者无显著性相关关系。

## 16.3 嗜油菌群对柴油污染物的降解效率

在室外盆栽模拟实验，对空白土壤与嗜油菌降解土壤中的石油类污染物总含量进行测定，如图 16-3 所示。结果表明，一段时间后(30 d 或 60 d)，嗜油菌处理

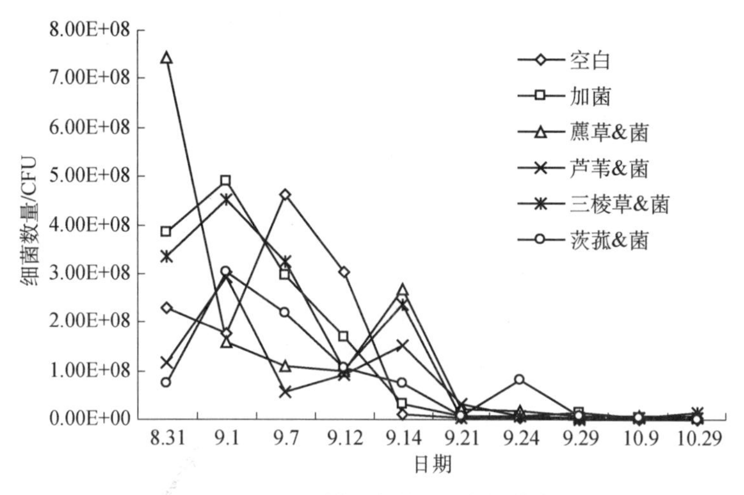


**图 16－2　不同样品中微生物数量的变化**

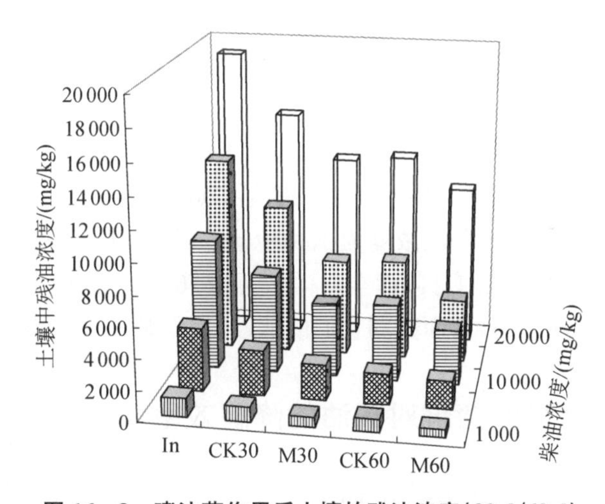


**图 16－3　嗜油菌作用后土壤的残油浓度(30 d/60 d)**

(CK 表示空白土样;M 表示嗜油菌土样)

的土样含油量均低于空白样品,嗜油菌对石油类污染物具有明显的降解作用,使被污染土壤中的柴油油污逐渐被消耗。

嗜油菌土壤对油污的去除率均大于空白土壤,反映出经嗜油菌处理的样品与空白样品之间大部分均存在显著性差异。各样品对柴油的去除率如表 16－2 所示。在无植物种植土壤中,由于挥发,乳化,光氧化等作用[418],石油烃能够被部分去除,而烃类的降解主要是由于活性微生物的作用[302, 419]。在空白样品中,柴油由于理化作用与土著微生物的作用而有一定量的去除,在低浓度柴油的土壤中,由于柴油挥发性与检测分析域值的影响,降解率在 1 000 mg/kg 土壤出现峰值,表明在低浓度情况下，柴油更易于从土壤中去除。有研究表明，在自然环境下，一些微生物能够利用烃类作用碳源和能源，能够在一定 TPH 浓度的土壤中快速繁殖，低浓度的 TPH(1.25%～5%)能够加强土壤的呼吸强度，当烃浓度达到 10%时，土壤的呼吸强度不再增大，当烃浓度达到 15%时，土壤的呼吸强度下降，表明油浓度太高会抑制微生物的活性[310, 420]。土著微生物更适宜于柴油浓度为 5 000 mg/kg 的土壤生活，土著微生物能够适应并降解浓度为 5 000 mg/kg 的油污土壤。

**表 16-2　不同处理土壤中柴油的去除率**

| 参数 | 处理 | 培养期/d | 设置土壤中柴油浓度/(mg·kg$^{-1}$) | | | | |
|---|---|---|---|---|---|---|---|
| | | | 1 000 | 5 000 | 10 000 | 15 000 | 20 000 |
| 去除率(%)±S.D. | 空白 | 30 | 22.60±10.96 | 28.89±8.06 | 24.34±5.50 | 23.04±4.92 | 20.98±2.44 |
| | | 60 | 33.08±12.39 | 51.60±1.99 | 41.63±9.08 | 48.60±1.38 | 34.54±5.79 |
| | 嗜油菌 | 30 | 47.93±6.99* | 44.32±3.98** | 43.81±3.20** | 50.26±5.95** | 36.16±5.98* |
| | | 60 | 60.33±8.29* | 55.50±1.11 | 58.14±2.82** | 67.41±2.90** | 44.96±4.89* |

表中数据为三个平行样的均值，* 值表示空白样品与嗜油菌处理样品之间的显著性差异（* * $p \leqslant 0.01$：非常显著性差异，* $p \leqslant 0.05$：显著性差异）

而嗜油菌能够适应并降解更高浓度的油污土壤，随着土壤中柴油浓度的增大，嗜油菌的降解作用也能提高。故当柴油浓度为 5 000～15 000 mg/kg 时，去除率随柴油浓度的增大而增大，在柴油浓度为 15 000 mg/kg 时，柴油去除率最高，嗜油菌的作用使得去除率达到 67.41%，而空白样品为 48.60%。然而更高的柴油浓度会对这些微生物有毒性作用，从而减弱它们的活性，使得柴油去除率降低。

## 16.4　植物联合嗜油菌群对柴油的降解效率

在不同柴油浓度处理的土壤中，四种植物对污染物均显示出了较强的耐受性，无表观毒害特征，植株均生长良好。在四种植物分别联合嗜油菌作用 60 d 后，土壤中残余柴油浓度如图 16-4 所示。由图可见，在植物强化作用下，嗜油菌对柴油的去除作用加强，进一步增强了对土壤中柴油的去除效果，尤其是当土壤中柴油含量较高时，植物对于嗜油菌的降解有极显著的强化作用。

有研究表明，植物根系分泌物刺激了细菌的转化作用，在根区形成了有机碳，根细胞的死亡也增加了土壤有机碳，这些有机碳的增加可阻止石油污染物向地下水转移，也可增强微生物对石油污染物的矿化作用。草原植物与其内生微生物联合对石油烃的降解活性研究表明，黑麦草增加了内生寄生微生物系统对根际土壤中烷烃的降解率，减少了根际系统对根际土壤中 PAHs 的降解[328]。生长在石油污染土壤中的不同植物种属特性不同，不同种分布的微生物种群，能影响植物对烃类

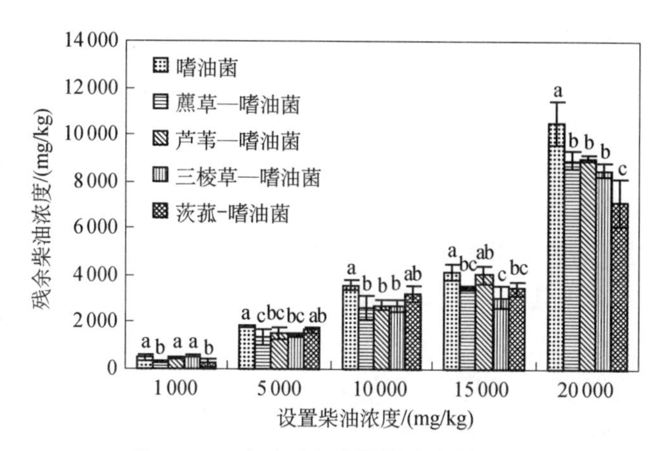


**图 16－4　各实验组土壤的残油量(60 d)**

误差线：＋－标准偏差（$n=3$），不同小写字母代表组间差异

的降解。随着植物根区微生物的密度增加，石油烃的降解速率会明显加快，在实验中改善微生物的作用环境，是强化嗜油菌除油作用的重要方法[421，422]。

在各种污染物浓度下，植物—微生物的共同作用使得降解率有了更大的提高，各组样品的降解率如图 16－5 所示。

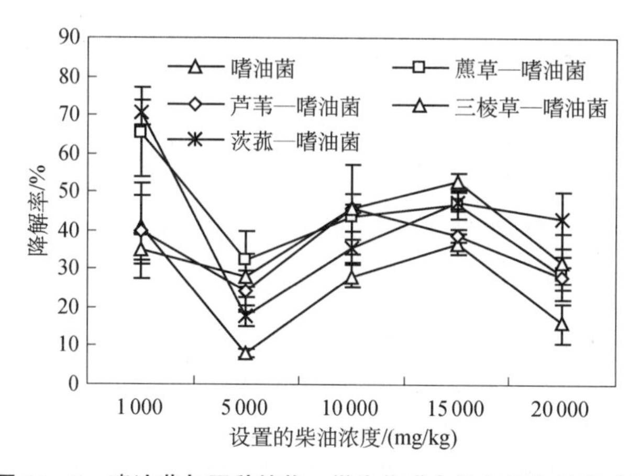


**图 16－5　嗜油菌与四种植物—微生物联合修复的降解率对比**

有研究表明，氮、磷营养物质的缺乏或过量均可限制石油烃的降解。氮、磷的最佳比例与细胞成分中的比例（N：P＝5.67：1）越接近、越有利于提高降解能力[308]，植物的根际分泌物能够为微生物提供其生长代谢所需的营养物质。Gao 等研究证明，根际分泌物中起主导作用的物质为有机酸[424]。一些豆科植物的根际分泌物能有效改善土壤的理化结构，有利于提高根际微生物的活性与土壤酶活性，从而提高对多环芳烃类等有机污染物的降解作用[246]；土壤中氧含量是否充足对降解

效率有重要影响，植物还可为微生物提供生存场所和可转移的氧气，使根区的好氧转化作用得以正常进行。

植物能分泌表面活性剂促进油污染的生物修复[312, 246]。石油烃污染物的水溶性差，容易被吸附于土壤颗粒上，植物能够分泌表面活性物质使得石油烃污染物从土壤颗粒上洗脱下来，让微生物能够很好地与石油相接触，植物的生长代谢活动能够增加微生物对石油的利用率。植物的生长十分有益于在干旱时对于土壤水分的保持，当土壤含水量为其饱和含水量的30%～50%时，较适宜于石油类的生物降解[318]。土壤含水量过低，微生物得不到充足的水分供应，细胞活性受抑制；土壤含水量过高，有效毛细空隙空间将被水充满，妨碍氧气的供应。pH值与盐度也是影响石油烃生物降解的重要因素，大部分异养细菌和真菌适宜pH值为中性、氯化钠浓度小于1%的土壤条件。

油污浓度也是影响降解效果的一个重要因素。在相同条件下，对石油的降解效率与石油的浓度有关，石油浓度过低，无法为微生物和植物提供足够的碳源，使其分解代谢石油类污染物；石油浓度过高，则影响了土壤—微生物—植物—水分系统，降低了土壤的渗透性，可能使得土壤中溶解氧浓度降低，使微生物进入了厌氧状态，产生有毒物质，影响了植物与微生物的生长，使得微生物与植物代谢效率降低。降解率随土壤中柴油浓度的变化而变化，在低浓度1 000 mg/kg时较高，在柴油浓度为5 000 mg/kg时，土著菌发挥更强大的作用，相对降解率(相对于土著微生物)较低，在浓度为5 000～15 000 mg/kg时，随柴油浓度增大降解率普遍增大，其后随柴油浓度的进一步增大，降解率降低，同图16-5所呈现的规律一致。其中，藨草、三棱草、茭菰均在15 000 mg/kg浓度土壤中降解率达最大，仅芦苇在10 000 mg/kg浓度土壤中降解率最大，可知，这四种植物相比较，芦苇能适应更高浓度的柴油，在本实验中，由于小桶体积有限，对于芦苇这类根系庞大的植物，没有表现出其很好的活性，故其耐油能力较弱。由图可得出，这些植物—微生物系统最适宜于降解柴油浓度为15 000 mg/kg的油污土壤。

油污土壤中植物根际微生态环境对微生物活性具有诱导作用，有利于石油烃的降解和污染土层的生物修复，且根际的作用也能促进石油烃污染物的横纵向迁移[424]。60 d后，在柴油浓度为15 000 mg/kg的油污土壤中，以空白样品作为对照，嗜油菌对柴油的降解率为36.59%，在藨草、芦苇、三棱草、茭菰与嗜油菌共同作用下，柴油降解率达到46.73%，38.63%，52.94%，47.63%。结合以上分析，影响植物—微生物系统生物降解的原因是以上几种植物的盐耐涝及吸水能力非常强，而且对水质条件需求比较低，都具有发达的根系，叶片吸收的氧气可以通过茎和根状茎到达根毛，并从根毛分泌出来，这种根际可以供养大量的需氧微生物种群，强化了嗜油菌的活性与降解能力。

## 16.5　植物联合嗜油菌作用下对柴油组分的降解作用

在利用碳源过程中微生物总是优先选择易被降解的低链正构烷烃，后选择长链的异构烷烃。一般各类石油烃被微生物降解的先后次序如下：正烷烃>支链烷烃>芳香烃>环烷烃>支链芳香烃[321]。对各组 10 000 mg/kg 柴油浓度土壤样品剩余残油经气相色谱分析(见图 16-6)发现，嗜油菌群与土著菌降解 60 d 后，柴油组分的含量 $C_{16}$～$C_{30}$ 均大幅减少，$C_{19}$ 的含量减少尤其明显。

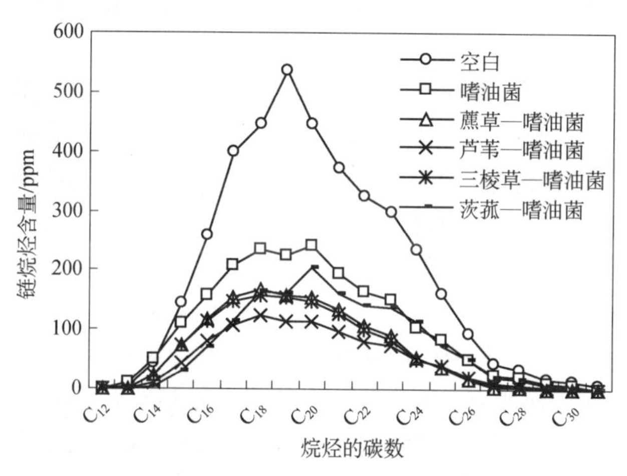


**图 16-6　经 60 d 降解后链烷烃含量的变化**

研究表明，黄浦江沉积物中油类污染物的链烃碳数主要分布在 $C_{25}$～$C_{32}$ 范围内，链烃污染物具有明显的奇偶优势特征[425]。而在四种植物与嗜油菌的联合作用下，柴油的正构烷烃组分的含量发生了进一步的变化，从 $C_{12}$～$C_{30}$ 的正构烷烃组分均有了很大程度的降解。其中藨草和三棱草对这些正构烷烃的降解情况极相似，是因为藨草与三棱草是同属于莎草科植物，且生长形态与长势都相似。这四种植物—微生物系统中对柴油正构烷烃组分降解量最多的是茨菰—嗜油菌。

综上所述，这四种土著植物联合嗜油菌起到了极好的降解作用。植物与其根际微生物的生长活动及其分泌物和酶的作用，使得加入土壤的嗜油菌对石油烃具有良好的降解效果，植物能够促进嗜油菌对土壤中石油烃污染物的降解，且通过种植这四种土著植物可降解土壤中过量的石油烃，从而达到清除土壤中石油烃污染的目的，可以成功避免二次污染。

从受石油烃污染的黄浦江江岸湿地中筛选出具有柴油降解能力的嗜油菌株，采集生长于该油污湿地，且长势较好的藨草、芦苇、三棱草与茨菰。室外模拟生态修复实验表明，油污土壤中的土著微生物能适应 5 000 mg/kg 柴油浓度的油污土，并对该土壤中柴油发挥较强的去除作用。而筛选驯化出的嗜油菌群能够适应更高浓度的柴油污染物，并在柴油浓度为 15 000 mg/kg 的油污土壤中，60 d 后对柴油的去除率达到最高，为 67.41%。而在藨草、芦苇、三棱草、茭菰与嗜油菌共同作用下，柴油去除率分别达到 72.62%，68.45%，75.81%，73.08%。以空白样品为对照，四种植物—嗜油菌的降解率分别为 46.73%，38.63%，52.94%，47.63%。在植物强化作用下，嗜油菌对柴油的去除作用加强，进一步增强了对土壤中柴油的去除效果，尤其是当土壤中柴油含量较高时，植物通过改善嗜油微生物的作用环境，对嗜油菌的降解有极显著的强化作用，并使柴油的正构烷烃组分 $C_{12}$～$C_{30}$ 均有了很大程度的降解。植物对于提高土壤微生物活性、加快石油烃的降解有重要的意义。

结合油污污染区的气候及地理条件，建立良好的植物—微生物联合生态修复机制十分重要。本实验所采用的藨草、芦苇、三棱草、茭菰四种植物，尤其是藨草和茭菰，联合黄浦江油污湿地的土著嗜油微生物，有实践应用于油污湿地的生态修复工程的潜力，有助于取得较优的石油烃生物降解效果。

由于植物根际环境的微域性、动态性及复杂性等特点，目前对石油污染物植物—微生物联合修复的研究还存在一定难度，关于淡水湿地与海岸湿地的植物—微生物联合生物修复机理研究国内外鲜见报道。利用湿地植被生态系统对石油类有机污染物的降解规律研究在国内外正在处于兴起和发展阶段，研究黄浦江岸边湿地植被系统对石油类有机污染物的降解作用具有重要的科学价值和实际意义。

通过对本实验的总结，作者认为还可以在以下几个方面继续深入研究：

(1) 结合油污污染区的气候及地理条件，建立良好的植物—微生物联合生态修复机制，得出靶区湿地植被系统对溢油残余污染物的降解量与降解速率等信息，从而进一步优选出降解油污效果好的湿地植物系统；

(2) 结合研究区域的沉积物与水文条件，研究油的迁移转化分布规律，并研究土著植物对于石油类污染物迁移转化的影响；

(3) 探求湿地植物系统对油类污染物的除污特征及其与生态因子之间关系，从根际微生物活性、数量，各种酶活性等方面对湿地植物的去污作用机理进行研究。

# 下篇结语

下篇主要针对大庆地区油污土壤以及黄浦江岸边的油污湿地生态环境修复问题展开研究。

针对大庆地区土壤环境中的石油污染，综述了土壤中石油类有机污染防治的各种处理技术，指出综合运用微生物修复技术与植物修复技术是研究区石油污染土壤治理的发展方向。油区石油类污染物微生物降解试验研究显示，土壤中确实存在嗜油微生物，生产井史长的油井附近污油积累多，石油有机质含量高，嗜油微生物密度大，对近井土壤中污油的降解速度快、降解量高；土著微生物对落地原油具有比较明显的降解作用。土壤中的自然驯化微生物可以选择性地逐渐消耗掉落地原油中的某些成分，中等长度碳链的烃类化合物可被优先消耗掉，因此随着时间的延长，微生物降解可以逐渐减轻落地原油对土壤的破坏作用及对环境的污染影响。土壤石油有机污染植物修复研究表明，芦苇根须部的有机质含量比根部土壤中有机质含量大约高出50倍；不论是芦苇根须部还是芦苇根部土壤中，有机污染区芦苇的有机质含量均明显高于未受污染的背景芦苇中相应部位样品的含量。说明芦苇对石油有机污染具有较强的吸收、降解及转化作用，可用于大庆油田土壤中石油类有机污染的治理。试验研究证明，微生物处理法和植物处理法等生物处理技术比较适合用于大庆油田土壤中原油污染的治理。在对各种石油污染防治技术进行综合分析比较的基础上，指出采用微生物降解技术与植物修复技术相结合的防治对策是大庆油田土壤石油污染治理的发展方向。并通过研究证明：大庆油区土壤中存在自然驯化的嗜油微生物，可以选择性地消耗油污土壤中的某些污染成分，对油污土壤具有比较明显的降解作用，可以逐渐减轻石油类污染物对土壤环境的影响；油田大量生长的芦苇对石油有机污染具有较强的吸收、降解及转化作用，可用于大庆油田土壤中石油类有机污染的治理。

针对黄浦江岸边湿地的修复研究，首先，通过对研究区域的采样调查分析，得到黄浦江岸边湿地沉积物的理化性质与湿地中石油类污染物等污染物的含量与组成及其土著植物根际土壤的微生态环境特征。其次，对其典型植物做初步的修复潜力考察，并阐明植物对油类污染物的生理响应和根际微域的响应特性。最后，从黄浦江岸边油污湿地沉积物中筛选出对柴油具有降解作用的嗜油微生物，研究其对柴油的降解作用；并选择黄浦江岸边的土著植物，藨草、芦苇、三棱草和茭菰进行油污湿地的生态修复，研究其联合嗜油菌群对柴油污染物的降解特征，优选出具有油污降解效果的植物—微生物系统。主要取得以下研究成果：

（1）黄浦江岸边沉积物平均 pH 值为 7.93，黏粒含量为 41.17%，有机质含量为 7.08%；N，P 等营养元素含量较高，有微富营养化的趋势；沿岸的各采样点存在不同程度的油类污染，石油烃含量水平均较高，测得的平均值为 512 mg/kg，峰值为 1 708 mg/kg。

（2）湿地植物根际与非根际土壤中的微生物活性、脱氢酶活性、多酚氧化酶活性、过氧化氢酶活性几乎都存在显著性差异；在植物根际土壤中，微生物的数量高出非根际 0～0.5 个数量级，微生物活性高出非根际的 2.7～11.8 倍；研究区土著湿地植物茭白、水蓼、芦苇、藨草具有明显的根际效应，其生长有利于根际微生物与酶活性的提高，能够提高油污沉积物的修复能力。

（3）油污与土壤中的过氧化氢酶活性有一定的负相关性，与土壤中氮磷含量间存在较好的正相关性。柴油污染胁迫会减慢种子的萌芽速率，延长种子的萌芽时间，柴油对不同种子的胁迫程度有明显的差别。耐性较强的紫花鸢尾，其萌芽率和萌芽时间基本不受污染胁迫的影响或影响较小；而对柴油污染较敏感的藨草种子的萌芽时间受污染影响较大。高浓度柴油污染处理下，植物种子萌芽率都有所下降，但在整个实验浓度梯度内，种子萌芽率随柴油浓度变化并没有呈现明显的规律性，低浓度污染物对植物种子萌芽的影响只能作为生态初级评价，不宜用于土壤污染的深度评价。但当柴油浓度继续增大时，污染物对紫花鸢尾种子萌芽率和萌发速率有了较为明显的抑制作用，且呈现一定的规律性；鸢尾幼苗总根长、根平均直径和根投影面积也均受到污染物的消极影响，且总根长对不同浓度柴油处理间响应最为敏感。其叶片中过氧化氢的积累随着柴油浓度的升高逐渐增多，该指标可用于表征紫花鸢尾对柴油污染胁迫的生理响应特征。

（4）不同浓度柴油污染胁迫下，植物中的叶绿素，根的活力及各组织中的酶活性都受到了不同程度的影响。低浓度的柴油污染物有利于提高植物光合色素的含量及根的活力，说明植物对污染物都有一定的耐受能力；当植物生长受到胁迫时，植物能通过调节自身体内的酶活性来降低这种外来的威胁，酶活性的变化再次证明了植物对柴油的耐受能力，不同植物中不同种酶对柴油表现出不同的敏感性，说明植物对逆境的可接受程度不同；三棱草和茭菰的各组织尤其是根部中脂含量较高，能吸收和传递较多的柴油组分，相对于水蓼和芦苇，对柴油的耐受能力和降解能力都较高；根际土中的脱氢酶、转化酶和多酚氧化酶的活性均被低浓度柴油处理所刺激，随着柴油浓度的增大，抑制作用逐渐明显，而脲酶在茭菰和三棱草根际对柴油呈现不同的响应。根际和非根际的修复效果有很大差异性，植物的引入对于污染物的降解确实存在促进作用，与茭菰相比，三棱草对于长链正构烷烃降解效果较好。

(5) 不同浓度柴油胁迫下,茭菰根际土中的细菌和放线菌的数量随着柴油浓度的增大而减少;真菌的数量在较低柴油浓度下有所增加,推测真菌在微生物修复低浓度柴油污染土壤中起主要作用;相对于真菌和细菌,放线菌对柴油的敏感性最高;茭菰对柴油的降解并没有呈现相似的趋势,推测植物根际微生物在柴油的影响下群落组成发生了变化。

(6) 从黄浦江岸边湿地油污沉积物中筛选得到了三株土著嗜油细菌(M1, M2, M3),M1与M3为假单胞杆菌属,M2为产碱杆菌属;这几株嗜油细菌在30~35℃、盐度为0~1.0%的中性—偏碱性条件下最适宜生长,三株嗜油菌对柴油污染物均具有良好的降解作用,三株菌株在7 d内对柴油的降解率分别为33.05%, 15.21%和15.89%;三株嗜油菌对柴油中$C_{16}$~$C_{25}$范围内的正构烷烃组分具有良好的降解作用。

(7) 油污土壤中的土著微生物能适应5 000 mg/kg柴油浓度的油污土,并对该土壤中柴油发挥较强的去除作用;而筛选驯化出的嗜油菌群能够适应更高浓度的柴油污染物,在15 000 mg/kg柴油浓度的油污土壤中去除率最高,60 d内对柴油的去除率为67.41%。

(8) 在油污土壤中进行嗜油菌联合土著植物的模拟生态修复实验,结果表明,在藨草、芦苇、三棱草、茭菰与嗜油菌共同作用下,柴油去除率分别达到72.62%, 68.45%, 75.81%, 73.08%;以空白样品为对照,四种植物—嗜油菌的降解率分别为46.73%, 38.63%, 52.94%, 47.63%;并对柴油中的正构烷烃组分$C_{12}$~$C_{30}$有较好的降解作用。

植物修复是实现原位修复的一种有效途径,尽管这是天然的修复过程,但成功且高效率的修复还应考虑其他的一些相关因素。由于植物根际环境的微域性、动态性及复杂性等特点,目前对石油污染物植物—微生物联合修复的研究还存在一定难度,关于淡水湿地与海岸湿地的植物—微生物联合生物修复机理研究国内外鲜见报道。利用湿地植被生态系统对石油类有机污染物的降解规律研究在国内外正在处于兴起和发展阶段,研究黄浦江岸边湿地植被系统对石油类有机污染物的降解作用具有重要的科学价值和实际意义。

# 参 考 文 献


[1] 海珠. 全球难降解有机污染物法律约束条约开始第四轮谈判[J]. 世界环境,2000,(2):56.

[2] 国家环境保护总局,国家发展计划委员会,国家经济贸易委员会等. 国家环境保护"十五"规划[M]. 北京:中国环境科学出版社,2002,21-22.

[3] 杨忠芳,朱立,陈岳龙. 现代环境地球化学[M]. 北京:地质出版社,1999,346-355.

[4] 龚子同,黄标. 关于土壤中"化学定时炸弹"及其触爆因素的探讨[J]. 地球科学进展,1998,13(2):184-187.

[5] Guzzella L. PCBs and Organochlorine Pesticides in Lake Orta Sediment [J]. Water, Air and Soil Pollution,1997,99(4):245-254.

[6] Wagrowsk D M, Hites R A. Polycyclic Aromatic Hydrocarbon Accumulation in Urban [J]. Suburban and Rural Vegetation. Environ Sci Technol, 1997,31:279-282.

[7] Calderbank A. The Consequences of Bound Pesticide Residues in Soil [M]. Boca Raton: CRC Press, Inc. , 1994,71.

[8] Al-Hassan J M, Afzal M, Chava V N R, et al. Hydrocarbon Pollution in the Arabian Gulf Catfish [J]. Bull. Environ. Contam. Toxicol. , 2001, 66:646-652.

[9] Al-Hassan J M, Afzal M, Rao C V N, et al. Petroleum Hydrocarbon Pollution in Sharks in the Arabian Gulf [J]. Bull. Environ. Contam. Toxicol. , 2000,65:391-398.

[10] 温志良,莫大伦. 土壤污染研究现状与趋势[J]. 重庆环境科学,2000,22(3):55-57.

[11] 刘延良. 国内外土壤环境监测标准现状[J]. 中国环境监测,1996,12(5):41-43.

[12] 陈刚才,甘露,万国江. 土壤有机物污染及其治理技术[J]. 重庆环境科学,2000,22(2):45-49.

[13] 余刚,黄俊,张彭义. 持久性有机污染物:备受关注的全球性环境问题[J]. 环境保护,2001,4:37-39.

[14] 孟庆昱,毕新慧,徐晓白,等. 玉渊潭底泥中烃类物质研究[J]. 环境科学学报,2001,21(1):117-119.

[15] 莫测辉,蔡全英,吴启堂,等. 我国一些城市污泥中多环芳烃(PAHs)的研究[J]. 环境科学学报,2001,21(5):613-618.

[16] 林峥,麦碧娴,张干,等. 沉积物中多环芳烃和有机氯农药定量分析的质量保证和质量控制[J]. 环境化学,1999,18(2):115-121.

[17] 张干,盛国英,傅家谟. 固城湖沉积物中的结合态有机类脂化合物[J]. 科学通报,1997,42

(16):1749 - 1752.

[18] Zhang G, Min Y S, Mai B X, et al. Time Trend of BHCs and DDTs in a Sedimentary Core in Macao Estuary, Southern China [J]. Marine Pollution Bulletin, 1999,39(1 - 12):326 - 330.

[19] 刘廷良,滕恩江,王晓慧,等. 土壤环境监测现存问题与展望[J]. 中国环境监测,1997,13(1):46 - 51.

[20] 任磊. 石油勘探开发中的石油类污染及其监测分析技术[J]. 中国环境监测. 2004,20(3):44 - 47.

[21] US EPA. Test Methods for Evaluating Solid Waste, Physical/Chemical Methods (SW 846), UpdateIII. On CD - ROM Version 2. 0. Method 3540C for Soxhlet Extraction, Method 8100 for PAHs Test, Method 8082 for PCBs test, and Method 8081A for DDTs test. 1995. 1.

[22] Marc Mills A, Thomas McDonald J, James Bonne S, et al. Method for Quantifying the Fate of Petroleum in the Environment [J]. Chemosphere, 1999,39(14):2563 - 2582.

[23] Trapido M. Polycyclic Aromatic Hydrocarbons in Estonian Soil: Contamination and Profiles [J]. Environ Pollut, 1999,105:67 - 74.

[24] Knopp D, Seifert M, Vananen V, et al. Determination of Polycyclic Aromatic Hydrocarbons in Contaminated Water and Soil Samples by Immunological and Chromatographic Methods [J]. Environmental Science and Technology, 2000,(34):20 - 35.

[25] Krauss Mand Wilcke Wo. Polychlorinated Naphthalenes in Urban Soils: Analysis, Concentrations, and Relation to Other Persistent Organic Pollutants [J]. Environmental Pollution, 2003,122(1):75 - 89.

[26] Reddy C M, Quinn J. GC - MS Analysis of Total Petroleum Hydrocarbons and Polycyclic Aromatic Hydrocarbons in Seawater Samples After the North Cape Oil Spill [J]. Marine Pollution Bulletin, 1999,38(2):126 - 135.

[27] Peter Grathwohl. Diffusion in Natural Porous Media: Contaminant Transport, Sorption/Desorption and Dissolution Kinetics [M]. Boston: Kluwer Academic Publishers, 1998, 30 -52.

[28] 南京农学院. 土壤农化分析[M]. 北京:农业出版社,1980,36 - 40.

[29] 国家环保局编委会. 水和废水监测分析方法(第三版)[M]. 北京:中国环境科学出版社,1989.

[30] 林滨,陶澍,曹军,等. 伊春河流域土壤与沉积物中水溶性有机物的含量与吸着系数[J]. 中国环境科学,1996,16(4):307 - 310.

[31] 黄彩海,李合义. 高压蒸汽消解法测定土壤、底质中的有机质[J]. 中国环境监测,1998,14(2):17 - 19.

[32] 杨冬雪,金芳澄. 直接加热消解法测定土壤底质中的有机质[J]. 中国环境监测,1999,15(3):38 - 39.

[33] 俞元春,陈静,朱剑禾. 红外光度法测定土壤中总萃取物、石油类、动植物油及其准确度之

方法研究[J]. 中国环境监测,2003,19(6):6-8.

[34] 龚莉娟. 土壤中石油类的测定方法[J]. 中国环境监测,1999,15(2):24-25.

[35] 唐松林. 红外光度法测定土壤中的石油类[J]. 中国环境监测,2004,20(1):36-38.

[36] 康跃惠,盛国英,傅家谟,等. 珠江澳门河口沉积物柱样品正构烷烃研究[J]. 地球化学,2000,29(3):302-310.

[37] 葛晓立,谢文明,罗松光,等. 北京密云房山地区土壤中多环芳烃的组成与分布特征[J]. 岩矿测试,2004,23(2):132-136.

[38] 张枝焕,陶澍,彭正琼,等. 天津表层土中饱和烃污染物的组成及分布特征[J]. 中国环境科学,2003,23(6):602-605.

[39] 周宁孙,林玉清,林荣儿. 微波萃取技术在分析土壤中有机污染物的应用[J]. 干旱环境检测,1999,13(2):90-94.

[40] 但德忠,罗方若,袁东,等. 土壤及沉积物样品预处理的新技术——微波萃取法[J]. 矿物岩石,2000,20(2):91-95.

[41] 崔艳红,朱雪梅,郭丽青,等. 天津污灌区土壤中多环芳烃的提取、净化和测定[J]. 环境化学,2002,21(4):392-396.

[42] 王学军,任丽然,戴永宁,等. 天津市不同土地利用类型土壤中多环芳烃的含量特征[J]. 地理研究,2003,22(3):360-366.

[43] 阎吉昌,盖新杰,张宏,等. 树叶及土壤中有机污染物 GC-MS 分析[J]. 中国环境监测,1994,10(5):14-16.

[44] 许士奋,蒋新,王连生,等. 长江和辽河沉积物中的多环芳烃类污染物[J]. 中国环境科学,2000,20(2):128-131.

[45] 刘现明,徐学仁,张笑天,等. 大连湾沉积物中 PAHs 的初步研究[J]. 环境科学学报,2001,21(4):507-509.

[46] 蒋敏,谢孟峡,谢芳. 沉积物中有机成分的分析方法研究[J]. 北京师范大学学报(自然科学版),2002,38(3):370-376.

[47] Lee H B,翁建华,黄连芬. 超临界二氧化碳萃取-GC/MS 测定土壤中的多环芳烃[J]. 中国环境监测,1996,12(2):9-12.

[48] 张莘民,程滢. 超临界流体萃取技术在我国有机污染分析中的应用[J]. 环境科学研究,2000,13(6):22-25.

[49] 高连存,张春阳,崔兆杰,等. 炼钢厂炼焦车间土壤中 PAHs 的超临界流体萃取——色质联用分析方法研究[J]. 环境科学研究,1998,11(1):36-39.

[50] 麦碧娴,林峥,张干,等. 珠江三角洲河流和珠江口表层沉积物中有机污染物研究——多环芳烃和有机氯农药的分布及特征[J]. 环境科学学报,2000,20(2):192-197.

[51] 康跃惠,麦碧娴,黄秀娥,等. 珠江三角洲地区水体表层沉积物中有机污染状况初步研究[J]. 环境科学学报,2000,20(suppl.):164-170.

[52] 袁东星,杨东宁,陈猛,等. 厦门西港及闽江口表层沉积物中多环芳烃和有机氯污染物的含量及分布[J]. 环境科学学报,2001,21(1):107-112.

[53] 黄宁选,马宏瑞,王晓蓉,等. 环境中石油烃污染物组分的气相色谱分析[J]. 陕西科技大学

学报,2003,21(6):25－29.

[54] 陈来国,冉勇,麦碧娴,等.广州周边菜地中多环芳烃的污染现状[J].环境化学,2004,23(3):341－344.

[55] 肖锐敏,曾昭睿,范剑虹.采用顶空气相色谱法测定土壤中 BTEX [J].中国环境监测,1998,14(6):18－20.

[56] 戴竹青,申开莲,林大泉.石油化工厂区土壤中总石油烃分布的研究[J].石油化工环境保护,2000,(4):40－44.

[57] 马玲玲,劳文剑,王学彤,等.北京近郊土壤中痕量半挥发性有机污染物的分析方法研究[J].分析化学,2003,31(9):1025－1029.

[58] 王连生,韩朔睽.有机污染化学进展[M].北京:化学工业出版社,1998,278－292.

[59] 戴树桂.环境化学[M].北京:高等教育出版社,2002,200－227.

[60] 王焕校.污染生态学[M].北京:高等教育出版社,2002,253－286.

[61] Smith D W, Rower K, Booker J R. The Analysis of Pollutant Migration through Soil with Linear Hereditary Time-Dependent Sorption [J]. Int J Numer and Anal Methods in Geomechinics, 1993,17:255－260.

[62] Ali A, Mohamed T, Sasaki K, et al. Solute Transport Through Unsaturated Soil due to Evaporation [J]. Journal of Environmental Engineering, 2000,12(4):842－847.

[63] Graber C R, Borisover M D. Hydration-Facilitated Sorption of Specifically Interacting Organic Compounds by Model Soil Organic Matter [J]. Environ Sci Technol, 1998, 32: 258－263.

[64] Pignatello J J, Xing B. Mechanisms of Slow Sorption of Organic Chemicals to Natural Particles [J]. Environ Sci Technol, 1996,30:1－11.

[65] Kan A T. Irreversible Sorption of Neutral Hydrocarbons to Sediments: Experimental Observations and Model Predictions [J]. Environ Sci Technol, 1998,32:892－902.

[66] Kamra S K, Lennartz B, Van Genuchten M Th. Evaluating Nonequilibrium Solute Transport in Small Soil Columns [J]. Journal of Contaminant Hydrology, 2001,(48):189－212.

[67] 任磊,黄廷林.土壤的石油污染[J].农业环境保护,2000,(6):360－363.

[68] 赵东风,赵朝成,王联社,等.石油污染物在土壤中的迁移渗透规律[J].石油大学学报,2000,24(3):64－66.

[69] 郑西来,刘孝义,席临平.多孔介质吸附对石油污染物运移的阻滞效应研究[J].长春科技大学学报,1999,(1):52－54.

[70] 刘兆昌,张兴生,朱琨.地下水系统的污染与控制[M].北京:中国环境科学出版社,1991,1－40,188－195.

[71] 王正萍,周雯.环境有机污染物监测分析[M].北京:化学工业出版社,2002,173－175.

[72] 董德明,朱利中.环境化学实验[M].北京:高等教育出版社,2002,69－84.

[73] 孙成.环境监测实验[M].北京:科学出版社,2003,69－235.

[74] 张兴儒,张士权.油气田开发建设与环境影响[M].北京:石油工业出版社,1998,129－159.

[75] 王洪涛,罗剑,李雨松,等.石油污染物在土壤中运移数值模拟初探[J].环境科学学报,

2000,(6):755-760.

[76] 霍亚贞,李天杰. 土壤地理实验实习[M]. 北京:高等教育出版社,1987,1-29.

[77] Thagarajan M. Modeling Pollutant Migration in the Upper Palar River Basin [J]. Tarnil Nadce Lndia. Environmental Geology. 1999,(3):27-32.

[78] Mai Bixian, Fu Jiamo, Sheng Guoying, et al. Chlorinated and Polycyclic Aromatic Hydrocarbons in River and Estuarine Sediments from Pearl River Delta China [J]. Environmental Pollution, 2002,117(3):457-474.

[79] 郭清海, 王焰新, 郭华明. 地下水系统中胶体的形成机理及其对污染物迁移的影响[J]. 地质科技情报,2001,20(3):70-74.

[80] Ryan J N, Elimelech M. Colloid Mobilization and Transport in Groundwater, Colloid and Surfaces [J]. Physicochemical and Engineering Aspects, 1996,107:1-56.

[81] Mc Carthy J F, Degueldre C. Sampling and Characterization of Colloids and Particles in Ground-Water for Studying Their Role in Contaminant Transport [M]. Boca Raton: Lewis Publishers, 1993,8-35.

[82] Boy S B, Dzombak D A. Colloid-facilitated Transport of Hydrophobic Compounds in Sandy Soils [J]. American Society of Civil Engineers, 1995,26-54.

[83] Dmckay L, Sanford W E, Strong J M. Field-Scale Migration of Colloidal Tracers in a Fractured Shale Saprolite [J]. Ground Water, 2000,38(1):139-147.

[84] Buffle J, Perret D, Newman M. The Use of Filtration and Ultrafiltration for Size Fractionation of Aquatic Particles, Colloids and Macromolecules [M]. Boca Raton: Lewis Publishers, 1992,12-36.

[85] 邢晋武. 石油类污染物在充填状灰岩裂隙中迁移规律研究[J]. 油气田环境保护,1995,5(4):36-41.

[86] 刘贯群,邱汉学. 临淄地区包气带及地下水中酚、氰化物的污染迁移机理[J]. 青岛海洋大学学报,1999,29(2):301-308.

[87] 尹喜霖,曹继亮. 酚在包气带中运移规律的试验[J]. 水文地质工程地质,1992,19(3):53-54.

[88] 阎先良. 污染物质在包气带中运移规律的实验研究[J]. 环境科学,1993,14(5):32-38.

[89] 祝万鹏,温东辉,杨志华. 苯酚在饱水细砂土中的迁移转化规律[J]. 环境科学,1992,13(6):6-10.

[90] 祝万鹏,陈燕波,杨志华,等. 酚在饱水亚砂土中迁移转化的研究[J]. 环境科学,1994,15(5):15-18.

[91] Faust C R. Transport of Immiscible Fluids Within and Below the Unsaturated Zone: A Numerical [J]. Water Resource Research, 1985,21(4):587-596.

[92] Pinder G F and Abriola L M. On the Simulation Nonaqueous Phase Organic Compounds NAPL in the Subsurface [J]. Wat. Resour. Res, 1986,29:109-119.

[93] Nielsen D, Biggar J. Water Flow and Chemical Movement in Unsaturated Soil [J]. Water Resour. Res, 1986,22:89-108.

[94] Donald R, Nielsen M, Genuchten T V, et al. Transport Processes from Soil Surface to

Groundwaters in Linda M. Abriola, Ed, Groundwater Contamination [M], Oxfordshire: IAHS Publication, 1989:185 - 189.

[95] Ebanks W J Jr. Flow Unit Concept-Integrated Approach to Reservoir Description for Engineering Projects [C]. AAPG annual meeting, AAPG Bulletin, 1987,71(5):551 - 552.

[96] Boyd S A, Attenuating Organic Contaminant Mobility by Soil Modification [J]. Nature, 1988,33:345 - 347.

[97] Bruce J B, Hua C, Wanjia Z, et al. Adsorption of Nonionic Surfactants on Sediment Materials [J]. Environ. Sci. Technol, 1997,31(6):1735 - 1741.

[98] Shaobai S, Stephen A B. Adsorption of Nonionic Organic Compounds in Soil-Water Systems Containing Petroleum Sulfonate-Oil Surfactants. Environ [J]. Sci. Technol, 1993,27(7):1340 - 1346.

[99] Pignatello J J. Slowly Reversible Sorption of Aliphatic Halocarbons in Soils: 1. Formation of Residual Fractions [J]. Environ. Toxicol. Chem, 1990,9:1107 - 1115.

[100] Pignatello J J. Slowly Reversible Sorption of Aliphatic Halocarbons in Soils: 2. Mechanistic Aspects [J]. Environ. Toxicol. Chem, 1990,9:1117 - 1126.

[101] Xing B, Pignatello J J. Dual-Mode Sorption of Low-Polarity Compounds in Glassy Poly (Vinyl Chloride) and Soil Organic Matter [J]. Environ Sci Technol, 1997,31:792 - 799.

[102] Karichoff S W. Organic Pollutant Sorption in Aquatic Systems [J]. J Hydraul Eng (ASCE), 1984,110:707 - 735.

[103] Wu S. Sorption Kinetics of Hydrophobic Organic Compounds to Natural Sediments and Soils [J]. Environ Sci Technol, 1986,20(7):717 - 725.

[104] Weber W J. A Distributed Reactivity Model for Sorption by Soils and Sediments [J]. Environ Sci, Technol, 1992,26(10):1955 - 1962.

[105] Bauer J E, Capone D G. Effects of Co-Occurring Aromatic Hydrocarbons on the Degradation of Individual Polycyclic Aromatic Hydrocarbons in Marine Sediment Slurries [J]. Appl. Environ. Microbiol, 1988,54:1649 - 1655.

[106] Grathwohl P. Desorption of Trichlorethylene in Aquifer Material: Rate Limitation at the Grain Scale [J]. Environ, Sci, Techno, 1993,27(12):2360 - 2366.

[107] Mecarthy J F, Zachara J M. Subsurface Transport of Contaminants [J]. Environmental Science and Technology, 1989,18:41 - 55.

[108] Larsen T. Sorption of Hydrophobic Hydrocarbons on Three Aquifer Materials in a Flow Through System [J]. Chemosphere, 1992,24(4):439 - 451.

[109] Parker W J, Monteith H D. Fate of Polynuclear Aromatic Hydrocarbons and Heterocyclic Nitrogen Compounds in a Municipal Treatment Plant Water [J]. Environ Res, 1995,67 (7):926 - 93.

[110] Verstraete W R. Modeling of the Breakdown and The Mobilization of Hydrocarbons in Unsaturated Soil Layers [J]. Proceedings, 1976:99 - 112.

[111] Mingelgrin U, Gerstl Z. Revaluation of Partioning as a Mechanism of Nonionic Chemicals Adsorption in Soils [J]. J. Environ. Qual, 1993,12:1 - 11.

[112] Nunzio Romano, Bruno Brunone. Numerical Analysis of One Dimensional Unsaturated Flow in Layered Soils [J]. Advances in Water Resources, 1998,21(4):315 - 324.

[113] Wendy Ockenden A. The Global Recycling of Persistent Organic Pollutants is Strongly Retarded by Soils [J]. Environmental Pollution, 2003,121(1):75 - 80.

[114] Chenetal J W. Quantitative Relationships Between Molecular Structures, Environmental Temperatures and Octanol-Air Partition Coefficients of PCDD/Fs [J]. The Science of the Total Environment, 2002,300(1 - 3):155 - 166.

[115] Tiroyuki Fueno. Theoretical Study of the Dechlorination Reaction Pathways of Octachlorodibenzo-P-Dioxin [J]. Chemosphere, 2002,48(8):771 - 778.

[116] Holtta P, Siitari-Kauppi M, Hakanen M, et al. Attempt to Model Laboratory-Scale Diffusion and Retardation Data [J]. Journal of Contaminant Hydrology, 2001,(47):139 - 148.

[117] Young D F, Ball W P. Column Experimental Design Requirements for Estimating Model Parameters from Temporal Moments under Nonequilibrium Conditions [J]. Advances in Water Resources, 2000,(23):449 - 460.

[118] Allen-King R M, Grathwohl P, Ball W P. New Modeling Paradigms for the Sorption of Hydrophobic Organic Chemicals to Heterogeneous Carbonaceous Matter in Soils, Sediments, and Rocks [J]. Adv. Water Resour. 2002,(25):985 - 1016.

[119] Poulose A, Nair S R, Sixth D N. Centrifuge Modeling of Moisture Migration in Silty Soils [J]. J Geotech and Geoenviron Engrg, 2000,126(8):748 - 752.

[120] Kubiki J D, Apitz S E. Models of Natural Organic Matter and Interactions with Organic Contaminants [J]. Org Geochem, 1999,30:911 - 927.

[121] 帕诺夫・彼得里亚申内. 石油天然气工业企业的环境保护[M]. 裴德禄,译. 北京:石油工业出版社,1992,18 - 49.

[122] 国家环境保护局开发监督司. 环境影响评价技术原则与方法[M]. 北京:北京大学出版社,1992,157 - 255.

[123] 王超. 土壤及地下水污染研究综述[J]. 水利水电科技进展,1996,16(6):1 - 4.

[124] 张俊,陈家军. 数值模拟在土壤环境影响评价中的应用[J]. 中国环境科学,1999,19(3):234 - 237.

[125] 张永祥,陈鸿汉. 多孔介质溶质运移动力学[M]. 北京:地震出版社,2000,22 - 53.

[126] 孙讷正. 地下水污染——数学模型和数值方法[M]. 北京:地质出版社,1989,16 - 38.

[127] 王秉忱. 地下水污染地下水水质模拟方法[M]. 北京:北京师范学院出版社,1985,5 - 29.

[128] 汤鸿霄. 微界面水质过程的理论与模式研究[J]. 环境科学学报,2000,20(1):2 - 9.

[129] Zhou W. Numerical Simulation of Two-Phase Flow in Conceptualized Fractures [J]. Environmental Geology, 2001,40:797 - 808.

[130] Zheng Xilai, Qiu Hanxue, Jing Jing, et al. Numerical Analysis of the Transport and

Restoration Schemes of Aqueous Oil in Soils [J]. Environmental Geology, 2001,40(6): 750 - 754.

[131] 王喜龙,徐福留,王学军,等.天津污灌区苯并(a)芘的分布和迁移通量模型[J].环境科学学报,2003,23(1):88 - 93.

[132] 郑西来,荆静,席临平.包气带中原油的迁移和降解研究[J].水文地质工程地质,1998,(2):35 - 37.

[133] 孙清,陆秀君,梁成华.土壤的石油污染研究进展[J].沈阳农业大学学报,2002 - 10,33(5):390 - 393.

[134] 耿春香,路帅.西北地区土壤中石油类污染物的垂直渗透规律[J].环境污染与防治,2003,25(1):61 - 62.

[135] 胡枭,胡永梅,樊耀波,等.土壤中氯苯类化合物的迁移行为[J].环境科学,2000,21(6):32 -36.

[136] 戴树桂,董亮,王臻.表面吸附剂在土壤颗粒物上的吸附行为[J].中国环境科学,1999,19(5):392 - 396.

[137] 周岩梅,刘瑞霞,汤鸿霄.溶解有机质在土壤和沉积物吸附多环芳烃类有机污染物过程中的作用研究[J].环境科学学报,2003,23(2):216 - 223.

[138] 齐永强,王红旗.微生物处理土壤石油污染的研究进展[J].上海环境科学,2002,21(3):177 - 180.

[139] 齐永强,王红旗,郭森.土壤石油生物降解影响因子正交实验分析[J].重庆环境科学,2002,24(2):29 - 33.

[140] 郑西来,刘孝义.地下水中石油污染物运移的耦合模型及其应用研究[J].工程勘探,1999(2):37 - 41.

[141] 李勇,徐瑞薇.有机污染物在土壤和地下水中迁移建模[J].农村生态环境学报,1994(3):64 - 68.

[142] 王洪涛.地下水系统驱动力场分析和污染物质运移模拟[J].长春地质学院学报,1991,21(1):67 - 72.

[143] 王洪涛,周抚生.数值模拟在评价含油污水对地下水污染中的应用[J].北京大学学报(自然科学版),2000,36(6):865 - 870.

[144] 王洪涛,罗剑.含油污水外排对土壤和潜水层污染的模拟分析[J].清华大学学报(自然科学版),2000,40(11):109 - 113.

[145] 陈家军,王红旗,奚成刚,等.大庆油田开发中石油类污染物对地下水环境影响分析[J].应用生态学报,2001,12(1):113 - 116.

[146] 陈家军,王红旗,奚成刚,等.龙南油田水环境中石油类污染物迁移数学模拟[J].水资源保护,1999,(4):11 - 15.

[147] Xu Shaohui, Du Enhao, Zhang Jibao. Numerical Simulation of Preferential Flow of Contaminants in Soil [J]. Pedosphere, 2001,11(2):131 - 136.

[148] 刘晓艳,王渝明.石油的生成及分布[M].哈尔滨:哈尔滨工业大学出版社,1999,2 - 28.

[149] 秦耀东.土壤物理学[M].北京:高等教育出版社,2003:2 - 58.

[150] 解岳.延河流域石油类污染物非点源污染特征及其在河流沉积物中的吸附与释放[D].西安:西安建筑科技大学,1999.
[151] 程金香,马俊杰,王伯铎,等.石油开发工程生态环境影响分析与评价[J].环境科学与技术,2004,27(6):64-65.
[152] Mackay D. The Chemistry and Modeling of Soil Contamination with Petroleum in: Soils Contaminated by Petroleum [M]. Hoboken: John Wiley & Sons Press. 1989,5-18.
[153] Li G, Zhang X, Huang W. Enhanced Biodegradation of Petroleum Hydrocarbons in Polluted Soil [J]. J Environ Sci & Health, 2000,35(2):177-188.
[154] Lee C H, Lee J Y. Evaluation of Air Injection and Extraction Test at a Petroleum Contaminated Site [J]. Water, Air and Soil Pollution, 2002,135(1):65-97.
[155] Vazquez D, Mansoori G A. Identification and Measurement of Petroleum Recipitates [J]. J. Petro. Sci. Engineer, 2000,(26):49-55.
[156] Coates J D, Anderson R T, Lovely D R. Oxidation of Polycyclic Aromatic Hydrocarbons Under Sulfate-Reducing Conditions [J]. Appl. Environ. Microbiol, 1996a, 62: 1099-1101.
[157] Coates J D, Anderson R T, Woodward J C, et al. Anaerobic Hydrocarbon Degradation in Petroleum-Contaminated Harbor Sediments under Sulfate-Reducing and Artificially Imposed Iron-Reducing Conditions [J]. Environ. Sci. Technol, 1996b,3:2784-2789.
[158] Grosser R J, Friedrich M, ward D M, et al. Effect of Model Sorptive Phases on Phenanthrene Biodegradation: Different Enrichment Conditions Influence Bioavailability and Selection of Phenanthrene Degrading Isolates [J]. Appl. Environ. Microbiol, 2000,66: 2695-2702.
[159] Chang B V, Chang J S, Yuan S Y. Anaerobic Degradation of Phenanthrene in River Sediment Under Nitrate-Reducing Conditions [J]. Bull. Environ. Contam. Toxicol, 2001a,67:898-905.
[160] Chang B V, Shiung L C, Yuan S Y. Anaerobic Biodegradation of Polycyclic Aromatic Hydrocarbon in Soil [J]. Chemosphere, 2002,48(7):717-724.
[161] Ding Keqiang, Luo Yongming, Sun Tieheng, et al. Bioremediation of Soil Contaminated with Petroleum Using Forced-Aeration Composting [J]. Pedosphere, 2002,12(2):145-150.
[162] Yuan S Y, Wei S H, Chang B V. Biodegradation of Polycyclic Aromatic Hydrocarbons by a Mixed Culture [J]. Chemosphere, 2000,41(9):1463-1468.
[163] 李纪云,李丽,冯成武.超声-紫外法测定土壤中石油类物质含量[J].石油大学学报(自然科学版),1999,23(6):82-83,93.
[164] 李晓华,许嘉琳,王华东,等.污染土壤环境中石油组分迁移特征研究[J].中国环境科学,1998,18(Suppl.):54-58.
[165] 黄廷林,史红星,任磊.石油类污染物在黄土地区土壤中竖向迁移特性试验研究[J].西安建筑科技大学学报,2001,33(2):108-120.

[166] 李培军,台培东,郭书海,等.辽河油田石油污染土壤的2阶段生物修复[J].环境科学,2003,24(3):74-78.

[167] 郑冰,陈家军,李玮,等.非饱和土壤轻油污染多相流研究进展[J].环境污染治理技术与设备,2004,5(4):13-17.

[168] 陈华林.沉积物对有机污染物的不可逆吸附行为[D].杭州:浙江大学,2003.

[169] 杨坤.表面活性剂对有机污染物在土壤/沉积物上吸附行为的调控机制[D].杭州:浙江大学,2004.

[170] 陈宝梁.表面活性剂在土壤有机污染修复中的作用及机理[D].杭州:浙江大学,2004.

[171] 丁克强,骆永明,刘世亮,等.利用改进的生物反应器研究不同通气条件下土壤中菲的降解[J].土壤学报,2004,41(5):246-251.

[172] 刘文霞,孟祥远,冯建灿,等.中原油田耕地污染分析[J].农业环境保护,2002,21(1):56-59.

[173] Chiou C T, Peters L J, Fried V H. A Physical Concept of Soil-water Equilibria for Nonionic Organic Compounds [J]. Science (Washington, D. C), 1979,206:831-832.

[174] Chiou C T, Shoup T D, Porter P E. Mechanistic Roles of Soil Humus and Minerals in the Sorption of Nonionic Organic Compounds from Aqueous and Organic Solutions [J]. Org. Geochem, 1985,8:9-14.

[175] Chiou C T, Rutherford D W, Manes M. Sorption of $N_2$ and EGBE Vapors on Some Soils, Clays, and Minerals Oxides and Determination of Sample Surface Area by Use of Sorption Data [J]. Environ. Sci. Technol, 1993,27:1587-1594.

[176] Chiou C T, Lee J F, Boyd S A. The Surface Area of Soil Organic Matter [J]. Environ. Sci. Technol, 1990,24:1164-1166.

[177] Chiou C T, Lee J F, Boyd S A. Reply to Comment on "the Surface Area of Soil Organic Matter" [J]. Environ. Sci. Technol, 1992,26:404-406.

[178] 沈平平.油水在多孔介质中的运动理论和实践[M].北京:石油工业出版社,2000,30-65.

[179] 李学垣.土壤化学[M].北京:高等教育出版社,2003:75-78.

[180] 王启军,陈建渝.油气地球化学[M].北京:石油工业出版社,1991,68-69.

[181] 曹红霞.不同灌溉制度条件下土壤溶质迁移规律及其数值模拟[D].杨凌:西北农林科技大学,2003.

[182] Addiscott T M, Wagenet R J. Concepts of Solute Leaching in Soils: A review of Modeling approaches [J]. Journal of Soils Science, 1985,36:411-424.

[183] Belmans C, Wesseling J G, Feddes R A. Simulation Model of the Water Balance of a cropped soil [J]. Journal of Hydro, 1983,63:272-286.

[184] 隋红建,饶纪龙.土壤溶质运移的数学模拟研究现状与展望[J].土壤学进展,1992,20(5):1-7.

[185] Fegen J, Diederic J. Modeling Water Flow and Solute Transport in Heterogeneous Soils: a Review of Recent Approaches [J]. J. Agricultural Engineering Research, 1998,70:231-256.

[186] Gerke H H, Van G. A Dual-porosity Model for Simulating the Preferential Movement of

Water and Solutes in Structural Porous Media [J]. Water Resources Research, 1993,29(2):305 - 319.

[187] Rubin Y. Stochastic Modeling of Macrodispersion in Heterogeneous Porous Media [J]. Water Resources Research, 1990,26(1):133 - 142.

[188] Robert E W, Jeremy S D. A Transfer Function Model of Solute Transport through Soils: Illustrative Application [M]. Water Resources Research, 1986,22:248 - 254.

[189] 张蔚榛.地下水与土壤水动力学[M].武汉:武汉水利电力大学出版社,1996.

[190] 雷志栋,杨诗秀,谢森传.土壤水动力学[J].北京:清华大学出版社,1988.

[191] 刘建国,聂永丰.非饱和土壤水力参数预测的分型模型[J].水科学进展,2001,12(1):99 - 104.

[192] 陆秀君,郭书海,孙清,等.石油污染土壤的修复技术研究现状及展望[J].沈阳农业大学学报,2003,34(1):63 - 67.

[193] Liste H H, Felgentreu D. Crop growth, culturable bacteria, and degradation of petrol hydrocarbon (PHCs) in a long-term contaminated field soil [J]. Applied Soil Ecology 2006,31(1 - 2):43 - 52.

[194] Kottler B D, Alexander M. Relationship of properties of polycyclic aromatic hydrocarbons to sequestration in soil [J]. Environmental Pollution, 2001,113(3):293 - 298.

[195] Riser R. Remediation of Petroleum Contaminated Soils: Biological, Physical, and Chemical Processes [M]. Boca Raton, FL, USA: CRC-Press, 1998.

[196] 夏立江,王洪康.土壤污染及其防护[M].上海:华东理工大学出版社,2001.

[197] Li X, Feng Y, Sawatsky N. Importance of soil water relations in assessing the endpoint of bioremediation soils: Plant growth [J]. Plant and Soil, 1997,192(2):219 - 226.

[198] Weissenfels W D, Klewer, H J, Langhoff J. Adsorption of polycyclic aromatic hydrocarbons (PAHs) by soil particles: Influence on biodegradability and biotoxicity [J]. Applied Microbiology and Biotechnology, 1992,36(5):689 - 696.

[199] Newton J P E. Remediation of Petroleum Contaminated Soil [J]. Pollution Engineering, 1990,22(13):45 - 52.

[200] Wilson J T, Ward C H. Opportunity for Bioremediation of Aquifers Contaminated with Petroleum Hydrocarbons [J]. J Industrial Microbiology, 1988,27:109 - 116.

[201] Leahy J G, Colwell R R. Microbial Degradation of Hydrocarbons in The Environment [J]. Micro Rev, 1990,54:305 - 315.

[202] Smith M R. The Biodegradation of Aromatic Hydrocarbons by Bacteria [J]. Biodegradation, 1990,(1):191 - 206.

[203] Nichols T D. Rhizosphere Microbial Populations in Contaminated Soils [J]. Water, Air and Soil Pollution, 1997,95:165.

[204] Reilley K A. Utilization of Biomass Residue for the Remediation of Organic Polluted Soils [J]. J Environ Sci Qual, 1996,25:2 - 12.

[205] Ronald E. Hoeppel, Robert E, et al. Bioventing Soils Contaminated with Petroleum

Hydrocarbons [J]. J Ind Microbiol, 1991,8(3):141 - 146.

[206] Fan S, Scow K M. Biodegradation of Trichloroethylene and Toluene by Indigenous Microbial Populations in Soil [J]. Appl Environ Microbiol, 1993,59(6):1911 - 1918.

[207] Kim S Y. Remediation of Petroleum Contaminated Soil [J]. Pollution Engineering, 1990, 22(12):46 - 52.

[208] Kaminkiar B. Bioremediation of Contaminated Soil [J]. Pollution Engineering, 1992,24 (11):50 - 52.

[209] Zappi M E, Rogers B A, Teeter C L, et al. Biological Treatment of a Soil Contaminated with low Concentration of Total Petroleum Hydrocarbons [J]. J. Hazardous Materials, 1996,46(1):1 - 12.

[210] Khan R A. Petroleum Biodegradation and Spill Bioremediation [J]. Bull. Environ. Contam. Toxicol, 1993,50:125 - 131.

[211] Tobys B, et al. Bioremediation: An Effective Remedial Alternative for Petroleum Hydrocarbon-Contaminated Soil [J]. Applied and Environmental Microbiology, 1992,58 (9):3117 - 3121.

[212] Dagher F, Deziel E, Lirette P, et al. Comparative Study of Five Polycyclic Aromatic Hydrocarbon Degrading Bacterial Strains Isolated from Contaminated Soils [J]. Can J Microbial, 1997,43:368 - 377.

[213] Lloyd-Jones G, Laurie A D, Hunter D W F, et al. Analysis Catabolic Genes for Phenanthrene and Naphthalene Degradation in Contaminated New Zealand Soils [J]. FEMS Microbial Ecol, 1999,29:69 - 79.

[214] 唐世荣,黄昌勇,朱祖祥. 利用植物修复污染土壤研究进展[J]. 环境科学进展,1996,4(6):10 - 16.

[215] Burken J G, Asce Schnoor J L. Phytoremediation: Plant Uptake of Atrazine and Role of Root Exudates [J]. Journal of Environmental Engineering, 1996,122(11):958 - 963.

[216] Hüister A, Müller J F, Marschner H. Soil-plant Transfer of Polychlorinated Dibenzo-p-dioxins and Dibenzofurans to Vegetables of the Cucumber Family (Cucurbltaceae) [J]. Environmental Science and Technology, 1994,28(6):1110 - 1115.

[217] 高彦征. 土壤多环芳烃污染之物修复及强化的新技术原理研究[D]. 杭州:浙江大学,2004.

[218] 韩阳,李雪梅,朱延姝,等. 环境污染与植物功能[M]. 北京:化学工业出版社,2005,171 - 172.

[219] 易筱筠,党志,石林. 有机污染物污染土壤的植物修复[J]. 农业环境保护,2002,21(5):477 - 479.

[220] Alkorta I, Garbisu C. Phytoremediation of Organic Contaminants in Soil [J]. Bioresource Technology, 2001,79(3):273 - 276.

[221] Wiltse C C, Rooney W L, Chen Z, et al. Greenhouse Evaluation of Agronomic and Crude Oil-phytoremediation Potential among Alfalfa Genotype [J]. Journal of Environmental

Quality, 1998,27:169 - 173.

[222] Schnoor J L. Phytoremediation [R]. Technology Evaluation Report Prepared for Groundwater Remediation Technologies Analysis Center. TE - 98 - 01.

[223] Feng D, Lorenzen L, Aldrich C. Exsitudiesel Contaminated Soil Washing with Mechanical Methods [J]. Minerals Engineering, 2001,14(9):1093 - 1100.

[224] Sanjeet Misshra, Jeevan Jyot. In Situ Bioremediation Potential of an Oily Sludge-Degrading Bacterial Consortium [J]. Current Microbiology, 2001,43(5):328 - 335.

[225] Kao C M, Prosser J. Evaluation of Natural Attenuation Rate at a Gasoline Spill Site [J]. Journal of Hazardous Materials, 2001,B82(3):275 - 289.

[226] Bogan B W, Trbovic V, Paterek J R. Inclusion of Vegetable Oils in Fenton's Chemistry for Remediation of PAH-Contaminated Soils [J]. Chemosphere, 2003,50(1):15 - 21.

[227] Leahy Joseph G, Tracy Karen D, Eley Michael H. Degradation of Mixtures of Aromatic and Chloroaliphatic Hydrocarbons by Aromatic Hydrocarbon-Degrading Bacteria [J]. FEMS Microbiology Ecology, 2003,43:271 - 276.

[228] Lee J Y, Lee K K. Viability of Natural Attenuation in a Petroleum-Contaminated Shallow Sandy Aquifer [J]. Environmental Pollution, 2003,126(2),201 - 212.

[229] Margesin R, Schinner F. Bioremediation (Natural Attenuation and Biostimulation) of Diesel-Oil-Contaminated Soil in an Alpine Glacier Skiing Area [J]. Appl Environ Microbio, 2001,67(7):3127 - 3133.

[230] Wouter H N, Wei J I, Mark L B, et al. Effects of in Situ Bioremediation of Contaminated Soil: An Overview of Novel Approaches [J]. Environ Pollution, 2000,107:179 - 185.

[231] Dutta T K. Fate of Crude Oil by the Combination of Photooxidation and Biodegradation [J]. Environmental Science & Technology, 2000,34(8):1500 - 1505.

[232] Li Yuying, Zheng Xilai, Li Bing, et al. Volatilization Behaviors of Diesel Oil from the Soils [J]. Journal of Environmental Sciences, 2004,16(6):1033 - 1036.

[233] Li G, Zhang X, Huang W. Enhanced Biodegradation of Petroleum Hydrocarbons in Polluted Soil [J]. Journal of Environmental Science and Health, Part A. 2000,36(2):177 - 188.

[234] Li Kaifeng, Wen Ging, Xia Shumei. Biological Treatment of Oil Polluted Soil [J]. Applied Science and Technology, 2002,29(10):62 - 64.

[235] Xia Ying, Min Hang, Lu Zhenmei, et al. Characterization and Phylogenetic Analysis of a Phenanthrene Degrading Strain Isolated from Oil Contaminated Soil [J]. Journal of Environmental Sciences, 2004,16(4):589 - 593.

[236] 丁克强,骆永明.生物修复石油污染土壤[J].土壤,2001(4):179 - 184.

[237] 邵辉煌,李广贺,章伟华,等.包气带土层中重质油的生物可降解性[J].清华大学学报(自然科学版),2002,42(5):708 - 710.

[238] 章卫华,李广贺,邵辉煌,等.包气带土层中石油污染物的微生物降解研究[J].环境科学研究,2002,15(2):60 - 62.

[239] 齐永强,王红旗,刘敬奇.土壤中石油污染物微生物降解及降解去向[J].中国工程科学,2003,5(8):70-75.

[240] 饶佳加,霍丹群,陈柄灿,等.芳香族化合物的生物降解途径[J].化工环保,2004,24(5):323-327.

[241] 刘世亮,骆永明,丁克强,等.土壤中有机污染物的植物修复研究进展[J].土壤,2003,35(3):187-192.

[242] 黄廷林,戴栋超,王震,等.漂浮植物修复技术净化城市河湖水体试验研究[J].地理科学进展,2006,25(6):62-67.

[243] 李英丽,刘晓艳,毛国成,等.油污土壤生物修复实验研究[J].油气田环境保护,2007,17(3):25-28.

[244] 吕志萍,程龙飞.石油污染土壤中石油含量对玉米的影响[J].油气田环境保护,2001,11(1):36-37.

[245] 王赞,周元祥.石油污染湿地的微生物修复技术研究进展[J].广西轻工业,2008,8:75-76.

[246] Schroder P, Harvey P J, Schwitzguebel J P. Prospects for the Phytoremediation of Organic Pollutants in Europe [J]. Environ Sci&Pollut Res, 2002,9(1):1-3.

[247] Mirosiaw Wyszkowski , Agnieszka Ziólkowska. Role of Compost, Bentonite and Calcium Oxide in Restricting the Effect of Soil Contamination with Petrol and Diesel Oil on Plants [J]. Chemosphere, 2009,74(3):860-865.

[248] Udo E J, Fayemid A A A. The Effects of Oil Pollution of Soil on Germination, Growth and Nutrient Uptake of Corn [J]. Environ Qual, 1975,4(4):537-540.

[249] Singh O V, Jain R K. Phytoremediation of Toxic Aromatic Pollutions from Soil [J]. Applied Microbiology and Biotechnology, 2003,63(2):128-135.

[250] 凌婉婷,朱利中,高彦征,等.植物跟对土壤中 PAHs 的吸收及预测[J].生态学报,2005,25(9):2320-2325.

[251] 焦杏春,陈素华,沈伟然,等.水稻根际对多环芳烃的吸着与吸收[J].环境科学,2006,27(4):760-764.

[252] 焦杏春,陶澎,卢晓霞,等.水稻根系中多环芳烃的动态变化[J].环境科学学报,2007,27(7):1203-1208.

[253] Simonich S L, Hites R A. Organic Pollutant Accumulation in Vegetation [J]. Environmental Science and Technology, 1995,29(12):2905-2914.

[254] Gao J, Carrison A W, Hochamer C, et al. Uptake and phytotransformation of o,p′-DDT and p,p′-DDT by Axenically Cultivared Aquatic Plants [J]. Journal of Agricultural and Food Chemistry, 2000,48(12):6121-6127.

[255] Suresh B, Sherkhane P D. Uptake and degradation of DDT by Hairy Root Cultures of Cichorium Intybu Sand Brassica Juncea [J]. Chemosphere, 2005,61(9):1288-1292.

[256] Aslund M L W, Zeeb B A. In Situ Phytoextraction of Poly-chlorinated Biphenyl-(PCB) Contaminated Soil [J]. Science of the Total Environment, 2007,374(1):1-12.

[257] Burken J G, Schnoor J L. Uptake and Metabolism of Atrazine by Poplar Trees [J].

Environmental Science and Technology, 1997,31(5):1399－1406.

[258] Harms H, Langebartels C. Standardized Plant Cell Suspension Test Systems for an Ecotoxicologic Evaluation of the Metabolic Fate of Xenobiotics [J]. Plant Science, 1986, 45(3):157－165.

[259] Parrish Z D, White J C, Isleyen M, et al. Accumulation of Weathered Polycyclic Aromatic Hydrocarbons (PAHs) by Plant and Earthworm Species [J]. Chemosphere, 2006,64(4):609－618.

[260] Edward N T, Ross, Todd B M, et al. Uptake and metabolism of $C_{14}$ anthrancene by soybean (Glycine max) [J]. Environmental and Experimental Botany, 1982,22(3):349－357.

[261] 郜红建,蒋新,常江,等. 根分泌物在污染土壤生物修复中的作用[J]. 生态学杂志,2004,23(4):135－139.

[262] 陈嫣,李广贺,张旭,等. 石油污染土壤植物根际微生态环境与降解效应[J]. 清华大学学报(自然科学版),2005,45(6):784－787.

[263] Kirk J L, Klironomos J N, Lee H, et al. The Effects of Perennial Ryegrass and Alfalfa on Microbial Abundance and Diversity in Petroleum Contaminated Soil [J]. Environmental Pollution, 2005,133(3):455－465.

[264] Parrish Z D, Banks M K, Schwab A P. Effect of Root Death and Decay on Dissipation of Polycyclic Aromatic Hydrocarbons in the Rhizosphere of Yellow Sweet Clover and Tall Fescue [J]. Journal of Environmental Quality, 2005,34(1):207－216.

[265] Schnoor J L, Light L A, Mecnthem S C, et al. Phytoremediation of Organic and Nutrient Contaminants [J]. Environmental Science and Technology, 1995,29(7):318－324.

[266] Lee S H, Lee W S, Lee C H, et al. Degradation of Phenanthrene and Pyrene in Rhizosphere of Grasses and Legumes [J]. Journal of Hazardous Materials, 2008,153(1－2):892－898.

[267] Lynch J M, Whipps J M. Substrate Flow in the Rhizosphere [J]. Plant Soil, 1990,129(1):1－10.

[268] Garrison S, Davis L C, Erickson L E. Plant Enhanced Remediation of Glycol-based Aircraft Deicing Fluids [J]. Waste Management, 2001,5(3):141－152.

[269] Macek T, Mackova M. Exploitation of Plants for the Removal of Organics in Environmental Remediation [J]. Biotechnology Advances, 2000,18(1):23－34.

[270] Steer J, Harris J. Shift in the Microbial Community in Rhizosphere and Non-rhizosphere Soils during the Growth of Agrostis Stolonifera [J]. Soil Biology Biochemistry, 2000,32(6):869－878.

[271] Reilley K A, Banks M K, Schwab A P. Dissipation of Polycyclic Aromatic Hydrocarbons in the Rhizosphere [J]. Journal of Environmental Quality, 1996,25:212－219.

[272] Nardi S, Reniero F, Concheri G. Soil Organic Matter Mobilization by Root Exudates of Three Maize Hybrids [J]. Chemosphere, 1997,35(1):2237－2244.

[273] Jones D L. Organic acid in the Rhizosphere-a Critical Review [J]. Plant Soil, 1998,205(1):25-44.

[274] White J C. Differential Bioavailability of Field-weathered p, p′-DDE to Plants of the Cucurbita and Cucumis genera [J]. Chemosphere, 2002,49(2):143-152.

[275] Luo L, Zhang S Z, Shan X Q, et al. Oxalate and Root Exudates Enhance the Desorption of p,p′-DDT from Soils [J]. Chemosphere, 2006,63(8):1273-1279.

[276] Rentz J A, Chapman B, Alvarez P J, et al. Stimulation of Hybrid Poplar Growth in Petroleum-contaminated Soils through Oxygen Addition and Soil Nutrient Amendments [J]. International Journal of Phytoremediation, 2003,5(1):57-72.

[277] Henner P, Schiavon M, Druelle V, et al. Phytotoxicity of Ancient Gaswork Soils: Effect of Polycyclic Aromatic Hydrocarbon PAHs on Plant Germination [J]. Qrganic Geochemistry, 1999,30(8):963-969.

[278] 刘宛,宋玉芳,周启星,等.氯苯胁迫对小麦种子萌芽和幼苗生长的影响[J].农业环境保护,2001,20(2):65-68.

[279] Maliszewska K B, Smreczak B. Ecotoxicological activity of soils polluted with polycyclic aromatic hydrocarbons PAHs-effect on plants [J]. Environmental Technology, 2000,21(10):1099-1110.

[280] Ren L, Huang X D, Mcconkey B J, et al. Photoinduced Toxicity of Three Polycyclic Aromatic Hydrocarbons (fluoranthene, pyrene, and naphthalene) to the Duckweed [J]. Ecotoxicology and Environmental Safety, 1994,28(2):160-171.

[281] Ren L, Zeiler L F, Dixon D G. Photoinduced effects of polycyclic aromatic hydrocarbons on Brassica napus (Canola) during Germination and Early Seedling Development [J]. Ecotoxicology and Environmental Safety, 1996,33:73-80.

[282] 陆志强.多环芳烃对秋茄幼苗的生理生态效应及其在九龙江口红树林湿地的含量与分布[D].厦门:厦门大学,2002.

[283] 孙娟,郑文教,赵胡.萘胁迫对白骨壤种苗萌生及抗氧化作用的影响[J].厦门大学学报:自然科学版,2005,44(3):436.

[284] 刘宛,李培军,周启星,等.短期菲胁迫对大豆幼苗超氧化物歧化酶活性及丙二醛含量的影响[J].应用生态学报,2003,14(4):581-584.

[285] 刘建武,林逢凯,王郁,等.多环芳烃萘对水生植物生理指标的影响[J].华东理工大学学报:自然科学版,2002,28(10):520-524.

[286] Paskova V, Hilscherova K, Feldmannova M, et al. Toxic Effects and Oxidative Stress in Higher Plants Exposed to Polycyclic Aromatic Hydrocarbons and Their N-heterocyclic Derivatives [J]. Environmental Toxicology and Chemistry, 2006,25(12):3238-3245.

[287] Alkio M, Tabuchi T M, Wang X C, et al. Stress Responses to Polycyclic Aromatic Hydrocarbons in Arabidopsis include Growth Inhibition and Hypersensitive Response-like System [J]. Journal of Experiment Botany, 2005(56):2983-2994.

[288] Roy S, Hanninen O. Pentachlorophenol: Uptake/elimination Kinetics and Metabolism in

an Aquatic Plant, Eichhornia Crassipes [J]. Environmental Toxicology and Chemistry, 1994(13):763-773.

[289] 李玉瑛,李冰.柴油污染土壤生物修复对土壤酶活性的影响[J].生态环境学报,2009,18(5):1753-1756.

[290] 李洪梅,郜玉环,江丽华,等.不同浓度石油烃对油菜产量、土壤中石油烃残留量及土壤微生物的影响[J].中国农学通报,2010,26(17):382-385.

[291] 范淑秀,李培军,巩宗强,等.苜蓿对多环芳烃菲污染土壤的修复作用研究[J].环境科学,28(9):2080-2084.

[292] 朱凡,田大伦,闫文德,等.四种绿化树种土壤酶活性对不同浓度多环芳烃的响应[J].生态学报,28(9):4195-4202.

[293] 李春荣,王文科,曹玉清,等.石油污染物的微生物降解研究[J].生态环境,2008,17(1):113-11.

[294] Goalen B, Hawari J. Bioremediation Treatability Assessment of Hydrocarbon-contaminated Soils from Eureka, Nunavut [J]. Cold Regions Science and Technology, 2001,32(2):197-212.

[295] Rooney-Varga J N, Giewat M W, Savin M C, et al. Links between phytoplankton and bacterial community dynamics in a coastal marine environment [J]. Microbial Ecology, 2005,49:163-175.

[296] Susanne Awe, Annett Mikolasch, Elke Hammer, et al. Degradation of Phenylalkanes and Characterization of Aromatic Intermediates Acting as Growth Inhibiting Substances in Hydrocarbon Utilizing Yeast Candida Maltosa [J]. International Biodeterioration & Biodegradation, 2008,62(2):408-414.

[297] Harayama S, Kasai Y, Hara A. Microbial Communities in Oil-contaminated Seawater [J]. Environmental Biotechnology, 2004,15(3):205-214.

[298] 王春艳,丁永生.石油降解菌的筛选及其降解特性[J].大连海事大学学报,2008,34(3):10-13.

[299] 李宝明,姜瑞波.营养和环境条件对微生物菌群降解石油的影响[J].中国土壤与肥料,2008,3:78-82.

[300] 周林红,吴燕.紫外分光光度法测定炼油废水中的石油类含量[J].石化技术与应用,2004,22(6):456-458.

[301] 张胜,陈立,崔晓梅,等.西北黄土区石油污染土壤原位微生物生态修复试验研究[J].微生物学通报,2008,35(5):765-771.

[302] Nedwell D B. Effeect of Low Ternperature on Microbial Growth: Lowered Affinity for Substrates Limits Growth at Low Temperature [J]. FEMS Microbiol. Ecol, 1999,30:101-111.

[303] Albert D V, Xueqing Zhu. Biodegradation of Crude Oil Contaminating Marine Shorelines and Freshwater Wetlands [J]. Spill Science & Technology Bulletin, 2003,8(2):163-178.

[304] 马强,林爱军,马薇,等.土壤中总石油烃污染(TPH)的微生物降解与修复研究进展[J].生态毒理学报,2008,3(1):1-8.

[305] Zappi M E, Rogers B A. Bioslurry Treatment of a Soil Contaminated with Low Concentrations of Total Petroleum Hydrocarbons [J]. Journal of Hazardous Materials, 1996,46(1):1-12.

[306] Grechishchev S E, Instanes A. Laboratory Investigation of the Freezing Point of Oil-polluted soils [J]. Cold Regions Science and Technology, 2001,32:183-189.

[307] 刘晓艳,毛国成,关国新,等.微生物对石油污染物的降解作用[J].油气田环境保护,2005,15(2):35-36.

[308] 何良菊,魏德洲,张维庆.土壤微生物处理石油污染的研究[J].环境科学进展,1999,7(3):110-115.

[309] Prince R C. Bioremediation of Marine Oil Spill in the Arctic [A]. Alleman B C,ed. In situ bioremediation of petroleum hydrocarbon and other organic compounds [M]. ColumbusoH: Battelle Press, 1999,227-232.

[310] Dibble J T, Bartha R. Effect of Environmental Parameters on the Biodegradation of Oil Sludge [J]. Appl. Enriron. Microb, 1979,37(4):729-739.

[311] Swaranjit Singh Cameotra, Pooja Singh. Bioremediation of Oil Sludge Using Crude Biosurfactants [J]. International Biodeterioration & Biodegradation, 2008,62:274-280.

[312] Whyte L G. Assessment of the Biodegradation Potential of Psychrotrophicmicr Oorganism [J]. Canadian Journal of Microbiology, 1996,42(2):99-106.

[313] 戴树桂,董亮.表面活性剂对受污染环境修复作用研究进展[J].上海环境科学,1999,18(9):420-424.

[314] Chen P, Pickard M A, Gray M R. Surfactant Inhibition of Bacterial Growth on Solid Anthracene [J]. Biodegradation, 2000,11(2):341-347.

[315] 魏德洲,秦煜民. $H_2O_2$ 在石油污染土壤微生物治理过程中的作用[J].中国环境科学,1997,17(5):429-432.

[316] Jpdel Arco, Fpde Franca. Influence of Oil Contamination Levelson Hydrocarbon Biodegradation Insandy Sediment [J]. Environmental Pollution, 2001,110(4):515-519.

[317] 吕志萍,程龙飞.石油污染土壤中石油含量对玉米的影响[J].油气田环境保护,2001,11(1):36-37.

[318] 丁克强,骆永明.生物修复石油污染的土壤[J].土壤,2001,4(2):79-84.

[319] Dariush Minai. Effect of Salinity on Biodegradation of Polycyclic Aromatic Hydrocarbons (PAHs) of Heavy Crude Oil in Soil [J]. Bull Environ Contam Toxicol, 2009,82:179-184.

[320] 贾建丽,李广贺,钟毅.石油污染土壤生物修复中试系统对微生物特性的影响[J].环境科学,2007,20(3):610-711.

[321] Paul F G, Sarah W, Suman J G. Sequential Hydrocarbon Biodegradation in a Soil from Arid Coastal Australia, Treated with Oil under Laboratory Controlled Conditions [J].

Organic Geochemistry，2008,39(9):1336-1346.

[322] 郭伟,何孟常,杨志峰. 土壤/沉积物中石油烃微生物降解研究综述[J]. 矿物岩石地球化学通报,2007,26(3):276-282.

[323] Zachary A，Hickman，Brian J Reid. Earthworm Assisted Bioremediation of Organic Contaminants [J]. Environment International，2008,34(4):1072-1081.

[324] Guenther T，Dornberger U，Fritsche W. Effects of Ryegrasson Biodegradation of Hydrocarbons in Soil [J]. Chemosphere，1996,33(2):203-215.

[325] Gao Y Z，Zhu L Z. Plant uptake，Accumulation and Translocation of Phenanthrene and Pyrene in Soils [J]. Chemosphere，2004,55(9):1169-1178.

[326] 王晓坤,王刃,周笑白,等. 盐生植物根际微生物对含盐环境污染修复展望[J]. 土壤通报，2007,38(5):1003-1006.

[327] Kuiper I，Lagendijk E L，BloembergG V，et a1. Rhizoremediation：A beneficial Plant-microbe Interaction [J]. Molecular Plant-Microbe Interactions，2004,17(1):6-15.

[328] Phillips L A，Germida J J，Farrell R E，et al. Hydrocarbon Degradation Potential and Activity of Endophytic Bacteria as Sociated with Prairie Plants [J]. Soil Biology & Biochemistry，2008,40(12):3054-3064.

[329] 赵爱芬,赵雪,常学礼. 植物对污染土壤修复作用的研究进展[J]. 土壤通报,2000,31(1):43-46.

[330] 黄廷林,解岳,王晓昌,等. 延河沉积物的石油污染调查与分析[J]. 环境工程,2000,18(4):62-65.

[331] J P Del'Arco，F P de Franca. Influence of Oil Contamination Levels on Hydrocarbon Biodegradation in Sandy Sediment [J]. Environmental Pollution，2001,110:515-519.

[332] 项学敏,宋春霞,李彦生,等. 湿地植物芦苇和香蒲根际微生物特性研究[J]. 环境保护科学,2004,30(124):35-38.

[333] 齐永强,王红旗,刘敬奇,等. 土壤中石油污染物微生物降解过程中各石油烃组分的演变规律[J]. 环境科学学报,2003,23(6):834-836.

[334] 成水平,夏宜争. 香蒲,灯心草人工湿地的研究：Ⅲ. 净化污水的机理[J]. 湖泊科学，1998,10(2):66-71.

[335] Gunther F，Fritsche W. Effect of Ryegrass on Biodegradation of Hydrocarbons in Soil [J]. Chemosphere，1996,33:203-215.

[336] 曾宪军,刘登魁. 微生物修复受石油污染土壤的研究进展[J]. 湖南农业科学 2006,(2):36-39.

[337] 戴鸿鸣,王顺玉,陈义才. 油气勘探地球化学[M]. 北京:石油工业出版社. 2000,146-151.

[338] 魏德洲,秦煜民. 表面活性剂对石油污染物生物降解的影响[J]. 东北大学学报(自然科学版),1998,19(2):125-127.

[339] 李文利,王忠彦. 土壤和地下水石油污染生物治理[J]. 重庆环境科学,1999,21(2):35-37.

[340] Alexander M. Biodegradation and Bioremediation [M]. San Diego：Academic Press，CA，1994,199-206.

[341] 徐玉林. 石油污染土壤降解与土壤的环境关系[J]. 农机化研究，2004，(6)：86－88.

[342] 张宝良. 油田土壤石油污染与原位生物修复技术研究[D]. 大庆：大庆石油学院，2007：22－23.

[343] 蔺昕，李培军，台培东，等. 石油污染土壤植物-微生物修复研究进展[J]. 生态学杂志，2006，25(1)：93－100.

[344] Frederique Haus, Jean German, Guy-Alain Junter. Primary Biodegraability of Mineral Base Oils in Relation to Their Chemical and Physic Characteristics [J]. Chemosphere, 2001，45：983－990.

[345] 张丽芳，姜承志，李东辉. 表面活性剂对不同石油降解菌除油影响的研究[J]. 沈阳工业学院学报，2001，20(4)：79－83.

[346] 王曙光，林先贵. 菌根在污染土壤生物修复中的作用[J]. 农村生态环境，2001，17(1)：56－59.

[347] 李智冬. 石油类污染物在土壤表面光化学转化的研究[D]. 大连：大连理工大学，2007.

[348] 鲍士旦. 土壤农化分析[M]. 北京：中国农业出版社，2005，25－38.

[349] 楚伟华. 石油污染物在土壤中迁移及转化研究[D]. 大庆：大庆石油学院，2006.

[350] Tremblay L, Koll Sd, Rice J. Effects of Temperature, Salinity, and Dissolved Humic Substances on The Sorption of Polycyclic Aromatic Hydrocarbons to Estuarine Particles [J]. Marine Chemistry, 2004，25：158－171.

[351] 周岩梅，刘瑞霞，汤鸿霄. 溶解有机质在土壤及沉积物吸附多环芳烃类有机污染物过程中的作用研究[J]. 环境科学学报，2003，23(2)：216－223.

[352] 郑西来，李永乐，林国庆，等. 土壤对可溶性油的吸附作用及其影响因素分析[J]. 地球化学，2003，28(5)：563－566.

[353] 单爱琴，韩宝平，王爱宽，等. 四氯化碳污染对土壤酶活性的影响[J]. 中国矿业大学学报，2008，37(2)：207－210.

[354] 绍兴华，张建忠，林宏，等. 三氯甲烷对红壤酶活性影响的模拟研究[J]. 中国农学通报，2010，26(9)：364－367.

[355] 杨春生，郭学福，丁文杰，等. 水蓼生物学特性及防除技术[J]. 杂草科学，1994，4：33－35.

[356] 王旭明，王理想. 两栖蓼对含锌废水的净化研究[J]. 农业环境与发展，2002，3：35－36.

[357] 江行玉，王长海，赵可夫. 芦苇抗镉污染机理研究[J]. 生态学报，2003，23(5)：856－862.

[358] 文秋红，史锟，于丽华. 沈阳张士污灌区 4 种杂草不同阶段富集 Cd 的研究[J]. 农业环境科学学报，2005，24(5)：842－848.

[359] 籍国东. 落地原油对芦苇湿地生态工程净化系统影响[J]. 生态学报，2002，22(5)：649－654.

[360] Reynoso-Cuevas L, Gallegos-Martinez M E, Cruz-Sosa F, et al. In Vitro Evaluation of Germination and Growth of Five Plant Species on Medium Supplemented With Hydrocarbons Associated with Contaminated Soils [J]. Bioresource Technology, 2008，99(14)：6379－6385.

[361] Naohide W, Eric L. BAX Inhibitor-1 Modulates Endoplasmic Reticulum Stress-mediated Programmed Cell Death in *Arabidopsis* [J]. The Journal of Biological Chemistry, 2008, 283：3200－3210.

[362] 李林海,刘燕,徐景先.拟南芥等植物的春化分子机理研究进展[J].西北植物学报,2006,26(1):207-210.

[363] Saxena A, Singh D, Joshi N L, et al. Autotoxic effects of pearl millet aqueous extracts on seed germination and seeding growth [J]. Journal of Arid Environments, 1996,33(2):255-260.

[364] 刘莹,盖钧镒,吕彗能.作物根系形态与非生物胁迫耐性关系的研究进展[J].植物遗传资源学报,2003,4(3):265-269.

[365] 任艳芳,何俊瑜,周国强,等.镨对镉胁迫下水稻幼苗根系生长和根系形态的影响[J].生态环境学报,2010,19(1):102-107.

[366] Nicole M, Rainer S K, Carmen I. Phytoremediation in the Tropics-influence of Heavy Crude Oil on Root Morphological Characteristics of Graminoids [J]. Environmental Pollution, 2005,138(1):86-91.

[367] Apel K, Hirt H. Reactive Oxygen Species: Metabolism, Oxidative Stress and Signal Transduction [J]. Annual Review of Plant Biology, 2004,55:373-399.

[368] Gao J F. Laboratory Manual of Plant Physiology [M]. Beijing: Higher Education Press, 2006.

[369] 秦天才,吴玉树,王焕校,等.镉、铅及其相互作用对小白菜根系生理生态效应的研究[J].生态学报,1998,18(3):320-325.

[370] 汪家政,范明.蛋白质技术手册[M].北京:科学出版社,2002,42-47.

[371] Rao M V, Paliyath G, Ormrod D P. Ultraviolet-B-and ozone-induced biochemical changess in antioxidant enzymes of *Arabidopsis thaliana* [J]. Plant Physiology, 1996,110(1):125-136.

[372] Cai Z, Zhou Q X, Peng S W, et al. Promoted biodegradation and microbiological effects of petroleum hydrocarbons by *Impatiens balsamina L.* with strong endurance [J]. Journal of Hazardous Materials, 2010,183(1-3):731-737.

[373] Huang X D, EI-Alawi Y, Penrose D M, et al. Responses of three grass species to creosote during phytoremediation [J]. Environmental Pollution, 2004,130(3):453-463.

[374] 宋雪英,宋玉芳,孙铁珩,等.柴油污染土壤对小麦种子萌发及幼苗生长的生态毒性效应[J].农业环境科学学报,2006,25(3):554-559.

[375] 刘文龙,王凯荣,王铭伦.花生对镉胁迫的生理响应及品种间差异[J].应用生态学报,2009,2:451-459.

[376] Wang Z K, Liao B H, Huang Y X, et al. Effects of Cd on Growth of Glycine Max Seedlings and Cd-tolerance Differences of Different Varieties of Glycine Max [J]. Journal of Agro-Environment Science, 2006,25(5):1143-1137. (in Chinese).

[377] Chupakhina G N, Maslennikov P V. Plant Adaptation to Oil Stess [J]. Russian Journal of Ecology, 2004,35(5):290-295.

[378] Khan N A. NaCl-inhihited Chlorophyll Synthesis and Associated Changess in Ethylene Evolution And antioxidative Enzyme Activities in Wheat [J]. Biological Plantarum, 2003,

47(3):437 - 440.

[379] 关松荫.土壤酶及其研究法[M].北京:农业出版社,1986.

[380] Huang Q Y, Chen W L, Gianfreda L, et al. Adsorption of Acid Phosphatase on Minerals and Soil Colloids in Presence of Citrate and Phosphate [J]. Pedosphere, 2002,12(4): 339 - 348.

[381] Gianfreda L, Rao M A, Piotrowska A, et al. Soil Enzyme Activities as Affected by Anthropogenic Alterations: Intensive Agriculture Practices and Organic Pollution [J]. Science of Total Environment, 2005,341(1 - 3):265 - 279.

[382] Gramss G, Kirsche B, Voigt K D, et al. Conversion Rates of Five Polycyclic Aromatic Hydrocarbons in Liquid Cultures of Fifty-eight Fungi and the Concomitant Production of Oxidative Enzymes [J]. Mycological Research, 1999,103(8):1009 - 1018.

[383] Novotny C, Erbanov P, Sasek V, et al. Extracellular Oxidative Enzyme Production and PAH Removal in Soil by Exploratory Mycelium of White Rot Fungi [J]. Biodegration, 1999,10(3):159 - 168.

[384] 周礼恺.土壤学[M].北京:科学出版社,1987.

[385] Zhan X H, Wu W Z, Zhou L X, et al. Interactive Effect of Dissolved Organic Matter and Phenanthrene on Soil Enzymatic Activities [J]. Journal of Environmental Sciences, 2010, 22(4):607 - 614.

[386] Chu H Y, Zhu J G, Xie Z B. Effects of Lanthanum on Urease and Acid Phosphatase Activities in Red Soil [J]. Journal of Agro-environment science, 2002,19(4):193 - 195.

[387] 吴凤芝,孟丽君,王学征.设施蔬菜轮作和连做土壤酶活性的研究[J].植物营养和肥料学报,2006,12(4):554 - 558.

[388] Wang J W, Feng Y J, Luo S M. Effects of Bt Com Straw Decomposition on Soil Enzyme Activity and Soil Fertility [J]. China Journal of Applied Ecology, 2005,16(3):524 - 528.

[389] Gianfreda L, Rao M A, Piotrowska et al. Soil Enzyme Activities as Affected by Anthropogenic Alterations: Iintensive Agriculture Practices and Organic Pollution [J]. Science of Total Environment, 2005,341(1 - 3):265 - 279.

[390] 李永红,高玉葆.单嘧磺隆对土壤呼吸脱氢酶和转化酶活性的影响[J].农业环境科学学报,2005,24(6):1176 - 1181.

[391] Cheema S A, Khan M I, Tang X J, et al. Enhancement of Phenanthrene and Pyrene Degradation in Rhizosphere of Tall Fescue (*Festuca arundinacea*) [J]. Journal of Hazardous Materials, 2009,166(2 - 3):1226 - 1231.

[392] Yoshitomi K J, Shann J R. Corn (*Zea mays L.*) Root Exudates and Their Impact on $^{14}C$ - Pyrene mineralization [J]. Soil Biology and Biochemistry, 2001,33(12 - 13):1769 - 1776.

[393] 何艳,徐建民,王海珍,等.五氯酚(PCP)污染土壤模拟根际的修复[J].中国环境科学,2005,25(5):602 - 606.

[394] Rentz J A, Alvarez P J J, Schnoor J L. Benzo [a] Pyrene Cometabolism in the Presence of Plant Root Extracts and Exudates: Implications for Phytoremediation [J]. Environmental

Pollution，2005，136(3)：477 - 484.

[395] Peng S W，Zhou Q X，Cai Z，et al. Phytoremediation of Petroleum Contaminated Soils by *Mirabilis Jalapa L.* in a Greenhouse Plot Experiment [J]. Journal of Hazardous Materials，2009，168(2 - 3)：1490 - 1496.

[396] 王梅，江丽华，刘兆辉，等. 石油污染物对山东省三种类型土壤微生物种群及土壤酶活性的影响[J]. 土壤学报，2010，2：341 - 345.

[397] 崔爱玲. 石油降解菌对石油烃的降解作用及应用研究[D]. 青岛：中国海洋大学，2006.

[398] 陈坚. 环境微生物实验技术[M]. 北京：化学工业出版社，2008，121 - 124.

[399] 姚槐应，黄昌勇. 土壤微生物生态学及其实验技术[M]. 北京：科学出版社，2006，130 - 131.

[400] Zhao H P，Wu Q S，Wang L，et al，Degradation of phenanthrene by bacterial strain isolated from soil in oil refinery fields in Shanghai China [J]. Journal of Hazardous Materials，2009，164(2)：863 - 869.

[401] 杨乐. 石油降解菌群的构建及其生物修复研究[D]. 石河子：石河子大学. 2008.

[402] 李伟光，朱文芳，吕炳南. 混合菌培养降解含油废水的研究[J]. 给水排水，2003，29(11)：42 - 44.

[403] 沈齐英. 微生物处理含油废水的实验研究[J]. 环境科学与技术，2007，30(2)：71 - 74.

[404] Zhang G Y，Ling J Y，Sun H B，et al. Isolation and characterization of a newly isolated polycyclic aromatic hydrocarbons-degrading Janibacter anophelis strain JY11 [J]. Journal of Hazardous Materials，2009，172(2 - 3)：580 - 586.

[405] 王红旗，陈延君，孙宁宁. 土壤石油污染物微生物降解机理与修复技术研究[J]. 地学前缘，2006，13(1)：134 - 139.

[406] 中华人民共和国石油天然气行业标准. 岩石可溶有机物和原油族组分柱层析分析方法，S/Y5119[S]. 中国石油天然气总公司. 1995.

[407] 田贞乐，朱丽华，吴映辉. 气相色谱与紫外分光光度法评价石油烃类污染物的微生物降解过程[J]. 分析化学研究简报，2006，1(3)：343 - 346.

[408] 张丽芳，李艳，肖红. 表面活性剂在石油污染治理中的应用[J]. 辽宁化工，2002，31(9)：382 - 385.

[409] 宋玉芳，孙铁衍，许夏华. 表面活性剂 TW - 80 对土壤中多环芳烃生物降解的影响[J]. 应用生态学报，1999，10(2)：230 - 232.

[410] 赵淑梅，郑西来，高增文，等. 生物表面活性剂及其在油污染生物修复技术中的应用[J]. 海洋科学进展，2005，29(5)：249 - 252.

[411] 牛明芬，韩晓日，郭书海，等. 生物表面活性剂在石油污染土壤生物预制床修复中的应用研究[J]. 土壤通报，2005，36(5)：712 - 715.

[412] 王伟，曾光明，黄国和，等. 生物表面活性剂在土壤修复及堆肥中应用现状展望[J]. 环境科学与技术，2005，28(6)：99 - 101.

[413] 俞毓馨，吴国庆，孟宪庭. 环境工程微生物检验手册[M]. 北京：中国环境科学出版社，1990，85 - 110.

[414] Korade D L, Fulekar M H. Rhizosphere Remediation of Chlorpyrifos in Mycorrhizospheric Soil Using Ryegrass[J]. Journal of Hazardous Materials, 2009,172(2-3):1344-1350.

[415] 庄铁诚,张瑜斌,文鹏,等.红树林土壤微生物对甲胺磷的降解[J].应用与环境生物学报,2006,6(3):276-280.

[416] Kothandaraman Narasimban, Chanbasha Basheer, Vladimir B B, et al. Enhancemant of Plant Microbe Interactions Using a Rihizosphere Metabolomics-driven Approach and Its Application in the Removal of Polychlorinated Biphenyls [J]. Plant Physiol, 2003,132(3):146-153.

[417] Takayuki Motoyama, Kaori Kadokura, Satoshi Tatsusawa, et al. Application of plant-microbe Systems to Bioremediation [J]. Focused on Econol Sci Res, 2001,42(11):35-38.

[418] Peng S W, Zhou Q X, Cai Z, et al. Phytoremediation of Petroleum Contaminated Soils by Mirabilis Jalapa L. in a Greenhouse Plot Experiment [J]. Journal of Hazardous Materials, 2009,168(2-3),1490-1496.

[419] 李素玉,李法云,张志琼,等.辽河油田冻融石油污染土壤中原位修复微生物[J],辽宁工程技术大学学报(自然科学版),2008,27(4):599-601.

[420] 金志刚,张彤,朱怀兰.污染物生物降解[M].上海:华东理工大学出版社,1997,10(2),113-115.

[421] 邹德勋,骆永明,徐凤花,等.土壤环境中多环芳烃的微生物降解及联合生物修复[J].土壤,2007,39(3):334-340.

[422] 邢维芹,骆永明,李立平,等.持久性有机污染物的根际修复及其研究方法[J].土壤,2004,36(3):258-263.

[423] Gao Y Z, Ren L L, WanT L, et al. Desorption of Phenanthrene and Yyrene in Soils by Root Exudates [J]. Bioresource Technology, 2010,101(5):1159-1165.

[424] 王蓓,张旭,李广贺,等.芦苇根系对土壤中石油污染物纵向迁移转化的影响[J].环境科学学报,2007,27(8):1281-1287.

[425] 刘晓艳,钟成林,王珍珍,等.吴淞口近岸沉积物中油类污染物分布特征[J].上海大学学报(自然科学版),2010,16(6):592-596.

# 索　引

G



H



J



K



L



M



N



P



Q

**R**



**S**



**T**



**W**



**X**



**Z**